建筑与市政工程施工现场专业人员继续教育培训用书

建筑工程新技术及应用

主　编　张建新　　张洪军

副主编　陈日高　　马永胜

主　审　李　辉

U0278996

中国建材工业出版社

图书在版编目(CIP)数据

建筑工程新技术及应用 / 张建新,张洪军主编. —
北京:中国建材工业出版社,2014.8 (2015.8重印)
建筑与市政工程施工现场专业人员继续教育培训用书
ISBN 978-7-5160-0894-2

Ⅰ. ①建… Ⅱ. ①张… ②张… Ⅲ. ①建筑工程—新
技术应用 Ⅳ. ①TU-39

中国版本图书馆 CIP 数据核字(2014)第 156268 号

内 容 简 介

本书主要内容包括:建筑业新技术应用与管理、地基与基础
工程新技术及应用、混凝土工程新技术及应用、钢筋工程新技术
及应用、模板工程新技术及应用、钢结构工程新技术及应用、机电
安装工程新技术及应用、建筑节能施工技术、建筑防水工程新技
术及应用、基坑监测与项目管理技术及应用等内容。

本书内容先进,重点突出,易于学习和掌握,符合施工现场实
际工作应用,具备先进性、实用性和可操作性的特点。

建筑工程新技术及应用

主　　编:张建新　张洪军
出版发行:中国建材工业出版社
地　　址:北京市海淀区三里河路 1 号
邮　　编:100044
经　　销:全国各地新华书店
印　　刷:北京雁林吉兆印刷有限公司
开　　本:787mm×1092mm　　1/16
印　　张:23.5
字　　数:564 千字
版　　次:2014 年 8 月第 1 版
印　　次:2015 年 8 月第 4 次
定　　价:56.00 元

本社网址:www.jccbs.com.cn 微信公众号:zgjcgycbs
本书如出现印装质量问题,由我社营销部负责调换。电话:(010)88386906
对本书内容有任何疑问及建议,请与本书责编联系。邮箱:dayi51@sina.com

前　言

为了更好地促进建设领域科技的发展、推广与工程应用,深入贯彻、落实原建设部第109号令《建设领域推广应用新技术管理规定》、建科[2002]222号《建设部推广应用新技术管理细则》以及建质[2010]170号《关于做好〈建筑业10项新技术(2010)〉推广应用的通知》要求,全面提高建设领域专业技术管理人员工程管理工作和技术水平,不断完善工程建设项目管理水平及体系建设,促进科学施工与工程管理,确保工程质量和安全生产。我们结合最新颁布的标准规范、规程和建筑科技发展成果,组织编制了以房屋建筑工程为主,适用于建筑工程施工、技术先进、经济合理以及符合国家有关建筑节能环保要求的《建筑工程新技术及应用》。

《建筑工程新技术及应用》一书内容主要包括:建筑业新技术应用与管理、地基与基础工程新技术及应用、混凝土工程新技术及应用、钢筋工程新技术及应用、模板工程新技术及应用、钢结构工程新技术及应用、机电安装工程新技术及应用、建筑节能施工技术、建筑防水工程技术及应用、基坑监测与项目管理技术及应用等技术内容。

本书内容先进、重点突出,易于学习和掌握,符合工程现场实际工作应用,并确保新技术的先进性和实用性、可操作性的特点。本书由张建新(第1、2、8章)、张洪军(第4、6、10章)担任主编;由陈日高(第3、9章)、马永胜(第5、7章)担任副主编。

由于建筑新技术发展迅速,新材料、新产品、新技术、新工艺层出不穷,本书在对技术的选编过程中,难免会挂一漏万;同时由于时间仓促和能力有限,也难免会有谬误之处和不完善的地方,敬请读者批评指正。我们将通过不断地修订与完善,使建筑工程新技术真正能得到推广和应用,全面促进建筑技术的发展进步。

编　者

2014年7月

中国建材工业出版社
China Building Materials Press

我们提供

图书出版、图书广告宣传、企业/个人定向出版、设计业务、企业内刊等外包、代选代购图书、团体用书、会议、培训，其他深度合作等优质高效服务。

编辑部	图书广告	出版咨询	图书销售	设计业务
010-88385207	010-68361706	010-68343948	010-88386906	010-68343948

邮箱：jccbs-zbs@163.com　　网址：www.jccbs.com.cn

发展出版传媒　服务经济建设
传播科技进步　满足社会需求

目　　录

第一章　建筑业新技术应用与管理

第一节　新技术研究的技术领域

一、"四新"技术定义

1. 新材料、新产品

新材料、新产品指采用新技术原理、新设计,研制、生产的全新产品,或在结构、材质、工艺等某一方面比原有产品有明显改进,从而显著提高了产品性能或扩大了使用功能的材料、产品。在研究开发过程中,新材料、产品可分为全新产品、模仿型新产品、改进型新产品、形成系列型新产品、降低成本型新产品和重新定位型新产品。按照建筑行业应用领域,新产品可分建筑材料新产品、建筑机械新产品、建筑模板新产品等。

2. 新工艺、新技术

建筑行业的生产与其他行业相比,有其特殊性,就是其产品均为独一无二的,其建造地点均为固定的,建筑结构也有着不同的特点。因此,建筑行业的技术进步除体现在新产品(如新型建筑材料、新型施工材料、新型施工设备等)外,还主要体现在工艺创新的过程中。

在建筑行业,新工艺就是新技术,只要能促进生产力发展,提高生产效率,降低生产成本,有利于可持续发展的工艺和技术,均值得提倡。目前,我国建筑业还处于规模型增长阶段,技术进步对建筑业总产出的贡献率不到 20%,从而反映作为传统产业的建筑业,科技进步作用不够明显、比例较低,整体产出增长仍属于外延粗放型。因此,结合进入世界贸易组织(WTO)的新形势,提高效率、扩大内涵、走集约化发展之路成为我国建筑业迎接挑战的当务之急。

二、"四新"技术推广应用管理

1. 基本规定

(1)新技术是指经过鉴定、评估的先进、成熟、适用的技术、材料、工艺、产品。新技术推广工作应依据《中华人民共和国促进科技成果转化法》、《建设领域推广应用新技术管理规定》(建设部令第 109 号)等法律、法规,重点围绕原建设部、省(市)发布的新技术推广项目进行。

(2)推广应用新技术应当遵循自愿、互利、公平、诚实信用原则,依法或者依照合同约定,享受利益,承担风险。对技术进步有重大作用的新技术,在充分论证的基础上,可以采取行政和经济等措施,予以推广。

(3)企业应建立健全新技术推广管理体系,明确负责此项工作的岗位与职责。从事新技术推广应用的有关人员应当具备一定的专业知识和技能,具有较丰富的工程实践经验。

（4）工程中推广使用新材料、新技术、新产品，应有法定鉴定证书和检测报告，使用前应进行复验并得到设计、监理认可。

（5）企业不得采用国家和省（市）明令禁止使用的技术，不得超越范围应用限制使用的技术。

2. 新技术推广应用实施管理

（1）企业对列入推广计划的项目应进行过程检查与总结。列入省（市）推广项目计划的项目，每半年向省（市）建设主管部门上报项目完成情况。

（2）对于未能按期执行的项目，应分析原因并对该项目予以撤销或延期执行。

（3）对新技术推广工作做出突出贡献的单位和个人，应按"促进科技成果转化法"给予奖励。

3. 北京市新技术应用示范工程的管理

北京市建筑业新技术应用示范工程是指采用了先进适用的成套建筑应用技术，在建筑节能环保技术应用等方面有突出示范作用，并且工程质量达到北京市优质工程要求的建筑工程（即本市通常所称的"一优两示范工程"，以下简称"示范工程"）。

北京市住房和城乡建设委员会负责示范工程项目的立项审批、实施与监督及项目的评审验收工作，北京市城建技术开发中心协助进行有关具体工作。

（1）示范工程中采用的建筑业新技术包括住房和城乡住建设部（以下简称住建部）和北京市发布的《科技成果推广项目》中所列的新技术；以及在建筑施工技术、建筑节能与采暖技术、建筑用钢、化学建材、信息化技术、建筑生态与环保技术、垃圾、污水资源化技术等方面，经过专家鉴定和评估的成熟技术。

（2）企业应建立相应的管理制度，规范示范工程管理工作，并对实施效果好的示范工程进行必要的奖励。

（3）示范工程的确立应符合以下规定：

1）企业级示范工程由各单位自行确定。示范工程应能代表企业当前技术水平和质量水平，具有带动企业整体技术水平的提高，且质量优良、技术经济效益显著的典型示范作用。

2）申报住建部、北京市建筑业新技术应用示范工程，应符合北京市和住建部有关规定所要求的立项条件，并按要求及时申报。

3）示范工程应施工手续齐全，实施单位应具有相应的技术能力和规范的管理制度。

4）示范工程中应用的新技术项目应符合住建部和北京市的有关规定，在推广应用成熟技术成果的同时，应加强技术创新。

5）示范工程应与质量创优、节能与环保紧密结合，满足"一优两示范"的要求。

（4）示范工程的过程管理与验收规定：

1）列入示范工程计划的项目应认真组织实施。实施单位应进行示范工程年度总结或阶段性总结，并将实施进展情况报上级主管部门备案。主管部门进行必要检查。

2）停建或缓建的示范工程，应及时向主管部门报告情况，说明原因。

3）示范工程完成后，应进行总结验收。企业级示范工程由企业主管部门自行组织验收。部市级示范工程按有关规定执行。示范工程验收应在竣工验收后进行，实施单位应在验收前提交验收申请。

4)验收文件应包括:《示范工程申报书》及批准文件、单项技术总结、质量证明文件、效益分析证明(经济、社会、环境),示范工程总结的技术规程、工法等规范性文件,以及示范工程技术录像及其他相关技术创新资料等。

三、"四新"技术许可管理

原建设部关于印发《"采用不符合工程建设强制性标准的新技术、新工艺、新材料核准"行政许可实施细则》的通知(建标[2005]124号)规定:

"不符合工程建设强制性标准"是指与现行工程建设强制性标准不一致的情况,或直接涉及建设工程质量安全、人身健康、生命财产安全、环境保护、能源资源节约和合理利用以及其他社会公共利益,且工程建设强制性标准没有规定又没有现行工程建设国家标准、行业标准和地方标准可依的情况。

在中华人民共和国境内的建设工程,拟采用不符合工程建设强制性标准的新技术、新工艺、新材料时,应当由该工程的建设单位依法取得行政许可,并按照行政许可决定的要求实施。未取得行政许可的,不得在建设工程中采用。

国务院建设行政主管部门负责"四新核准"的统一管理,由建设部标准定额司具体办理。国务院有关行政主管部门的标准化管理机构出具本行业"四新核准"的审核意见,并对审核意见负责。

省、自治区、直辖市建设行政主管部门出具本行政区域"四新核准"的审核意见,并对审核意见负责。

第二节 新技术研究与管理

一、新技术研究的技术领域

1. 新产品研究领域

建筑行业新产品研究的技术领域主要有以下方面:

(1)建筑工程勘察、检测技术领域;

(2)建筑地基、基础技术领域;

(3)建筑结构施工领域;

(4)建筑制品与新型建筑材料的研究、开发与生产领域;

(5)建筑机械与机具领域;

(6)建筑设备安装技术领域;

(7)城市规划、建设、市政与防灾技术领域;

(8)道路与桥梁工程技术开发与应用领域;

(9)工程管理技术领域;

(10)房地产开发、建设领域;

(11)信息技术及施工自动化技术领域。

2. 新工艺研究领域

建筑行业新工艺研究的技术领域主要有以下方面：

(1)建筑工程勘察、检测技术领域；

(2)建筑地基、基础技术领域；

(3)建筑结构设计及施工领域；

(4)建筑制品与新型建筑材料的研究、开发与生产领域；

(5)建筑机械与机具领域；

(6)建筑设备安装技术领域；

(7)城市规划、建设、市政与防灾技术领域；

(8)道路与桥梁工程技术开发与应用领域；

(9)工程管理技术领域；

(10)房地产开发、建设领域；

(11)信息技术及施工自动化技术领域；

(12)工程管理技术领域；

(13)房地产开发、建设领域；

(14)信息技术及施工自动化技术领域。

二、企业新技术研究的类型

1. 产品创新

产品创新是指在产品技术变化基础上进行的技术创新。产品创新包括在技术发生较大变化的基础上推出新产品，也包括对现有产品进行局部改进而推出改进型产品。

2. 工艺创新

工艺创新是指生产过程中技术变革基础上的技术创新。工艺创新包括在技术发生较大变化基础上采用全新工艺的创新，也包括对原有工艺的改进所形成的创新。

3. 新技术研究

企业技术创新过程涉及创新构思的产生、研究开发(R&D)、技术管理与组织、工程设计与制造、实际应用与推广等一系列活动，是一项探索性的艰苦劳动，也是一项复杂的科学实践过程。新技术研究最大的特点在于创新，决不能拘泥于固定不变的程序。然而，作为一项系统性的研究过程，新技术研究具有普遍规律，其全过程主要包括几个相互衔接的环节，构成新技术研究的一般程序，在技术创新与研究过程中，采用恰当的研究方法并遵守有效的研究程序，是事半功倍、获得正确研究结果的必要条件。

4. 新技术研究主要环节

建筑行业的新技术研究作为理论结合实际的复杂系统性工程，一般包括以下主要环节：

(1)确立技术研究选题

对于任何技术研究都应明确给予需求，做好需求的提出与管理工作。科研工作开展的前提是根据实际需求进行可行性调研，经过归纳整理，从中提炼出适宜的科学问题进行课题申报。

要根据企业的经营目标、技术研发策略和资源条件确定新产品、新工艺的开发目标，就必须做好调查研究工作。一方面对市场和行业进行调查，了解实际需要的发展变化动向，以及影响市场需求变化的因素等。

（2）科研立项

科研技术人员须根据选题结果，组织课题组，并组织编写立项报告，上报科技主管部门，期间要经历立项初审、专家组评审等程序。主管部门批准后，此项目方可正式开展有效的工作。

（3）构建方案

课题立项后，接下来需要在前期调研的基础上制定切实可行的研究策划方案及实施方案，并针对课题的特点进行针对性的设计。此方案应符合立项的各要素要求，并以满足客户需求（或项目需求、市场需求）为首要目标，并应符合国家及各部委的战略发展。实施方案可根据研究的进度和实际情况不断更新和修正，以满足研究目标的实现。

（4）试验探索

对于建筑材料、建筑机械类技术创新课题，一般需要做许多实验，对于此类课题，在此阶段需要精心设计实验程序和实验步骤，并尽可能考虑到各种因素对实验结果的影响。对于仪器仪表、施工机具等课题，需要以满足需求为首要研究目标，重点开发满足实际参数要求的实验样机，并寻找对输入参数敏感的变量，剥离次要影响因素，强化有利因素，并需考虑到市场对精密度的普遍需求。对于基础研究等软课题，需要注意课题的前沿性和领先性，以提升行业普遍技术水平为课题长期目标。对于应用科学类的课题，需要同时满足实际需求和推广价值两大要素。

（5）实践检验

当研究取得了预期的成果，即可进入实践检验阶段。对于建筑材料、建筑机械、仪器仪表等还需要试制样机，对于应用类课题可在实际项目上进行检验。此阶段需要不断调整有关参数，使研究成果能满足既定的各项技术指标和技术需求。实践检验前应报请有关主管部门和技术/质量监督部门及用户和相关方进行联合评估。如实践检验或实践试用未达到要求，则重复此步骤直到达到要求为止。

（6）评估、评审、鉴定

课题评估是指归口部门按照公开、公平和竞争的原则，择优遴选具有科技评估能力的评估机构，按照规范的程序和公允的标准对课题进行的专业化咨询和评判活动。课题评审是指归口部门组织专家，按照规范的程序和公允的标准，对课题进行的咨询和评判活动。

实践检验成功后，或满足评估或评审，项目组可向主管部门提交评估、评审申请。在目前应用科学领域，通行的评估、评审方法为科技成果鉴定，鉴定委员会专家一般为5～9人。

评审专家（或鉴定委员会专家）必须具备以下基本条件：从事被评审课题所属领域或行业专业技术工作满8年，并具有副高级以上专业技术职务或者具有同等专业技术水平；具有良好的科学道德，能够独立、客观、公正、实事求是的提出评审意见；熟悉被评审课题所属领域或行业的最新科技、经济发展状况，了解本领域或行业的科技活动特点与规律。

（7）验收

课题成果经检验成功后,可申请课题验收。主管部门组织专家对课题进行验收,并出具验收意见。通过验收后,即可加以市场推广。根据市场推广应用情况和用户反馈意见,不断改进相关设计及施工工艺,提高成果的质量和适用性。至此,一个研究课题结题,可以进入下一周期的课题立项与研发工作。

5. 新技术研究计划与立项

(1)制定研究计划

计划是党政机关、社会团体、企事业单位和个人,为了实现某项目标和完成某项任务而事先做的安排和打算。其实,无论是单位还是个人,无论办什么事情,事先都应有个打算和安排。有了计划,工作就有了明确的目标和具体的步骤,就可以协调大家的行动,增强工作的主动性,减少盲目性,使工作有条不紊地进行。同时,计划本身又是对工作进度和质量的考核标准,对大家有较强的约束和督促作用。所以计划对工作既有指导作用,又有推动作用。

常识告诉我们,工作的内容越是复杂,参与实施计划的行为主体和涉及的环节越多,越需要计划性。我国古代就有"凡事预则立,不预则废"的思想。工作有计划,至少可取得有序、协调、效率的优越性。所谓有序,是指因为有了明确的目标以及为此而确定的步骤、重点、分工等,可在实现过程中分别轻重缓急,保证重点,为全局奠定基础,有条不紊,提高效率。

作为建筑企业,各单位的技术主管部门应按年度编制新技术研究开发计划或课题研发计划,并按照公司架构,将计划下发各实体下级单位。各实体下级单位应根据上级部门的总体计划,制定本部门或本公司的研发计划,上报上级主管部门。

如遇到紧急研发课题或其他对公司发展有重要影响的研发课题,可随时组织立项申报。

(2)课题立项

科研课题确定下来以后,接下来的工作就是要撰写一份科研立项报告或科研计划书。科研立项报告既是研究课题的分阶段、分步骤地细化工作,是开题报告,又是研究经费申请所必备的文字材料,后者也称为项目申请书。撰写科研立项报告对研究者来说是一项必备的基本功,一份完整的科研立项报告应该包含题目、立题依据、研究目的、效益与风险分析、研究对象、研究方法、预期结果、经费计算、进度安排等方面的内容。

现以某公司的一份科研课题立项报告为例进行说明。

1)封面(图 1-1)

封面一般介绍报告的类别、项目名称、单位、时间。项目的名称应使用能够确切反映研究特定内容的简洁的文字。组织单位指项目的主持部门,下发项目的主管部门或单位。申报单位为课题的主要承担单位。起止年月为该课题进行的周期。

2)课题的目的、意义(图 1-2)

课题的目的和意义是重要的立题依据,是科研计划书的主要组成部分。在该部分中,申请者应该提供项目的背景资料,阐述该申请项目的研究意义,国内外研究现状,主要存在的问题以及主要的参考文献等。

本部分内容主要介绍课题立项的背景,课题研究的目的和意义,以及市场分析等内容。针对国内外同类研究中存在的问题引出本研究的目的和意义,阐明本研究的重要性和必要性,以及理论意义和实际意义。特别要表明与国内外同类研究相比,本项目的特色和创新之处。

××××公司

科研项目立项报告

科研项目名称：基坑钢支撑支护内力自动补及位移控制系统的研究及应用

项目组织单位：××××公司

课题申报单位：××××公司

项目起止年限：××××年×月至××××年×月

二〇××年××月××日

图 1-1 某立项报告封面

一、课题的目的、意义和必要性及市场需求分析

1. 项目提出背景和意义

随着城市的不断发展，交通问题和地下空间开发问题显得日益突出，城市地铁对解决交通问题发挥重要作用，目前北京、上海、天津、广州等地都已建多条地铁线路。城市环境中的地铁隧道在其使用阶段不可避免地会受到这样或那样的工程活动影响，很多开发项目都基于地铁带来的便利交通而选择在地铁附近，并通常会将项目与地铁车站连接在一起，由此带来的临近深基坑工程对地铁隧道影响十分明显。深基坑工程是大型的土方开挖及支护工程，在软土地区还必须进行基坑降水。土方开挖的过程即为卸荷过程，造成周围土体内力重分布，从而导致周围土体的变形。

基坑周围土体位移主要来源于以下几个因素：围护墙的侧向变形；基坑止水帷幕效果不好；围护墙底变形过大；墙底土产生塑性流动；围护墙的入土深度不够。如控制不利将产生大的沉降和位移，对地铁的正常使用也会有不利影响。因此基坑开挖造成的对地铁的影响必须深入研究，以确保基坑本身以及地铁隧道的安全运行。

以下略……

2. 项目立项的必要性

以下略……

3. 项目的市场需求分析

以下略……

图 1-2 某立项报告的目的、意义

本部分内容非常重要，是打动上级主管部门的主要部分，因此需要用简明扼要的话语说清楚，避免空谈和漫无目的的夸大。

3)国内外研究现状及发展趋势(图 1-3)

此部分包括国内外研究现状和遇到的主要问题。在阅读了大量同类研究文献的基础上，综述出该研究领域国内外研究现状、发展趋势以及目前存在的主要问题。

4)课题目标和考核指标(图 1-4)

用简洁的文字将本研究的目的写清楚，如“描述城市地震灾害现状及影响因素”。原则上，目标要单一、特异。研究目的如较多可以分为主要研究目的和次要研究目的。

考核指标为上级部门考察课题实施的量化依据，应简明扼要以列表方式反映。

5)主要研究内容(图 1-5)

此部分内容主要包括研究内容、技术路线、主要研究方法、创新点、技术难点、可行性分析等内容。

①研究内容：将研究的主要内容简述。

②研究方法：研究者可以根据自己的研究目的和可以利用的条件选择相应的研究方法，将研究的技术路线表述清楚。

7-11m，其中基坑东南角一侧距隧道仅2-3m。该项目开展了较多的监测工作，包括：1. 地铁隧道的沉降及水平位移监测；2. 地铁隧道的环、纵缝监测；3. 地铁隧道的收敛监测。监测数据表明临近的基坑工程对隧道产生的影响明显。

4. 研究成就

曾远等通过对上海张杨路车站基坑开挖，分析了其对老车站的影响，得出以下结论：土体弹性模量的变化对车站结构侧向变形的影响不大；引起地铁车站沉降的主要原因是：基坑内土体导致的墙后土体的移动。因此提高被动区土体强度、提高基坑内土体抗隆起安全系数是控制临近车站沉降的有效措施。

上述各工程实例分析了临近地铁隧道和车站的基坑开挖对其的影响，为减少这种影响，主要是通过①改变临近侧的墙厚与墙的埋深；②注浆加固；③临时增大支撑轴力等措施。

其中上海太平洋广场二期工程基坑开挖深度为11.2m，和地铁隧道顶板齐平。在第三层土方开挖时，对第二道支撑按原设计的120%复加轴力，有效地控制了基坑土体位移。会德丰项目基坑开挖深度18.2m，地铁隧道位于开挖深度以上，对因为基坑开挖产生的变形更为敏感。采用复加轴力的方法将显得尤为重要。

深基坑的钢支撑支护一般都预加轴力。在工作过程中不可避免地会出现一定程度的轴力损失，所以需要对其复加轴力；或者因为位移控制需要，对某些支撑复加或增加轴力。现有预加轴力的方法通常是：用千斤顶加载至预定轴力，然后插入锁块锁定钢支撑长度再撤除千斤顶；当需要复加（或增加轴力）时，重新安装千斤顶并进行加载，随后在新位置锁定钢支撑；如此循环，直至满足设计要求（或对隧道变形控制的要求）。

通过检索国内、外相关文献，尚未发现与本课题（对支撑内力和基坑位移根据监测结果和设计要求实施自动补偿）相类似的研究方法。

二、课题所属领域国内外研究开发现状和发展趋势

1. 国内外技术现状、专利等知识产权情况分析和国内现有的工作基础

2. 国内外技术发展趋势

通过查阅大量文献及国内外最新行业动态，本课题的研究可大大促进国内软土地区深基坑施工技术的发展，且国内尚无类似先例。国外发达国家如美国、日本也仅停留在"基坑监测+人工维持钢支撑轴力"的阶段。通过调研，国内一些临近地铁的重难深基坑工程施工时，进行了周边施工对地铁隧道影响的监测及分析，简述如下：

1. 上海太平洋广场二期工程

本工程基坑围护结构距离正在运营的地铁一号线隧道外边线仅3.8m。施工期间对地铁的保护措施有：地铁侧开挖留土宽度不小于4倍的开挖层深，增加基坑内靠近地铁侧区域内被动土体的保留时间以控制墙体位移，单块土体的挖土支撑控制在16-24h，垫层厚度增至300mm，加强对周围环境、地铁隧道及基坑的监测。第一层钢支撑施工后，损失率达到39%-57%。第三层土方开挖时，对第二道支撑按原设计的120%复加轴力，有效地控制了基坑土体位移，从地下室结构施工至首层楼面结构全部完成的七个月时间内，地铁隧道变形总沉降量在8.5mm。

2. 地铁二号线和地铁一号线在人民广场交汇处

为满足使用需要在一号线隧道附近进行了二号线端头井施工。在工程施工中发现，深基坑的开挖，隧道会产生由于深基坑开挖的影响（如地下连续墙向坑内产生位移，坑底土体的回弹等）的沉降。这种沉降是由于隧道周围土体应力状态改变的结果，与列车的振陷没有关系。但随着开挖的进行，会明显观测到由于动荷载作用产生的沉降。

3. 上海南京路某广场工程

本工程基坑开挖深度为14.4m，围护结构采用地下连续墙，在南京路一侧连续墙深33m，厚1m。设3道支撑。地铁2号线下行线距离该广场的南侧地下连续墙

图 1-3 某立项报告的国内外研究现状及发展趋势

三、课题实施目标及考核指标（具有明确的可考核性）

1. 实施目标

以下略……

2. 考核指标

（1）研究开发可重复利用的深基坑支撑轴力控制系统；

（2）能满足工程需求；

（3）科技成果达到国内领先及以上水平；

（4）申请国家发明专利1项以上；

（5）达到工程验收标准；

（6）课题资料完整，课题总结报告完善。

图 1-4 某立项报告的课题目标和考核指标

四、主要研究内容（包括要解决的主要问题、解决措施、技术关键、创新点）

1. 课题的研究内容及技术路线

以下略……

2. 课题的主要研究方法

本项目将采用理论和工程实践相结合的方法进行研究。

以下略……

3. 课题研究的技术关键和难点

以下略……

4. 课题研究创新点

以下略……

图 1-5 某立项报告的主要研究内容

③研究技术路线:在研究计划书中,研究者可以用文字、简单的线条或流程图的方式,将研究的技术路线表述清楚。

④项目的创新点:用简洁明了的语言说明项目的创新之处。

⑤可行性分析:在可行性分析部分,应该写明申请者的研究背景、研究能力、申请者及其团队所具有的硬件或软件条件以及研究现场的条件等,再次表明申请者对完成该项目的可行性。

6)效益分析及风险分析(图1-6)

五、技术经济效益分析、推广应用前景分析、课题实施的风险分析

1. 社会经济效益分析

2. 推广应用前景分析

3. 课题实施的风险分析

(1)市场风险及对策

基于上述社会经济效益分析可知,今后大量的项目将建在地铁附近,因此本课题的研究具有广泛的市场价值,如推广得力,可营造出广阔的市场。

(2)技术风险及对策

以下内容省略……

(3)其他风险及对策

通过合约的方式及过程监控进行风险规避;国家和地方政府对于城市的发展的政策是一贯的,因此也不存在政策风险;课题现场实施中的管理风险包括安全、质量方面的风险可经精心组织避免,如成立相应的组织机构、进行技术交底及安全技术交底、加大安全及质量的现场监督力度等。

图1-6　某立项报告的效益分析及风险分析

效益分析包括项目的经济效益、社会效益、环境效益分析,项目成功后推广应用的前景分析等。

风险分析包括项目技术、市场、资金等风险分析及应对措施。

7)进度计划

项目实施进度计划包括项目阶段考核指标(含主要技术经济指标,可能取得的专利、专著,尤其是发明专利和国外专利情况)及时间节点安排;项目的中期验收、项目验收时间安排等。

8)经费预算

经费预算一般包括经费来源和经费支出两项内容。经费预算的形式一般与课题资助单

位有关,并应满足相关单位财务和审计要求。

课题经费来源包括项目新增总投资估算、资金筹措方案(含自有资金、银行贷款、科教兴市专项资金、推进部门配套资金等)、投资使用计划。

课题经费支出主要包括人员费用、试验费用、设备购置费用、材料费、资料费、调研费、租赁费等,并应出具明细表。

9)课题参加人员与协作单位

包括项目的组织形式、运作机制及分工安排;项目的实施地点;项目承担单位负责人、项目领军人物主要情况;项目开发的人员安排。

6. 新技术研究过程管理

(1)新技术研究的创新过程

早期的技术创新的思路是研究开发或科学发现推动的活动,随着时代变迁及社会进步,目前技术创新的模式主要分为需求拉动型和技术市场交互型。

需求拉动型的技术创新,是目前业内普遍采用的方法。研究表明,各领域出现的技术创新,有 60%~80% 是市场需求和生产需要所激发的。在建筑领域,基于业主需求、设计需求、成本上升、施工需求而产生的技术创新,可达到技术创新的 80% 以上。市场的扩展和成本上升均会刺激企业创新,前一种创新的目的是为了创造更多的市场份额,后一种创新的目的是为了节约成本,提高企业盈利能力。此类创新大多数属于渐进型创新,其创新过程如图 1-7 所示:

图 1-7　需求拉动型技术创新过程

20 世纪 80 年代开始,西方发达国家开始了新一轮的技术创新热潮,并且提出了技术与市场交互的技术创新模型(图 1-8)。这种技术创新模式,强调技术与市场这两大创新要素的有机结合,认为技术创新是技术和市场交互共同引发的,技术推动和需求拉动在产品生命周期及创新过程的不同阶段有着不同的作用。这种创新过程,不仅可以满足企业在某个项目上遇到的技术难题,也可为企业的可持续发展、提高核心竞争力注入生机和活力。

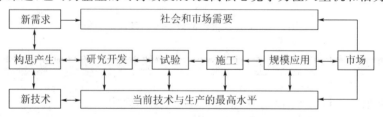

图 1-8　技术市场互动型技术创新过程

(2)新技术研究的影响因素

我国对企业技术创新的状况做过多次调查,其中清华大学完成的大型调查对技术创新的成功因素和妨碍因素做了详细分析。

调查研究表明,技术创新成功的内部因素主要有:高层领导的支持,研发部门与市场、生产部门的合作,技术带头人,高水平人才,体制合理;技术创新成功的外部因素主要有:得到上下游合作方的支持,政府资助,与研究机构合作,与大学合作,获得咨询服务。

影响技术创新成功的因素主要有:缺乏创新资金,缺乏人才,研究开发支出少,缺乏技术信息,研究风险大,缺乏市场信息,企业产权不明确,奖励不到位,创新时机难以把握,创新网络不适应,回报期太长等。

从国内外技术研究成功与失败的经验看,影响企业技术研发的成败,有以下非常重要的因素:

1)资金:资金是从事技术创新活动的必备条件和保障,企业常因为资金缺乏而不能实施技术创新项目。对于企业来说,如果资金实力较弱,可以从容易见效的项目做起,积累经验和资金以后,可以逐步扩大创新规模。另外,建筑企业也可以跟踪国家各部委的科研立项信息,争取国家前沿性课题经费。

2)组织队伍:人才是从事技术创新的能动主题,而且学术带头人的作用尤为重要,队伍的建设是技术创新的一项基本建设。

3)决策:技术创新是关系企业全局的活动,又是充满风险的行为,因而对决策者有很高的要求。企业家必须从企业总体和长远发展的角度,对创新做出全盘性的安排,克服重重障碍,抓住关键,把握技术和市场良机,把创新引向成功。

4)机制:新技术研究和创新是创造性的活动,必须依靠科技人员、管理者和广大员工的才智和努力,必须激发相关人员的积极性。良好的激励机制,是创新效率和持久的关键。

（3）新技术研究的组织

由于新技术研究具有阶段性、专业性、综合性及不确定性,技术创新和研究过程需要建立在良好的组织构架内,且组织必须适应技术创新及研究的特点,有利于问题和矛盾的解决。

1)企业与内企业家

企业为了鼓励创新,允许自己的员工在一定限度的时间内,在本岗位工作以外,从事感兴趣的创新活动,而且可以利用企业现有的条件,如资金、设备等,由于这些员工的创新行为颇具企业家特征,但是创新的风险和收益均在所在企业内部,因此称这些从事创新活动的员工为内企业家,由内企业家创建的企业称为内企业。

2)创新小组或机构

创新小组是指为完成某一创新项目而成立的一种创新组织,它可以是常设的,也可以是临时的,小组成员可以专职也可以兼职。对于一些重大创新项目,小组成员要经过严格挑选,创新小组有明确的创新目标和任务,企业高层主管对创新小组充分授权,完全由创新小组成员自主决定工作方式。

3)技术研发部门

技术研发部门是大企业为了开创全新事业而单独设立的组织形式,全新事业涉及重大的产品创新或工艺创新,开创全新事业在管理方式和组织结构上可能与原有事业的运行有本质区别,由于重大创新常伴有很大的风险,因此这种创新组织又称为风险事业部。技术研发部门拥有很大的决策权,可直接接受企业最高技术主管的领导或直接受企业最高领导人领导,它为很难纳入企业现有组织体系中的重大创新提供了适宜的组织环境。

4）企业技术中心

技术中心是大企业集团中从事重大关键技术和新一代产品研究开发活动的专门机构，通常有较完备的研究开发条件，有知识结构合理、素质较高的技术力量。企业技术中心一般采取矩阵式组织结构，技术中心的大部分项目实行项目经理负责制，组织由不同专业技术人员组成的跨部门的课题组，根据项目的进展情况，课题组成员可以根据需要进行调整。

目前国家的企业技术中心体系可分为国家认定企业技术中心、省级企业技术中心和企业级企业技术中心。根据目前的《施工总承包企业特级资质标准》（建市［2007］72号），对企业科技力量做了量化的规定，施工总承包企业必须具备省部级（或相当于省部级水平）及以上的企业技术中心。

（4）新技术研究的内部管理

技术创新活动在相当大的程度上带有非程序性，它同时又是一种综合性很强的活动，非少数人可以完成；而企业组织要求只能稳定、定位准确。这二者之间存在较大的组合难度。

在一般情况下，企业组织职能按日常经营活动组织技术创新和研究，技术创新不脱离常规组织，技术创新基本上是按专业分工、接力的方式进行，环节之间的衔接称为管理的难点和重点，关键在于协调各专业化组织之间的关系。对于具有完整的技术研究组织的单位，组织协调比较容易，企业可针对其单独设立组织定位和管理。

（5）新技术研究的对外合作

技术创新活动在很多领域需要各企业之间配合完成，这就需要企业与外部组织，包括大学、研究机构、企业的合作方进行合作。企业与外部的合作主要出于以下动机：进入新的技术领域，进入新市场，分担创新成本与创新风险，缩短研发时间，实现技术互补和资源共享，创立产品标准。

企业的合作方式，主要有以下几种：

1）技术供需合作

合作对象为技术供给者和需求者。一般而言，技术供给者为大学、研究院所或国外企业；需求者多为施工企业。

2）技术联合体

有些技术创新某一家企业无法胜任，就需要上下游企业共同合作完成，技术联合体各方可在场地、设备、资金、人员、技术等多方面展开合作，成果共享。

3）竞争合作

这类合作主要存在于竞争者或潜在竞争者之间的合作。此类合作类型一般在同行间进行，通过技术互补，大大增强合作双方或多方的竞争力，一般在重大工程项目或重大科技难题上存在此类合作，或者在制定行业、国家标准或产品标准时会遇到此类合作。

第三节　新技术推广应用的管理

一、一般规定

建筑业所称的推广应用新技术，是指新技术的推广应用和落后技术的限制、禁止使用。

推广应用的新技术,是指适用于工程建设、城市建设和村镇建设等领域,并经过科技成果鉴定、评估或新产品新技术鉴定的先进、成熟、适用的技术、工艺、材料、产品。

限用、禁用的落后技术,是指已无法满足工程建设、城市建设、村镇建设等领域的使用要求,阻碍技术进步与行业发展,且已有替代技术,需要对其应用范围加以限制或禁止其使用的技术、工艺、材料、产品。

二、新技术推广计划与申报立项

1. 新技术推广计划工作

新技术推广计划工作应以促进科技成果转化为现实生产力为中心,其宗旨是有组织、有计划地将先进、成熟的科技成果大面积推广应用,促进产业技术水平的提高。同时通过实施推广计划,培育和建立科技成果推广机制,促进科技与经济的紧密结合,为促进行业技术水平的提高,促进科技进步、经济和社会发展作出贡献。

2. 新技术推广立项条件

(1)符合住建部重点实施技术领域、技术公告和科技成果推广应用的需要;

(2)通过科技成果鉴定、评估或新产品新技术鉴定,鉴定时间一般在一年以上;

(3)具备必要的应用技术标准、规范、规程、工法、操作手册、标准图、使用维护管理手册或技术指南等完整配套且指导性强的标准化应用技术文件;

(4)技术先进、成熟、辐射能力强,适合在较大范围内推广应用;

(5)申报单位必须是成果持有单位且具备较强的技术服务能力;

(6)没有成果或其权属的争议。

三、新技术推广应用实施管理

新技术推广应用要着力做好重点技术示范工程的组织实施,相应标准规范的制定编写,新技术产业化基地的建立,以及建筑技术市场的培育和发展等方面工作,促进新技术的推广应用。

1. 新技术应用示范工程的实施

新技术应用示范工程在建设领域应用先进适用、符合国家技术政策和行业发展方向的技术,为不同类型工程推广应用新技术提供了范例。做好新技术应用示范工程推广工作,可取得显著社会、经济与环境效益,并具有普遍的新技术示范意义。

2. 新技术标准规范的制定

新技术标准化是科研、生产、使用三者之间的桥梁。新技术经归纳、总结并制定出相应的标准,就能更加迅速的得到推广和应用,从而促进技术进步。

3. 新技术产业化基地的建立

产业化基地的建立是以引导行业新技术产业化为目标,以行业优势企业为载体,推进新技术产业化进程。产业化基地实施单位,应根据基地建设规划和工作计划认真组织实施,并负责编制本行业的新技术产业化导则。

4. 建筑技术市场的培育和发展

技术市场作为生产要素市场的重要内容,是促进科技与经济结合的桥梁,为科技成果转化开辟了重要渠道。

建筑技术市场的培育和发展必须健全流通体系,强化中间环节;建立公平、公开、公正竞争的市场秩序;促进科技计划管理与技术市场接轨;加快技术市场的统一、开放和国际化;加强对技术市场的宏观调控和管理。

四、新技术应用示范工程管理

1. 概念

"建筑业 10 项新技术",即地基础工程和地下空间工程技术、混凝土技术、钢筋及预应力技术、模板及脚手架技术、钢结构技术、机电安装工程技术、绿色施工技术、防水技术、抗震加固与监测技术、信息化应用技术。

新技术应用示范工程是指:新开工程,建设规模大、技术复杂、质量标准要求高的国内外房屋建筑工程,市政基础设施工程,土木工程和工业建设项目,且申报书中计划推广的全部新技术内容可在三年内完成;同时,应由各级主管单位公布,并采用 6 项以上建筑新技术的工程。

新技术应用示范工程共分为三个级别:国家级(住建部)、省部级和集团(公司)级新技术应用示范工程。

2. 新技术应用示范工程管理办法

(1)示范工程采用逐级申报的方式:集团(公司)级示范工程可申报省部级示范工程,省部级示范工程可申报国家级示范工程;

(2)示范工程申报要求;

(3)示范工程执行单位应提交以下应用成果评审资料:

①《示范工程申报书》及批准文件;

②工程施工组织设计(有关新技术应用部分);

③应用新技术综合报告(扼要叙述应用新技术内容、综合分析推广应用新技术的成效、体会与建议);

④单项新技术应用工作总结(每项新技术所在分项工程状况、关键技术的施工方法及创新点、保证质量的措施、直接经济效益和社会效益);

⑤工程质量证明(工程监理或建设单位对整个工程或地基与基础和主体结构两个分部工程质量验收证明);

⑥效益证明(有条件的可以由有关单位出具的社会效益证明及经济效益与可计算的社会效益汇总表);

⑦企业技术文件(通过示范工程总结出的技术规程、工法等);

⑧新技术施工录像及其他有关文件和资料。

3. 示范工程的确立要求

(1)企业级示范工程由各单位自行确定。示范工程应能代表企业当前技术水平和质量水平,具有带动企业整体技术水平的提高,且质量优良、技术经济效益显著的典型示范作用。

(2)申报北京市、住建部建筑业新技术应用示范工程,应符合北京市和住建部有关规定所要求的立项条件,并按要求及时申报。

(3)示范工程应施工手续齐全,实施单位应具有相应的技术能力和规范的管理制度。

(4)示范工程中应用的新技术项目应符合住建部和北京市的有关规定,在推广应用成熟技术成果的同时,应加强技术创新。

(5)示范工程应与质量创优、节能与环保紧密结合,满足"一优两示范"的要求。

4. 示范工程的过程管理与验收

(1)列入示范工程计划的项目应认真组织实施。实施单位应进行示范工程年度总结或阶段性总结,并将实施进展情况报上级主管部门备案。主管部门进行必要检查。

(2)停建或缓建的示范工程,应及时向主管部门报告情况,说明原因。

(3)示范工程完成后,应进行总结验收。企业级示范工程由企业主管部门自行组织验收。部市级示范工程按有关规定执行。示范工程验收应在竣工验收后进行,实施单位应在验收前提交验收申请。

(4)验收文件应包括:《示范工程申报书》及批准文件、单项技术总结、质量证明文件、效益分析证明(经济、社会、环境),示范工程总结的技术规程、工法等规范性文件,以及示范工程技术录像及其他相关技术创新资料等。

5. 示范工程评审

示范工程应用成果评审工作分两个阶段进行,一是资料审查,二是现场查验。评审专家必须认真审查示范工程执行单位报送的评审资料和查验施工现场,实事求是地提出审查意见。

评审专家组组长应提出初步评审意见,当有超过三分之一(含三分之一)的评审专家对该审查结果提出不同意见时,该评审意见不能成立。评审意见形成后,由评审专家组组长签字。

第二章 地基与基础工程新技术及应用

第一节 地基处理工程新技术应用

一、水泥粉煤灰碎石桩(CFG桩)复合地基技术

1. 技术原理及主要内容

(1)基本概念

水泥粉煤灰碎石桩复合地基是由水泥、粉煤灰、碎石、石屑或砂加水拌合形成的高粘结强度桩(简称CFG桩),通过在基底和桩顶之间设置一定厚度的褥垫层以保证桩、土共同承担荷载,使桩、桩间土和褥垫层一起构成复合地基。桩端持力层应选择承载力相对较高的土层。水泥粉煤灰碎石复合地基具有承载力提高幅度大、地基变形小、适用范围广等特点。

(2)技术特点

根据工程地质条件不同,CFG桩一般可采用长螺旋钻孔管内泵压灌注成桩工艺和振动沉管灌注成桩工艺。CFG成桩的主要施工工艺是长螺旋钻孔管内泵压灌注成桩,属排土成桩工艺。该工艺具有穿透能力强,无泥浆污染、无振动、低噪声、适用地质条件广、施工效率高及质量容易控制等特点。对地基土是松散的饱和粉细砂、粉土,以消除液化和提高地基承载力为目的,可选择振动沉管成桩施工工艺。但该工艺用在难以穿透较厚的硬土层、砂层和卵石层,在饱和黏性土中成桩会造成地表隆起及挤断已成桩,存在振动噪声污染及扰民等缺点。

2. 主要技术指标

根据工程实际情况,水泥粉煤灰碎石桩可选用水泥粉煤灰碎石桩常用的施工工艺包括长螺旋钻孔、管内泵压混合料成桩,振动沉管灌注成桩及长螺旋钻孔灌注成桩三种施工工艺。主要技术指标为:

(1)桩径宜取350~600mm。

(2)桩端持力层应选择承载力相对较高的地层。

(3)桩间距宜取3~5倍桩径。

(4)桩身混凝土强度满足设计要求,通常不小于C15。

(5)褥垫层宜用中砂、粗砂、碎石或级配砂石等,不宜选用卵石,最大粒径不宜大于30mm。厚度150~300mm,夯填度不大于0.9。

实际工程中,以上参数根据场地岩土工程条件、基础类型、结构类型、地基承载力和变形要求等条件或现场试验确定。

对于市政、公路、高速公路、铁路等地基处理工程,当基础刚度较弱时宜在桩顶增加桩帽

或在桩顶采用碎石＋土工格栅、碎石＋钢板网等方式调整桩土荷载分担比例,提高桩的承载能力。

3. 技术应用要点

(1)技术应用范围

适用于处理黏性土、粉土、砂土和已自重固结的素填土等地基。对淤泥质土应按当地经验或通过现场试验确定其适用性。就基础形式而言,既可用于条形基础、独立基础,又可用于箱形基础、筏形基础。采取适当技术措施后亦可应用于刚度较弱的基础以及柔性基础。

1)长螺旋钻孔灌注成桩,适用于地下水位以上的黏性土、粉土、素填土、中等密实以上的砂土。

2)长螺旋钻孔、管内泵压混合料灌注成桩,适用于黏性土、粉土、砂土,粒径不大于60mm土层厚度不大于4m的卵石(卵石含量不大于30%),以及对噪声或泥浆污染要求严格的场地。

3)振动沉管灌注成桩,适用于粉土、黏性土及素填土地基。

4)泥浆护壁成孔灌注成桩,适用土性应满足《建筑桩基技术规范》(JGJ 94)的有关规定。对桩长范围和桩端有承压水的土层,应首选该工艺。

5)锤击、静压预制桩,适用土性应满足《建筑桩基技术规范》(JGJ 94)的有关规定。

(2)施工技术要点

1)材料要求

①水泥

宜选用42.5级普通硅酸盐水泥,使用前送验复试。

②碎石

用粒径为20~50mm,松散密度为1.39t/m³,杂质含量小于5%。

③石屑或砂

石屑粒径为2.5~10.0mm,松散密度为1.47t/m³,杂质含量小于5%。

砂为中砂或粗砂,含泥量不大于5%。

④粉煤灰

宜选用Ⅰ级或Ⅱ级粉煤灰,细度分别不大于12%和20%。

⑤外加剂

多为泵送剂、早强剂、减水剂等,掺量通过试验确定。

2)配合比

根据拟加固场地的土质情况及加固后要求达到的承载力而定。水泥、粉煤灰、碎石混合料按抗压强度相当于C7~C1.2低强度等级混凝土,密度大于2000kg/m³,掺加最佳石屑率(石屑质量与碎石和砂总质量之比)约为25%情况下,当W/C(水与水泥用量之比)为1.01~1.47,F/C(粉煤灰与水泥质量之比)为1.02~1.65,混凝土抗压强度约为8.8~14.2MPa。

3)主要施工机具

桩成孔、灌注一般采用振动式沉管打桩机架,配DZJ90型变矩式振动锤,亦可采用长螺旋钻机。此外配备混凝土搅拌机、混凝土输送泵和连接混凝土输送泵与钻机的钢管、高强柔性管以及长短棒式振捣器、机动翻斗车、小推车等。

4)施工要点

①按 CFG 桩位平面图测设桩位轴线。基坑内施工时,边坡(离桩边)应外扩不小于1.0m,以利边角桩施工。

②采用振动式沉管打桩机施工,一般在有房渣土情况下采用。

a. 桩施工程序为:桩机就位→沉管至设计深度→停振下料→振动捣实后拔管→留振→振动拔管、复打。应考虑隔排隔桩跳打,新打桩与已打桩间隔时间不应少于 7d。桩施工工艺流程,如图 2-1 所示。

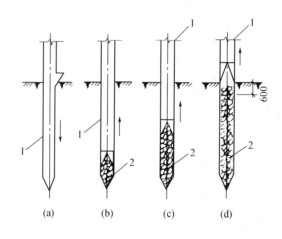

图 2-1　水泥粉煤灰碎石桩工艺流程

(a)打入管桩;(b)、(c)灌水泥粉煤灰碎石、振动、拔管;(d)成桩

1—桩管;2—水泥粉煤灰碎石桩

b. 桩机就位须平整、稳固,沉管与地面保持垂直。如带预制混凝土桩尖,需埋入地面以下 300mm。

c. 混合料应按设计配合比配制,投入搅拌机加水拌合,搅拌时间不少于 2min,加水量由混合料坍落度控制,一般坍落度为 30~50mm;成桩后桩顶浮浆厚度一般不超过 200mm。

d. 在沉管过程中用料斗向桩管内投料,待沉管至设计标高后,须继续尽快投料,直至混合料与钢管上部投料口齐平。如上料量不够,可在拔管过程中继续投料,以保证成桩标高及密实度的要求。

e. 当混合料加至钢管投料口齐平后,沉管在原地留振 10s 左右,即可边振动边拔管,拔管速度控制在 1.2~1.5m/min,每提升 1.5~2.0m,留振 20s。桩管拔出地面确认成桩符合设计要求后,用粒状材料或黏土封顶,移机进行下一根桩施工。

f. 为使桩与桩间土更好的共同工作,在基础下宜铺一层 150~300mm 厚的碎石或灰土垫层。

③采用长螺旋钻机施工

a. 工艺流程:桩机就位→钻孔→混凝土配制、运送及泵送→压灌混凝土成桩→成桩验收。

b. 桩机就位时,必须保持平稳,不发生倾斜、移位。为准确控制造孔深度,应在桩架上或桩管上作出控制的标尺,以便于在施工中观测、记录。

c. 应根据桩长来安装钻塔及钻杆。每施工 2～3 根桩后,应对钻杆连接处进行紧固。

d. 钻进速度应根据土层情况确定:杂填土、黏性土、砂卵石层为 0.2～0.5m/min;素填土、黏性土、粉土、砂层为 1.0～1.5m/min。

钻到桩底设计标高,验孔后,进行压灌混凝土。

e. 混凝土地泵位置应与钻机的施工顺序相配合,两者距离一般在 60m 以内为宜,尽量减少弯道。

f. 泵送前采用水泥砂浆进行润湿,但不得倒入泵孔内。泵送时,应保持料斗内混凝土的高度,不得低于 400mm,以防吸进空气造成堵管。

当钻机移位时,地泵料斗内混凝土应连续搅拌。

混凝土的原材料、配合比强度等级应符合设计要求。

g. 成桩施工各工序应连续进行。

h. 钻杆的提升速度应与混凝土泵送量相一致,其充盈系数不小于 1.0。应通过试桩确定提升速度及何时停止泵送。遇到饱和砂土或饱和粉土层,不得停泵待料,并减慢提升速度。成桩过程中经常检查排气阀是否工作正常。

i. 成桩后必要时,应对桩顶 3～5m 范围内进行振捣。

(3)施工注意事项

1)冬期施工时混合料入孔温度不得低于 5℃,对桩头和桩间土应采取保温措施。

2)清土和截桩时,应采取措施防止桩顶标高以下桩身断裂和桩间土扰动。

3)褥垫层铺设宜采用静力压实法,当基础底面下桩间土的含水量较小时,也可采用动力夯实法,夯填度(夯实后的褥垫层厚度与虚铺厚度的比值)不得大于 0.9。

4)施工垂直度偏差不应大于 1%;对满堂布桩基础,桩位偏差不应大于 0.4 倍桩径;对条形基础,桩位偏差不应大于 0.25 倍桩径,对单排布桩桩位偏差不应大于 60mm。

5)桩施工完毕,经 7d 达到一定强度后,始可进行基坑开挖。

6)设计桩顶标高不深(小于 1.5m),宜采用人工开挖;大于 1.5m 时可采用机械开挖,但下部宜预留 500mm 用人工开挖,以避免损坏桩头部位。

7)水泥粉煤灰碎石桩宜用于提高地基承载力和减少变形的桩基,不宜用于挤密松散砂性土为主的地基。

8)施工前,应进行试桩,确定配合比、桩体强度和工艺参数,符合设计要求后方可施工。

(4)水泥粉煤灰碎石桩复合地基质量验收

1)施工质量检验主要应检查施工记录、混合料坍落度、桩数、桩位偏差、褥垫层厚度、夯填度和桩体试块抗压强度等。

2)水泥粉煤灰碎石桩复合地基竣工验收时,承载力检验应采用复合地基载荷试验或单桩静载荷试验。

3)水泥粉煤灰碎石桩复合地基检验应在桩身强度满足试验荷载条件下,宜在施工结束 28d 后进行。试验数量宜为总桩数的 0.5%～1%,且每个单体工程的试验数量不应少于 3 点。

4)应抽取不少于总桩数的 10% 的桩进行低应变动力试验,检测桩身完整性。

二、真空预压法加固软土地基技术

1. 技术原理及主要内容

(1)基本概念

真空预压法是在需要加固的软黏土地基内设置砂井或塑料排水板,然后在地面铺设砂垫层,其上覆盖不透气的密封膜使软土与大气隔绝,然后通过埋设于砂垫层中的滤水管,用真空装置进行抽气,将膜内空气排出,因而在膜内外产生一个气压差,这部分气压差即变成作用于地基上的荷载。地基随着等向应力的增加而固结。抽真空前,土中的有效应力等于土的自重应力,抽真空一定时间的土体有效应力为该时土的固结度与真空压力的乘积值。

(2)技术原理

真空预压作用下土体的固结过程,是在总应力基本保持不变的情况下,孔隙水压力降低,有效应力增长的过程。

真空预压法如图 2-2 所示。首先,在需要加固的地基上铺设水平排水垫层(如砂垫层等)和打设垂直排水通道(袋装砂井或塑料排水板等)。在砂垫层上铺设塑料密封膜并使其四周埋设于不透气层顶面以下至少 50cm,使之与大气压隔离。然后采用抽真空装置(射流泵)降低被加固地基内孔隙水压力,使其地基内有效应力增加,从而使土体得到加固。

由于塑料密封膜使被加固土体得到密封并与大气压隔离,当采用抽真空设备抽真空时,砂垫层和垂直排水通道内的孔隙水压力迅速降低。土体内的孔隙水压力随着排水通道内孔隙压力的降低(形成压力梯度)而逐渐降低。根据太沙基有效应力原理,当总应力不变时,孔隙水压力的降低值全部转化为有效应力的增加值。如图 2-2 所示,孔隙水压力从图中原孔隙水压力线变为抽真空后降低的孔隙水压力线,其孔隙压力的降低量全部转化为有效应力的增加值。所以,地基土体在新增加的有效应力作用下,促使土体排水固结,从而达到加固地基的目的。因抽真空设备理论上最大只能降低一个大气压(绝对压力零点),所以真空预压工程上的等效预压荷载理论极限值为 100kPa,现在的工艺水平一般能达到 80~95kPa。

2. 主要技术指标

(1)排水竖井的间距。排水竖井的间距可根据地基土的固结特性和预定时间内所要求达到的固结度确定。设计时,竖井的间距可按井径比 n 选用($n = d_s / d_w$,d_s 为竖井的有效排水直径,d_w 为竖井直径,对塑料排水带可取 $d_w = d_p$,d_p 为塑料排水带当量换算直径)。塑料排水带或袋装砂井的间距可按 $n = 15 \sim 22$ 选用,普通砂井的间距可按 $n = 6 \sim 8$ 选用。

(2)砂井的砂料应选用中粗砂,其渗透系数应大于 1×10^{-2} cm/s。

(3)真空预压竖向排水通道宜穿透软土层,但不应进入下卧透水层。软土层厚度较大,且以地基抗滑稳定性控制的工程,竖向排水通道的深度至少应超过最危险滑动面 3.0m。对以变形控制的工程,竖井深度应根据在限定的预压时间内需完成的变形量确定,且宜穿透主要受压土层。

(4)真空预压区边缘应大于建筑物基础轮廓线,每边增加量不得小于 3.0m。每块预压面积宜尽可能大且呈方形。

(5)密封膜内的真空度应稳定地保持在 80kPa 以上。

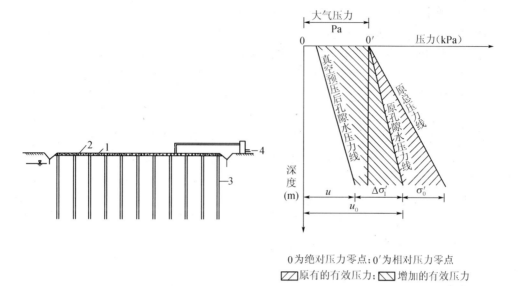

图 2-2 真空预压法原理图

(a)真空预压法构造图;(b)真空预压法压力变化示意

1—密封膜;2—砂垫层;3—垂直排水通道;4—真空泵

（6）真空预压的膜下真空度应稳定地保持在 650mmHg 以上,且应均匀分布,竖井深度范围内土层的平均固结度应大于 90%。

（7）滤水管的周围应填盖 100～200mm 厚的砂层或其他水平透水材料。

（8）真空预压加固面积较大时,宜采取分区加固,分区面积宜为 20000～40000m² 。所需抽真空设备的数量,以一套设备可抽真空的面积为 1000～1500m² 确定。

（9）当地基承载力要求更高时可联合堆载、强夯等综合加固。

（10）预压后建筑物使用荷载作用下可能发生的沉降应满足设计要求。

3. 技术应用要点

（1）技术应用范围

适用于软弱黏土地基的加固。在我国广泛存在着海相、湖相及河相沉积的软弱黏土层,这种土的特点是含水量大、压缩性高、强度低、透水性差。该类地基在建筑物荷载作用下会产生相当大的变形或变形差。对于该类地基,尤其需大面积处理时,譬如在该类地基上建造码头、机场等,真空预压法是处理这类软弱黏土地基的较有效方法之一。

（2）施工技术要点

1）场地整平

施工前对预加固场地先进行场地整平,并对原地面进行方格网测量,准确确定场地标高。

2）铺设砂垫层

砂垫层也称为水平排水垫层,其与竖向排水体相连通,在排水加固过程中起水平向排水作用。水平排水体一般采用透水性好的中粗砂,在砂源缺乏的地区,也可因地制宜采用其他符合设计要求的透水材料,如级配好的碎石,适宜的土工合成材料、土工网垫等。无论选用何种材料,作为水平排水通道,其必须具备渗透功能,并能起到一定程度的反滤作用,防止细的土颗粒渗入垫层孔隙中堵塞排水通道,影响排水效果。水平排水体的施工可采用机械施工或人力铺设,在一些地基强度极低的地基上进行水平排水垫层施工,应采用人工作业,并采取相应的施工措施,保证地基稳定。能采用机械作业的,也只能是轻型机械,设备的接地压力应小于50kPa。

当采用大面积吹填中粗砂垫层施工时,要保证吹填中粗砂的质量,防止出现"拱泥"现象。为了解决这一问题,一般采用在吹泥管口设置消能头的方法。吹砂施工时加固场区应设置多个软管同时进行作业,均匀填筑,并定期移动软管,避免吹砂过度堆积在某一区域,造成吹填厚度不均,从而保证地基土在吹填过程中的稳定性。

3)打设塑料排水板

塑料排水板平面布置、打设深度、质量要符合设计要求。

4)真空管路布置

①真空预压的抽气设备宜采用射流真空泵,空抽时必须达到95kPa以上的真空吸力,真空泵的设置应根据预压面积大小和形状、真空泵效率和工程经验确定,但每块预压区至少应设置两台真空泵。

②真空管路设置应符合如下规定:

a. 真空管路的连接应严格密封,在真空管路中应设置止回阀和截门。

b. 水平向分布滤水管可采用条状、梳齿状及羽毛状等形式,滤水管布置宜形成回路。

c. 滤水管应设在砂垫层中,其上覆盖厚度100～200mm的砂层。

d. 滤水管可采用钢管或塑料管,外包尼龙纱或土工织物等滤水材料。

5)密封膜

①密封膜应符合如下要求:

a. 密封膜应采用抗老化性能好、韧性好、抗穿刺性能强的不透气材料。

b. 密封膜热合时宜采用双热合缝的平搭接,搭接宽度应大于15mm。

c. 密封膜宜铺设三层,膜周边可采用挖沟埋膜,平铺并用黏土覆盖压边、围埝沟内及膜上覆水等方法进行密封。

②压膜沟可根据需要,选择机械挖沟或人工挖沟。压膜沟的深度必须超过加固区边线的可透水土层,一般情况可设置为0.6～0.8m。

③铺膜前应认真清理平整排水垫层,拣除贝壳及带尖角石子,填平打设塑料排水板时留下的孔洞,每层膜铺好后应认真检查及时补洞,待其符合要求后再铺下一层。密封膜的铺设应在白天进行,按顺风向铺设,且风力不宜超过5级。铺设时密封膜的展开方向应与包装标明的方向一致。采用机械挖压膜沟时,密封膜长和宽应超过加固区两侧边线,且不应少于3～4m。密封膜应埋入到压膜沟内的不透水的黏土层中。压膜沟的回填料应采用不含杂物的黏性土。压膜沟应回填密实。

6)抽真空

真空设备在安装前应进行试运转,空抽时必须达到95kPa以上的真空吸力,安装时要保持平稳,且与滤管连接牢固后才可接通电源。密封膜埋入压膜沟后,基本确认密封膜无孔洞时,且真空度达到 50kPa 后,可在密封膜上覆水。加固区膜下真空度在 7~10d 内应达到 80kPa 以上,否则应查找原因及时处理。经过几天的试抽气,在真空度满足设计要求后,应及时上报,请监理检验后开始抽真空计时。在正式抽气期间,真空泵的开启数量不得少于总数的 80%。

7)停泵卸载

根据地基加固过程中监测数据的分析、计算,满足设计要求后,即:有效真空预压时间不少于设计中的真空预压满载时间;实测地面沉降速率连续 5~10d 平均沉降量不大于 1.0~2.0mm/d;按实测沉降曲线推算的固结度达到设计要求,工后沉降满足设计要求,就可以停泵卸载。

三、土工合成材料应用技术

1. 技术原理及主要内容

(1)基本概念

土工合成材料是一种新型的岩土工程材料,大致分为土工织物、土工膜、特种土工合成材料和复合型土工合成材料四大类。特种土工合成材料又包括土工垫、土工网、土工格栅、土工格室、土工膜袋和土工泡沫塑料等。复合型土工合成材料则是由上述有关材料复合而成。土工合成材料具有过滤、排水、隔离、加筋、防渗和防护等六大功能及作用。目前国内已经广泛应用于建筑或土木工程的各个领域,并且已成功地研究、开发出了成套的应用技术,大致包括:

1)土工织物滤层应用技术。

2)土工合成材料加筋垫层应用技术。

3)土工合成材料加筋挡土墙、陡坡及码头岸壁应用技术。

4)土工织物软体排应用技术。

5)土工织物充填袋应用技术。

6)模袋混凝土应用技术。

7)塑料排水板应用技术。

8)土工膜防渗墙和防渗铺盖应用技术。

9)软式透水管和土工合成材料排水盲沟应用技术。

10)土工织物治理路基和路面病害应用技术。

11)土工合成材料三维网垫边坡防护应用技术等。

12)土工膜密封防漏应用技术(软基加固、垃圾场、水库、液体库等)。

(2)技术原理

对土工织物的反滤机理在学术上主要有挡土和滤层作用。对于无黏性土来说,其级配不是稳定的,在单向渗流的情况下存在潜蚀可能性,因此可分为能够形成天然滤层和不能形成天然滤层的两种。对于双向反复流动,如沿海护岸的土工织物滤层,对土工织物滤层的要求较严格,要求其能够阻止较细颗粒的通过。对于黏性土来说,由于黏性土是难于形成天然滤层的,所以对低塑性粉粒含量较高黏性土的滤层要求更加严格,要求土工织物能阻止较细颗粒的通过。

2. 主要技术指标

土工合成材料应用范围十分广泛,针对每一种工程,对土工织物都有特殊要求。目前我国土工合成材料产品的品种、规格已趋齐全,产量具有相当规模,其主要技术性能和产品质量已达到国际水平,可以满足各类工程对其力学性能、水力学性能、耐久性能和施工性能的需求。土工合成材料应用在各类工程中可以很好地解决传统材料和传统工艺难于解决的技术问题。

土工合成材料指标主要分为物理性指标、力学性指标、水力学指标和耐久性指标,而确定设计指标时,应考虑环境变化对参数的影响,如无纺布用于边坡防渗,在现场无纺布因受压而变薄,等效孔径和渗透性减弱,且厚度减小,渗径变短,另外,细颗粒还会进入土工布内使渗透性降低。一般在设计抗拉强度时,应将试验强度进行折减。

$$T_a = T/(F_{id} \times F_{cr} \times F_{cd} \times F_{bd}) \tag{2-1}$$

式中　T_a——材料许可抗拉强度;

　　　T——试验极限抗拉强度;

　　　F_{id}——铺设时机械破坏影响系数;

　　　F_{cr}——考虑材料蠕变影响系数;

　　　F_{cd}——考虑化学剂破坏影响系数;

　　　F_{bd}——考虑生物破坏影响系数,见表 2-1。

表 2-1　土工织物强度的最低影响系数

适用范围	影响系数			
	F_{id}	F_{cr}	F_{cd}	F_{bd}
挡墙	1.1～2.0	2.0～4.0	1.0～1.5	1.0～1.3
堤坝	1.1～2.0	2.0～3.0	1.0～1.5	1.0～1.3
承载力	1.1～2.0	2.0～4.0	1.0～1.5	1.0～1.3
斜坡稳定	1.1～1.5	1.5～2.0	1.0～1.5	1.0～1.3

材料的撕裂强度、握持强度、胀破强度、顶破强度及材料接缝强度仍需按式(2-1)折减。

土工合成材料的主要技术指标根据产品种类可以分为土工布的性能指标、土工膜的性能指标、土工格栅的性能指标和软式透水管的性能指标等,有时为了特定工程常需对土工布要求其他特殊性能。各种土工合成材料性能可参考规范选取,参见表 2-2。

表 2-2　主要土工合成材料性能指标规范

序号	材料品种	性能指标规范
1	短纤针刺非织造土工布	GB/T 17638
2	长丝纺针刺非织造土工布	GB/T 17639
3	长丝机织土工布	GB/T 17640
4	裂膜丝机织土工布	GB/T 17641

序号	材料品种	性能指标规范
5	非织造复合土工膜	GB/T 17642
6	聚氯乙烯土工膜	GB/T 17688
7	双层聚氯乙烯复合土工膜	GB/T 17688
8	塑料土工格栅	GB/T 17689
9	塑料排水板(带)	JT/T 521

3. 技术应用要点

(1)技术应用范围

土工合成材料在我国不仅已经广泛应用于建筑工程的各种领域,而且已成功地研究、开发了成套的应用技术。在我国各行业基础建设中,土工合成材料主要应用于滤层、加筋垫层、加筋挡墙、陡坡及码头岸坡、土工织物软体排、充填袋、模袋混凝土、塑料排水板、土工膜防渗墙和防渗铺盖、软式透水管和排水盲沟、治理路基和路面病害以及三维网垫边坡防护应用等。

(2)施工技术要点

1)基层处理

①铺放土工合成材料的基层应平整,局部高差不大于 50 mm。铺设土工合成材料前应清除树根、草根及硬物,避免损伤破坏土工合成材料;表面凹凸不平的可铺一层砂找平层。找平层应当作路基铺设,表面应有 4%~5% 的坡度,以利排水。

②对于不宜直接铺放土工合成材料的基层应先设置砂垫层,砂垫层厚度不宜小于 300 mm,宜用中粗砂,含泥量不大于 5%。

2)土工合成材料铺放

①首先应检查材料有无损伤破坏。

②土工合成材料须按其主要受力方向从一端向另一端铺放。

③铺放时松紧度应适度,防止绷拉过紧或有皱折,且紧贴下基层。要及时加以压固,以免被风吹起。

④土工合成材料铺放时,两端须有富余量。富余量每端不少于 1000 mm,且应按设计要求加以固定。

⑤相邻土工合成材料连接时,对土工格栅可采用密贴排放或重叠搭接,用聚合材料绳或棒或特种连接件连接,对土工织物及土工膜可采用搭接或缝接。

⑥当加筋垫层采用多层土工材料时,上下层土工材料的接缝应交替错开,错开距离不小于 500 mm。

⑦土工织物、土工膜的连接可采用搭接法、缝合法、胶结法。连接处强度不得低于设计要求的强度。

a. 搭接法。搭接长度为 300~1000 mm,视建筑荷载、铺设地形、基层特性、铺放条件而定。一般情况下采用 300~500 mm;荷载大、地形倾斜、基层极软时,不小于 500 mm;水下铺放时不小于 1000 mm。当土工织物、土工膜上铺有砂垫层时不宜采用搭接法。

b. 缝合法。采用尼龙或涤纶线将土工织物或土工膜双道缝合,两道缝线间距 10~25 mm,缝合形式如图 2-3 所示。

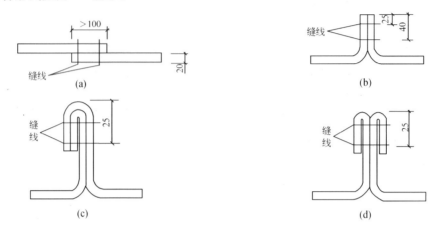

图 2-3　缝合接缝形式
(a)平接;(b)对接;(c)J 字接;(d)蝶形接

c. 胶结法。采用热粘结或胶粘结。粘结时搭接宽度不宜小于 100 mm。

3)回填

①土工合成材料垫层地基,无论是使用单层还是多层土工合成加筋材料,作为加筋垫层结构的回填料,材料种类、层间高度、碾压密实度等都应由设计确定。

②回填料为中、粗砾砂或细粒碎石类时,在距土工合成材料(主要指土工织物或土工膜) 80 mm 范围内,最大粒径应小于 60 mm。当采用黏性土时,填料应能满足设计要求的压实度,并不含有对土工合成材料有腐蚀作用的成分。

③当使用块石做土工合成材料保护层时,块石抛放高度应小于 300 mm,且土工合成材料上应铺放厚度不小于 50 mm 的砂层。

④对于黏性土,含水量应控制在最优含水量的 ±2% 之内,密实度不少于最大密实度的 95%。

⑤回填土应分层进行,每层填土的厚度应随填土的深度及所选压实机械轻重确定。一般为 100~300 mm,但第一层填土厚度不少于 150 mm。

⑥对于不同的地基,填土可按以下不同顺序进行。

a. 极软地基采用后卸式运土车,先从土工合成材料两端侧卸土,形成戗台,然后对称往两戗台间填土。施工平面应始终呈"凹"形(凹口朝前进方向)。

b. 一般地基采用从中心向外侧对称进行,平面上呈"凸"形(凸口朝前进方向)。

⑦回填时应根据设计要求及地基沉降情况,控制回填速度。

⑧土工合成材料上第一层填土,填土机械设备只能沿垂直于土工合成材料的铺放方向运行。应用轻型机械(压力小于 55 kPa)摊料或碾压。填土高度大于 600 mm 后方可使用重型机械。

第二节 基坑支护工程新技术应用

一、复合土钉墙支护技术

1. 技术原理及主要内容

（1）基本概念

复合土钉墙是将土钉墙与一种或几种单项支护技术或截水技术有机组合成的复合支护体系，它的构成要素主要有土钉、预应力锚杆、截水帷幕、微型桩、挂网喷射混凝土面层、原位土体等。

复合土钉墙支护具有轻型、机动灵活、适用范围广、支护能力强的特点，可作超前支护，并兼备支护、截水等效果。在实际工程中，组成复合土钉墙的各项技术可根据工程需要进行灵活的有机结合，形式多样。复合土钉墙是一项技术先进、施工简便、经济合理、综合性能突出的基坑支护技术。

（2）技术原理

复合土钉墙是将普通土钉墙与一种或几种构件有机组合成的复合支护体系，构成要素主要有土钉（钢筋土钉或钢管土钉）、预应力锚杆（索）、截水帷幕、微型桩、挂网喷射混凝土面层、原位土体等。

（3）基本构造形式

预应力锚杆、截水帷幕及微型桩或单独或组合与基本型土钉墙复合，形成了7种复合形式：

1）土钉墙＋预应力锚杆；

2）土钉墙＋截水帷幕；

3）土钉墙＋微型桩；

4）土钉墙＋截水帷幕＋预应力锚杆；

5）土钉墙＋微型桩＋预应力锚杆；

6）土钉墙＋截水帷幕＋微型桩；

7）土钉墙＋截水帷幕＋微型桩＋预应力锚杆。

其中第三种应用最多。

2. 主要技术指标

（1）复合土钉墙中的预应力锚杆指锚索、锚杆机、锚管等。

（2）复合土钉墙中的止水帷幕形成方法有：水泥土搅拌法、高压喷射注浆法、灌浆法、地下连续墙法、微型桩法、钻孔咬合桩法、冲孔水泥土咬合桩法等。

（3）复合土钉墙中的微型桩是一种广义上的概念，构件或做法如下：

①直径不大于400mm的混凝土灌注桩，受力筋可为钢筋笼或型钢、钢管等。

②作为超前支护构件直接打入土中的角钢、工字钢、H形钢等各种型钢、钢管、木桩等。

③直径不大于400mm的预制钢筋混凝土圆桩，边长不大于400mm的预制方桩。

④在止水帷幕中插入型钢或钢管等劲性材料等。

（4）土钉墙、水泥土搅拌桩、预应力锚杆、微型桩等按《建筑基坑支护技术规程》（JGJ 120）、《基坑土钉支护技术规程》（CECS 96）等现行技术标准设计施工。

3. 技术应用要点

（1）技术应用范围

1）开挖深度不超过 15m 的各种基坑。

2）淤泥质土、人工填土、砂性土、粉土、黏性土等土层。

3）多个工程领域的基坑及边坡工程。

（2）设计内容及原则

1）设计内容

①确定土钉墙的平面、剖面尺寸及分段施工高度。

②确定土钉布置方式和间距。

③确定土钉的直径、长度、倾角及空间方向。

④确定钢筋类型、锚头构造。

⑤确定注浆方式、配合比、浆体强度指标。

⑥喷射混凝土面层设计，坡顶防护措施。

⑦土钉抗拔力验算。

⑧进行整体稳定性分析及验算。

⑨变形预测和可靠分析。

⑩施工各阶段内部稳定性验算，即开挖已达作业深度，但作业面上的土钉尚未设置或注浆尚未达到强度时的施工阶段稳定验算。

⑪施工图纸及施工注意事项说明。

⑫现场监测和质量控制设计说明。

2）设计原则与要求

土钉墙支护应满足强度、稳定性、变形和耐久性等要求。当土钉支护用于建筑物密集的深基坑开挖时，限制变形、保证周围建筑物设施的环境安全尤为重要。

①施工开挖过程

控制每步的开挖深度和合理安排作业顺序，使开挖面上裸露土体保持稳定，这对于限制土钉支护变形十分重要。每步开挖深度通常为 1~2m。施工过程必须与现场测试和监控相结合，通过测量数据及时反馈以便指导施工。

②控制支护变形的措施

根据地质情况，应在施工注意事项中提出限制每步作业开挖深度及合理挖土工序，限制边坡开挖后裸露时间，以及对加快注浆的时间和喷射混凝土等的要求。

根据地质及水文情况，在结构设计中，可以采取加大上层土钉排的长度；增加土钉密度；如用螺帽，端头可通过拧紧螺丝施加少量预应力或在上部土钉中做一排预应力锚杆。

③充分考虑地下水、管道漏水情况

土钉支护必须在地下水位以上进行逐层挖土及土钉作业。地下水位高、有上层滞水的地基要降低地下水位，如遇丰水区或地下水与江河连通不易降水时，应做隔水帷幕。

设计土钉支护应进行工地现场勘察,了解管道、化粪池等地下构筑物的漏水情况,这项工作非常重要。因为在地下水的作用下,土压力将增加,土钉的内力增加,同时土钉的抗拔能力将减小,这样会导致土钉支护失效或者造成破坏。

④设计、施工和监控密切配合

土钉支护本身要求设计、施工和监控密切配合,如是分单位负责,则必须有良好的配合,最好是设计和施工皆由施工单位负责,统一起来。

⑤设计的一般原则和要求

a. 用于基坑支护坑深在 12m 左右的边坡,墙面坡度不宜大于 1:0.1。

b. 土钉长度与开挖深度之比 L/H 宜为 0.5~1.2,顶部土钉长度宜为 0.8H 以上,间距宜为 1~2m,土钉水平夹角宜为 5°~20°。

c. 土钉必须和面层有效连接,应设置承压板或加强钢筋等构造措施,承压板或加强钢筋应与土钉螺栓连接或与钢筋焊接连接。

d. 土钉宜用 HPB 235、HRB 335 级直径 16~32mm 钢筋,钻孔(锚钉孔)注浆直径宜为 70~120mm。

e. 上下段钢筋网搭接长度应大于 300mm。灌浆材料宜用水泥浆或水泥砂浆,强度等级不低于 M10。

f. 喷射混凝土面层厚度宜为 80~200mm。

g. 喷射混凝土强度等级不宜低于 C20。

h. 喷射混凝土面层中应配钢筋网,钢筋网采用 HPB 235 级钢筋 6~10mm,间距 150~300mm。

(3)施工技术要点

1)施工程序

复合土钉墙的施工应按以下顺序进行:放线定位→施作截水帷幕和微型桩→分层开挖→喷射第一层混凝土→土钉及预应力锚杆钻孔安装→挂网喷射第二层混凝土→(无预应力锚杆部位)养护48h后继续分层下挖→(布置预应力锚杆部位)浆体强度达到设计要求并张拉锁定后继续分层开挖。

2)土方开挖与喷锚支护的配合

土方开挖与土钉喷射混凝土等工艺的密切配合是确保复合土钉墙支护顺利施工的重要环节,最好由一个施工单位总包,统一安排。实际工程中,如果由两个单位分别负责,则要求二者之间必须密切配合。土方开挖必须严格遵循分层、分段、平衡、适时等原则。设计文件中,应根据上述原则提出具体要求,施工单位根据设计和规范要求做出施工组织设计。在软土和砂土地段,应特别注意掌握开挖时间和开挖顺序,并及时施作支护,尽量缩短支护时间。

3)土钉施工

①成孔及设置土钉

a. 土钉成孔直径为 70~120 mm,土钉宜用 HRB 335 及 HRB 400 钢筋,直径宜用 16~32 mm。

b. 土钉成孔采用的机具应适合土层特点,满足成孔要求,在进钻和抽出过程中不会引起塌孔。在易塌孔的土体中需采取措施,如套管成孔。

c. 成孔前应按设计要求定出孔位、做出标记和编号。成孔过程中做好记录,按编号逐一记录土体特征、成孔质量、事故处理等,发现较大问题时,及时反馈、修改土钉设计参数。

d. 孔位的允许偏差不大于 100 mm,钻孔倾斜度偏差不大于 1°,孔深偏差不大于 30 mm。

e. 成孔后要进行清孔检查,对孔中出现的局部渗水、塌孔或掉落松土应立即处理,成孔后应及时穿入土钉钢筋并注浆。

f. 钢筋入孔前应先设置定位架,保证钢筋处于孔的中心部位,定位架形式同锚杆钢筋定位架。支架沿钢筋长向间距为 2~3 m,支架应不妨碍注浆时浆体流动。支架材料可用金属或塑料。

②注浆

a. 成孔内注浆可采用重力、低压(0.4~0.6 MPa)或高压(1~2 MPa)方法注浆。

对水平孔必须采用低压或高压方法注浆。压力注浆时,应在钻孔口处设置止浆塞,注满浆后保持压力 3~5 min。压力注浆尚需配备排气管,注浆前送入孔内。

对于下倾斜孔,可采用重力或低压注浆。注浆采用底部注浆方式。注浆导管底端先插入孔底,在注浆的同时将导管匀速缓慢拔出,导管的出浆口应始终处在孔中浆体表面以下,保证孔中气体能全部溢出。重力注浆以满孔为止,但在初凝前须补浆 1~2 次。

b. 二次注浆。为提高土钉抗拔力采取二次注浆方法,即在首次注浆终凝后 2~4 h 内,用高压(2~3 MPa)向钻孔中第二次灌注水泥浆,注满后保持压力 5~8 min。二次注浆管的边壁带孔,在首次注浆前与土钉钢筋同时放入孔内。

c. 向孔内注入浆体的充盈系数必须大于 1。每次向孔内注浆时,宜预先计算浆体体积并根据注浆泵的冲程数,求出实际的孔内注浆体积,以确认注浆量超过孔的体积。

d. 注浆所用水泥砂浆的水胶比,宜在 0.4~0.45 之间。当用水泥净浆时宜为 0.45~0.5,并宜加入适量的速凝剂、外加剂等,以促进早凝和控制泌水。施工时,当浆体工作度不能满足要求时,可外加高效减水剂,但不准任意加大用水量。

浆体应搅拌均匀立即使用。开始注浆、中途停顿或作业完毕后,须用水冲洗管路。

注浆砂浆强度试块,采用 70 mm×70 mm×70 mm 立方体,经标准养护后测定,每批至少 3 组(每组 3 块)试件,给出 3~28 d 强度。

③土钉与面层连接

a. 较简单的连接方法如图 2-4(c)所示,用 φ25 短钢筋头与土钉钢筋焊接牢固后,进行面层喷射混凝土。

b. 采用端头螺纹、螺母及垫板接头,如图 2-4(a)所示。这种方法需要先将杆件端头套丝,并与土钉钢筋对焊,喷射混凝土前将螺杆用塑料布包好,待面层混凝土具有一定强度后,套入垫板及螺母后,拧紧螺母,其优点是可起预加应力作用。

④喷射混凝土面层

a. 面层内的钢筋网片应牢牢固定在土壁上,并符合保护层厚度要求。网片可以与土钉固定牢固,喷射混凝土时,网片不得晃动。

钢筋网片可以焊接或绑扎而成,网格允许误差 10 mm,网片铺设搭接长度不应小于 300 mm 及 25 倍钢筋直径。

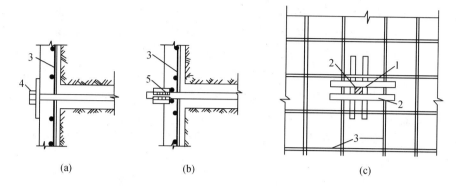

图 2-4　土钉与面层的连接

（a）螺栓连接；（b）、（c）钢筋连接

1—土钉；2—井字短钢筋；3—喷射钢筋混凝土；4—螺栓连接；5—焊接钢筋

b. 喷射混凝土材料，水泥宜用的强度等级为 42.5，干净碎石、卵石，粒径不宜大于 12 mm，水泥与砂石质量比宜为（1：4）～（1：4.5），砂率 45%～55%，水胶比 0.4～0.45，宜掺外加剂，并应满足设计强度要求。

c. 喷射作业前要对机械设备，风、水管路和电线进行检查及试运转，清理喷面，埋好控制喷射混凝土厚度的标志。

d. 喷射混凝土射距宜在 0.8～1.5 m，并从底部逐渐向上部喷射。射流方向应垂直指向喷射面，但在钢筋部位，应先填充钢筋后方，然后再喷钢筋前方，防止钢筋背后出现空隙。

e. 当面层厚超过 100 mm 时，要分两次喷射。当进行下步喷射混凝土时，应仔细清除施工缝接合面上的浮浆层和松散碎屑，并喷水使之湿润。

f. 根据现场环境条件，进行喷射混凝土的养护，如浇水、织物覆盖浇水等养护方法，养护时间视温度、湿度而定，一般宜为 7 d。

g. 混凝土强度应用 100 mm×100 mm×100 mm 立方体试块进行测定，将试模底面紧贴边壁侧向喷入混凝土，每批留 3 组试块。

h. 当采用干法作业时，空压机风量不宜小于 9 m³/min，以防止堵管，喷头水压不应小于 0.15 MPa，喷前应对操作手进行技术考核。

4）土钉现场试验

①试验要求

a. 土钉墙支护施工必须进行土钉的现场抗拔试验。一般应在专设的非工作土钉上进行抗拔试验直至破坏，用以确定破坏荷载及极限荷载，并据此估计土钉界面极限粘结强度。

b. 每一典型土层中至少测试 3 个土钉，其孔径制作工艺等应与工作土钉完全相同，但试验土钉在距孔口处保留 1 m 长非粘结段。

②试验方法

a. 现场抗拔试验宜用穿心式液压千斤顶张拉，要求土钉、千斤顶、测力杆均在同一轴线上，千斤顶的反力支架可置于喷射混凝土面层并可垫钢板，加荷时用油压表大体控制加荷值，并由测力杆准确计量。土钉的拔出位移量用百分表量测，其精度不小于 0.02 mm，量程不少于 50 mm，百分表支架应远离混凝土面层着力点。

b. 试验采用分级连续加载,首先施加少量初始荷载(不大于设计荷载的 10％),使加载装置保持稳定。以后的每级荷载增量不超过设计荷载的 20％。在每级荷载施加完毕后,应立即记下位移读数,并在保持荷载稳定不变的情况下,继续记录 1 min、6 min、10 min 的位移读数。若同级荷载下 10 min 与 1 min 的位移增量小于 1 mm,即可施加下级荷载,否则应保持荷载不变继续测读15 min、30 min、60 min 时的位移,此时若 60 min 与 6 min 的位移增量小于2 mm,可立即施加下级荷载,否则即认为达到极限荷载。

c. 测试土钉的注浆体抗压强度,一般不低于 6 MPa。

③试验结果评定

a. 极限荷载下的总位移,必须大于测试土钉非黏结段土钉弹性伸长理论计算值的80％,否则测试数据无效。

b. 根据试验得出的极限荷载,可算出界面粘结强度的实测值。试验平均值应大于设计计算所用标准值的 1.25 倍,否则应进行反馈修改设计。

c. 当由试验所加最大荷载计算出的界面粘结强度,已经大于计算用的粘结强度的 1.25倍时,可以不再进行破坏试验。

5)土钉墙支护施工监测

①施工监测内容

a. 土钉墙施工监测内容。支护位移的量测;开裂状态(位置、裂宽)的观察及记录;附近建筑物和重要管线设施的变形量测和裂缝观察及记录;基坑渗漏水和基坑内外地下水位变化。

b. 支护位移的量测至少应有基坑边壁顶部的水平位移与垂直沉降。测点位置应选在变形最大或局部地质条件最为不利的地段。测点总数不宜小于 3 个,测点距离不宜大于30 m。

在可能的情况下,宜同时测定基坑边壁不同深度位置处的水平位移,以及地表离基坑边壁不同距离处的沉降,绘出地表沉降曲线。

②施工监测要求

a. 在支护阶段,每天监测不少于1～2次,在完成基坑开挖、变形趋于稳定的情况下,可适当减少监测次数。施工监测过程应持续至整个回填结束、支护退出工作为止。

b. 应特别加强雨天和雨后监测。对各种可能危及土钉支护安全的水害来源,要进行仔细观察,如场地周围排水、上下水道、化粪池、储水池等漏水以及土体变形造成的管道漏水和人工降水不良等情况的观察。

c. 在施工过程中,基坑顶部的侧向位移与当时所挖深度之比,如黏性土超过 0.3％～0.5％、砂土超过 0.3％时,应加强观测,分析原因并及时对支护采取加固措施,必要时增加其他支护办法,以防止事故发生。

6)复合土钉墙施工注意事项

土钉的施工质量对土钉墙的稳定至关重要,土钉施工除遵循土钉墙已有规范外,在复合土钉墙中应特别注意以下两点:

①土钉选择:在普通土钉墙中,主要采用钢筋土钉,而且设计文件往往考虑和限制了其使用条件,例如用于有一定自稳能力的土层,或经过降水的土层等。但在复合土钉墙中,由

于土层种类和使用条件的扩大,钢筋土钉往往难以适应。因此,在复合土钉墙的设计和施工中应根据工程条件合理选择土钉种类。一般来说,地下水位以上,或有一定自稳能力的地层中,钢筋土钉和钢管土钉均可采用;但地下水位以下,软弱土层、砂质土层等,由于成孔困难,则应采用钢管土钉。

②钢管土钉施工:钢管土钉不需先成孔,它是通过专用设备直接打入土层,并通过管壁与土层的摩阻力产生锚拉力达到稳定的目的,保证较高的摩阻力是其成败的关键。钢管施工应注意:一是钢管土钉在土层中禁止引孔(帷幕除外),由于设备能力不够而造成土钉不能全部被打进时,则应更换设备;二是土钉外端应有足够的自由段长度,自由段一般不小于3m,不开孔,靠其与土层之间的紧密贴合保证里段有较高的注浆压力和注浆量,提高加固和锚固效果;三是在帷幕上开孔的土钉,土钉安装后应对孔口进行封闭,防止渗水漏水。

二、型钢水泥土复合搅拌桩支护结构技术

1. 技术原理及主要内容

(1)基本概念

型钢水泥土复合搅拌桩支护结构同时具有抵抗侧向土水压力和阻止地下渗漏的功能,主要用于深基坑支护。其制作工艺是:通过特制的多轴深层搅拌机自上而下将施工场地原位土体切碎,同时从搅拌头处将水泥浆等固化剂注入土体并与土体搅拌均匀,通过连续的重叠搭接施工,形成水泥土地下连续墙;在水泥土硬凝之前,将型钢插入墙中,形成型钢与水泥土的复合墙体。实际工程应用中主要有两种结构形式:Ⅰ型是在水泥土墙中插入断面较大H型钢,主要利用型钢承受水土侧压力,水泥土墙仅作为止水帷幕,基本不考虑水泥土的承载作用和与型钢的共同工作,型钢一般需要涂抹隔离剂,待基坑工程结束之后将H型钢拔除,以节省钢材;Ⅱ型是在水泥土墙内外两侧应力较大的区域插入断面较小的工字钢等型钢,利用水泥土与型钢的共同工作,共同承受水土压力并具有止水帷幕的功能。

(2)技术特点

施工时对邻近土体扰动较少,故不至于对周围建筑物、市政设施造成危害;可做到墙体全长无接缝施工、墙体水泥土渗透系数 K 可达 10^{-7}cm/s,因而具有可靠的止水性;成墙厚度可低至550mm,故围护结构占地和施工占地大大减少;废土外运量少,施工时无振动、无噪声、无泥浆污染;工程造价较常用的钻孔灌注排桩的方法节省 20%～30%。

2. 主要技术指标

(1)型钢水泥土搅拌墙的计算与验算应包括内力和变形计算、整体稳定性验算、抗倾覆稳定性验算、坑底抗隆起稳定性验算、抗渗流稳定性验算和坑外土体变形估算。

(2)型钢水泥土搅拌墙中三轴水泥土搅拌桩的直径宜采用650mm、850mm、1000mm;内插的型钢宜采用H型钢。

(3)水泥土复合搅拌桩28d无侧限抗压强度标准值不宜小于0.5MPa。

(4)搅拌桩的入土深度宜比型钢的插入深度深0.5～1.0m。

(5)搅拌桩体与内插型钢的垂直度偏差不应大于1/200。

（6）当搅拌桩达到设计强度，且龄期不小于 28d 后方可进行基坑开挖。

主要参照标准有：《型钢水泥土搅拌墙技术规程》（JGJ/T 199）及《建筑基坑支护技术规程》（JGJ 120）等。

3. 技术应用要点

（1）技术应用范围

该技术主要用于深基坑支护，可在黏性土、粉土、砂砾土使用，目前在国内主要在软土地区有成功应用。

（2）施工技术要点

1）构造技术措施

根据不同地层，水泥土的搭接形式主要有 3 种，如图 2-5 所示。型钢或工字钢的插入形式主要有间隔插入式、连续插入式和组合式三种形式，如图 2-6 所示。

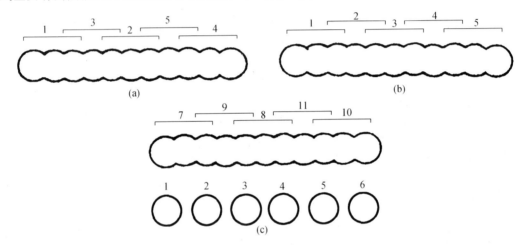

图 2-5　水泥土的搭接形式（图中数字为施工序号）

(a)连续式Ⅰ（标准式），用于标贯值小于 50 的土；(b)连续式Ⅱ（连贯式），用于标贯值小于 50 的土；

(c)预钻孔式，用于标贯值大于 50 的极密实土，或含有卵石、漂石的砂砾层或软岩层

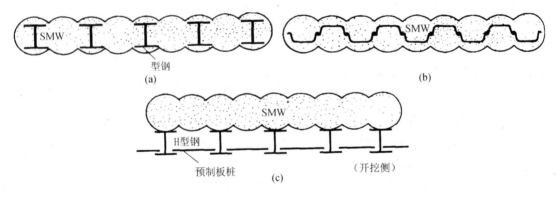

图 2-6　构造方式

(a)插入式（间隔式）；(b)插入式（连续式）；(c)组合式

2）深层搅拌水泥土桩墙属重力式挡土结构，且设计计算强度采用 28 d 强度（地基处理采用 90 d 强度），因此水泥掺量应比地基处理有所增加，并加入适量的早强剂。湿法深层搅拌桩墙水泥掺入量宜为被加固土密度的 15％～18％；粉喷（干法）深层搅拌桩墙水泥掺入量宜为被加固土密度的 13％～16％。

3）水泥土墙应采用切割搭接法施工，应在前桩水泥尚未固化时进行后序搭接桩的施工，搭接施工的间歇时间应不超过 10～16 h。施工开始和结束的头尾搭接处，应采取加强措施，消除搭接勾缝。

4）大型 H 型钢压入与拔出一般采用液压压桩（拔桩）机，H 型钢的拔出阻力较大，比压入大好几倍，主要是由于水泥结硬后与型钢粘结力大大增加，此外，型钢在基坑开挖后受侧土压力作用往往有较大的变形，使拔出受阻。水泥土与型钢粘结力可通过在型钢表面涂刷减摩剂解决，而型钢的变形，主要通过在设计时考虑型钢受力后的变形不能过大进行控制。

5）型钢压入时应先开挖导沟、设置围檩导向架。导沟的作用可使搅拌桩施工时的涌土不致冒出地面；导向围檩则是确保搅拌桩及型钢插入位置的准确。围檩导向架采用型钢制作，两侧围檩间距比插入型钢宽度增加 20～30 mm，导向桩间距 4～6 m，长度 10 m 左右。围檩导向架施工时应确保轴线和标高的正确。

6）水泥土墙应在设计开挖龄期采用钻芯法检测墙身完整性，钻芯数量不宜少于总桩数的 2％，且不应少于 5 根，并根据设计要求取样进行单轴抗压强度试验。

三、工具式组合内支撑技术

1. 技术原理及主要内容

（1）基本概念

组合内支撑技术是建筑基坑支护的一项新技术，它是在混凝土内支撑技术的基础上发展起来的一种内支撑结构体系，主要利用组合式钢结构构件截面灵活可变、加工方便等优点。当无大型钢管和型钢时，可用角钢组合成空间桁架支撑，它的外围尺寸可以根据需要设计。由于组合空间桁架外围尺寸、刚度大，稳定性好，常用于跨度长、受力大的支撑部位。

（2）技术特点

工具式组合内支撑技术具有以下特点：

1）适用性广，可在各种地质情况和复杂周边环境下使用；

2）施工速度快，支撑形式多样；

3）计算理论成熟；

4）可拆卸重复利用，节省投资。

2. 主要技术指标

1）标准组合件跨度 8m，9m，12m 等。

2）竖向构件高度 3m，4m，5m 等。

3）受压杆件的长细比不应大于 150，受拉杆件的长细比不应大于 200。

4）构件内力监测数量不少于构件总数量 15％。

3. 技术应用要点

（1）技术应用范围

适用于周围建筑物密集，相邻建筑物基础埋深较大，施工场地狭小，岩土工程条件复杂或软弱地基等类型的深大基坑。

（2）工程设计要点

1）施工设计

内支撑承受的荷载大而复杂，计算时应包括最不利时的工况。内支撑的每根杆件都要满足强度和稳定性要求，以保证整个支护结构的安全。内支撑结构计算主要包括以下几个方面内容：确定荷载种类、方向及大小；计算模型和计算假定；采用合理的计算方法；计算结果的分析判断和取用。

2）荷载

作用在水平支撑上的荷载主要是水平力和竖向荷载。水平力主要是由竖向围护结构传来的水、土压力和基坑外地面荷载，沿压顶梁、腰梁长度方向的分布力汇集到水平支撑的端部节点上。必要时还要考虑环境条件的变化，如温度应力或附加预压力等外荷载。竖向荷载主要是支撑自重和附加在支撑上的施工活荷载。

3）计算方法

支撑计算比较复杂，它的复杂性不在于支撑本身，而在于计算的精确性与同它相联系的围护结构、土质、水文、施工工艺等条件密切有关。计算方法主要有两种：

第一种是简化计算方法。它将支撑体系与竖向围护结构各自分离计算。压顶梁和腰梁作为承受由竖向围护构件传来的水平力的连续梁或闭合框架，支撑与压顶梁、腰梁相连的节点即为其不动支座。当基坑形状比较规则并采用简化计算方法时，可以采用以下规定：

①在水平荷载作用下腰梁和压顶梁的内力和变形可近似按多跨或单跨水平连续梁计算。计算跨度取相邻支撑点中心距。当支撑与腰梁、压顶梁斜交时或梁自身转折时，尚应计算这些梁所受的轴向力；

②支撑的水平荷载可近似采用腰梁或压顶梁上的水平力乘以支撑点中心距；

③在垂直荷载作用下，支撑的内力和变形可近似按单跨或多跨连续梁分析，其计算跨度取相邻立柱中心距；

④立柱的轴向力取水平支撑在其上面的支座反力。

第二种是平面整体分析。它将支撑体系作为一个整体，传至环梁（即压顶梁、腰梁）的力作为分布荷载，整个平面体系设若干支座（以弹性支座为好），其刚度根据支撑标高处的土层特性及围护结构刚度综合选定，借助计算机软件进行分析，可同时得出支撑系统的内力与变形结果。

4）水平支撑的截面设计

支撑截面设计方法基本上与普通结构类似，作为临时性结构尚可作如下一些规定：

①支撑构件的承载力验算应根据在各工况下计算内力包络图进行。

②水平支撑按偏心受压构件计算。杆件弯矩除由竖向荷载产生的弯矩外，尚应考虑轴向力对杆件的附加弯矩，附加弯矩可按轴向力乘以初始偏心距确定。偏心距按实际情况确定，且不小于 40mm。

③支撑的计算长度：在竖向平面内取相邻立柱的中心距，在水平面内取与之相交的相邻支撑的中心距。如纵横向支撑不在同一标高上相交时，其水平面内的计算长度应取与该支撑相交的相邻支撑的中心距的1.5～2倍。

5）技术措施

钢支撑的连接主要采用焊接或高强螺栓连接。钢构件拼接点的强度不应低于构件自身的截面强度。对于格构式组合构件的缀条应采用型钢或扁钢，不得采用钢筋。

钢管与钢管的连接一般以法兰盘形式连接和内衬套管焊接，如图2-7所示。当不同直径的钢管连接时，采用锥形过渡，图2-8所示。

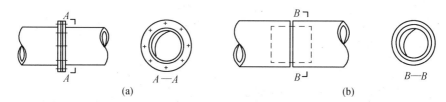

图2-7　钢管连接图

（a）法兰盘连接图；（b）内套管连接图

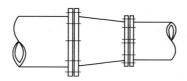

图2-8　大小钢管连接示意图

钢管或型钢与混凝土构件相连处须在混凝土内预埋连接钢板及安装螺栓等（图2-9）。当钢管或型钢支撑与混凝土构件斜交时混凝土构件宜浇成与支撑轴线垂直的支座面，如图2-10所示。

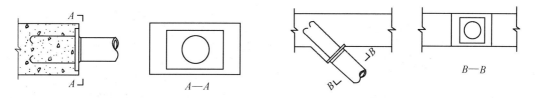

图2-9　钢管支撑与混凝土构件连接示意图　　　图2-10　钢管支撑与混凝土构件斜交连接示意图

钢支撑的其他主要连接节点构造图如图2-11～图2-17所示。

（3）施工技术要点

钢支撑支护体系施工顺序：钢支撑吊装、就位、焊接→钢支撑施加预应力→斜撑、纵向系杆安装→临时钢立柱安装。

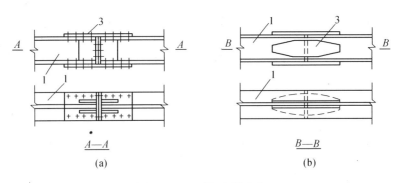

图 2-11　H 型钢支撑连接

(a)螺栓连接；(b)焊接连接

1—H 型钢；3—钢板

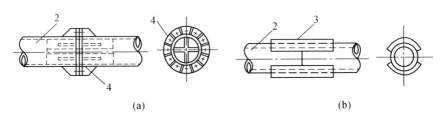

图 2-12　钢管支撑连接

(a)螺栓连接；(b)焊接连接

2—钢管；3—钢板；4—法兰

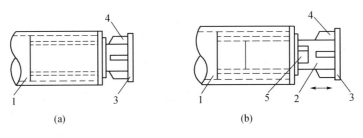

图 2-13　钢支撑端部构造

(a)固定端部构造；(b)活络端部构造

1—钢管支撑；2—活络头；3—端头封板；4—肋板；5—钢楔

1)钢支撑安装

钢支撑安装随土方开挖分层进行。节点施工的关键是承压板间均匀接触,钢支撑构件就位时应保持中心线一致。为保证钢支撑就位和连接,安装前应搭设安装平台。钢支撑就位后,各分段钢支撑的中心线尽量保持一致,必要时应调整支托位置(辅以仪器配合)。钢支撑与腰梁等节点焊接时按设计预留焊缝,同时应检查护坡桩上埋件、腰梁及立柱支托上的钢支撑位置,以保证主撑准确就位。

2)施加预应力

钢支撑就位后要施加预应力,故将其一端做成可自由伸缩的"活接头",该接头由主体、

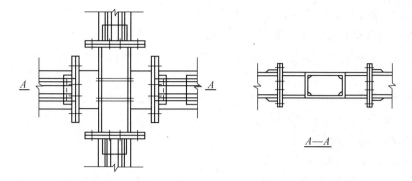

图 2-14　H 型钢十字接头平接

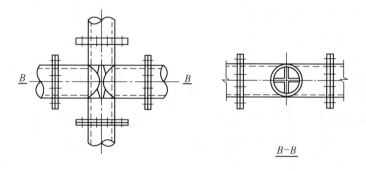

图 2-15　钢管十字接头平接

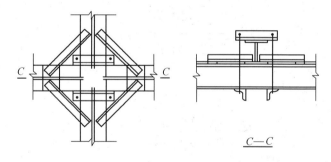

图 2-16　H 型钢叠接

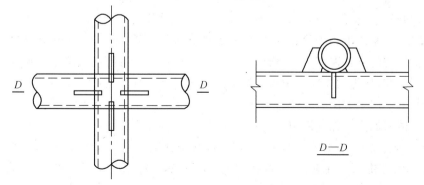

图 2-17　钢管叠接

滑杆、滑道和钢楔块四部分组成。主体与钢支撑相连,滑杆与腰梁相连。施加预应力时,滑杆可以在滑道内自由移动。钢支撑顶紧腰梁后,打入钢楔块。钢楔块将钢支撑的反力通过滑杆传给腰梁,起到支撑的作用。具体施工过程如下:①在每根水平支撑的一端制作活接头并加焊放置千斤顶的位置,以便施加预应力。②安装千斤顶,在活接头一端施加预应力。钢支撑顶紧腰梁后,打入钢楔块,固定并焊牢。③千斤顶用油表控制压力,横撑施加预应力;同时观测相邻钢支撑预应力的损失,如超过 50% 即应重新施加。活接头两侧的千斤顶工作时应同步,以免产生偏心荷载。

3)纵向系杆、钢立柱施工

纵向系杆、钢立柱施工:①在系杆施工中,每隔一定距离设置螺栓接头,螺栓孔为椭圆形,系杆间预留 20mm 空隙,系杆的接长采用螺栓连接。②在地表用钻孔机钻孔后,置入钢立柱。钢立柱的嵌固深度通过计算确定。在开挖底标高以下灌入混凝土,形成型钢混凝土柱,从而保证整个系统的稳定。

4)连接节点施工

钢支撑、纵向系杆、临时钢立柱连接节点的施工:钢支撑、纵向系杆、临时钢立柱节点的连接可采用 U 型套箍螺栓连接(图 2-18)。节点受力特点是对钢支撑、纵向系杆、临时钢立柱的连接既有三向约束作用,钢支撑、纵向系统又可以在各自轴线方向有变化。使用 U 型套箍施工简便,不损母材,且容易调整,便于组成钢支撑支护体系的构件再利用。

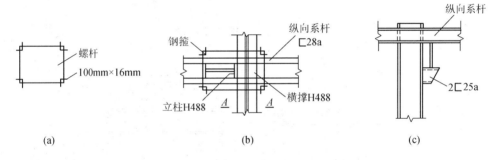

图 2-18　钢套箍做法
(a)钢套箍示意;(b)俯视图;(c)A—A 剖面

5)安全措施

①土方开挖

与钢支撑体系施工相配合的土方开挖按自上而下分层进行,每层由中间向两侧开挖。每层靠近护坡桩的土方保留,作为预留平台。利用预留平台可控制基坑土体位移,保证基坑稳定;还可利用其作为钢支撑支护体系施工的工作平台。待本层钢支撑施工完成后,将本层预留平台与下一层土方同时开挖。

②支护体系的安全保证措施

a. 土方开挖分层、分段并预留平台,以控制整个基坑土体的水平位移,增加基坑稳定性。

b. 在基坑范围内设置应力检测点,定期(3d)检测支护系统的受力状况,实际受力值小于设计受力值为合格。

c. 支护系统施工中,严禁蹬踏钢支撑,操作应在操作平台上进行并由专人负责。

d. 钢立柱四周 1m 范围内预留结构的板筋,待拆除钢立柱后即可焊接钢筋、浇筑楼板混凝土。

e. 基础结构施工中,严禁在钢支撑上放置重物及行走。

③钢支撑支护体系的拆除

a. 待基础结构自下而上施工到支撑下 1.0m 处且楼板混凝土强度达 80% 以上时,开始拆除基础结构楼板下的支护体系,否则将使巨大的侧压力传至楼板。

b. 支护体系拆除的顺序为自下而上,先水平构件,后垂直构件(钢立柱)。具体步骤是先行拆除斜撑、纵向系杆、柱箍,再用千斤顶卸载主撑,撤除撑端的钢楔块,用塔吊将钢支撑吊出基坑。待最上层水平构件拆除后,用乙炔将钢立柱从底部切断,用塔吊将其吊出基坑。

④施工监测

施工全过程应对支护体系的稳定性和相邻建筑物的沉降进行严密的监测和测试,至基础结构施工全部完成,各项监测指标均在正常范围内。

四、逆作法施工技术

1. 技术原理及主要内容

(1)基本概念

建筑地下工程主体结构采用逆作法,是地面以下主体结构各层自上而下(相对于传统方法反顺序)施工法的简称。它借助于地下逐层形成钢筋混凝土梁板的水平强度和刚度,对周边围护结构产生各道支撑作用,来保证内部土方相应逐步下挖的施工方法。

(2)技术原理

逆作法是建筑地下主体结构的一种施工技术,它通过合理利用建(构)筑物地下结构逐层施工产生的自身抗,达到后续开挖支护围护结构的目的。一般意义上的逆作法是指主体结构的逆作,即,将地下结构的外墙作为挖土围护的挡墙(地下连续墙)、将结构的梁板作为挡墙的水平支撑、将结构的框架柱作为挡墙支撑立柱的自上而下作业的支护施工方法。根据对围护结构的支撑方式,逆作法又可分为全逆作法、半逆作法和部分逆作法等三种。逆作法设计施工的关键是随着开挖深度的变化,各层梁板及柱墙受力不断变化。因此,其节点连接问题,即墙与梁板的连接、柱与梁板的连接,关系到结构体系能否协调工作,建筑功能能否实现。

(3)逆作法技术特点

1)适用性广,可在各种岩土工程和周边复杂环境条件下施工,节约城市有限的土地资源;

2)可严格限制土层变形,对周边建筑物、管线及道路影响小,有利于环境保护;

3)施工工序简化,效率提高,工期可缩短;

4)主体结构代替支撑节约工程材料,设计合理,可节能减排;

5)施工期间地质灾害发生概率大大降低,社会、环境及经济效益明显。

随着开挖深度的变化,各层梁板及柱墙受力不断变化,设计计算工况繁多,施工衔接要求非常严格。

2. 主要技术指标

1)围护桩(墙)水平变形最大值控制在 20mm 以内(软土地区可适当放松);

2)钢管立柱垂直度应严格控制大于 1/600;

3)相邻两柱沉降差严格控制不大于 0.002L(L 为柱间距);

4)立柱沉降或隆起最大值控制在 10mm 以内(软土地区可适当放松);

5)周边地表下沉应控制在 10mm 以内;

6)基坑周边地下管线沉降、建筑物沉降、倾斜及裂缝的最大值按权属单位要求进行控制。

3. 技术应用要点

(1)技术应用范围

适用于建筑群密集,相邻建筑物较近,地下水位较高,地下室埋深大和施工场地狭小的高(多)层地上、地下建筑工程,如地铁站、地下车库、地下厂房、地下贮库、地下变电站等。

(2)施工技术要点

1)逆作法施工工艺过程

①沿建筑物地下室轴线或周围施工地下连续墙(或其他围护结构形式),作为地下室的边墙或基坑的围护结构。

②同时在建筑物内部的有关位置(如柱子或隔墙相交处,根据中间支撑柱设置方式及需要经计算确定)施工中间支撑柱。

③挖地下一层土方至地下一层楼板设计标高,支模浇筑地下一层顶面楼板和该层内的柱子及墙板结构的混凝土。楼板周围应与地下连续墙连成一体,作为地下连续墙的水平支撑系统。

④挖地下二层土方到地下二层楼板底面标高,浇筑该层纵横梁及楼板,作为地下连续墙的第二道水平支撑系统,如此逆序往下施工。

⑤完成地下一层楼板后即可同时施工上部楼层的主体结构。

⑥如此重复进行,直至基础底板施工,同时可继续施工上部几层的主体结构(上部结构可施工的层数由设计决定)。

逆作法施工示意图如图 2-19 所示。

2)逆作法施工的优缺点

与传统施工方法比较,逆作法施工有以下优缺点:

①逆作法施工最大的特点是可以地下、地上同时施工,充分利用空间,加快施工进度,缩短施工工期。

②充分利用了地下连续墙的挡土、防渗及承重功能,以及利用地下室结构作为临时支护结构,不必另作内支撑或锚杆拉结,节约了临时支护的大量投资。

③由于利用地下室结构作为水平支撑,其刚度远大于临时支护结构,因而基坑变形小,对相邻建筑物、构筑物影响小。

④用逆作法施工钢筋混凝土底板时,由于施工期间支撑点增多,跨度减少,从而使底板的隆起减少,较易满足抗浮要求,因而使底板设计趋向合理。

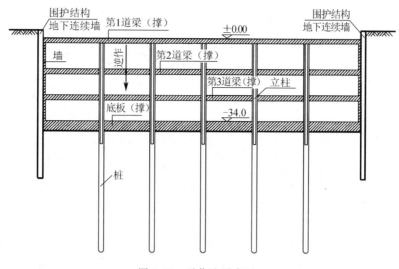

图 2-19 逆作法示意图

⑤逆作法施工当能大量采用土模时,可节省模板,减少土方开挖量。封闭式逆作法施工还具有施工安全、受外界气候条件影响小等优点。

⑥采用封闭式逆作法在地下施工时需加强通风、照明、通信等施工措施以改善施工作业条件,满足施工需要。

⑦由于逆作法是利用地下结构本身作为施工时的临时支护结构,因而对挖土方案要求更严格,特别是不能采用机械大面积挖土,从而使土方开挖及运输更困难。

⑧地下结构墙柱的逆作法施工质量要求较高,混凝土搭接质量较难控制,如措施不力,易出现裂缝。

⑨当采用封闭式逆作法进行地上、地下立体交叉作业时,需合理解决劳动力、机械、材料等的调配及施工安全等问题。

3)逆作法施工中地下结构的施工技术

①逆作法施工中上部荷载的支撑方式

逆作法施工中上部荷载的支撑方式主要有利用中间支撑柱与挡土墙共同支撑、仅用挡土墙支撑以及利用施工挖方过程中形成的土柱支撑三种方法。

第一种方法的核心技术是中间支撑柱的设计与施工。在利用中间支撑柱和挡土墙共同支撑上部荷载的逆作法施工中,根据中间支撑柱的设置和作用可分为临时性中间支撑柱和永久性中间支撑柱。临时性中间支撑柱的作用是在施工期间,当地下室底板未达到设计强度之前与地下连续墙一起承受地下和地上各层的结构自重和施工荷载;而永久性中间支撑柱不仅在施工期间具有与临时性中间支撑柱同样的作用,而且可在地下室底板达到设计强度后,与底板连成整体作为地下室结构的一部分,将上部结构及承受的荷载传递给地基。中间支撑柱的位置和数量,要根据中间支撑柱的类型、地下室的结构布置和制定的施工方案详细考虑后经计算确定。中间支撑柱所承受的最大荷载,是地下室已修筑至最下一层、而地面上已修筑至规定的最高层数时的荷载。

第二种方法又称悬吊施工法,它是将施工中临时拼装的钢桁架斜撑与周围挡土墙连成整体,使上部荷载直接传至外部挡土墙上,不用中间支撑柱,因此该法仅适用于地铁等狭长基坑施工或一些小规模的施工现场。当不能单用外部挡土墙支撑上部荷载时,可在中央适当部位架设支柱,由于使用斜撑,可以相应减少中间支撑柱的数量,便于挖土作业和地下室主体结构施工。实际采用这种作法时还需要加固地下室结构,并应考虑施工时架设桁架的工期和费用。

第三种方法仅适用于土质强度较高、地质情况很好的地区(如我国的华北、东北等部分地区)。这种施工方法可以充分利用土体强度,利用土方开挖过程中形成的土柱作为施工时的临时支撑,通过土柱与地下室外墙、柱子之间力的转换,达到逆作目的。因此该法不仅可以大大降低工程的直接费用,还可充分利用土体作为地下室结构构件施工时的胎模,节省大量模板。但此种作法对土方开挖程序要求极高,必须经过认真周密地设计,严格施工,确保每个土柱体的稳定性。

在施工期间,要注意观察中间支撑柱的沉降和抬升。由于上部结构的不断加荷,会引起中间支撑柱的沉降;而基坑开挖导致的卸荷作用又会引起坑底土体的回弹,使中间支撑柱抬升。要事先精确计算中间支撑柱最终是沉降还是抬升,以及沉降或抬升的数值,目前还有一定的困难。

②地下室结构的支模方法

根据逆作法施工的特点,地下室的内部结构构件墙、柱、梁等都是由上而下分层浇筑的,浇筑混凝土用的模板要支撑在刚开挖的土层上。因此,一方面必须设法减少支撑的沉降和结构的变形;另一方面则要处理好构件的上下连接和混凝土的浇筑方法。

为了减少支撑的沉降和结构的变形,施工时需对土层采取临时加固措施。常用的加固方法主要有:

a. 在土层上浇筑一层素混凝土,以提高土层的承载能力,减少沉降,待混凝土浇筑完毕,开挖下层土方时再随土一同挖去,这种方法会额外耗费一些混凝土。

b. 在土层上铺设砂垫层,上铺枕木以扩大支撑面积。采用这种方法时,上层柱子或墙中的钢筋可插入砂垫层,以便于钢筋的连接。

c. 采用悬吊模板。如采用钢平台吊模施工,将顶板及中楼板钢平台支撑在中间支撑柱和周边地下连续墙上。

下部混凝土的浇筑方法通常采用颚式浇筑和套筒式浇筑两种方法。颚式浇筑由于混凝土是从顶部的侧面入仓,为便于浇筑和保证连接处的密实性,应对竖向钢筋间距适当调整,构件顶部的模板需做成喇叭形。套筒式浇筑是由上部混凝土结构中预埋的套管进行混凝土浇筑。一般来说,采用颚式浇筑法混凝土密实性要较套筒式浇筑为好,当使用普通混凝土时,颚式浇筑法的空隙约为 3mm,而套筒式浇筑法约有 10mm。

d. 地下室结构的逆接缝处理。采用逆作法施工时,地下室结构的垂直施工缝一般可留在每层柱子、墙的顶部和底部。由于上下构件的结合面在上层构件的底部,再加上地面土坡的沉降和刚浇筑混凝土的收缩,在结合面处易出现缝隙。因此,混凝土逆接缝的施工方法十分重要,如果承受垂直荷载的柱子和墙体接缝处混凝土不能浇捣密实,会直接影响结构的安全,地下室外墙还会产生渗漏水的现象。常用的逆接缝施工方法包括直接法、注入法、充填法。

直接法:施工简单,可减少水平施工缝。但由于后浇混凝土离析水的上升和混凝土自压密脱水,易在施工缝处产生空隙,因此,应在后浇混凝土初凝之前(浇筑混凝土后约1~4h),进行二次振捣,以提高混凝土的强度和密实性。也可在后浇混凝土中掺加膨胀剂、控制离析的外加剂、自密实外加剂或其他具备多种功能的外加剂。

注入法:是在结合面处的模板上预留若干压浆孔,以便用压力灌浆(水泥膏及树脂膏等)消除缝隙,使上下混凝土构成一个整体,保证构件连接处的密实性。

充填法:即有意识地预留适当空隙(如用混凝土充填约留1.0m,用砂浆充填则可留0.3m左右),待下部混凝土成形并有一定强度后,再清除混凝土表面浮浆,用无收缩混凝土或渗入微膨胀剂的混凝土充填该空隙。采用该法施工时,由于缩小了接缝处的工作量,可以做到精工细作,且下部混凝土的沉陷和收缩已大部分完成,使接缝质量容易得到保证。对外墙接缝尚应加上止水条或采取其他适当措施,以满足接缝处的防渗要求。

第三节　桩基础工程新技术应用

一、灌注桩后注浆技术

1. 技术原理及主要内容

(1)基本概念

灌注桩后注浆(post grouting for cast-in-situ pile,简写PPG)是指在灌注桩成桩后一定时间,通过预设在桩身内的注浆导管及与之相连的桩端、桩侧注浆阀注入水泥浆,使桩端、桩侧土体(包括沉渣和泥皮)得到加固,从而提高单桩承载力,减小沉降。灌注桩后注浆是一种提高桩基承载力的辅助措施,而不是成桩方法。后注浆的效果取决于土层性质、注浆的工艺流程、参数和控制标准等因素。

(2)技术原理

灌注桩后注浆提高承载力的机理:一是通过桩底和桩侧后注浆加固桩底沉渣(虚土)和桩身泥皮,二是对桩底和桩侧一定范围的土体通过渗入(粗颗粒土)、劈裂(细粒土)和压密(非饱和松散土)注浆起到加固作用,从而增大桩侧阻力和桩端阻力,提高单桩承载力,减少沉降。

2. 主要技术指标

根据地层性状、桩长、承载力增幅和桩的使用功能(抗压、抗拔)等因素,灌注桩后注浆可采用桩底注浆、桩侧注浆、桩侧桩底复式注浆等形式。主要技术指标为:

(1)浆液水胶比:地下水位以下0.45~0.65,地下水位以上0.7~0.9。

(2)最大注浆压力:软土层4~8MPa,风化岩10~16MPa。

(3)单桩注浆水泥量:$G_c = a_p d + a_s nd$,式中桩端注浆量经验系数 $a_p = 1.5 \sim 1.8$,桩侧注浆量经验系数 $a_s = 0.5 \sim 0.7$,n 为桩侧注浆断面数,d 为桩径(m)。

(4)注浆流量不宜超过75L/min。

实际工程中,以上参数应根据土的类别、饱和度及桩的尺寸、承载力增幅等因素适当调整,并通过现场试注浆和试桩试验最终确定。设计施工可依据现行《建筑桩基技术规范》(JGJ 94)进行。

3. 技术应用要点

(1)技术应用范围

灌注桩后注浆技术适用于除沉管灌注桩外的各类泥浆护壁和干作业的钻、挖、冲孔灌注桩,以及地下连续墙的沉渣(虚土)、泥皮和桩底、桩侧一定范围土体的加固。

(2)灌注桩后注浆技术特点

灌注桩桩底后注浆和桩侧后注浆技术具有以下特点:一是桩底注浆采用管式单向注浆阀,有别于构造复杂的注浆预载箱、注浆囊、U形注浆管,实施开敞式注浆,其竖向导管可与桩身完整性声速检测兼用,注浆后可代替纵向主筋;二是桩侧注浆是外浆管,可实现桩身无损注浆。注浆装置安装简便、成本较低、可靠性高,适用于不同钻具成孔的锥形和平底孔型。

(3)灌注桩后注浆技术施工要点

1)后注浆装置的设置规定。

①后注浆导管应采用钢管,且应与钢筋笼加劲筋焊接或绑扎固定,桩身内注浆导管可取代等承载力桩身纵向钢筋。

②桩端后注浆导管及注浆阀数量,宜根据桩径大小设置。对于 $d \leqslant 1200mm$ 的桩,宜沿钢筋笼圆周对称设置 2 根;对于 $d \leqslant 600mm$ 的桩,可设置 1 根;对于 $1200mm < d \leqslant 2500mm$ 的桩,宜对称设置 3~4 根。

③对于桩长超过 15m 且承载力增幅要求较高者,宜采用桩底桩侧复式注浆。桩侧后注浆管阀设置数量应综合地层情况、桩长、承载力增幅要求等因素确定,可在离桩底 5~15m 以上、桩顶 8m 以下,每隔 6~12m 设置一道桩侧注浆阀。当有粗粒土时,宜将注浆阀设置于粗粒土层下部,对于干作业成孔灌注桩宜设于粗粒土层中上部。

④对于非通长配筋的桩,下部应有不少于 2 根与注浆管等长的主筋组成的钢筋笼通底。

⑤钢筋笼应沉放到底,不得悬吊,下笼受阻时不得撞笼、墩笼、扭笼。

2)后注浆管阀性能要求。

①管阀应能承受 1MPa 以上静水压力;注浆阀外部保护层应能抵抗砂、石等硬质物的刮撞而不至使管阀受损;

②管阀应具备逆止功能。

3)浆液配比、终止注浆压力、流量、注浆量等参数设计规定。

①浆液的水胶比根据土的饱和度、渗透性确定,对于饱和土宜为 0.45~0.65,对于非饱和土宜为 0.7~0.9(松散碎石土、砂砾宜为 0.5~0.6);低水胶比浆液宜掺入减水剂;地下水处于流动状态时,应掺入速凝剂;

②桩端注浆终止工作压力应根据土层性质、注浆点深度确定,对于风化岩、非饱和黏性土、粉土,注浆压力宜为 3~10MPa;对于饱和土层注浆压力宜为 1.5~6MPa,软土取低值,密实黏性土取高值;桩侧注浆终止压力宜为桩端注浆终止压力的 1/2;

③注浆流量不宜超过 75L/min;

④单桩注浆量的设计主要应考虑桩的直径、长度、桩底桩侧土层性质、单桩承载力增幅、是否复式注浆等因素确定,可按下式估算:

$$G_c = a_p d + a_s nd \tag{2-2}$$

式中　a_p、a_s——桩底、桩侧注浆量经验系数，$a_p = 1.5 \sim 1.8$，$a_s = 0.5 \sim 0.7$；对于卵、砾石和中粗砂取较高值；

　　　　n——桩侧注浆断面数；

　　　　d——桩直径(m)；

　　　　G_c——注浆量，以水泥质量计(t)。

对独立单桩、桩距大于 $6d$ 的群桩和群桩初始注浆的部分基桩的注浆量应按上述估算值乘以 1.2 的系数。

⑤后注浆作业开始前，宜进行试注浆，优化并最终确定注浆参数。

4)后注浆作业起始时间、顺序和速率应按下列规定实施。

①注浆作业宜于成桩 2d 后开始，不宜迟于成桩 30d 后；

②注浆作业离成孔作业点的距离不宜小于 $8 \sim 10m$；

③对于饱和土中的复式注浆顺序宜先桩侧后桩底，对于非饱和土宜先桩底后桩侧，多断面桩侧注浆应先上后下，桩侧桩底注浆间隔时间不宜少于 2h；

④桩底注浆应对同一根桩的各注浆导管依次实施等量注浆；

⑤对于桩群注浆宜先外围、后内部。

5)当满足下列条件之一时可终止注浆。

①注浆总量和注浆压力均达到设计要求；

②注浆总量已达到设计值的 75%，且注浆压力超过设计值。

6)出现下列情况之一时应改为间歇注浆，间歇时间宜为 $30 \sim 60min$，或调低浆液水胶比。

①注浆压力长时间低于正常值；

②地面出现冒浆或周围桩孔串浆。

7)后注浆施工过程中，应经常对后注浆的各项工艺参数进行检查，发现异常应采取相应处理措施。当注浆量等主要参数达不到设计值时，应根据工程具体情况采取相应措施。

8)后注浆桩基工程质量检查和验收要求。

①后注浆施工完成后应提供下列资料：水泥材质检验报告、压力表检定证书、试注浆记录、设计工艺参数、后注浆作业记录、特殊情况处理记录等资料；

②在桩身混凝土强度达到设计要求的条件下，承载力检验应在后注浆 20d 后进行，浆液中掺入早强剂时可于注浆完成 15d 后进行；

③对于注浆量等主要参数达不到设计要求时，应根据工程具体情况采取相应措施。

9)承载力估算。

①灌注桩经后注浆处理后的单桩极限承载力，应通过静载试验确定，在没有地方经验的情况下，可按下式预估单桩竖向极限承载力标准值。

$$Q_{uk} = \mu \sum \beta_{si} \times q_{sik} + \beta_p \times q_{pk} \times A_p \tag{2-3}$$

式中　q_{sik}、q_{pk}——极限侧阻力标准值和极限端阻力标准值，按 JGJ 94—2008 或有关地方标准取值；

　　　　U、A_p——桩身周长和桩底面积；

β_{si}、β_p——侧阻力、端阻力增强系数,可参考以下取值范围:1.2～2.0,1.2～3.0,细颗粒土取低值,粗颗粒土取高值。

②在确定单桩承载力设计值时,应验算桩身承载力。

二、长螺旋钻孔压灌桩技术

1. 技术原理及主要内容

(1)技术原理

长螺旋钻孔压灌桩技术是采用长螺旋钻机钻孔至设计标高,利用混凝土泵将混凝土从钻头底压出,边压灌混凝土边提升钻头直至成桩,然后利用专门振动装置将钢筋笼一次插入混凝土桩体,形成钢筋混凝土灌注桩。后插入钢筋笼的工序应在压灌混凝土工序后连续进行。与普通水下灌注桩施工工艺相比,长螺旋钻孔压灌桩施工由于不需要泥浆护壁,无泥皮,无沉渣,无泥浆污染,施工速度快,造价较低。

(2)技术特点

长螺旋钻孔压灌桩成桩施工时,为提高混凝土的流动性,一般宜掺入粉煤灰。每方混凝土的粉煤灰掺量宜为70～90kg,坍落度应控制在160～200mm,这主要是考虑保证施工中混合料的顺利输送。坍落度过大,易产生泌水、离析等现象,在泵压作用下,骨料与砂浆分离,导致堵管。坍落度过小,混合料流动性差,也容易造成堵管。另外所用粗骨料石子粒径不宜大于30mm。

长螺旋钻孔压灌桩成桩,应准确掌握提拔钻杆时间,钻至预定标高后,开始泵送混凝土,管内空气从排气阀排出,待钻杆内管及输送软、硬管内混凝土达到连续时提钻。若提钻时间较晚,在泵送压力下钻头处的水泥浆液被挤出,容易造成管路堵塞。应杜绝在泵送混凝土前提拔钻杆,以免造成桩端处存在虚土或桩端混合料离析、端阻力减小。提拔钻杆中应连续泵料,特别是在饱和砂土、饱和粉土层中不得停泵待料,避免造成混凝土离析、桩身缩颈和断桩,目前施工多采用商品混凝土或现场用两台0.5m³的强制式搅拌机拌制混凝土。

灌注桩后插钢筋笼工艺近年有较大发展,插笼深度提高到目前的20～30m,较好地解决了地下水位以下压灌桩的配筋问题。但后插钢筋的导向问题没有得到很好的解决,施工时应注意根据具体条件采取综合措施控制钢筋笼的垂直度和保护层有效厚度。

2. 主要技术指标

(1)混凝土中可掺加粉煤灰或外加剂,每方混凝土的粉煤灰掺量宜为70～90kg。

(2)混凝土中粗骨料可采用卵石或碎石,最大粒径不宜大于30mm。

(3)混凝土坍落度宜为180～220mm。

(4)提钻速度宜为1.2～1.5m/min。

(5)长螺旋钻孔压灌桩的充盈系数宜为1.0～1.2。

(6)桩顶混凝土超灌高度不宜小于0.3～0.5m。

(7)钢筋笼插入速度宜控制在1.2～1.5m/min。

3. 技术应用要点

(1)技术应用范围

适用于地下水位以上的黏性土、粉土、素填土、中等密实以上的砂土,属非挤土成桩工艺。

适用于地下水位较高,易塌孔,且长螺旋钻孔机可以钻进的地层。

(2)施工技术要点

1)试钻:当需要穿越老黏土、厚层砂土、碎石土以及塑性指数大于25的黏土时,应进行试钻。

2)钻进:

①钻机定位后,应进行复检,钻头与桩位点偏差不得大于20mm,开孔时下钻速度应缓慢;钻进过程中,不宜反转或提升钻杆。

②钻进过程中,当遇到卡钻、钻机摇晃、偏斜或发生异常声响时,应立即停钻,查明原因,采取相应措施后方可继续作业。

3)成孔:

①根据桩身混凝土的设计强度等级,应通过试验确定混凝土配合比;混凝土坍落度宜为180~220mm;粗骨料可采用卵石或碎石,最大粒径不宜大于30mm;可参加粉煤灰或外加剂。

②混凝土泵型号应根据桩径选择,混凝土输送泵管布置宜减少弯道,混凝土泵与钻机的距离不宜超过60m。

③桩身混凝土的泵送压灌应连续进行,当钻机移位时,混凝土泵料斗内的混凝土应连续搅拌,泵送混凝土时,料斗内混凝土的高度不得低于400mm。

④混凝土输送泵管宜保持水平,当长距离泵送时,泵管下面应垫实。

⑤当气温高于30℃时,宜在输送泵管上覆盖隔热材料,每隔一段时间应洒水降温。

⑥钻至设计标高后,应先泵入混凝土并停顿10~20s,再缓慢提升钻杆。提钻速度应根据土层情况确定,且应与混凝土泵送量相匹配,保证管内有一定高度的混凝土。

⑦在地下水位以下的砂土层中钻进时,钻杆底部活门应有防止进水的措施,压灌混凝土应连续进行。

⑧压灌桩的充盈系数宜为1.0~1.2。桩顶混凝土超灌高度不宜小于0.3~0.5m。

⑨成桩后,应及时清除泵管内残留混凝土。长时间停置时,应采用清水将钻杆、泵管、混凝土泵清洗干净。

4)插入钢筋笼:

①将制作好的钢筋笼与钢筋笼导入管连接并吊起,移至已成素混凝土桩的桩孔内;

②起吊振动锤至笼顶,通过振动锤下的夹具夹住钢筋笼导入管;

③启动振动锤通过导入管将钢筋笼送入桩身混凝土内至设计标高;

④边振动边拔管将钢筋笼导入管拔出,并使桩身混凝土振捣密实。

其施工流程如图2-20所示。与该施工工艺配套的主要施工设备包括长螺旋钻机、混凝土输送泵、钢筋笼导入管、夹具、振动锤。长螺旋钻机、混凝土输送泵采用目前市场上常规型号的机械设备,其动力性能和混凝土输送泵功率的选择根据桩径及桩长确定。

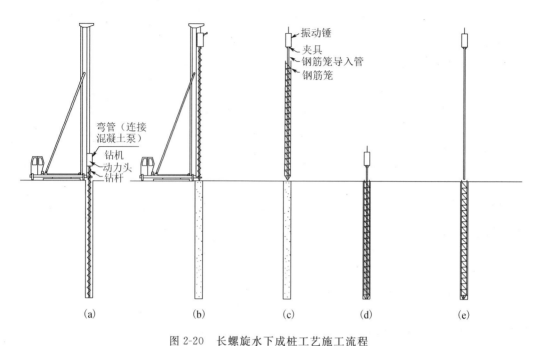

图 2-20　长螺旋水下成桩工艺施工流程

(a)长螺旋钻机成孔至设计标高;(b)边拔钻边泵入混凝土成素混凝土桩;(c)钢筋笼就位;

(d)钢筋笼送至设计标高;(e)拔出钢筋导入管成桩

第三章　混凝土工程新技术及应用

第一节　新型、高性能混凝土应用技术

一、高耐久性混凝土

1. 技术原理及主要内容

（1）基本概念

高耐久性混凝土是通过对原材料的质量控制和生产工艺的优化，并采用优质矿物微细粉和高效减水剂作为必要组分来生产的具有良好施工性能，满足结构所要求的各项力学性能，耐久性非常优良的混凝土。

高耐久性混凝土主要是从材料设计角度提出的措施要求，主要还是采用目前国际上较为普遍采用的优质矿物微细粉和高效减水剂作为必要组分，并通过对原材料的质量控制和生产工艺的优化，来制备高耐久性混凝土。实际工程中还应搞好施工过程控制，保证混凝土结构达到相应的质量标准。

（2）技术原理

混凝土的耐久性是指其于所处环境下，抵抗内外劣化因素作用仍能保持其应有结构性能的能力。这些能力主要包括：抵抗渗透、冻融、抗碳化、化学侵蚀、碱-骨料反应、开裂等的能力，如果从混凝土结构的角度来说，还应包括钢筋的锈蚀等。

混凝土耐久性不良的原因简单概括起来，主要有：

1）水泥含较多的 C_3S 和碱，粉磨得过细，水化加速，放热量集中，裂缝倾向增大。

2）骨料的级配不良，需要的浆体量增大，收缩增大。

3）片面地通过增加单方胶结材用量，降低骨料用量来达到高强度和高流动性，增加了收缩开裂的倾向。

4）施工过程中，浇筑和养护等施工操作不到位。

5）结构的大型化。

6）处于严酷条件下的建筑物增多，使发生耐久性问题的频率增加。

7）环境恶化（如酸雨等）、气候异常加剧了混凝土结构物的劣化。

2. 主要技术指标

（1）工作性

坍落度≥200mm；扩展度≥550mm；倒筒时间≤15s；无离析泌水现象；黏聚性良好；2h坍落度损失小于30%，具有良好的充填模板和钢筋通过性能。

（2）力学性能

抗压强度等级≥C40;体积稳定性高,收缩小,弹性模量与同强度等级的普通混凝土基本相同。

(3)耐久性

按技术原理及主要内容中的耐久性技术指标控制,结合工程情况也可参照《混凝土耐久性检验评定标准》(JGJ/T 193)中提出的指标进行控制;耐久性试验方法可采用《普通混凝土长期性能和耐久性能试验方法标准》(GB/T 50082)规定的方法,主要有:

1)盐冻试验方法;

2)抗氯离子渗透性试验方法;

3)抗硫酸盐腐蚀试验方法;

4)碱含量计算方法;

5)骨料碱活性检验方法;

6)骨料碱-碳酸盐反应活性检验方法;

7)矿物微细粉抑制碱-硅反应效果检验方法。

3. 技术应用要点

(1)技术应用范围

高性能高耐久性混凝土适用于各种混凝土结构工程,如港口、海港、码头、桥梁及高层、超高层混凝土结构。

(2)原材料选用要求

1)对不同环境类别及结构设计使用年限,混凝土应满足最低强度等级、最大水胶比、最大氯离子含量、最大碱含量等要求。

2)选用低水化热和含碱量偏低的水泥,尽可能避免使用早强水泥和高 C_3A 含量的水泥。

3)选用坚固性好、级配合理、粒形良好的洁净骨料。

4)细骨料不宜用海砂,当受条件限制需用海砂时,海砂带入混凝土中的氯离子含量,对于普通钢筋混凝土不宜大于干砂质量的 0.06%,而且对新拌混凝土要取样检测氯离子含量,竣工验收时必须取芯检测氯离子含量;对于预应力混凝土及重要的钢筋混凝土工程应严禁使用海砂。

5)拌合用水宜用城市供水系统的饮用水,当用其他水源时,应进行水质化验,符合要求才可使用,严禁使用海水。

6)使用优质矿物掺合料,混凝土掺合料宜用磨细高炉矿渣、粉煤灰、硅灰等,掺合料的品质应符合现行国家标准,掺量应通过试验确定。

7)使用的高效减水剂或复合高效减水剂,质量应符合现行国家标准,使用前按推荐掺量进行混凝土试配,检测合格后才能使用。

8)钢筋混凝土及预应力混凝土的胶凝材料总量不宜高于 400kg/m³(≤C30 时)、450kg/m³(C35～C55 时)和 500kg/m³(≥C60 时)。

9)耐久性要求较高的混凝土结构,在正式施工前,宜进行混凝土的抗裂性能试验。

(3)耐久性设计要求

1)处于常规环境的混凝土结构,满足所处的环境条件下服役年限提出的要求。

如抗碳化耐久性要求

$$W/B \leqslant \left(\frac{5.83C}{\alpha \times \sqrt{t}} + 38.3 \right)\% \tag{3-1}$$

式中　W/B——水胶比；

　　　　C——钢筋保护层厚度(cm)；

　　　　α——碳化区分系数，室内1.7，室外1.0；

　　　　t——结构设计使用年限。

式(3-1)表示出了混凝土结构物的设计使用年限与混凝土水胶比、碳化深度之间的量化关系，是经过大量试验和模型解析得出的规律性。

2)对于处于严酷环境的混凝土结构的耐久性，应根据所处环境条件，按《混凝土结构耐久性设计规范》(GB 50467)进行耐久性设计，考虑的环境劣化因素有：

①抗冻害耐久性要求：

a. 根据不同冻害地区确定最大水胶比；

b. 不同冻害地区的耐久性指数k；

c. 受除冰盐冻融循环作用时，应满足单位剥蚀量的要求；

d. 处于有冻害环境的，必须掺入引气剂，引气量应达到4%~5%。

②抗盐害的耐久性要求：

a. 根据不同盐害环境确定最大水胶比；

b. 抗Cl^-的渗透性、扩散性，应以56d龄期，6h总导电量(C)确定，一般情况下，氯离子渗透性应属非常低范围($\leqslant$800C)；

c. 混凝土表面裂缝宽度符合规范要求。

③抗硫酸盐侵蚀的耐久性要求：

a. 用于硫酸盐侵蚀较为严重的环境的高耐久性混凝土，水泥中的C_3A不宜超过5%；C_3S不宜超过50%；

b. 根据不同硫酸盐腐蚀环境，确定最大水胶比；

c. 胶砂试件的膨胀率<0.34%。

④抑制碱-骨料反应的要求：

a. 混凝土中碱含量<3.0kg/m³；

b. 在含碱环境下，要采用非碱活性骨料。

混凝土中的碱含量主要来自水泥、掺合料和外加剂，按有关标准规定的方法计算总碱含量。

碱-骨料反应的发生应具备三个条件：潜在碱活性的骨料，水泥的碱含量达到较高水平和混凝土处于潮湿环境。在一般环境下的建筑物，并非经常处于潮湿环境，防止碱-骨料反应的原材料限制条件可适当放宽，有利于缓解我国大多数地区的骨料资源紧缺状况。

(4)配合比设计

1)配合比设计原则

高性能混凝土配合比设计应符合下列规定：

①配合比设计应采用试验-计算法，其配制强度确定原则应与普通混凝土相同，即强度

保证率为 95%。

②粗骨料最大粒径不宜大于 25mm。这有利于保证混凝土的均匀性、强度和抗氯离子渗透性。

③通过试验证明,减水剂与所采用的水泥必须匹配。

④胶凝材料浆体体积宜为混凝土体积的 35% 左右。主要为了保证高性能混凝土具有较高的尺寸稳定性。

⑤应通过试验确定最佳砂率。

⑥应通过降低水胶比和调整掺合料的掺量,使抗氯离子渗透性和强度指标满足规定要求。

2)配合比设计基本方法

高性能混凝土配合比设计主要遵循以下基本方法:

①采用单掺或混掺活性掺合料方法,如单掺或混掺粉煤灰、矿渣粉、硅灰及调整掺量等技术手段以提高混凝土的抗氯离子渗透性能,其掺量应通过试验确定。

②采用高效减水剂以尽量减小混凝土的水胶比,从而提高混凝土的密实性、强度和抗氯离子渗透性能。

③严格控制原材料的品质,在单掺或混掺活性掺合料、采用高效减水剂的基础上,合理调整混凝土的配合比参数,使配制的混凝土具有良好的工作性能。

④采用试验-计算法进行配合比设计和调整。

⑤按上述设计原则进行配合比设计,并结合其他参数(如砂率、单位体积用水量、外加剂掺量等)进行试拌合配合比调整,以配制出具有良好工作性的混凝土拌合物,经标准养护一定龄期后测定其力学性能和耐久性指标,由测得的综合性能确定试验室配合比。

配制高性能混凝土时,在材料品种、用量和配合比参数的选取上,应充分掌握各种因素对混凝土性能的影响,结合工程具体要求加以选取。

3)配合比参数

配筋混凝土的最低强度等级、最大水胶比和单方混凝土胶凝材料的最低用量宜满足表 3-1 的规定。单方混凝土的胶凝材料总量不宜高于 $500kg/m^3$(其中水泥约 $350kg/m^3$)。大掺量矿物掺合料的混凝土水胶比宜控制在 0.45 以下,并不应大于 0.5。

表 3-1　最低强度等级、最大水胶比和胶凝材料最小用量　　　　(单位:kg/m^3)

设计使用年限级别		100 年	50 年	30 年
环境作用等级	A	C30,0.55,280	C25,0.60,260	C25,0.65,240
	B	C25,0.50,300	C30,0.55,280	C30,0.60,260
	C	C40,0.40,320	C35,0.50,300	C35,0.50,300
	D	C40,0.40,340	C40,0.45,320	C40,0.45,320
	E	C45,0.36,360	C40,0.40,340	C40,0.40,340
	F	C50,0.32,380	C45,0.36,360	C40,0.36,360

(5)施工技术要点

1)原材料质量控制:混凝土是一种复杂的多组分的非均质材料,影响混凝土性能的因素也是非常复杂的。对于高性能混凝土来讲，由于需要掺较多活性掺合料，以及为满足工作性需要掺用复合的高效减水剂，其材料组分比普通混凝土更为复杂。原材料不同的高性能混凝土，其物理力学性能、工作性能及耐久性将会有较大的差异。

胶凝材料是影响高性能混凝土性能的主要因素，而对要满足耐久性为主和较高强度要求的高性能混凝土，除水泥外，掺合料的品质和质量，尤其是掺合料的质量稳定性最为重要。从产品生产质量控制来讲，我国对掺合料的产品质量控制不如水泥那样严格，往往导致不同批次的料在质量上有较大的差异。当掺合料质量变化较大时，将首先反映在混凝土拌合物工作性上有较大的波动，最终将反映在混凝土力学性能和耐久性能的差异。

配制高性能混凝土，应选用坚硬、高强、密实而无孔隙的优质骨料。对细骨料要求使用中粗砂，且级配良好、含泥量少；粗骨料在混凝土中起骨架作用，要优先采用抗压强度高的粗骨料，骨料应为表面粗糙利于水泥浆界面粘结的碎石，且最大粒径不宜大于 25mm。

高效减水剂对胶凝材料有强烈的分散作用，随着高效减水剂技术的发展和高效减水剂减水率的提高，减水率已提高到 25% 甚至 35% 以上。高效减水剂的增强效果已相当显著，对于高性能混凝土来讲，更重要的是掺高效减水剂后混凝土的坍落度损失问题，这就要求高效减水剂与复合了水泥和掺合料的胶凝材料有好的相容性。只有既具备了高的减水率、同时又能与胶凝材料相匹配的高效减水剂，才能配制出工作性好、易施工、较密实、体积稳定的高性能混凝土。

因此，原材料质量合格和质量稳定性是保证高性能混凝土质量的重要因素。高性能混凝土施工，应建立严格的原材料质量检验制度。

2）拌制：混凝土拌制的目的，除了按设定的配合比达到均匀混合以外，还要达到强化、塑化的作用。

高性能混凝土由于水胶比较小，同时掺入掺合料的细度比水泥细，所以，高性能混凝土对单位体积的用水量较为敏感。因此，高性能混凝土拌制时对水和外加剂的称量偏差的规定比普通混凝土严格。表 3-2 高性能混凝土原材料称量允许偏差为《海港工程混凝土结构防腐蚀技术规范》(JTJ 275)规定的高性能混凝土原材料称量允许偏差。

表 3-2　高性能混凝土原材料称量允许偏差

原材料名称	允许偏差（%）	原材料名称	允许偏差（%）
水泥、掺合料	±2	水、外加剂	±1
粗、细骨料	±3		

不同的拌合方式与投料程序，对混凝土拌合的均匀性有较大的影响。高性能混凝土拌合物比较黏稠，为了保证混凝土搅拌均匀，必须采用性能良好、搅拌效率高的行星式、双锤式或卧轴式强制式搅拌机，搅拌机中磨损的叶片应及时更换。高性能混凝土拌合物宜先以掺合料和细骨料干拌，再加水泥和部分拌合用水，最后加骨料、减水剂溶液和余额拌合用水，搅拌时间应比常规混凝土延长 40s 以上。

3）施工要求

①混凝土配合比设计应满足强度等级、工作性和耐久性要求。

②在混凝土浇筑过程中,应控制混凝土的均匀性和密实性。

③在混凝土养护过程中,应控制混凝土处在有利于水化、硬化及强度增长的温度和湿度环境下,并对混凝土长期性能无不利影响。

④保证钢筋的混凝土保护层厚度尺寸和钢筋定位的准确性。

⑤环境条件严酷时,对预应力钢筋、锚具、连接器及孔管应采取专门防护措施,并符合设计使用寿命的要求;封闭预应力锚具的混凝土质量应高于构件本体混凝土,水胶比不大于0.4,厚度大于90mm。

⑥混凝土构件拆模后,表面不得留有螺栓、拉杆、铁钉等铁件;因设计要求设置的金属预埋件,裸露部分必须进行防腐处理。

⑦进行混凝土表面涂层或混凝土表面硅烷浸渍等混凝土表面防腐蚀附加措施施工时,混凝土的龄期不应少于28d,或混凝土修补后不少于14d,混凝土表面温度不低于5℃,施工应在无雨的天气进行,并按施工工艺施工,质量符合相应标准。环氧涂层钢筋及钢筋阻锈剂的使用及施工应符合相应标准。

⑧在海水、盐土及化学腐蚀环境中施工时,严禁施工用水与建筑场地原土接触;并应避免雨水、废水从场地流入施工基坑;尽可能推迟新浇混凝土与腐蚀物质直接接触的龄期,一般不宜小于6周,而且混凝土浇筑14d之内不应受到海水、含盐水或含化学腐蚀物液体的直接冲刷。

⑨混凝土结构质量检验要求:测定现场混凝土保护层的实际厚度,合格点率应满足相应的规定;根据设计要求测定混凝土的电参数、氯离子扩散系数、(抗冻)耐久性指数 DF 或含气量等。

4)养护

养护质量对确保高性能混凝土质量非常关键,特别是对于掺入掺合料的高性能混凝土的耐久性影响十分明显。大量试验研究证明,因为掺合料的水化滞后效果,如果养护不够,掺合料不能充分完成水化反应,使高性能混凝土的潜在高性能优势不能充分发挥,从而达不到应有的高耐久性。

据研究结果证明,混凝土潮湿养护时间对混凝土抗氯离子渗透性有非常明显的影响,特别是早期养护影响较大,潮湿养护 7d 的电通量比潮湿养护 28d 的增大将近一倍,潮湿养护15d 后,随养护时间延长,电通量值降低的幅度不大。

因此,高性能混凝土抹面后,应立即覆盖,防止水分散失。终凝后,混凝土顶面应立即开始持续潮湿养护。拆模前 12h,应拧松侧模板的紧固螺栓,让水顺模板与混凝土脱开面渗下,养护确保混凝土处于有利于硬化及强度增长的温度和湿度环境下。常温下,应至少养护15d,气温较高时,可适当缩短养护时间;气温较低时,应适当延长养护时间。

5)检测与维护

①设计应提出结构使用年限内的定期检测的具体要求。第一次检测需在结构竣工使用后的 3～5 年内进行,并根据测试结果对结构耐久性作出评估;以后应定期检测。

②重要工程应在设计阶段作出结构全寿命检测的详细规划,并在现场设置专供检测取样用的构件,必要时可在结构构件的代表性部位上设置传感元件以监测锈蚀发展。

③根据检测结果及时对结构进行养护、维修或更换部分构件。

6)混凝土防腐蚀附加措施及试验方法

①混凝土防腐蚀附加措施包括:混凝土表面涂层和防腐蚀面层、钢筋阻锈剂、涂层钢筋和耐蚀钢筋。常用的防腐措施见表3-3。

表3-3　氯盐环境下钢筋防腐蚀常用技术措施

防护种类	措施内容
钢筋材质与钢筋涂层	环氧涂层钢筋
	镀锌钢筋
	耐蚀合金钢钢筋
	不锈钢钢筋
混凝土外加剂、掺合料	钢筋阻锈剂
	硅灰、其他外加剂、密实剂、纤维添加料等
混凝土表面封闭、涂层	硅酮类
	涂料
	聚合物夹浆
	其他隔离、砌筑层
	聚合物浸渍
电化学方法	阴极保护、电化学除盐
设计	选材、结构设计、水胶比、混凝土保护层厚度、排水系统、防护方案选择
施工	固化与养护、温度与裂缝控制、严格规范施工
维护	裂缝修补、清洗排水
综合措施	以上两项或多项措施联合使用

②混凝土结构耐久性试验方法包括:混凝土抗氯离子渗透性标准(ASTM C1202)试验方法、交流电测量混凝土抗氯离子渗透性试验方法、混凝土氯离子扩散系数快速测定 RCM 方法、抗冻性能试验方法及拌合物含气量试验方法。

二、高强高性能混凝土

1. 技术原理及主要内容

(1)基本概念

高强高性能混凝土(简称 HS－HPC)是强度等级超过 C80 的 HPC,其特点是具有更高的强度和耐久性,用于超高层建筑底层柱和梁,与普通混凝土结构具有相同的配筋率,可以显著地缩小结构断面,增大使用面积和空间,并达到更高的耐久性。

(2)技术特点

1)HS－HPC 的水胶比≤28%,用水量≥200kg/m³,胶凝材料用量 650～700kg/m³,其中水泥用量 450～500kg/m³,硅粉及矿物微细粉用量 150～200kg/m³,粗骨料用量 900～950kg/m³,细骨料用量 750～800kg/m³,采用聚羧酸高效减水剂或氨基磺酸高效减水剂。HS－HPC 用于钢筋混凝土结构还需要掺入体积含量 2.0%～2.5%的纤维,如聚丙烯纤维、钢纤维等。

2)工作性:新拌 HS－HPC 混凝土的工作性直接影响该混凝土的施工性能,其最主要的特点是黏度大,流动性慢,不利于超高泵送施工。

混凝土拌合物的技术指标主要是坍落度、扩展度和倒坍落度筒混凝土流下时间(简称倒筒时间),坍落度≥240mm,扩展度≥600mm,倒筒时间≤10s,同时不得有离析泌水现象。

2. 主要技术指标

(1)HS－HPC 的配比设计强度应符合以下公式:

$$f_{cu,o} = 1.15 f_{cu,k}$$

(2)HS－HPC 具有更高的耐久性,因其内部结构密实,孔结构更加合理。

HS－HPC 的抗冻性、碳化等方面的耐久性可以免检,如按照《高性能混凝土应用技术规程》(CECS 207－2006)标准检验,导电量应在 500C 以下;为满足抗硫酸盐腐蚀性应选择低 C_3A 含量(<5%)的水泥;如存在潜在碱骨料反应的情况下,应选择非碱活性骨料。

(3)HS－HPC 自收缩及其控制

1)自收缩与对策

当 HS－HPC 浇筑成型并处于密闭条件下,到初凝之后,由于水泥继续水化,吸取毛细管中的水分,使毛细管失水,产生毛细管张力,如果此张力大于该时的混凝土抗拉强度,混凝土将发生开裂,称之自收缩开裂。水胶比越低,自收缩会越严重。

一般可以控制粗细骨料的总量不要过低,胶凝材料的总量不要过高;通过掺加钢纤维可以补偿其韧性损失,但在侵蚀环境中,钢纤维不适用,需要掺入有机纤维,如聚丙烯纤维或其他纤维;采用外掺 5%饱水超细沸石粉的方法,以及充分地养护等技术措施可以有效地控制 HS－HPC 的自收缩和自收缩开裂。

2)自收缩的测定方法

参照《普通混凝土长期性能和耐久性能试验方法标准》(GB/T 50082－2009)和中国工程建设标准化协会标准《高性能混凝土应用技术规程》进行。

HS－HPC 的早期开裂、自收缩开裂及长期开裂的总宽度要低于 0.2mm。普通混凝土的应变达到 3‰时,其承载能力仍保持一半以上。若 HS－HPC 的应变也处于 3‰时,实际承载力已近于 0,这就意味着在这种情况下,在 HS－HPC 中只观察到裂缝形成,然后是迅速的破坏。

3. 技术应用要点

(1)技术应用范围

适用于对混凝土强度要求较高的结构工程,超高层建筑、大跨度桥梁和海上钻井平台等工程,随着我国高层和超高层建筑的增多以及基础设施建设规模的不断扩大,高强高性能混凝土将有广阔的应用前景。

(2)施工技术要点

1)配合比设计

①水泥浆-骨料比。对给定的水泥浆/骨料体积比 35∶65,通过使用合适的粗骨料,可以获得足够尺寸稳定的高性能混凝土(如弹性性能、干燥收缩及徐变等)。

②强度等级。尽管强度不是高性能混凝土的唯一指标,但是当抗压强度在 60MPa 以上

时,其渗透性通常很低($<10^{-14}$ m/s),并有令人满意的耐候性能。因此,抗压强度可作为配合比设计及质量控制的基础。应用大多数天然骨料,通过改善水泥浆的强度——选择用水量及掺合料品种和用量来控制,可以制出高达 120MPa 抗压强度的混凝土。为方便配合比计算,可将 60~120MPa 强度划分为几个等级。

③用水量。对传统混凝土而言,拌合用水取决于骨料的最大尺寸和混凝土的坍落度。由于高性能混凝土的骨料最大尺寸和坍落度值允许波动范围很小(分别为 10~39mm 和 200~250mm),以及坍落度可通过调节超塑化剂用量来控制,故在确定用水量时不必考虑骨料的最大尺寸及坍落度。纵观全世界不同地区(应用广泛的不同材料)制得的高强混凝土,发现混凝土中用水量(而不是水胶比)与混凝土强度通常成反比例关系,这一关系可用于预测和控制混凝土的抗压强度。

④水泥用量。新拌水泥浆含未水化水泥颗粒、水及空气。高强混凝土强力搅拌,要求充分均匀,因此即使不加任何引气剂,混凝土中也含约 2%的空气。对于一定体积的水泥浆(35%),如果已知水和空气的体积,则水泥或胶凝材料的体积可以计算得到。当然,当有冻融耐久性要求引气时,要设定较大的引气体积(5%~6%)。

⑤矿物掺合料的种类及用量。简单的方法是分别考虑三种情况。第一种情况:单独使用硅酸盐水泥,不加任何矿物掺合料。在建议的高性能混凝土强度范围(60~120MPa)内,只有当绝对必要时才可用这种情况。这是因为,如果不加矿物掺合料,将得不到相应的许多重要的技术优点(如新拌混凝土的工作度,降低水化热,以及在腐蚀环境中的长期耐久性)。第二种情况:用一种或多种矿物掺合料取代部分水泥。从减小水化热、改善工作性、提高充分水化水泥浆的微观结构等方面来说,经验表明,约 25%的水泥可由高质量的粉煤灰或磨细矿渣代替。因此可以假设硅酸盐水泥与选用的矿物掺合料体积比为 75∶25。第三种情况:在使用的矿物掺合料中,以凝聚硅灰取代部分粉煤灰或磨细矿渣,则效果更好。例如,不用 25%的粉煤灰,而是用占体积 10%的硅灰和 15%的粉煤灰同时掺入。

⑥减水剂的种类与用量。通常的减水剂达不到高性能混凝土要求的减水程度及提高的工作度,一般需要加超塑化剂(或叫高效减水剂),常用的超塑化剂为萘系或三聚氰胺系。然而市售产品在组成和与水泥的适应性上差别很大,因此很难说哪种更好。有研究人员报道,三聚氰胺系超塑化剂其减水率大,但坍落度损失快。Ronneberg 指出,三聚氰胺系比萘系超塑化剂引起缓凝明显小,且更适合与引气剂一起使用。因此,对给定的硅酸盐水泥及将使用的其他掺合料,需要在试验室中做些基本试验以决定哪个品种及牌号的超塑化剂更适合。

超塑化剂通常固体用量为胶凝材料质量的 0.8%~2%,对第一次拌合料建议使用超塑化剂的量为 1%。由于超塑化剂很贵,为获得给定水泥浆满意的流变性能,又不产生不希望的缓凝,可能需要多次试验确定最佳用量。同时,由于超塑化剂通常以溶液的形式加入,在计算超塑化剂用量及混凝土拌合水量时一定要考虑超塑化剂溶液中的水。

⑦粗-细骨料的比例。据研究,高性能混凝土中骨料体积的最佳比例为 65%。粗细骨料的分配通常取决于骨料的级配与形状、水泥浆的流变性能及混凝土所要达到的工作度。由于在高性能混凝土中水泥浆的含量相对较大,通常细骨料体积用量不超过骨料总量的 40%。因此,可以假设第一次拌合时粗细骨料体积比为 3∶2。

2)施工要点

①搅拌

a. 高强混凝土宜采用双卧轴强制式搅拌机,搅拌时间宜符合表 3-4 的规定。

表 3-4　高强混凝土搅拌时间　　　　　　　　　　　（单位:s）

混凝土强度等级	施工工艺	搅拌时间
C60 ～ C80	泵送	60～80
	非泵送	90～120
＞C80	泵送	90～120
	非泵送	≥120

b. 搅拌掺用纤维、粉状外加剂的高强混凝土时,搅拌时间宜在表 3-4 的基础上适当延长,延长时间不宜少于 30s;也可先将纤维、粉状外加剂和其他干料投入搅拌机干拌不少于 30s,然后再加水按表 3-4 的搅拌时间进行搅拌。

c. 清洁过的搅拌机搅拌第一盘高强混凝土时,宜分别增加 10% 水泥用量和 10% 砂子用量,相应调整用水量,保持水胶比不变,补偿搅拌机容器挂浆造成的混凝土拌合物中的砂浆损失;未清理过的搅拌高水胶比混凝土的搅拌机用来搅拌高强混凝土时,该盘混凝土宜增加适量水泥,保证水胶比不提高。

d. 搅拌应保证预拌高强混凝土拌合物质量均匀,同一盘混凝土的搅拌匀质性应符合现行国家标准《混凝土质量控制标准》(GB 50164—2011)的有关规定。

②运输

a. 运输高强混凝土的搅拌运输车应符合现行行业标准《混凝土搅拌运输车》(GB/T 26408—2011)的规定;翻斗车应仅限用于现场运送坍落度小于 90mm 的混凝土拌合物。

b. 搅拌运输车装料前,搅拌罐内应无积水或积浆。

c. 搅拌罐车到达浇筑现场时,应使搅拌罐高速旋转 20～30s 后再将混凝土拌合物卸出。如混凝土拌合物因稠度原因出罐困难,可加入适量减水剂(应记录加入减水剂的情况),并使搅拌罐高速旋转不少于 90s 后,将混凝土拌合物卸出。外加剂掺量应有经试验确定的预案。

d. 高强混凝土从搅拌机卸入搅拌运输车至卸料时的运输时间不宜大于 90min;当采用翻斗车时,运输时间不宜大于 45 min。

e. 运输应保证高强混凝土浇筑的连续性。

③浇筑成型

a. 浇筑高强混凝土前,应检查模板支撑的稳定性以及接缝的密合情况,并应保证模板在混凝土浇筑过程中不失稳、不跑模和不漏浆;天气炎热时,宜采取遮挡措施避免阳光照射金属模板,或从金属模板外测进行浇水降温。

b. 当天气炎热施工时,高强混凝土拌合物入模温度不应高于 35℃,宜选择晚间或夜间浇筑混凝土;当冬期施工时,高强混凝土拌合物入模温度不应低于 5℃,并应有保温措施。

c. 泵送设备和管道的选择、布置及其泵送操作可按现行行业标准《混凝土泵送施工技术规程》(JGJ/T 10)的有关规定执行。

d. 当泵送高度超过 100m 时,宜采用高压泵进行高强混凝土泵送。

e. 对于泵送高度超过 100m 的、强度等级不低于 C80 的高强混凝土泵送,宜采用 150mm 管径的输送管。

f. 向下泵送高强混凝土时,输送管与垂线的夹角不宜小于 12°。

g. 当缺乏高强混凝土泵送经验时,施工前宜进行高强混凝土试泵。

h. 在向上泵送高强混凝土过程中,当泵送间歇时间超过 15min 时,应每隔 4～5min 进行四个行程的正、反泵,且最大间歇时间不宜超过 45min;当向下泵送高强混凝土时,最大间歇时间不宜超过 15min。

i. 改泵不同配合比的混凝土时,应清空输送管道中存留的原有混凝土。

j. 当高强混凝土自由倾落高度大于 3m,且结构配筋较密时,宜采用导管等辅助设备。

k. 高强混凝土浇筑的分层厚度不宜大于 500mm,上下层同一位置浇筑的间隔时间不宜超过 120min。

l. 不同强度等级混凝土现浇对接处应设在低强度等级混凝土构件中,与高强度等级构件间距不宜小于 500mm;现浇对接处可设置密孔钢丝网拦截混凝土拌合物,浇筑时应先浇高强度等级混凝土,后浇低强度等级混凝土;低强度等级混凝土不得流入高强度等级混凝土构件中。

m. 高强混凝土可采用振捣棒捣实,插入点间距不应大于振捣棒振动作用半径的一倍,泵送高强混凝土每点振捣时间不宜超过 20s,当混凝土拌合物表面出现泛浆,基本无气泡逸出,可视为捣实;连续多层浇筑时,振捣棒应插入下层拌合物约 50mm 进行振捣。

n. 浇筑大体积高强混凝土时,应采取温控措施,温控应符合现行国家标准《大体积混凝土施工规范》(GB 50496)的规定。

o. 混凝土拌合物从搅拌机卸出后到浇筑完毕的延续时间不宜超过表 3-5 的规定。

表 3-5　混凝土从搅拌机卸出到浇筑完毕的延续时间　　　　　　　（单位:min）

混凝土施工情况		气温	
		≤25℃	>25℃
泵送高强混凝土		150	120
非泵送高强混凝土	施工现场	120	90
	制品厂	60	45

④养护

a. 高强混凝土浇筑成型后,应及时用塑料薄膜等对混凝土暴露面进行覆盖,防止表面水分损失。混凝土初凝前,应掀起覆盖物,用抹子搓压表面至少二遍,使之平整后再次覆盖。

b. 高强混凝土的潮湿养护方式可包括蓄水、浇水、喷淋洒水或覆盖充水保湿等,养护水温与混凝土表面温度之间的温差不宜大于 20℃;潮湿养护时间不宜少于 10d。

c. 当采用混凝土养护剂进行养护时,宜采用饱水膜材型混凝土养护剂,其有效保水率应不小于 90%,7d 和 28d 抗压强度比均应不小于 95%。养护剂有效保水率和抗压强度比的试验方法应符合现行行业标准《公路工程混凝土养护剂》(JT/T 522)的规定。

d. 在风速较大的环境下养护时,应采取适当的防风措施,避免养护条件的破坏。

e. 高强混凝土构件蒸汽养护可分静停、升温、恒温和降温四个阶段。静停时间不宜小于2h,升温速度不宜大于 25℃/h,恒温温度不应超过 80℃,恒温时间应通过试验确定,降温速度不宜大于 20℃/h。高强混凝土构件或制品出池或撤除养护措施时的表面与外界温差不应大于 20℃。

f. 对于大体积高强混凝土,宜采取保温养护等控温措施;混凝土内部和表面的温差不宜超过 25℃,表面与外界温差不宜大于 20℃。

g. 冬期施工时,高强混凝土养护应符合下列规定:高强混凝土宜采用带模养护;混凝土受冻前的强度不得低于 10MPa;模板和保温层应在混凝土冷却到 5℃以下时方可拆除,或在混凝土表面温度与外界温度相差不大于 20℃时拆模,拆模后的混凝土亦应及时覆盖,使其缓慢冷却;混凝土强度达到设计强度等级的 70% 时,方可撤除养护措施。

三、自密实混凝土

1. 技术原理及主要内容

(1)基本概念

自密实混凝土(Self-Compacting Concrete,简称 SCC),指混凝土拌合物不需要振捣仅依靠自重即能充满模板、包裹钢筋并能够保持不离析和均匀性,达到充分密实和获得最佳的性能的混凝土,属于高性能混凝土的一种。

(2)技术特点

SCC 具有高流动度、不离析、均匀性和稳定性,浇筑时依靠自重流动,一般情况下无需工艺振捣即能自行填充模板内部各空间,形成稳定、密实结构,可以避免人为振捣固有的不均匀给混凝土质量带来的缺陷及振捣投入,其主要应用性能优势体现在以下 4 个方面:

1)在结构配筋过密、薄壁、形状复杂、振捣工艺难于实施等情况下,混凝土结构设计和施工不受制约。

2)由于无需振捣,混凝土在力学性能不受损的前提下,消除了人工振捣不均匀造成结构漏振、过振等影响自身质量缺陷,从而使混凝土具有更加均匀的微观结构、良好的表观效果和较好的耐久性。

3)简化了混凝土施工工艺,缩短工期,提高效率。

4)降低了作业强度和噪声污染,节省施工能耗及投入。

SCC 虽然具有以上优越性能,但选择 SCC 要充分考虑结构特点、原材料、生产施工和环境条件的差异性,在制备和施工时必须进行严格的技术和质量控制,需要从配制 SCC 拌合物的原材料选择开始,直至硬化后的后期养护及全过程实施监控,以求做到技术先进、安全适用、经济合理、保证质量和体现优势的工程效果。

(3)技术路线

1)基于 SCC 拌合物性能以及后期性能要求,制备 SCC 需要采取有效的材料与配合比技术措施,一方面从流动性、抗分离性、间隙通过性和填充性 4 个方面统筹考虑,控制混凝土拌合物体系的屈服剪应力和塑性黏度系数处于适宜范围,解决流动性与抗分离性的矛盾,从而提高间隙通过能力和填充性;另一方面要解决好混凝土的高工作性与硬化混凝土力学性能、耐久性的矛盾。在实际配制时必须综合考虑上述两个方面的问题,以达到 SCC 结构的高性

能化,一般可从以下几个方面着手:

①选用外加剂。优质的外加剂调节拌合物体系在低水胶比条件下的屈服剪应力和塑性黏度,能对胶凝材料粒子产生强烈的分散作用,释放其约束的水,以有效控制混凝土用水量,获得具有高流动性和高抗分离性的良好施工性能,并保证硬化混凝土的力学及耐久性能。

②优选优质矿物掺合料。优质矿物掺合料能调节拌合物流变性能,使体系细粉含量水平达到良好的抗分离性、间隙通过性要求,并减少水泥用量,改善界面状况和密实性能,改善硬化混凝土性能。

③选用优质骨料。骨料的粒形、粒径、级配和杂质含量对抗分离性、间隙通过性、填充密实性都有影响,杂质含量少、粒形合理、级配合理、空隙率低的骨料能有利于混凝土自密实性能的实现。

④确定合适的浆固比和砂率值。浆固比和砂率值对工作性能影响很大,浆固比越大流动性越好,但过大的浆固比对混凝土硬化后的体积稳定性不利;在合理砂率情况下,粗骨料周围包裹足够的砂浆,不易在间隙处聚集,填充和密实效果良好,能提高混凝土拌合物通过间隙的能力。

2)一般情况下,可根据结构物的结构形状、尺寸、配筋状态将自密实性能分为3个等级,见表3-6。

表3-6　自密实混凝土性能等级分类

性能等级	结构特点
一级	钢筋的最小净间距为35～60mm、结构形状复杂、构件断面尺寸小的钢筋混凝土结构物及构件浇筑情况
二级	钢筋的最小净间距为60～200mm的钢筋混凝土结构物及构件浇筑的情况
三级	钢筋的最小净间距200mm以上、断面尺寸大、配筋量少的钢筋混凝土结构物及构件浇筑情况,以及无筋结构物的浇筑情况

3)在不同的工程施工中,根据工程结构特点,考虑施工各方技术管理水平和客观条件、质量标准要求等确定生产SCC的自密实性能等级,如对于一般的钢筋混凝土结构物及构件生产可采用二级自密实性能SCC。每一等级的SCC,其新拌混凝土各种自密实性能指标要求不同,表3-7中试验项目与指标可作为SCC制备与质量控制的一种依据。同时,SCC硬化后的强度、弹性模量、耐久性等其他性能也要能满足相关要求。

表3-7　自密实混凝土性能等级与指标对应表

序号	指标项目	性能等级		
		一级	二级	三级
1	坍落度(mm)	≥240		
2	坍落扩展度(mm)	700±50	650±50	600±50

序号	指标项目	性能等级		
		一级	二级	三级
3	$T_{50}(s)$	5～20	3～20	3～20
4	V 漏斗通过时间(s)	10～25	7～25	4～25
5	V 漏斗静置 5min 后通过时间(s)	<30	<40	<40
6	U 型箱试验填充高度(mm)	320 以上(隔栅型障碍 1 型)	320 以上(隔栅型障碍 2 型)	320 以上(无障碍)

注:表中 T_{50} 表示坍落扩展度达到 50cm 时经历的时间。

2. 主要技术指标

(1)原材料的技术要求

1)胶凝材料

水泥选用较稳定的普通硅酸盐水泥;掺合料是自密实混凝土不可缺少的组成部分之一,一般常用的有粉煤灰、磨细矿渣、硅粉、矿粉等。胶凝材料总量不少于 $500kg/m^3$。

2)细骨料

砂的含泥量和杂质,会使水泥浆与骨料的粘结力下降,需要增加用水量和增加水泥用量,所以砂必须符合规范技术。砂率在 45% 以上,最高可到 50%。

3)粗骨料

粗骨料的最大粒径一般以小于 20mm 为宜,尽可能选用圆形且不含或少含针、片状颗粒的骨料。

4)外加剂

自密实混凝土具备的高流动性、抗离析性、间隙通过性和填充性这四个方面都需要以外加剂的手段来实现。因此对外加剂的主要要求为:与水泥的相容性好;减水率大;缓凝、保塑。

(2)工作性技术指标

1)坍落度: $S_{lf}≥250mm$;

2)坍落扩展度: $L_{sf}≥700mm$;

3)填充性: $\Delta G≤5mm$;

4)抗离析性: $\Delta h≤7\%$;

5)流动性: $L_f≥700mm$;

6)黏聚性:2h 内满足以上各项指标要求。

3. 技术应用要点

(1)技术应用范围

自密实混凝土适用于浇筑量大,浇筑深度、高度大的工程结构;配筋密实、结构复杂、薄壁、钢管混凝土等施工空间受限制的工程结构；工程进度紧、环境噪声受限制或普通混凝土不能实现的工程结构。

（2）施工技术要点

1）原材料选择

欲成功配制 SCC 很大程度上取决于高品质的原材料，但是原材料的质量又受市场客观条件和混凝土生产单位采购能力的限制，这就更加要求技术人员充分分析工程要求和加强技术质量管理水平，合理确定 SCC 性能要求和选用 SCC 所需要的原材料。

①水泥。一般情况下，六类水泥都可以用来生产 SCC，考虑到 SCC 体系中矿物掺合料独立性的优势，最好选用普通硅酸盐水泥或硅酸盐水泥。选择作为主材用的各项质量指标较稳定的产品，以便能减少 SCC 的质量波动，并为 SCC 生产过程中的质量控制提供方便。水泥的品质应侧重同外加剂的相容性、标准稠度用水量低和较高早期及后期强度，其中水泥与外加剂是否相匹配，直接决定能否配制出自密实高性能混凝土。尽可能选用 C_3A 和碱含量低的水泥，这样对于坍落度损失控制有利，而对于有防裂要求的工程，采用防裂水泥也是有效的措施之一。

②外加剂。应用优质外加剂是制备优质 SCC 的必要条件，SCC 拥有的合理黏性稠度的大流动性、高细粉颗粒含量体系的抗裂能力以及合适的保塑性能，都需要依靠外加剂来实现。这也是相对于其他材料最可能有效的方法，在使用外加剂时应重视以下几方面：

a. 高减水率：这在坍落扩展度与扩展速度指标中得到有力体现。需要依靠外加剂的高减水率来保证低水胶比、高细粉含量体系的混凝土自密实能力，达到混凝土结构低孔隙率、高密实度目标。在应用中并不是减水率越高越好，满足使用要求即可。高减水率外加剂的掺量要进行必要的控制，掺量太高如接近甚至超过饱和点，会导致混凝土对用水量变化的敏感性增强，而使生产中的混凝土离析、泌水的概率增大，加大质量控制难度。

b. 良好的保塑能力：混凝土自密实性能的保持与自密实性能的实现同等重要，这是因为无论何种原因，一旦 SCC 损失了可塑性能，恢复技术较难。虽然 SCC 体系由于大量矿物掺合料的加入，塑性及其保持能力已经改善，但还是需要外加剂来继续增强拌合物体系的保塑能力，以满足施工要求。

c. 减缩性能：自密实性能的实现采用了低水胶比和高密实度，实现的同时也导致其自收缩增大，硬化混凝土的体积稳定性将受到影响。在控制体系细粉成分和总量不能完全解决问题的情况下，如工程有严格的混凝土收缩指标要求，采用外加剂减少收缩也是一种方便、有效的措施，如使用膨胀剂补偿混凝土，由于浆体多而产生的收缩、在外加剂中复合减少混凝土收缩成分，都能增加混凝土的密实性，减少裂缝出现几率。但需要指出的是，减缩剂一般对混凝土的后期养护要求更高。现在开始尝试用有机纤维对混凝土早期由于收缩而产生裂缝进行控制，工程应用中也能起到一定的效果。

d. 增稠剂的使用：解决 SCC 的流动性同抗离析性的矛盾，可采用增加拌合物的稠度，使混凝土在大流动度的情况下不离析与分层。虽然高的总细粉含量能提高抗离析能力，但不利于抗裂与耐久性，且在低强度等级 SCC 中细粉含量有限；另一种方法是采用起到增加稠度作用的增稠剂，但此种外加剂会延缓混凝土凝结硬化时间，有的还可加剧坍落度损失，且成本较高，应综合考虑。

③矿物掺合料。矿物掺合料掺入混凝土中有"界面效应"、"微填效应"和"活性效应",是自密实高性能混凝土中不可缺少的组成材料。充分发挥这些效应,可以达到大幅度降低新拌混凝土的内部屈服剪应力、改善流变性能并延缓坍落度损失、改善硬化混凝土的孔结构及力学性能、提高后期强度和耐久性、延迟水化放热峰值及降低早期水化热、有效抑制碱骨料反应等效果,并能降低材料成本。常见的有粉煤灰、粒化高炉矿渣粉、硅灰、沸石粉、复合矿物掺合料等,优异的矿物掺合料能和水泥颗粒形成良好的级配并降低胶凝材料的需水量。在实际工程应用中,可依据工程特点、混凝土自密实性能及其他性能要求、掺合料品质以及成本等综合考量,经试验确定选用,值得注意的是掺合料的掺入,要能不增加或少增加混凝土拌合用水量,并保证硬化混凝土强度。

粉煤灰只有品质优良才能改善新拌和硬化混凝土的性能,Ⅲ级粉煤灰由于需水量比等指标较差,SCC 不能采用;强度等级不低于 C60 的 SCC,最好能采用指标优异、强度活性高的Ⅰ级粉煤灰,如用Ⅱ级粉煤灰应经试验确定掺量,检验是否对强度发展有影响。另外高钙粉煤灰使用时要谨慎,需按掺量进行安定性试验和强度试验。

粒化高炉矿渣具有较高的活性、需水量小;沸石粉能在提高 SCC 黏聚性、保水性方面起作用,两者都适宜配置 SCC。

硅灰在改善混凝土黏聚性、流变性和提高强度、耐久性方面效果显著,一般价格偏贵,可在高强度等级 SCC 中采用。值得注意的是掺硅灰混凝土收缩较大。

复合矿物掺合料中由于含有多种成分,增加了同外加剂的相容性难度,使用前要进行较充分的试验、试配工作。

④砂石料。骨料的粒形、级配、含泥(块)量会影响混凝土的施工性能、变形性能、抗裂以及耐久性能,在 SCC 中要求砂石料具备较理想的状态。SCC 由于砂浆量大,砂率大,应选用Ⅱ区中粗砂。砂子含泥量和杂质会使水泥浆与骨料的粘结力下降,需要增加用水量和增加水泥用量,所以应控制含泥量不大于 3.0%,泥块含量不大于 1.0%。石子的最大粒径以小于 20mm 为宜,含泥量不大于 1.0%,泥块含量不大于 0.5%,隙率小于 40%。由于针、片状颗粒会增大空隙率,应控制不大于 5%。骨料由于资源条件限制,质量难以稳定,应尽可能的选用优质骨料,这样有利于 SCC 的配制与施工。

2)配合比设计与确定

SCC 主要采用增大胶结材料用量和采用优质高效外加剂的方法,提高浆体的黏性和流动性,以利于浆体充分包裹和分割粗细骨料颗粒,并使骨料悬浮在胶结材浆体中,形成优越的自密实性能。SCC 的这种特点,决定其配合比设计方法与普通混凝土有所不同。进行 SCC 配合比设计时,可首先确定自密实性能等级,明确性能指标,在综合强度、自密实性能、耐久性及其他性能的基础上,采用绝对体积法提出试验配合比,经试验调整后,进行试生产或应用于工程实践。一般配合比设计途径如下:

①确定 SCC 性能等级。根据具体工程要求确定 SCC 性能等级、强度及其他要求。

②确定原材料性能

a. 水泥:试验确定强度、凝结时间、需水量等指标,表观密度一般取 3.1g/cm³。

b. 掺合料:品种、活性指数、需水量等技术指标,粉煤灰表观密度一般取 2.2~2.3g/cm³,矿渣表观密度一般取 2.8g/cm³。

　　c. 细骨料：Ⅱ区中粗（河）砂，技术指标符合自密实要求，小于 0.16mm 的细粉含量不大于 2%，表观密度一般为 $2.6 \sim 2.7 g/cm^3$。

　　d. 粗骨料：粒型、级配、含泥（块）含量、针片状含量等符合自密实要求，表观密度一般为 $2.7 \sim 2.75 g/cm^3$。

　　e. 外加剂：种类、减水率、固含量及其他性质，经试验确定与胶凝材料的适应性及掺量。

　　③设计初期配合比

　　a. 根据自密实性能选取单方混凝土粗骨料体积用量，根据经验一般在 $280 \sim 350L$ 内选取，自密实性能等级高时取下限值，根据表观密度能确定粗骨料质量用量。

　　b. 单方混凝土用水量取 $155 \sim 180 kg$，水与总细粉量比值（体积水胶比）根据细粉的种类和掺量取 $0.8 \sim 1.15$ 不等，到此可确定总细粉体积，根据 SCC 体系要求总细粉量应处于 $160 \sim 230L$ 之间，否则应调整用水量或水粉比参数。

　　c. 评定含气量：可根据使用的外加剂性能或测定混凝土含气量确定，一般取 $10 \sim 40L$。

　　d. 考虑细骨料的细粉含量后，依据前面的条件可求取细骨料用量，其各种组成材料组成 $1000L（1m^3）$ 的混凝土结构。

　　e. 确定各粉体含量：粉体可能包括水泥、各种掺合料、细骨料的细粉以及惰性材料，细骨料的细粉为已知，水泥、矿物掺合料用量应根据强度要求、水胶比及掺合料依据试验确定，惰性材料是在水泥、矿物掺合料用量确定的前提下为满足粉体用量而确定的。

　　f. 通过试验确定外加剂的掺量，完成初期配合比的设计。

　　④初期配合比试验

　　将设计好的初期配合比通过试验试拌，进行相关性能试验，验证配合比是否满足既定要求。

　　⑤初期配合比调整

　　当对新拌 SCC 的流动性、抗分离性、间隙通过能力及填充性进行验证，表明自密实性能或硬化混凝土性能（强度、弹性模量、耐久性等）不能满足要求时，要对初期配合比，必要时对原材料进行优化调整。如自密实性能不满足时可增减外加剂掺量、用水量、骨料用量及水粉比等参数，但调整过程中需要注意各自密实性能的相关性，一项性能增强则可能使另项性能受到不利影响，另外硬化混凝土性能也需要重新验证。

　　有时候调整各材料用量即只靠优化配合比仍不能成功，此时问题可能出在使用材料的品质上面，当材料受到客观条件限制时，调整自密实性能指标值则可能成为必要。

　　⑥SCC 试生产及工程模拟

　　对于重要工程或特殊结构工程，有时候通过实验室的试验并不能绝对保证工程效果，为了达到工程一次成优，有必要在正式施工前进行试生产或模拟工程试验。试生产是检验搅拌楼生产 SCC 与试验室配制 SCC 的可重复性和稳定性的过程；工程模拟则是通过模拟工程结构实体施工，来确保已确定的 SCC 性能满足实体工程要求。

　　3）可参考的实用技术

　　a. 自密实性能恢复调整方案

　　自密实混凝土当浇筑前发现自密实性能部分损失时，可用同种类、同批量外加剂进行调整尝试，即在现场向混凝土拌合物中有限度地添加外加剂，并与运输车高速转动相结合，来恢复混凝土的自密实性能。自密实混凝土要求外加剂不能过量掺加,否则混凝土会出现离析,因此通过试验取得自密实混凝土使用的外加剂饱和掺量数据以及生产时外加剂的实际掺量,决定了现场性能调整用外加剂的空间。在生产自密实混凝土时外加剂掺量宜处于最大饱和掺量的中间位置,并事先制定自密实性能恢复调整方案。

调整方案可明确以下内容:外加剂饱和点掺量数据;随车携带同种外加剂;必须派有经验的技术人员跟踪到场,并亲自实施方案,带好添加工具——量筒;每方混凝土每次掺加0.05kg并实测密度后换算成体积量,以便使用量筒,在运输车高速转动后检验自密实性能恢复情况,控制外加剂总体掺量以避免混凝土离析。

b. 粗骨料级配优化方法

骨料技术以前并未引起人们足够的重视,但市场上骨料的质量参差不齐,配制普通混凝土时人们关注更多的只是含泥量,而对自密实混凝土而言,粗骨料经过优化后良好的级配将会为自密实性能的实现和最终工程效果提供保证条件。

自密实混凝土使用的粗骨料粒径一般为5~25mm,为了达到降低骨料体系空隙率,可以用一定数量的5~10mm卵石和10~25mm卵碎石混合进行级配优化调整,两种骨料的掺加比例通过试验测定表观密度和堆积密度进而求得空隙率来确定,要求空隙率越小越好。一些试验认为,自密实混凝土粗骨料的空隙率以不大于38%为宜。

4)现场施工

①现场安排。施工现场应为SCC施工提供足够的方便,派专人负责现场调度,不要影响SCC的浇筑进程。在考虑自密实混凝土所有特性的基础上,制定并严格实施施工计划,对于特殊的施工部位,可制定具体的施工措施。

②现场运输。可根据自密实混凝土质量、浇筑工作量、泵送条件、操作及安全性、输送速度、施工经验和组织水平,确定混凝土泵的种类、数量、泵送距离、输送管径及配管路径及距离或长度。

当采用其他输送方式时,同样要考虑混凝土质量、浇筑工作量以及浇筑速度要求,注意不能用传送带运输,也防止在运输过程中产生振动使混凝土趋于分离。

③模板要求。为保证SCC的工程使用效果,对模板的要求较之普通混凝土要高,脱模剂的选择也要更严格。模板要有刚度和密闭性,不漏浆,不影响SCC的组成均质性和外观。由于SCC流动性大,应按流体压力来计算模板受到的侧压力。根据经验,模板缝隙应小于1.5mm,模板应在合适位置留置直径不大于2mm、间距均匀的排气孔,以利于混凝土气泡排出和减小混凝土密实成型产生的气压力。

④浇筑控制。SCC入泵前,特别是用外加剂进行过性能调整后,应保持运输车高速转动3min以上,目的是使混凝土组成均匀能达到最佳自密实状态。SCC浇筑施工要连续,如果由于某种原因停泵时间过长,不但混凝土会丧失部分自密实性能,而且必须清理干净泵送管里的混凝土,否则会对后续浇筑的混凝土性能产生影响。

在确定SCC浇筑方式和布设浇筑下灰点时,要充分考虑结构物的截面形式、构件类别、配筋情况、拐角及预留(埋)件位置等,不同形式的浇筑区域至少应设定一个下灰点。浇筑高度应尽可能低,最大不超过5m。对于竖向结构,可以采用在模板内上方插导管或从模板底部泵送的浇筑方法,以避免新拌混凝土在模板内自由下落发生离析现象。对于模板内水平浇筑距离,可根据施工部位对混凝土性能的要求确定,一般取决于混凝土在模板内移动、填充能力和保持均质的能力,水平浇筑距离越大,混凝土在动态下离析的可能性也越大。国外一些规范要求水平距离为8m,最大不超过15m,国内的经验为不超过7m时较适宜,具体工程应根据结构情况、观察与试验,适当调整可接受的水平浇筑距离。

整个浇筑过程需要安排人员密切关注泵送管道及浇筑面的自填充进展情况,及时阻止管道漏跑浆体或浇筑不均现象,必要时可在模板外实施辅助敲打。应注意即使浇筑处于连续进行状态,也得掌控浇筑速度,可根据混凝土配合比或质量、结构形状及配筋情况确定。泵送速度太快易使SCC在局部聚集损失工作性甚至发生阻塞,太慢则会丧失最佳自密实时机。可以根据SCC在不同浇筑区域能保持均匀性的自填充移动速度合理安排泵送速率。

⑤养护控制

养护是防止混凝土在硬化时期产生裂缝的重要举措。SCC由于胶凝材料多、水胶比小、水化反应快以及低泌水性等特点,更容易受塑性收缩的影响。因此,混凝土养护尤其是早期养护显得非常重要,特别是水平结构。在浇筑完毕并在混凝土终凝之前就要开始及时养护,并增加预养护时间,可制定养护方案和指派专人负责此项工作。养护一般采用保温、保湿方法,整个养护期不应少于14d。对于水平结构、环境气温高的情况,需要特别注意混凝土在浇筑后几小时内易出现失水状态,及时浇水以避免结构表面水分过度蒸发而出现裂缝。

四、轻骨料混凝土

1. 技术原理及主要内容

(1)基本概念

凡是采用轻粗骨料、轻细骨料(或普通砂)、胶凝材料和水配制而成的混凝土,其表观密度不大于$1900kg/m^3$,均可称为轻骨料混凝土。轻骨料混凝土一般是以水泥作为胶凝材料。

轻骨料混凝土具有轻质、高强、保温和耐火等特点,并且变形性能良好,弹性模量较低,在一般情况下收缩和徐变也较大。

轻骨料混凝土大量应用于工业与民用建筑及其他工程,可减轻结构自重、节约材料用量、提高构件运输和吊装效率、减少地基荷载及改善建筑物功能等。

(2)分类

轻骨料混凝土的种类繁多,一般有以下几种分类法:

1)按用途分类

①轻骨料混凝土按其在建筑工程中的用途不同,分为保温轻骨料混凝土、结构保温轻骨料混凝土和结构轻骨料混凝土,其表观密度等级和轻度范围列于表3-8。

②其他方面,轻骨料混凝土还可用作耐热混凝土,代替窑炉内衬等。

2)按所用轻骨料的品种分类

①工业废料轻骨料混凝土:如炉渣混凝土、粉煤灰陶粒混凝土、自燃煤矸石混凝土、膨胀矿渣珠混凝土。

②天然轻骨料混凝土:如浮石混凝土、火山渣混凝土、多孔凝灰岩混凝土。

③人造轻骨料混凝土:黏土陶粒混凝土、页岩陶粒混凝土、膨胀珍珠岩混凝土、沸石陶粒混凝土、硅藻土陶粒混凝土以及有机轻骨料混凝土等。

表 3-8　轻骨料混凝土按用途分类

序号	名称	混凝土强度等级的合理范围(MPa)	混凝土表观密度的合理范围(kg/m³)	用途
1	保温轻骨料混凝土	LC5.0	＜800	主要用于保温的围护结构或热工构筑物
2	结构保温轻骨料混凝土	LC5.0～LC15	800～1400	主要用于既承重又保温的围护结构
3	结构轻骨料混凝土	LC15～LC60	1400～1900	主要用于承重的配筋构件、预应力构件或构筑物

3)按所用细骨料品种分类

①全轻混凝土:细骨料采用轻砂的轻骨料混凝土。

②砂轻混凝土:采用部分或全部普通砂作细骨料的轻骨料混凝土。

③无砂轻骨料混凝土:轻骨料混凝土中不含细骨料。

2. 主要技术指标

(1)轻骨料(陶粒)性能

粗骨料的级配和最大粒径:粉煤灰陶粒最大粒径为20mm;天然轻骨料为40mm;其他陶粒为30mm;不同用途的轻骨料混凝土对骨料级配的要求见表3-9。

表 3-9　不同用途的轻骨料的级配

用途	筛孔尺寸(mm)						最大粒径(mm)
	5	10	15	20	25	30	
保温及结构保温用	不小于90		0～70		—	不大于10	不宜大于30
结构用	不小于90	30～70	—	不大于10	—	—	不宜大于20

注:1.不允许含有超过最大粒径2倍的颗粒;

　　2.采用自然级配时,其空隙率不大于50%。

(2)制备技术

匀质性控制技术是制备泵送轻骨料混凝土的关键,通过控制最大粗骨料粒径,提高水泥浆体黏度,大掺量粉煤灰可有效提高轻骨料混凝土的均质性,可配制出性能优良的大流态泵送轻骨料混凝土。

(3)泵送技术

轻骨料混凝土易分层离析,坍落度损失快以及轻骨料在压力作用下会吸收混凝土中的水分而导致堵泵等问题。因此:

1)优选轻骨料是配制良好可泵性轻骨料混凝土的重要环节;

2)在满足强度要求的前提下,大量掺入粉煤灰,以增大胶凝材料用量,增加混凝土拌合物的黏聚性,改善混凝土拌合物流动性和保水性,并能一定程度上防止轻骨料上浮;

3）选择合适的混凝土外加剂；

4）混凝土搅拌前，宜将骨料浸湿。

3. 技术应用要点

（1）技术应用范围

轻骨料混凝土利用其保温、减轻结构自重等特点，适用于桥梁、高层建筑、大跨度结构等工程。

（2）施工技术要点

轻骨料混凝土的施工与普通混凝土相同，但由于轻骨料具有表观密度小、孔隙率大、吸水性强的特点，故在施工中应注意以下几个方面的问题。

1）轻骨料混凝土在施工时，可以采用干燥骨料也可以预先将轻粗骨料润湿处理。预湿的轻骨料拌制出的拌合物和易性和水胶比比较稳定，而采用干燥骨料则可省出预湿工序。当骨料露天堆放时，其含水率变化较大，施工中必须及时测定含水率并调整加水量。

2）由于轻骨料混凝土拌合物中轻骨料上浮不易拌均匀，因此宜选用强制式搅拌机。外加剂应在骨料吸水后加入。

3）拌合物的运输距离应尽量缩短，若出现坍落度损失或离析较严重时，浇筑前宜采用人工二次拌合。

4）轻骨料混凝土拌合物应采用机械振捣成型，对流动度大者，也可采用人工插捣成型，对于硬性拌合物，宜采用振动台和表面加压成型。

5）浇筑成型后，应避免由于表面失水太快引起表面网状裂纹，所以早期应加强潮湿养护，养护时间视水泥品种等不同应不少于7～14d。若采用蒸汽养护，则升温速度不宜太快，但若采用热拌工艺，则允许快速升温。

五、纤维混凝土

1. 技术原理及主要内容

（1）基本概念

纤维混凝土是指掺加短钢纤维或合成纤维作为增强材料的混凝土，钢纤维的掺入能显著提高混凝土的抗拉强度、抗弯强度、抗疲劳特性及耐久性；合成纤维的掺入可提高混凝土的韧性，特别是可以阻断混凝土内部毛细管通道，因而减少混凝土暴露面的水分蒸发，大大减少混凝土塑性裂缝和干缩裂缝。

（2）技术特点

钢纤维混凝土与普通混凝土相比具有一系列优越的物理和力学性能。

1）具有较高的抗拉、抗弯、抗剪和抗扭强度

在混凝土中掺入适量钢纤维，其抗拉强度提高25%～50%，抗弯强度提高40%～80%，抗剪强度提高50%～100%。

2）具有卓越的抗冲击性能

材料抵抗冲击或振动荷载作用的性能，称为冲击韧性。在通常的纤维掺量下，冲击抗压韧性可提高2～7倍，冲击抗弯、抗拉等韧性可提高几倍到几十倍。

3)收缩性能明显改善

在通常的纤维掺量下,钢纤维混凝土较普通混凝土的收缩值降低 7%～9%。

4)抗疲劳性能显著提高

当掺有 1.5%钢纤维混凝土抗弯疲劳寿命为 1×10^6 次时,应力比为 0.68,而普通混凝土应力比仅为 0.51;当掺有 2%钢纤维混凝土抗压疲劳寿命达 2×10^6 次时,应力比为 0.92,而普通混凝土应力比仅为 0.56。

5)耐久性能显著提高

掺有 1.5%的钢纤维混凝土经 150 次冻融循环,其抗压和抗弯强度下降约 20%,而其他条件相同的普通混凝土却下降 60%以上,经过 200 次冻融循环,钢纤维混凝土试件仍保持完好。掺量为 1%、强度等级为 CF35 的钢纤维混凝土耐磨损失比普通混凝土降低 30%。掺有 2%钢纤维高强混凝土抗气蚀能力较其他条件相同的高强混凝土提高 1.4 倍。钢纤维混凝土在空气、污水和海水中都呈现良好的耐腐蚀性,暴露在污水和海水中 5 年后的试件碳化深度小于 5mm,只有表层的钢纤维产生锈斑,内部钢纤维未锈蚀,不像普通钢筋混凝土中钢筋锈蚀后,锈蚀层体积膨胀而将混凝土胀裂。

2. 主要技术指标

(1)纤维要选择合适的掺量,合成纤维会使混凝土强度降低,在同时满足抗裂性能和力学性能的前提下确定掺量,一般积率不超过 0.12%。

(2)钢纤维或合成纤维掺量过多时,都会使坍落度损失增加,选择合适的掺量和调整配合比,使纤维的掺入对混凝土工作性不产生负面的影响。

(3)纤维混凝土的轴心抗压强度、受压和受拉弹性模量、剪变模量、泊松比、线膨胀系数以及合成纤维轴心抗拉强度标准值和设计值可按《混凝土结构设计规范》(GB 50010)的规定采用。纤维体积率大于 0.15%的合成纤维混凝土的上述指标应经试验确定。

3. 技术应用要点

(1)技术应用范围

适用于对抗裂、抗渗、抗冲击和耐磨有较高要求的工程。

(2)施工技术要点

1)原材料

水泥:钢纤维混凝土应采用普通硅酸盐水泥和硅酸盐水泥;合成纤维混凝土优先采用普通硅酸盐水泥和硅酸盐水泥,根据工程需要,选择其他品种水泥。

骨料:钢纤维混凝土不得使用海砂,粗骨料最大粒径不宜大于钢纤维长度的 2/3;喷射钢纤维混凝土的骨料最大粒径不宜大于 1.0mm。

纤维:纤维的长度、长径比、表面性状、截面性能和力学性能等应符合国家有关标准的规定,并根据工程特点和制备混凝土的性能选择不同的纤维。

2)配合比

①纤维混凝土的配合比设计应注意以下几点:

钢纤维混凝土中的纤维体积率不宜小于 0.35%,当采用抗拉强度不低于 1000MPa 的高强异形钢纤维时,钢纤维体积率不宜小于 0.25%;各类工程钢纤维混凝土的钢纤维体积率选择范围应参照国家与有关标准。控制混凝土早期收缩裂缝的合成纤维体积率宜为 $0.06\%\sim$ 0.12%。

纤维混凝土的最大胶凝材料用量不宜超过 $550kg/m^3$；喷射钢纤维混凝土的胶凝材料用量不宜小于 $380kg/m^3$。

②各类工程钢纤维混凝土的钢纤维体积率范围宜符合表 3-10 的规定。

表 3-10 钢纤维混凝土中的纤维体积率范围

工程类型	使用目的	体积率(%)
工业建筑地面	防裂、耐磨、提高整体性	$0.35\sim1.0$
薄型屋面板	防裂、提高整体性	$0.75\sim1.5$
局部增强预制桩	增强、抗冲击	≥0.5
桩基承台	增强、抗冲切	$0.5\sim2.0$
桥梁结构构件	增强	≥1.0
公路路面	防裂、耐磨、防重载	$0.6\sim1.0$
机场道面	防裂、耐磨、抗冲击	$1.0\sim1.5$
港区道路和堆场铺面	防裂、耐磨、防重载	$0.5\sim1.2$
水工混凝土结构	高应力区局部增强	≥1.0
	抗冲磨、防空蚀区增强	≥0.50
喷射钢纤维混凝土	支护、砌衬、修复和补强	$0.35\sim1.0$

③各类工程合成纤维混凝土中合成纤维体积率范围宜符合表 3-11 的规定。

表 3-11 合成纤维混凝土中的纤维体积率范围

合成纤维混凝土使用部位	使用目的	体积率(%)
楼面板、剪力墙、楼地面、建筑结构中的板壳结构、体育场看台	控制混凝土早期收缩裂缝	$0.06\sim0.20$
刚性防水屋面	控制混凝土早期收缩裂缝	$0.10\sim0.30$
机场跑道、公路路面、桥面板、工业地面	控制混凝土早期收缩裂缝	$0.06\sim0.20$
	改善混凝土抗冲击、抗疲劳性能	$0.10\sim0.30$
水坝面板、储水池、水渠	控制混凝土早期收缩裂缝	$0.06\sim0.20$
	改善抗冲磨和抗冲蚀等性能	$0.10\sim0.30$
喷射混凝土	控制混凝土早期收缩裂缝、改善混凝土整体性	$0.06\sim0.25$

注：增韧用粗纤维的体积率可大于 0.5%，但不宜超过 1.5%。

3)混凝土制备

纤维混凝土的搅拌应采用强制式搅拌机；宜先将纤维与水泥、矿物掺合料和粗细骨料投入搅拌机干拌 $60\sim90s$，而后再加水和外加剂搅拌 $120\sim180s$，纤维体积率较高或强度等级不低于 C50 的纤维混凝土宜取搅拌时间范围上限。当混凝土中钢纤维体积率超过 1.5% 或合成纤维体积率超过 0.2% 时,宜延长搅拌时间。

4)纤维混凝土的运输、浇筑和养护

①纤维混凝土的运输应保证混凝土(主要是钢纤维混凝土)不离析和不分层。

②当用搅拌罐车运送纤维混凝土拌合物时,因运距过远、交通或现场等问题造成坍落度损失较大时,可采取在卸料前掺入适量减水剂进行搅拌的措施,但不得加水。

③用于泵送钢纤维混凝土的泵的功率,应比泵送普通混凝土的泵的功率大 20%;喷射钢纤维混凝土宜采用湿喷工艺。

④纤维混凝土(主要是钢纤维混凝土)拌合物浇筑倾落的自由高度不应超过 1.5m。若倾落高度大于 1.5m 时,应加串筒、斜槽、溜管等辅助工具使其下落,避免拌合物离析。

⑤纤维混凝土浇筑应保证纤维分布的均匀性和结构的连续性,在浇筑过程中不得加水。

⑥纤维混凝土应采用机械振捣,不得采用人工插捣;振动时间不宜过长,应避免离析和分层。

⑦钢纤维混凝土的浇筑应避免钢纤维露出混凝土表面:对于竖向结构,宜将模板的尖角和棱角修成圆角,必要时可采用模板附着式振动器进行振动;对于路面等上表面积较大的平面结构,宜采用平板式振动器进行振动,再用表面带凸棱的金属圆辊将竖起的钢纤维压下去,然后用金属圆辊将表面滚压平整,等到钢纤维混凝土表面无泌水时用金属抹刀抹平,经修整的表面不得裸露钢纤维。

⑧纤维混凝土浇筑成型后应及时用塑料薄膜覆盖和养护,防止表面失水太快。

⑨采用自然养护时,用普通硅酸盐水泥或硅酸盐水泥配制的纤维混凝土的湿养护时间不应少于 7d,用矿渣水泥、粉煤灰水泥或复合水泥配制的合成纤维混凝土的湿养护时间不应少于 14d。

⑩纤维混凝土构件采用蒸汽养护时,成型后静停时间不宜少于 2h,升温速度不宜大于 25℃/h,恒温温度不宜大于 65℃,降温速度不宜大于 20℃/h。

第二节　混凝土施工新技术应用

一、超高泵送混凝土技术

1. 技术原理及主要内容

(1)基本概念

超高泵送混凝土技术一般是指泵送高度超过 200m 的现代混凝土泵送技术。近年来,随着经济和社会发展,泵送高度超过 300m 的建筑工程越来越多,因而超高泵送混凝土技术已成为超高层建筑施工中的关键技术之一。超高泵送混凝土技术是一项综合技术,包含混凝土制备技术、泵送参数计算、泵送机械选定与调试、泵管布设和过程控制等内容。

(2)技术特点

高层泵送混凝土配合比的设计与普通混凝土的设计基本相同,但在用水量、砂率的确定和外加剂及混合材料的选择上有其特殊性。

混凝土在达到工程要求的强度和耐久性的前提下,调节新拌混凝土的坍落度和压力泌水值,从而得到最佳的可泵性,混凝土的可泵性主要通过坍落度和压力泌水值双指标来评价。主要从以下几方面进行控制和调整:

1)增加混凝土坍落度:混凝土拌合料的坍落度根据泵送高度和水平距离确定,一般有效高度100m以上时,坍落度控制应大于180mm;有效高度150m以上时,坍落度控制应大于200mm;有效高度200m以上时,坍落度控制应大于220mm,但不宜大于240mm。

2)适当增大水泥用量:在一定的水胶比条件下,适当增大水泥用量,可提高混凝土的流动性,减少泌水。

3)适当提高混凝土砂率:砂率对泵送混凝土的可泵性有较大影响,细颗粒物料的增加可减少泌水,调整砂率可以调节坍落度和压力泌水值,因此与普通混凝土配合比设计相比,高层泵送混凝土砂率应适当增大。

4)改善集料级配:采用级配良好的集料,集料的堆积空隙尽量小,集料空隙小时不仅降低了水泥的用量,还能有效避免混凝土产生离析,同时减小集料与管壁的摩擦阻力。

5)掺加混凝土泵送剂:高层泵送混凝土要求坍落度较大,因此拌合物中一般加入泵送剂,在不增加用水量的情况下,有效增加混凝土的坍落度。

6)适当添加引气成分:在泵送剂中适当添加引气成分,增加混凝土的含气量,引入的气泡在水泥浆中起滚珠作用,提高混凝土流动性,同时气泡的引入还能相应减少混凝土泌水。但引气剂的掺量不得过多,否则会造成混凝土的强度下降,一般泵送混凝土的含气量不宜大于4%。

7)掺加矿物掺合料:掺加矿物掺合料可提高混凝土的可泵性,因为矿物掺合料的多孔表面可吸附较多的水,从而减少压力泌水值。

总之,通过坍落度和压力泌水值双指标可以综合评价混凝土的可泵性。高层泵送混凝土的设计要点是:通过调节各种工艺参数来使坍落度和压力泌水值达到满意的配合;在掺合泵送剂的同时加入引气成分,能有效地提高可泵性和适当减少坍落度损失;掺加一定量矿物掺合料可提高混凝土的可泵性。

2. 主要技术指标

(1)混凝土拌合物的工作性良好,无离析泌水,坍落度一般在180~200mm,泵送高度超过300m的,坍落度宜>240mm,扩展度>600mm,倒锥法混凝土下落时间<15s。

(2)硬化混凝土物理力学性能符合设计要求。

(3)混凝土的输送排量、输送压力和泵管的布设要依据准确的计算,并制定详细的实施方案,并进行模拟高程泵送试验。

3. 技术应用要点

(1)技术应用范围

超高泵送混凝土适用于泵送高度大于200m的各种超高层建筑。

(2)施工技术要点

1)原材料的选择

①水泥:水泥的矿物组成对混凝土施工性能影响较大,最理想的情况是C_2S的含量高

（40％～70％）、C_3A 含量低。对比国内外有关资料，高流动性混凝土所用水泥的 C_2S 的含量是我国普通水泥的一倍，但在我国没有水泥厂专门生产这种水泥。只有从市场上现有的品牌水泥中选择出性能相对良好的水泥。

②粉煤灰：对比试验发现，不同产地、不同种类的 I 级粉煤灰对混凝土拌合物性能的影响有较大差异，比如 C 类较 F 类对黏度控制有利，但应控制其最大掺量。

③砂石：常规泵送作业要求最大骨料粒径与管径之比不大于 1∶3，但在超高层泵送中因管道内压力大易出现分层离析现象，此比例宜小于 1∶5，且应控制粗骨料的针片状含量。

④外加剂：选用减水率较高、保塑时间较长的聚羧酸系。同时，适当调整外加剂中引气剂的比例，以提高混凝土的含气量，进一步改善混凝土在较大坍落度情况下有较好的黏聚性和黏度。

另外，可选择较好的石灰石粉进行对比试验，因石灰石粉产量问题其暂不作为生产施工的原材料。石灰石微粉是以碳酸钙为主要成分的惰性材料。细骨料粒径分布状况是影响混凝土泵送的重要因素。针对骨料筛分析结果加入一定量的石灰石微粉，可降低混凝土的黏性，有助于增加流动性和泵送性能，可降低泌水率，降低结构填充过程中所形成的孔隙量。采用密度 2.71、细度 $4690g/cm^2$、碳酸钙含量占 95％的石灰石微粉所配制的混凝土，是否掺加石灰石微粉对钢筋握裹力无大的影响。

2）混凝土的制备

①首先进行水泥与外加剂的适应性试验，确定水泥和外加剂品种→根据混凝土的和易性和强度等指标选择确定优质矿物掺合料→寻找最佳掺合料双掺比例，最大限度地发挥掺合料的"叠加效应"→根据混凝土性能指标和成本控制指标等确定掺和料的最佳替代掺量→通过调整外加剂性能、砂率、粉体含量等措施，进一步降低混凝土和易性尤其是黏度的经时变化率→确定满足技术指标要求的一组或几组配合比，确定为试验室最佳配合比→根据现场实际泵送高度变化（混凝土性能泵送损失）情况，采用不同的配合比进行生产施工。

②砂率对混凝土泵送也有一定影响。当混凝土拌合物通过非直管或软管时，粗骨料颗粒间相对位置将产生变化。此时，若砂浆量不足，则拌合物变形不够，便会产生堵塞现象。若砂率过大，集料的总表面积和孔隙率都增大，拌合物显得干稠，流动性较小。因此，合理的砂率值主要根据混合物的坍落度及黏聚性、保水性等特性来确定（此时，黏聚性及保水性良好，坍落度最大）。

③单位用水量对高强度等级混凝土的黏度影响较大。采用 V 形漏斗试验对黏度进行检测时发现，当扩展度同样达到（600±20）mm 的条件下，如采用低用水量与高掺量泵送剂匹配，V 形漏斗通过时间就增加；相反高用水量、低掺量泵送剂匹配，通过时间就缩短。因此，对于同一通过时间，用水量与泵送剂掺量的组合是多个的。

综合考虑用水量对强度、压力泌水率和拌合物稳定性等因素的影响，确定最大用水量后再通过调整外加剂组成、掺量等，配制出经时损失满足要求的混凝土。

3）泵送设备的选择和泵管的布设

混凝土的泵送距离受许多因素影响：泵的功率；泵管的尺寸与布置；均匀流动所需克服的阻力；泵送的速率；混凝土特性。

①泵必须提供足够的力量以克服混凝土和管内壁之间的摩擦力。管道弯曲或管径缩小

会明显增加摩擦阻力。当混凝土垂直泵送时,还需克服重力,需要大约23kPa/m的升力。设备的泵送能力是关键因素之一,其能力应有一定的储备,以保证输送顺利,避免堵管。此外,两套独立的泵和管道系统也是顺利施工强有力的保障。

②在管道布置时,应根据混凝土的浇筑方案设置并少用弯管和软管,尽可能缩短管道长度。超高层泵送所用的管道应为耐超高压管道。在泵送过程中,管道内压力最大可达到22MPa,甚至更高,纵向将产生27t的拉力,必须采用耐超高压的管道系统。而且,在连接与密封方式上也要采取与常规方法不同的措施:采用强度级别高的螺杆进行管道连接;带骨架的超高压混凝土密封圈能防止水泥浆在22MPa的高压下从管夹间隙中挤出。同时,也应注意输送管管径对泵送施工的影响,管径越小则输送阻力越大,但管径过大其抗爆能力变差,而且混凝土在管道内流速变慢、停留时间过长,影响混凝土的性能。

4)泵送施工的过程控制

在施工过程中应注意的是:应先采用合适的砂浆或水泥浆对泵送管道进行充分润滑,确保管壁之间由一层砂浆或水泥浆分开。具体操作时,先泵送润泵水,再泵送一斗水泥浆,然后再泵送一斗浓度高一些的水泥浆,最后再放入同配合比砂浆进行泵送。而且,要保证混凝土供应的连续性。同时,因混凝土泵送压力较大,一定要做好泵管壁厚的定期检查和泵送过程中的安全管理工作。在泵送施工过程中,按照泵送高度的变化,掌握相应的坍落度与扩展度泵送损失的具体数据,并根据实际泵送过程中出现的情况采取相应的措施进行调整,确保超高层高强混凝土保质按期顺利浇筑施工。

二、预制混凝土装配整体式结构施工技术

1. 技术原理及主要内容

（1）技术特点

预制混凝土装配整体式结构施工,指采用工业化生产方式,将工厂生产的主体构配件（梁、板、柱、墙以及楼梯、阳台等）运到现场,使用起重机械将构配件吊装到设计指定的位置,再用预留插筋孔压力注浆、键槽后浇混凝土或后浇叠合层混凝土等方式将构配件及节点连成整体的施工方法。该施工方法具有建造速度快、质量易于控制、节省材料、降低工程造价、构件外观质量好、耐久性好以及减少现场湿作业,低碳环保等诸多优点。尤其预应力叠合梁、叠合板组成的楼盖结构,更具有承载力大、整体性好、抗裂度高、减少构件截面、减轻结构自重和节省钢筋等特点,完全符合"四节一环保"的绿色施工标准。其主要结构形式有:预制预应力混凝土装配整体式框架结构;预制预应力混凝土装配整体式剪力墙结构;预制预应力混凝土叠合梁、板、楼盖结构;预制钢筋混凝土框架结构;预制钢筋混凝土剪力墙结构等。

（2）基本概念

建筑工业化是指采用大工业生产的方式建造工业和民用建筑。它是建筑业从分散、落后的手工业生产方式逐步过渡到以现代技术为基础的大工业生产方式的全过程,是建筑业生产方式的变革。建筑工业化的基本内容和发展方向可概括为:

建筑标准化:这是建筑工业化的前提。要求设计标准化与多样化相结合,构配件设计要在标准化的基础上做到系列化、通用化。

施工机械化:这是建筑工业化的核心,即实行机械化、半机械化和改良工具相结合,有计

划有步骤地提高施工机械化水平。

构配件生产工厂化:采用装配式结构,预先在工厂生产出各种构配件运到工地进行装配;混凝土构配件实行工厂预制、现场预制和工具式钢模板现浇相结合,发展构配件生产专业化、商品化,有计划有步骤地提高预制装配程度;在建筑材料方面,积极发展经济适用的新型材料,重视就地取材,利用工业废料,节约能源,降低费用。

组织管理科学化:运用计算机等信息化手段,从设计、制作到施工现场安装,全过程实行科学化组织管理,这是建筑工业化的重要保证。

2. 主要技术指标

(1)预制预应力混凝土装配整体式框架应按装配整体式框架各杆件在永久荷载、可变荷载、风荷载、地震作用下最不利的组合内力进行截面计算,并配置钢筋。还应分别考虑施工阶段和使用阶段两种情况,取较大值进行配筋。

(2)叠合梁、板的设计应符合现行国家标准《混凝土结构设计规范》的有关规定。

(3)对不配抗剪钢筋的叠合板,当符合现行国家标准《混凝土结构设计规范》的叠合界面粗糙度的构造规定时,其叠合面的受剪强度应符合下式的规定:

$$\frac{V}{bh_0} \leqslant 0.4 \tag{3-2}$$

式中　V——剪力设计值(N);

　　　b——截面宽度(mm);

　　　h_0——截面有效高度(mm)。

(4)预制预应力混凝土装配整体式框架-剪力墙结构中的剪力墙的设计应符合现行国家标准《混凝土结构设计规范》、《建筑抗震设计规范》(GB 50011—2010)的有关规定。

3. 技术应用要点

(1)技术应用范围

1)对预制预应力混凝土装配整体式框架结构,乙类、丙类建筑的适用高度应符合表 3-12 的规定。

表 3-12　预制预应力混凝土装配整体式结构适用的最大高度　　　　(单位:m)

结构类型		非抗震设计	抗震设防烈度	
			6 度	7 度
装配式框架结构	采用预制柱	70	50	45
	采用现浇柱	70	55	50
装配式框架-剪力墙结构	采用现浇柱、墙	140	120	110

2)预制预应力混凝土装配整体式房屋应根据设防类别、烈度、结构类型和房屋高度采用不同的抗震等级,并应符合相应的计算和构造措施要求。丙类建筑的抗震等级应符合表 3-13 的规定。

表 3-13 预制预应力混凝土装配整体式房屋的抗震等级

结构类型		烈 度			
		6		7	
装配式框架结构	高度(m)	≤24	>24	≤24	>24
	框架	四	三	三	二
	大跨度框架	三		二	
装配式框架-剪力墙结构	高度(m)	≤60	>60	<24	24~60	>60
	框架	四	三	四	三	二
	大跨度框架	三		三	二	

预制预应力混凝土装配整体式框架结构等建筑工业化体系将对我国房屋建筑的发展起到巨大的推动作用。大力发展建筑工业化结构体系建筑可以增加建筑使用面积;可节约取暖和保温能耗;可灵敏地根据用户不同时期的要求重新合理分隔空间;按设计定尺加工自动化生产,现场拼装,可缩短施工工期;降低工程造价;节能、节土、节水,保护生态环境,贯彻了建筑业可持续发展战略。预计在不久的将来建筑工业化结构体系将成为我国经济发展较快地区的重要结构体系,发展前景非常广阔。

(2)施工技术要点

1)预制墙板功能设计:对预制混凝土墙板的围护功能、防护功能、隔声功能和保温隔热功能等进行了设计研究,通过多重方案比较和设计研究认为,采用预制混凝土外挂墙板加内保温,完全可以达到外墙使用功能的要求。

在工程中采用预制钢筋混凝土外墙板,外墙厚度的确定除要保证以上功能外,还要考虑外墙的热惰性和构件制作、运输及吊装的可靠性,厚度取为160mm。外墙板设计图如图3-1所示。

2)预制外墙墙板与主体结构的连接形式:连接形式主要有柔性连接与刚性连接两种形式,研究发现两种形式对于围护结构来讲都可以采用。柔性连接对施工精度、施工水平有较高的要求;刚性连接对施工水平要求相对不高,相对柔性连接可节省使用空间。本工程采用刚性连接,如图3-2所示,为尽可能减少框架梁柱外露,采用预制墙板与框架梁柱连接部位预制墙体减薄的方法,通过这种方法本工程减少梁柱外露50mm。

3)节点防水

①水平拼缝防水:在工程设计中应彻底解决预制外墙的渗漏通病。确保构件拼接处不漏水,可在水平拼缝处采用三种防水措施,即材料密封防水、空腔构造防水排水、空心橡胶密封条防水。

水平拼缝最外侧为材料密封防水层,采用耐候硅胶将拼缝最外侧密封。拼缝中部为构造形成的空腔,在上下两块预制混凝土墙板相对应处分别设置凹槽,当两块板拼接时形成内高外低的空腔,并在下块板的顶部即空腔下部设置排水槽,在排水槽的尽端垂直拼缝底部设置排水管。在预制墙板的拼接内侧设置空心橡胶止水条,如图3-3所示。

空腔防水机理:万一材料密封防水失效,雨水进入空腔,由于空腔内侧高于外侧,水会顺

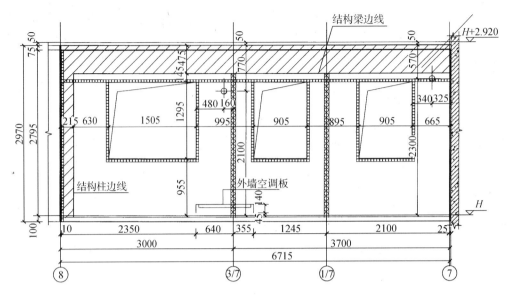

图 3-1　外墙板设计图

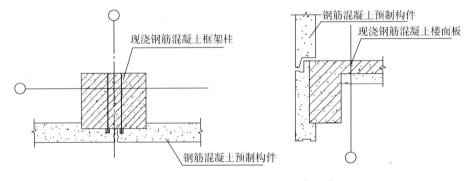

图 3-2　预制墙板与框架梁柱连接形式

空腔内设置的排水槽流至拼缝垂直空腔内,由垂直空腔流至垂直空腔底部的排水管排出,从而达到防水的目的。垂直空腔底部设置排水管不但可以将流入空腔内的水排出,还可在风压作用下保证空腔内外气压相同,防止水汽在风压作用下渗入空腔。为确保防水万无一失,可在两块板拼接处设空心橡胶密封条。

②垂直拼缝防水:除采用了水平拼缝的措施外,还另加了后浇混凝土自防水。本节点竖向空腔不但可以防止水流向内侧,还可以将流入水平空腔的水通过下部设置的排水管排出。设置在空心橡胶止水条后部的现浇混凝土结构可以有效地阻挡渗入的水汽,从而使防水更加安全有效垂直拼缝防水如图 3-4 所示。

③预制墙板窗框处防水:采用铝合金窗框与预制混凝土墙板整浇的方法,一次将铝合金窗框与混凝土墙体制作成一个整体,可以有效地减少施工现场工程量并可以大大提高防水性能。

4)桁架式配筋预制叠合楼板。预制叠合楼板设计采用了国外流行的桁架式配筋,采用这种配筋形式不但可以保证上部现浇混凝土内钢筋位置的准确,而且还可大大提高预制与现浇部分结合面的强度和楼板刚度。

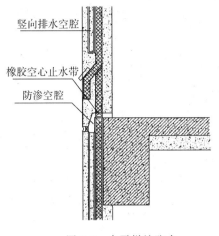

图 3-3　水平拼缝防水

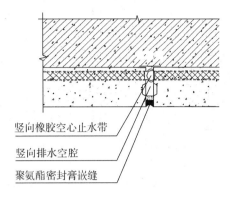

图 3-4　垂直拼缝防水

5）桁架式配筋预制叠合阳台板，如图 3-5 所示。设计思路同预制叠合楼板，采用桁架式配筋，可以保证悬挑阳台的上部钢筋的有效高度，提高结构的施工质量。

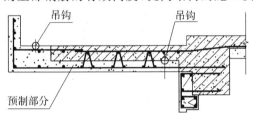

图 3-5　桁架式配筋预制叠合阳台板设计图

三、混凝土裂缝控制技术

1. 技术原理及主要内容

（1）基本概念

混凝土裂缝控制与结构设计、材料选择、施工工艺等多个环节相关，其中选择抗裂性较好的混凝土是控制裂缝的重要途径。本技术主要是从混凝土材料角度出发，通过原材料选择、配比设计、试验比选等选择抗裂性较好的混凝土，并涉及施工中需采取的一些技术措施等。

（2）裂缝种类及原因

1）收缩裂缝

常说的收缩裂缝，实际包含凝缩例缝和冷缩裂缝。

所谓凝缩裂缝，是指混凝土在结硬过程中因体积收缩而引起的裂缝。通常，它在浇筑混凝土 2～3 个月后出现，且与构件内的配筋情况有关。当钢筋的间距较大时，钢筋周围混凝土的收缩因较多地受钢筋约束，收缩较小，而远离钢筋的混凝土的收缩自由，收缩较大，从而产生裂缝。

冷缩裂缝是指构件因受气温降低而收缩,且在构件两端受到强有力约束而引起的裂缝。一般只有在气温低于0℃时才会出现。

2)干缩裂缝

干缩裂缝(又称龟裂)发生在混凝土结硬前的最初几小时内。裂缝呈无规则状,纵横交错。裂缝的宽度较小,大多为0.05～0.15mm。干缩裂缝是因混凝土浇捣时,多余水分的蒸发使混凝土体积缩小所致。影响干缩裂缝的主要原因是混凝土表面的干燥速度。当水分蒸发速度超过泌水速度时,就会产生这种裂缝。与收缩裂缝不同的是,干缩裂缝与混凝土内的配筋情况以及构件两端的约束条件无关。干缩裂缝常出现在大体积混凝土的表面和板类构件以及较薄的梁中。

3)沉缩裂缝

沉缩裂缝是指混凝土结硬前没有沉实或沉实能力不足而产生的裂缝。新浇混凝土由于重力作用,较重的固体颗粒下沉,迫使较轻的水分上移,即所谓"泌水"。由于固体颗粒"受到钢筋的支撑,钢筋两侧的混凝土下沉变形相对于其他变形就较小,形成了钢筋长度方向的纵向裂缝。裂缝深度一般至钢筋顶面。

4)温度裂缝

温度裂缝有表面温度裂缝和贯穿温度裂缝两种。

①表面温度裂缝是因水泥的水化热而产生的,多发生在大体积混凝土中。

②大多数贯穿温度裂缝是由于结构降温较大,其收缩受到外界的约束而引起的。

5)张拉裂缝

张拉裂缝是指在预应力张拉过程中,由于反拱过大,端部的局部承载力不足等原因引起的裂缝。

6)施工裂缝

在施工过程中,常会引起裂缝。例如,当浇捣混凝土的模板较干时,模板吸收混凝土中的水分而膨胀,使初凝的混凝土拉裂。又如,在构件翻身、起吊、运输、堆放过程中引起的施工裂缝。此外,混凝土拌制时加水过多,或养护不当,也会引起裂缝。

7)膨胀裂缝

沿筋开裂:钢筋锈蚀常导致沿筋裂缝的出现。

碱-骨料反应裂缝:当混凝土中同时具备活性骨料(如蛋白石、鳞石英、方石英等)、含碱量过高的水泥、足量水分三个条件时,水泥中的碱性成分会和这些骨料产生化学反应,生成硅酸钠。硅酸钠遇水膨胀,致使混凝土中产生拉应力而引起裂缝,这种反应通常在混凝土长期使用过程中发生,严重时可导致重大工程事故。

2. 主要技术指标

工作性、强度、耐久性等满足设计要求,抗裂性与所使用的试验方法有很大关系,主要有以下方法:

1)圆环抗裂试验

①试件制备

试件的标准模具包括内环、外环和底座(图3-6)。用其制备的试件尺寸为:内径41.3mm,外径66.7mm(即壁厚25.4mm),高度25.4mm。内、外钢环与试件接触的表面应经过磨光,外环由两个半环组成,为保证拼接良好并防止漏浆,可在外面再套一层用螺栓连接的薄铁皮套箍加以固定。

图 3-6　水泥环装置的模具示意图

试件浇筑前,在内环外表面涂刷隔离剂,隔离剂宜用乳化蜡或其他品种。模具外环的内表面不宜使用隔离剂。

试验净浆选用的水胶比宜取 0.24~0.28;当用胶砂浆体时,其水胶比可与拟用的混凝土中浆体所用的相对应。开裂时间与试验选用的水胶比密切相关,水胶比越大,开裂时间越长。为方便试验,宜先选用较低水胶比(水胶比)拌制净浆,并用《水泥胶砂流动度测定方法》(GB/T 2419—2005)的跳桌测定浆体的坍扩度和坍落度(分别为≥105mm、≥15mm),并观察浆体的表面状态,目的是保证低水胶比浆体成型的密实性。

每组至少浇注 3 个圆环试件。圆环试件浇注后采用振动成型以及用小刀插捣以减少试件产生气泡的可能性。每次插捣后,模板的内外表面要铲一铲,以消除模板表面大的空隙,最后对试件进行整平并迅速将试件移入养护室。养护温度(20±2)℃,湿度>95%。

试件成型(24±1)h 后,拆去外环的套箍,用薄刀片轻轻分开两个半环,将试件连同模具的内环一起取出,在试件顶面和底面涂抹隔离剂(如沥青)进行密封处理后放入恒温恒湿箱中,箱内控制温度(20±0.5)℃,湿度(50±10)%。

②试验

套在环上的试件在收缩时受到内环的约束。试验时将试件连同模具内环平放在低摩阻材料(如聚四氟乙烯)的平面上,试件的外侧面粘贴应变片,通过计算机采集应变数据,每隔 2min 采集 1 次圆环试件外侧面上的应变。应变仪的最高分辨率为 1με;零漂不大于 4>με/2h。每 2min 记录应变 1 次;每隔 12h 观察 1 次应变测值,并绘图观测曲线是否有突变点(图3-7)。

通过计算机自动记录环境温度,并通过监测一块贴在长龄期自由试件上的应变片对被测试件的应变片进行温度补偿。

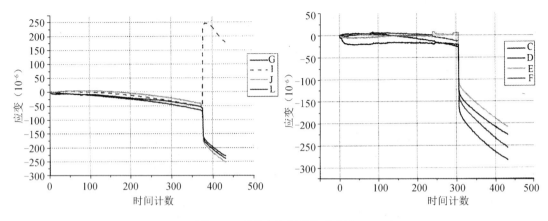

图 3-7　开裂时间监测的示意图

试件出现开裂后,记录外侧面的开裂模式并计算开裂时间(从加水搅拌后 24h 开始计时)。

开裂时间为应变计显示减小上百个微应变或者增加数百个微应变的时刻。如果未观察到试件的应变值出现突变点,而试件表面也没有发现可见裂纹,则为"未开裂",记录试验结束的龄期。

③报告

应记录以下相关参数:

a. 胶凝材料的性能:所使用材料的固有参数和水胶比;

b. 试样的扩展度和坍落度;

c. 模具内环的厚度和外径;

d. 浇注温度和养护温度;

e. 拆模后的试验温度、相对湿度;

f. 每个试件的开裂时间以及平均值(精确到 0.1h);

g. 试件外侧面开裂的模式;

h. 胶凝材料的 1d、3d、7d 和 28d 抗压强度和抗折强度[按照《水泥胶砂强度检验方法(ISO 法)》(GB/T 17671—1999),即 ISO 法检测]。

2)平板法

①试件

试件尺寸为 600mm×(<600mm)×(<63mm),用于浇筑试件的钢制模具如图 3-8 所示。模具的四边用 10/6.3 不等边角钢制成,每个边的外侧焊有四条加劲肋,模具四边与底板通过螺栓固定在一起,以提高模具的刚度;在模具每个边上同时焊接(或用双螺帽固定)两排共 14 个 410mm×100mm 螺栓(螺纹通长)伸向锚具内侧。两排螺栓相互交错,便于浇筑的混凝土能填充密实。当浇筑后的混凝土平板试件发生收缩时,四周将受到这些螺栓的约束。在模具底板的表面铺有低摩阻的聚四氟乙烯片材。模具作为试验装置的一个部分,试验时与试件连在一起。

按预定配比拌和混凝土,每组试件至少 2 个,试件按规定条件养护。

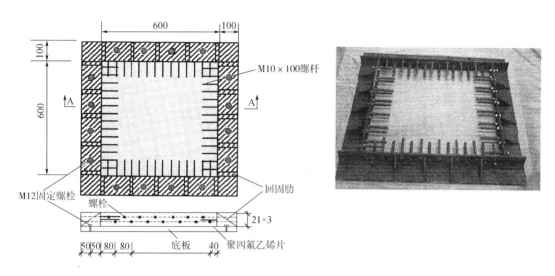

图 3-8　平板试件模具示意图与照片

试件的平面尺寸与厚度也可根据粗骨料的最大粒径等不同情况变化。

②开裂试验

试件浇注、振实、抹平后，可结合工程对象的具体情况选定试件的养护方法和试验观察的起始与终结时间以及试验过程中的环境条件（温度、湿度、风速），从而评定混凝土包括塑性收缩、干燥收缩和自收缩影响在内的早期开裂倾向。用作抗裂性评价的主要依据为试验中观察记录到的试件表面出现每条裂缝的时间尤其是初裂时间，裂缝的最大宽度，裂缝数量与总长等。

3）平板诱导试验

①试验装置及试件尺寸应符合下列要求：

a. 试件：本试验方法以尺寸为 800mm×600mm×100mm 的平面薄板型试件为标准试件，每 2 个试件为一组。混凝土骨料最大粒径不应超过 31.5mm。

b. 试模：形状和尺寸如图 3-9 所示。采用钢制模具，模具的四边用槽钢焊接而成，模具四边与底板通过螺栓固定在一起。模具内的应力诱导发生器有七根，分别用 50mm×50mm、40mm×40mm 角钢与 5mm×50mm 钢板焊接组成，并平行于模具短边与底板固定。底板采用不小于 5mm 厚的钢板，并在底板表面铺设聚乙烯薄膜隔离层。模具作为测试装置的一个部分，测试时应与试件连在一起。

②试验应按下列步骤进行：

a. 试验宜在恒温恒湿室中进行，恒温恒湿室应能使室温保持在（20±2）℃，相对湿度保持在（60±5）％。

b. 将混凝土浇筑至模具内，混凝土摊平后表面应比模具边框略高，使用平板表面式振捣器或者采用捣棒插捣，控制好振捣时间，防止过振和欠振。

c. 在振捣后，用抹子整平表面，使骨料不外露，表面平实。

d. 试件成型 30min 后，应立即调节风扇，使试件表面中心处风速为 5m/s。用电风扇直

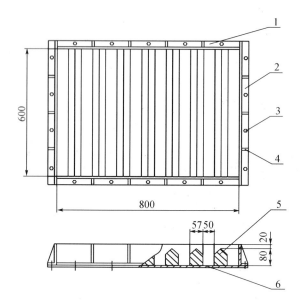

图 3-9　混凝土早期抗裂性能试验装置

1、2—槽钢;3—螺栓;4—槽钢加强肋;5—裂缝诱导器;6—底板

吹试件表面,风向平行于试件表面。

e. 混凝土搅拌加水开始起算时间,到 24h 测读裂缝。裂缝长度以肉眼可见裂缝为准,用钢直尺测量其长度,取裂缝两端直线距离为裂缝长度。应测量每条裂缝的长度。当一个刀口上有两条裂缝时,可将两条裂缝的长度相加,折算成一条裂缝。

裂缝宽度用放大倍数至少 40 倍的读数显微镜(分度值为 0.01mm)测量,应测量每条裂缝的最大宽度。

f. 根据混凝土浇注 24h 后测量得到的裂缝数据,计算平均开裂面积、单位面积的裂缝数目和单位面积上的总开裂面积。

③试验结果计算及其确定应按下列方法进行:

a. 每根裂缝的平均开裂面积应按下式计算:

$$a = \frac{1}{2N} \sum_{i}^{N} (W_i \times L_i) \quad (\text{mm}^2 / \text{根}) \tag{3-3}$$

b. 单位面积的裂缝数目应按下式计算:

$$b = \frac{N}{A} \quad (\text{根} / \text{m}^2) \tag{3-4}$$

c. 单位面积上的总开裂面积应按下式计算:

$$c = a \cdot b \quad (\text{mm}^2 / \text{m}^2) \tag{3-5}$$

式中　W_i——第 i 根裂缝的最大宽度,mm;

　　　　L_i——第 i 根裂缝的长度,mm;

　　　　N——总裂缝数目,根;

A —— 平板的面积，m^2；

a —— 每根裂缝的平均开裂面积，$mm^2/根$；

b —— 单位面积的开裂裂缝数目，$根/m^2$；

c —— 单位面积上的总开裂面积，mm^2/m^2。

3. 技术应用要点

（1）技术应用范围

适用于各种混凝土结构工程，如工业与民用建筑、隧道、码头、桥梁及高层、超高层混凝土结构等。

（2）施工技术要点

混凝土裂缝控制与结构设计、材料选择、施工工艺等多个环节相关，其中选择抗裂性较好的混凝土是控制裂缝的重要途径。

1）原材料要求

①水泥必须采用符合国家现行标准规定的普通硅酸盐水泥或硅酸盐水泥，水泥比表面积宜小于 $350m^2/kg$；水泥碱含量应小于 0.6%。水泥中不得掺加窑灰。水泥的进场温度不宜高于 $60℃$，不应使用温度大于 $60℃$ 的水泥拌制混凝土。

②应采用二级或多级级配粗骨料，粗骨料的堆积密度宜大于 $1500kg/m^3$，紧密密度的空隙率宜小于 40%。骨料不宜直接露天堆放、暴晒，宜分级堆放，堆场上方宜设罩棚。高温季节，骨料使用温度不宜大于 $28℃$。

③应采用聚羧酸系高性能减水剂，并根据不同季节、不同施工工艺分别选用标准型、缓凝型或防冻型产品。高性能减水剂引入混凝土中的碱含量（以 $Na_2O+0.658K_2O$ 计）应小于 $0.3kg/m^3$；引入混凝土中的氯离子含量应小于 $0.02kg/m^3$；引入混凝土中的硫酸盐含量（以 Na_2SO_4 计）应小于 $0.2kg/m^3$。

④采用的粉煤灰矿物掺合料，应符合现行国家标准《用于水泥和混凝土中的粉煤灰》（GB/T 1596—2005）的规定。粉煤灰的级别不应低于 Ⅱ 级，且粉煤灰的需水量比应不大于 100%，烧失量应小于 5%。严禁采用 C 类粉煤灰和 Ⅱ 级以下级别的粉煤灰。

⑤采用的矿渣粉矿物掺合料，应符合《用于水泥和混凝土中的粒化高炉矿渣粉》（GB/T 18046—2008）的规定。矿渣粉的比表面积应小于 $450m^2/kg$，流动度比应大于 95%，$28d$ 活性指数不宜小于 95%。

2）配合比要求

①混凝土配合比应根据原材料品质、混凝土强度等级、混凝土耐久性以及施工工艺对工作性的要求，通过计算、试配、调整等步骤选定。

②混凝土最小胶凝材料用量不应低于 $300kg/m^3$，其中最低水泥用量不应低于 $220kg/m^3$。配制防水混凝土时最低水泥用量不宜低于 $260kg/m^3$。混凝土最大水胶比不应大于 0.45。

③单独采用粉煤灰作为掺合料时，硅酸盐水泥混凝土中粉煤灰掺量不应超过胶凝材料总量的 35%，普通硅酸盐水泥混凝土中粉煤灰掺量不应超过胶凝材料总量的 30%。预应力混凝土中粉煤灰掺量不得超过胶凝材料总量的 25%。

④采用矿渣粉作为掺合料时，应采用矿渣粉和粉煤灰复合技术。混凝土中掺合料总量

不应超过胶凝材料总量的50%,矿渣粉掺量不得大于掺合料总量的50%。

⑤配制的混凝土除满足抗压强度、抗渗等级等常规设计指标外,还应考虑满足抗裂性指标要求。有条件时,使用温度-应力试验机进行抗裂混凝土配合比的优选。

3)施工及管理基本要求

①施工单位应有健全的质量管理机构、质量控制制度和质量检验体系,施工人员应经过岗位培训并取得相应的资格。在设计图纸会审阶段,应认真分析结构抗裂设计的有关内容。在编制施工组织设计、施工技术方案和进行施工技术交底时,应有控制混凝土裂缝的具体技术措施。

②重要结构工程的混凝土在施工前宜对水泥的安定性、骨料的碱活性、混凝土原材料及混凝土的抗裂性能进行试验检测,通过抗裂性能试验对混凝土原材料进行优化选择。应对混凝土配合比进行抗裂性能的优化设计,在满足混凝土强度及泵送要求的情况下,选择抗裂性能最佳的混凝土。

③现浇混凝土结构的模板体系必须通过模板设计使其具有足够的承载力、刚度和稳定性。上下层模板支架的立柱应对准,并铺设垫板。如支撑设于天然地基上,应保证基础均匀受力并防止下沉。拆模时的混凝土强度、模板拆除的顺序及拆模后的支顶加固措施,均应符合有关标准规范及施工技术方案的要求。

④采取有效控制钢筋位置的措施,防止浇捣混凝土时结构中受力钢筋移位。

⑤混凝土板、墙中的预埋管线宜置于受力钢筋内侧,当置于保护层内时,宜在其外侧加置防裂钢筋网片。混凝土板、墙中的预留孔、预留洞周边应配有足够的加强钢筋并保证足够的锚固长度。

⑥严格控制施工荷载,若施工时的荷载效应比正常使用的荷载效应更为不利时,应对承受施工荷载的构件进行结构性能核算,必要时应在该构件下方设置临时支撑。当上一层楼板正在浇筑混凝土时,下层的模板或支撑不得拆除。

⑦严格控制现浇混凝土楼板上人、上料时间,必须根据结构设计、混凝土强度增长和支撑的具体情况确定楼板堆载及施工荷载,且应均匀堆放或沿周边堆放。

4)混凝土施工

①混凝土拌制应有详细的技术要求。商品混凝土应严格记录每车混凝土的搅拌时间、出站时刻、进场时刻、开始浇筑时刻、浇筑完成时刻,并分批汇总分析。

②混凝土搅拌前应严格按照施工配合比进行各种原材料的计量,并根据原材料的含水率等对设计配合比进行调整。应保证混凝土的搅拌时间。混凝土拌合物的入模坍落度不宜过大。严禁在搅拌机以外二次加水搅拌。

③混凝土浇筑时,应保证振捣的时间和位置,防止漏振、欠振和过振。严禁用振动棒撬拨钢筋或用振动钢筋的方法振动混凝土。对于钢筋密集部位的混凝土宜采用小直径振动器或体外振捣方法振捣。

对已初凝的混凝土不应再次进行振捣,避免破坏已形成的混凝土结构强度,而应待其充分凝固以后按施工缝的接槎进行处理。

④对于截面相差较大的构件或结构,应先浇较深的部分,根据气候条件静停0.5～1.5h以后再与较薄部分一起浇筑。

⑤楼板混凝土浇筑完成到初凝前,宜用平板振动器进行二次振捣。终凝前宜对表面进行二次搓毛和抹压,避免出现早期失水裂缝。

⑥现浇混凝土楼板可在拌合物下料时预备出一定厚度,待浇筑完毕后于初凝前在表面掺入清洗干燥后的小颗粒碎石,并与底层混凝土搅拌后作二次振捣,避免板面裂缝。浇筑时厚度的预备量(10～20mm)、每平方米石子的掺入量、二次搅拌后的混凝土试件取样、相应的混凝土强度等均应事先确定并满足设计要求。

⑦在装配式结构的板间拼缝及梁柱构件连接处,不得采用水泥砂浆灌缝,而应采用规定强度等级的细石混凝土灌缝。灌缝宜采用膨胀混凝土。待灌缝混凝土强度达到1.2MPa后,方可承受施工荷载。

⑧后浇带(缝)两侧的梁板支撑模板应予加强,且宜形成独立的支持体系并有足够的刚度,并应在后浇的混凝土强度达到设计强度标准值后方可拆除。

⑨混凝土结构的预应力钢筋锚固区及门、窗、洞口的凹角部位,应按设计规范的要求配置网片钢筋或孔边构造钢筋。孔洞边的构造钢筋不得在凹角处弯折而应直线伸出并保证足够的锚固长度。

⑩对混凝土结构中容易产生裂缝的部位(预应力钢筋的锚固区域、凹角、洞口、孔边等应力集中处以及板面、梁侧、墙面等容易发生干缩裂缝处),宜采用掺入合成纤维(聚酰胺纤维、聚丙烯纤维、聚丙烯腈纤维等)的方法控制混凝土结构的裂缝。合成纤维的掺入量可为 $0.4～3kg/m^3$,根据工程需要通过试验及工程经验确定。

5)混凝土施工缝施工

①施工缝的留置位置在混凝土浇筑前按照设计要求和施工技术方案确定。缝宜留置在结构受力较小且便于施工的部位,并宜利用设计的伸缩缝或沉降缝。施工缝不宜用钢丝网堵挡混凝土,宜用小木板拼接,以便于拆卸、清理。

②施工缝的处理,应在混凝土浇筑2d后进行,且已浇筑的混凝土的抗压强度不应小于 $1.2N/mm^2$。应清除已硬化混凝土表面浮浆、松动石子以及软弱表层,接搓面应充分湿润和冲洗干净,且不得有积水。在施工前应铺一层水泥浆或与混凝土内成分相同的水泥砂浆(引浆)以利粘结。

③平面较大的混凝土结构可设置后浇带或膨胀加强带,分割的单元长度不宜大于30m。膨胀加强带随相邻结构同时浇筑,宽度2m左右,浇筑有微膨胀功效的同强度等级混凝土。

④结构后浇带必须按设计或施工技术方案规定的位置留置。设计没有明确要求时留置宽度宜为800～1000mm,两侧混凝土为企口形式。两个混凝土结合面按施工缝处理。后浇带混凝土的浇筑时间不宜少于60d。选用高一强度等级的微膨胀混凝土浇筑并充分保水养护。

6)养护与成品保护

①混凝土初凝后应及时洒水保湿养护;重要部位养护宜采用保水较好的草袋、麻袋或编织物湿润接触覆盖;对于表面积较大的板类构件或大体积混凝土,可采用蓄水养护。混凝土表面不便浇水或采用覆盖养护时,宜涂刷养护剂。

②冬期施工应提前制定施工技术方案。采用暖棚法或保温法施工时,混凝土养护期内

应始终使混凝土处于潮湿状态,覆盖材料宜采用保湿保温良好的材料。雨期混凝土施工应根据天气情况,尽量避免雨中混凝土施工,防止刚浇筑完的混凝土被雨水浇淋。

③混凝土强度未达到 1.2MPa 前,不得上人踩踏,安装模板及支架或施加其他荷载。拆模或进行其他作业时,严禁撞击混凝土构件。混凝土楼地面装修需要打孔钻眼时,应遵从有关施工技术方案的规定。

④在干燥、高温、暴晒或风力较大的环境条件下浇筑的预拌混凝土或泵送混凝土楼板,应在浇筑混凝土后立即覆盖塑料薄膜保湿养护,并在混凝土初凝 2h 后洒水养护。

7)大体积混凝土和预应力混凝土

①混凝土结构实体最小尺寸≥1m 或水泥水化热引起的混凝土内外温差过大容易发生裂缝的混凝土结构统称为大体积混凝土结构。

大体积混凝土结构裂缝控制的原则是控制混凝土内部绝热温升;配置抗裂钢筋和限制混凝土体积和尺寸等。

②大体积混凝土结构施工时宜控制混凝土内部最高温度与表面温度差不大于 25℃;拆除模板或表面覆盖时混凝土表面温度与环境温度差不宜大于 15℃。

③大体积混凝土结构宜采用设置后浇带(缝)的方法,控制单块结构长厚比不大于 40、长宽比不大于 4,且单块长度不宜超过 30m。

④大体积混凝土施工时宜采用下列控制裂缝的技术措施:

a. 按国家有关规范规定掺用粉煤灰的混凝土,用 60d、90d 等后期强度作为混凝土结构强度评定值,以减少混凝土水泥用量,减少水化热和收缩。

b. 根据混凝土的绝热升温值和环境温度,制定必要的技术措施,控制砂、石、拌合用水温度并采取运输过程的降温方法,降低混凝土的入模温度。

c. 选用低水化热和凝结时间较长的水泥,如低热矿渣硅酸盐水泥、中热硅酸盐水泥、矿渣硅酸盐水泥、粉煤灰硅酸盐水泥、火山灰质硅酸盐水泥等。在满足混凝土强度等级及浇筑时混凝土拌合物和易性的条件下,选择粒径较大的骨料和中粗砂;粗骨料宜采用连续级配;通过试验确定掺合料及外加剂的型号和数量以减少水和水泥的用量。

d. 严格控制坍落度,优先选择分层连续浇筑,并采取有效措施防止施工过程中表面泌水。

⑤大体积混凝土结构浇筑后的养护期内应采取以下控制裂缝的技术措施:

a. 大体积混凝土温度监测应能真实反映混凝土的内外温度差、降温速度及环境温度。测温点应布设于混凝土的上表面、中部、下表面,在养护过程中应对温度测试数据及时进行整理分析。

b. 如混凝土内外温差及降温速度不符合计算要求,应根据实际情况采取控温措施。

c. 控温养护的持续时间,应根据内外部温度情况确定。应保持混凝土表面的湿润。控温覆盖的拆除应分层逐步进行,不得采取强制、不均匀的降温措施。

⑥预应力混凝土结构的抗裂构造措施:

a. 在满足设计混凝土强度等级和施工工艺要求的情况下,宜减少水泥的用量和坍落度。水胶比宜控制在 0.5 以下并适当延长养护时间,增强混凝土的抗裂能力。

b. 宜减少预应力束在梁端的偏心(即减小 e/h),增大梁端面的宽度以降低局部压力值;增加抵抗横向应力的构造钢筋网片或采用纤维混凝土,增强抗裂能力。

第三节　预应力混凝土新技术应用

一、无粘结预应力技术

1. 技术原理及主要内容

（1）基本概念

无粘结预应力筋由单根钢绞线涂抹建筑油脂外包塑料套管组成，它可像普通钢筋一样配置于混凝土结构内，待混凝土硬化达到一定强度后，通过张拉预应力筋并采用专用锚具将张拉力永久锚固在结构中。其技术内容主要包括材料及设计技术、预应力筋安装及单根钢绞线张拉锚固技术、锚头保护技术等。

（2）技术原理

无粘结预应力混凝土施工时，不需要预留孔道、穿筋、灌浆等工序，而是把预先组装好的无粘结筋在浇筑混凝土之前，同非预应力筋一道按设计要求铺放在模板内，然后浇筑混凝土。待混凝土达到强度后，利用无粘结筋与周围混凝土不粘结，在结构内可作纵向滑动的特性，进行张拉锚固，借助两端锚具，达到对结构产生预应力的效果。

（3）技术特点

无粘结预应力技术在建筑工程中一般用于板和次梁类楼盖结构，在板中的使用跨度为6~12m，可用于单向板、双向板、点支撑板和悬臂板；在次梁中的使用跨度一般为8~18m。无粘结预应力钢绞线若不含孔道摩擦损失，则其余预应力损失一般为10%~15%控制应力；孔道摩擦损失可根据束长及转角计算确定，板式楼盖一般在8%~15%控制应力，因此若考虑孔道摩擦损失，则总损失预估为15%~25%控制应力。无粘结筋极限状态下应力处于有效预应力值和预应力筋设计强度值之间，一般可取有效应力值再加200~300MPa。无粘结筋布置可采用双向均布，一个方向均布、另一个方向集中，或双向集中布置。

预应力混凝土结构设计应满足安全、适用、耐久、经济和美观的原则，设计工作可分为三个阶段，即概念设计、结构分析、截面设计和结构构造。

在设计中宜根据结构类型、预应力构件类别和工程经验，采取如下措施减少柱和墙等约束构件对梁、板施加应力效果的不利影响：

1）将抗侧力构件布置在结构位移中心不动点附近；采用相对细长的柔性柱子。

2）板的长度超过60m时，可采用后浇带或临时施工缝对结构分段施加预应力。

3）将梁和支承柱之间的节点设计成在张拉过程中可产生无约束滑动的滑动支座。

4）当未能按上述措施考虑柱和墙对梁、板的侧向约束影响时，在柱、墙中可配置附加钢筋承担约束作用产生的附加弯矩，同时应考虑约束作用对梁、板中有效预应力的影响。

在无粘结预应力混凝土现浇板、梁中，为防止由温度、收缩应力产生的裂缝，应按照现行国家标准《混凝土结构设计规范》有关要求适当配置温度、收缩及构造钢筋。

2. 主要技术指标

无粘结预应力技术用于混凝土楼盖结构可用较小的结构高度跨越大跨度，对平板结构适用跨度为 7~12m,高跨比为 1/40~1/50;对密肋楼盖或扁梁楼盖适用跨度为 8~18m,高跨比为 1/20~1/28。在高层或超高层楼盖建筑中采用该技术可在保证净空的条件下显著降低层高,从而降低总建筑高度,节省材料和造价;在多层大面积楼盖中采用该技术可提高结构性能、简化梁板施工工艺、加快施工速度、降低建筑造价。

3. 技术应用要点

(1)技术应用范围

该技术可用于多、高层房屋建筑的楼盖结构、基础底板、地下室墙板等,以抵抗大跨度或超长度混凝土结构在荷载、温度或收缩等效应下产生的裂缝,提高结构、构件的性能,降低造价。该技术也可用于筒仓、水池等承受拉应力的特种工程结构。

(2)施工工艺

安装梁或楼板模板→放线→下部非预应力钢筋铺放、绑扎→铺放暗管、预埋件→安装无粘结筋张拉端模板(包括打眼、钉焊预埋承压板、螺旋筋、穴模及各部位马凳筋等)→铺放无粘结筋→修补破损的护套→上部非预应力钢筋铺放、绑扎→自检无粘结筋的矢高、位置及端部状况→隐蔽工程检查验收→浇灌混凝土→混凝土养护→松动穴模、拆除侧模→张拉准备→混凝土强度试验→张拉无粘结筋→切除超长的无粘结筋→安放封端罩、端部封闭。

(3)施工技术要点

1)工程材料与设备

①无粘结预应力筋

无粘结预应力混凝土采用的无粘结预应力筋,简称无粘结筋,系由高强度低松弛钢绞线通过专用设备涂包防腐润滑脂和塑料套管而构成的一种新型预应力筋。其外形如图 3-10 所示,性能符合国家行业标准《无粘结预应力钢绞线》(JG 161-2004),无粘结筋主要规格与性能见表 3-14。

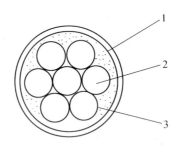

图 3-10 无粘结筋组成

1—塑料套管;2—钢绞线;3—防腐润滑油脂

表 3-14 无粘结预应力筋的主要规格与性能

项目	钢绞线规格和性能	
	$\phi 12.7$	$\phi 15.2$
产品标记	UPS-12.7-1860	UPS-15.2-1860
抗拉强度(N/mm²)	1860	1860
伸长率(%)	3.5	3.5

续表

项目	钢绞线规格和性能	
	$\phi 12.7$	$\phi 15.2$
弹性模量（N/mm²）	1.95×10^5	1.95×10^5
截面积（mm²）	98.7	140
重量（kg/m）	0.85	1.22
防腐润滑脂重量（g/m）大于	43	50
高密度聚乙烯护套厚度（mm）不小于	1.0	1.0
无粘结预应筋与壁之间的摩擦系数 μ 考虑无粘结预应力筋壁每米长度局部偏差对摩擦的影响系数 k	0.04～0.10 0.003～0.004	0.04～0.10 0.003～0.004

注：根据不同用途经供需双方协议，可供应其他强度和直径的无粘结预应力筋。

②锚具系统

无粘结预应力筋锚具系统应按设计图纸的要求选用，其锚固性能的质量检验和合格验收应符合现行国家标准《预应力筋用锚具、夹具和连接器》(GB/T 14370-2007)、《混凝土结构工程施工质量验收规范(2010 版)》(GB 50204-2002)及国家现行标准《预应力筋用锚具、夹具和连接器应用技术规程》(JGJ 85-2010)的规定。锚具的选用，应考虑无粘结预应力筋的品种及工程应用的环境类别。对常用的单根钢绞线无粘结预应力筋，其张拉端宜采用夹片锚具，即圆套筒式或垫板连体式夹片锚具；埋入式固定端宜采用挤压锚具或经预紧的垫板连体式夹片锚具。常用张拉端锚具构造如图 3-11 所示，锚固保护构造如图 3-12 所示。

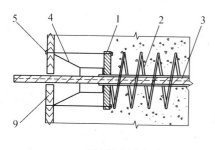
圆套筒式锚具

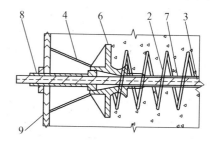
垫板连体式锚具

图 3-11　张拉端锚固系统构造
1—承压板；2—螺旋筋；3—无粘结预应力筋；4—穴模；5—钩螺栓和螺母；
6—连体锚板；7—塑料保护套；8—安装金属封堵和螺母；9—端模板

③常用制作与安装设备

无粘结预应力钢绞线一般为工厂生产，施工安装制作可在工厂或现场进行，采用 305mm 砂轮切割机按要求的下料长度切断，如采用埋入式固定端，则可用 JY-45 等型号挤压机及其配套油泵制作挤压锚或组装整体锚。

预应力筋张拉一般采用小型千斤顶及配套油泵，常用千斤顶如 YCQ-20 型前卡千斤

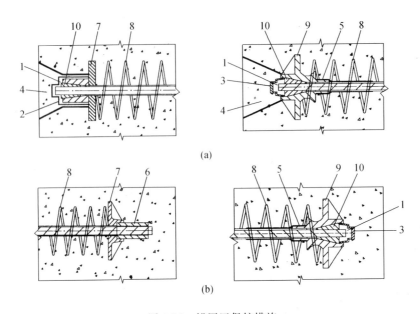

图 3-12 锚固区保护措施

(a)张拉端封锚后状态;(b)固定端封锚后状态

1—涂专用防腐油脂或环氧树脂;2—塑料帽;3—密封盖;4—微膨胀混凝土或专用密封砂浆;5—塑料密封套;

6—挤压锚具;7—承压板;8—螺旋筋;9—连体锚板;10—夹片

顶,自重约 20kg;油泵采用 ZB0.6—63 或 STDB 型小油泵。

2)施工要点

①无粘结筋制作。

a. 施工前确认条件:预应力筋材质控制是本工序施工重点之一,预应力筋应具有产品合格证、复验报告、抽样力学性能报告。无粘结筋的塑料套管应着重检查,凡发现套管完整但普遍有渗漏油现象(夏季高温情况)、褶皱脆裂(冬季低温情况)等异常现象,必须经过妥善处理或更换后方能使用。制作过程中使用挤压锚具及配件,应符合锚具标准,并按相关标准规定取样送检。

b. 无粘结筋吊装和下料的要点:无粘结筋吊运应用软钩起吊,吊点应在衬垫软垫层,防止损伤外套管;无粘结筋下料长度及数量应按设计图纸及施工工艺计算确定,以书面下料单作为依据,下料应用砂轮锯切割,长度偏差宜为±30mm(两端均使用镦头锚具,同束中多根钢丝长度最大相对差不大于全长的 1/5000,且不大于 5mm);下料过程中应随时检查无粘结筋的外套有无破裂,发现后应立即用水密性胶带缠绕修补,胶带搭接不小于带宽的一半,缠绕层数不少于 2 层,缠绕长度超过破裂长度 30mm。无粘结筋外套破损严重的应予以报废。

c. 固定端挤压锚制作:无粘结筋固定端挤压锚安装制作,利用 YJ—45 挤压机挤压成型,挤压力应控制在 320~420kN。挤压成型后,钢绞线端头应露出挤压套 5~15mm 左右,完成挤压后,塑料密封套管应与挤压锚具头贴紧靠拢。

d. 无粘结筋制作安全措施:成盘预应力筋开盘时,应采取措施防止尾端弹击伤人;严格防止与电源搭接,不准电源裸露。

②模板安装:模板支设方案应考虑便于早拆侧模,同时侧模应便于固定锚具垫板等配件。

③无粘结筋铺设。

a. 铺筋:底模安装后,应在模板面上按设计图纸要求标出无粘结筋的位置和走向,以便核查根数,并留下标记;铺放无粘结筋之前,应预设支撑钢筋或马凳,间距为 0.8~1.2m,以控制无粘结筋的曲线高度,对平板一般隔 2m 设一马凳,跨中、支座处可直接分别与底筋、上筋绑扎。无粘结筋的垂直偏差在梁内为 10mm,在板内为 5mm,水平偏差 30mm,目测横平竖直。在铺设时,应尽量避免各种管线将无粘结筋的矢高抬高或降低。为了保证无粘结筋的单向曲线矢高要求,同方向无粘结筋和非预应力筋应配置在同一水平位置;无粘结筋双向曲线配置时,必须事先编排铺放顺序,避免无粘结筋互相穿插,确保曲线矢高。双向筋交叉点处标高如有矛盾,应优先保证较小跨度方向的预应力筋定位,并使另一方向的预应力筋顺滑通过;无粘结筋与其他预理管线位置发生矛盾时,后者应予避让;多根无粘结筋组成集团束配置时,每根无粘结筋应保持平行走向,不得相互扭绞,铺放时可单根顺次铺设,最后以间距为 1.2~15m 用钢丝捆扎并束,其集团束最小净距大于粗骨料最大直径的 4/3;曲线集团束竖直方向的净距为 1.5 倍的束径;曲线集团束的曲率半径应大于 4m,折线预应力筋弯折处,宜采用圆弧过渡,其曲率半径可适当减小;单根钢绞线最小曲率半径为 2.6m;平板结构开洞要求及无粘结预应力混凝土保护层厚度应满足施工构造的要求。

b. 端部节点安装:无粘结预应力筋张拉端锚垫板可固定在端部模板上,或利用短钢筋与四周钢筋焊牢。无粘结预应力筋曲线段的起始点至张拉锚固点应有一段不小于 300mm 的直线段,且锚具应垂直于预应力筋。当张拉端采用凹入式做法时,可采用塑料穴模或其他穴模,穴模外端面与端模之间应加泡沫塑料以防止漏浆。张拉端无粘结筋外露长度与所使用的千斤顶有关,应根据实际情况核定,并适当留有余量。无粘结预应力筋固定端的锚垫板应先组装好,按设计要求的位置固定。在梁、筒体等结构中,无粘结预应力集束布置时,应采用钢筋支托、定位支架或其他构造措施控制其位置。同一束的预应力筋应保持平行,防止互相扭绞。

④混凝土浇筑及振捣。混凝土浇筑时,严禁踏压撞碰无粘结筋、支撑架以及端部预埋部件,确保预应力筋位置正确;张拉端、固定端混凝土必须振捣密实,以确保张拉操作的顺利进行。

⑤预应力筋张拉。

a. 张拉依据和要求:设计单位应向施工单位交待无粘结筋张拉顺序、张拉值及伸长值。张拉时混凝土强度应以设计图纸要求为准,如无设计要求时,不应低于设计强度的 75%,并应有试验报告单。现浇结构施加预应力时,混凝土的龄期应遵循:后张板不宜小于 5d,后张大梁不宜小于 10d;预应力筋的张拉顺序应按设计要求进行,如设计无特殊要求时,可依次张拉。为了减少无粘结筋松弛、摩擦等损失,实际施工时可采用超张拉法,一般超张拉 103%~105%,张拉应力不得大于无粘结筋抗拉强度标准值的 80%;张拉前必须对各种机具设备和仪表进行配套校核及标定;为避免大跨度梁施加预应力过程中产生压缩变形、柱顶附加弯矩及柱支座约束的影响,梁端支座可采用铰接钢支座,待预应力施加后,支座再与梁端埋件焊接,并用混凝土封堵平整。

b. 张拉前准备:端头清理:端部预埋钢板与锚具接触处的焊渣、毛刺、混凝土残渣等应清除干净。检查锚具承压板下混凝土质量,如有缺陷应首先修复完整。

张拉操作平台搭设:高空张拉预应力筋时,应搭设可靠的操作平台。张拉操作平台应能承受操作人员与张拉设备的重量,并装有防护栏杆。

c. 锚具及设备安装:张拉前后均应认真测量无粘结筋外露尺寸,并做好记录。

安装钢绞线夹片式锚固系统锚具时,应注意锚环或锚板对中,夹片均匀打紧并外露一致;千斤顶的工具锚孔位与构件端部工作锚具的孔位排列要一致,以防钢绞线在千斤顶穿心孔内打叉,引起断筋。安装设备时,对直线预应力筋应使张拉力的作用线与预应力筋中心线重合。对曲线预应力筋,应使张拉力的作用线与预应力筋中心线末端的切线重合,避免预应力筋张拉时被承压板切断。

d. 预应力筋张拉操作:预应力筋的张拉方法,应根据设计和施工计算要求采取一端张拉或两端张拉。无粘结筋曲线配置或长度超过 40m 时,宜采取两端张拉。采取两端张拉时,宜两端同时张拉,也可一端先张拉,另端补张拉。对现浇预应力混凝土楼面结构,宜先张拉楼板、次梁,后张拉主梁;预应力筋的张拉步骤:应从零应力开始张拉,以均匀速度分级加载至 1.03 倍预应力筋的张拉控制应力直接锚固,对多根钢绞线束宜持荷 2min。当采用应力控制方法张拉时,应校核预应力筋伸长值。实际伸长值与计算伸长值的允许偏差为 ±6%,如超过允许偏差,应查明原因并采取措施后方可继续张拉。对特殊构造的预应力筋,应根据设计和施工要求采取专门的张拉工艺,如采用分阶段张拉、分批张拉、分级张拉、分段张拉、变角张拉等;对多波曲线预应力筋,可采取超张拉回缩技术提高内支座的张拉应力并减少锚具下口的张拉应力;预应力筋张拉时,应对张拉力、压力表读数、张拉伸长值、异常现象作出详细记录。

e. 端部处理:锚固区的保护应有充分防腐蚀和防火保护措施。锚具的位置通常从混凝土端面缩进一定距离,前面还预留一个凹槽。张拉后,采用液压切筋器或砂轮切除超长部分,无粘结筋严禁用电弧焊切断。将外露出锚具夹片外至少 30mm 的无粘结筋切除后,涂防腐油脂并加盖塑料封端罩,最后浇筑混凝土。当采用穴模时,应用微膨胀混凝土或低收缩防水砂浆、环氧砂浆将凹槽堵平;锚固区的混凝土或砂浆保护层最小厚度,对于梁应不小于 25mm,对于板应不小于 20mm。

二、有粘结预应力技术

1. 技术原理及主要内容

（1）基本概念

有粘结预应力技术采用在结构或构件中预留孔道,待混凝土硬化达到一定强度后,穿入预应力筋,通过张拉预应力筋并采用专用锚具将张拉力锚固在结构中,然后在孔道中灌入水泥浆。其技术内容主要包括材料及设计技术、成孔技术、穿束技术、大吨位张拉锚固技术、锚头保护及灌浆技术等。

（2）技术原理

有粘结后张预应力混凝土是在结构、构件或块体制作时,在放置预应力筋的部位预先留出孔道,待混凝土达到设计强度后,在孔道内穿入预应力筋,并施加预应力,最后进行孔道灌浆,张拉力由锚具传给混凝土构件而使之产生预压力。此技术用以改善全部荷载作用下构件的受力状态,推迟拉应力的出现,同时限制裂缝的形成。

(3)技术特点

有粘结预应力技术在建筑工程中一般用于板、次梁和主梁等各类楼盖结构。有粘结预应力钢绞线束,若不含孔道摩擦损失,则其余预应力损失一般为10%～15%控制应力;孔道摩擦损失可根据束长及转角计算确定,对板式楼盖扁孔道一般在10%～20%控制应力,因此若含有孔道摩擦损失,则总损失预估为20%～30%控制应力;对框架梁圆孔道其摩擦损失一般在15%～25%控制应力,因此,总损失预估为25%～35%控制应力。有粘结筋极限状态下应力为预应力筋设计强度值。板中扁管有粘结筋布置可采用4～5根/束,双向均布;框架梁中预应力束宜采用较大集束布置,常用集束规格为5、7、9、12根/束。在设计中宜根据结构类型、预应力构件类别和工程经验,采取措施减少柱和墙等约束构件对梁、板预加应力效果的不利影响。

2. 主要技术指标

扁管有粘结预应力技术用于平板混凝土楼盖结构,适用跨度为8～15m,高跨比为1/40～1/50;圆管有粘结预应力技术用于单向或双向框架梁结构,适用跨度为12～40m,高跨比为1/18～1/25。在高层楼盖建筑中采用扁管技术可在保证净空的条件下显著降低层高,从而降低总建筑高度,节省材料和造价;在多层、大面积框架结构中采用有粘结技术可提高结构性能、节省钢筋和混凝土材料,降低建筑造价。

3. 技术应用要点

(1)技术应用范围

该技术可用于多、高层房屋建筑的楼板、转换层和框架结构等,以抵抗大跨度或重荷载在混凝土结构中产生的效应,提高结构、构件的性能,降低造价。该技术可用于电视塔、核电站安全壳、水泥仓等特种工程结构。该技术还广泛用于各类大跨度混凝土桥梁结构。

(2)施工技术要点

1)工程材料与设备

①混凝土:预应力混凝土结构的混凝土强度等级不应低于C30,当采用高强度钢丝、钢绞线、热处理钢筋作预应力筋时,混凝土强度等级不宜低于C40。

②预应力用钢材:预应力高强钢筋主要有高强钢丝、钢绞线和粗钢筋3种。后张法广泛采用钢丝束和钢绞线,高强粗钢筋也可用于后张法。目前现浇预应力混凝土结构以钢绞线为主。

a. 消除应力钢丝的规格与力学性能应符合现行国家标准《预应力混凝土用钢丝》(GB/T 5223－2002)的规定。

b. 钢绞线的规格和力学性能应符合现行国家标准《预应力混凝土用钢绞线》(GB/T 5224－2003)的规定。

c. 精轧螺纹钢筋的外形尺寸与力学性能,应符合国家标准《预应力混凝土用螺纹钢筋》(GB/T 20065－2006)的规定。

③锚固系统:

a. 预应力用锚具、夹具和连接器分类:多孔夹片锚固系统适用于多根钢绞线张拉端和固定端的锚固；挤压锚具适用于固定多根有粘结钢绞线；镦头锚具适用于锚固多根 $\phi^s 5$ 与 $\phi^s 7$ 钢丝束；压花锚具是利用压花机将钢绞线端头压成梨形散花头的一种粘结锚具；精轧螺纹钢筋锚具包括螺母与垫板，螺母分为平面螺母和锥面螺母两种，垫板分为平面垫板与锥面垫板。

b. 预应力筋用锚具应根据预应力筋品种、锚固要求和张拉工艺选用。

预应力钢绞线，张拉端一般选用夹片锚具，锚固端采用挤压锚具或压花锚具；预应力钢丝束，采用镦头锚具；高强钢筋和钢棒，宜采用螺母锚具；预应力筋用锚具、夹具和连接器的性能应符合现行国家标准《预应力筋用锚具、夹具和连接器》(GB/T 14370—2007)的规定。多孔夹片锚固体系在后张有粘结预应力混凝土结构中应用广泛，张拉端常用多孔钢绞线夹片圆形、扁形锚具，固定端用挤压、压花锚具。

④制孔用管材及安装：

a. 后张预应力构件预埋制孔用管材有金属波纹管（螺旋管）、钢管和塑料波纹管等。梁类等构件宜采用圆形金属波纹管，板类构件宜采用扁形金属波纹管。施工周期较长时应选用镀锌金属波纹管。塑料波纹管宜用于曲率半径小、密封性能好以及抗疲劳要求高的孔道。钢管宜用于竖向分段施工的孔道。

金属波纹管和塑料波纹管的规格和性能应符合行业标准《预应力混凝土用金属波纹管》(JG 225—2007)和《预应力混凝土桥梁用塑料波纹管》(JT/T 529—2004)的规定。

b. 金属螺旋管的连接与安装：金属螺旋管的连接，采用大一号同型螺旋管。接头的长度为 200～300mm，其中两端用密封胶带或塑料热缩管封闭。

金属螺旋管的安装，应事先按设计图中预应力筋的曲线坐标在箍筋上定出曲线位置。螺旋管的固定应采用钢筋支托，间距为 0.8～1.2m。钢筋支托应焊在箍筋上，箍筋底部应垫实。螺旋管固定后，必须用钢丝扎牢，以防浇筑混凝土时螺旋管上浮引起严重的质量事故。

螺旋管安装就位过程中，应尽量避免反复弯曲，以防管壁开裂。同时，还应防止电焊火花烧伤管壁。

⑤设备：包括预应力筋制作、张拉、灌浆等设备及机具。

a. 预应力筋制作设备和机具有端部锚具组装制作设备 JY—45 型挤压机、压花机、LD—10 型钢丝墩头器；机具下料用放线盘架及砂轮切割锯等。张拉后切割外露余筋用的角向磨光机，需配小型切割砂轮片使用。灌浆设备包括：砂浆搅拌机、灌浆泵、贮浆桶、过滤器、橡胶管和喷浆嘴及真空泵及真空灌浆辅助设备等。

b. 灌浆设备：

普通灌浆工艺的施工设备：灌浆设备包括：砂浆搅拌机、灌浆泵、贮浆桶、过滤器、橡胶管和喷浆嘴等。

目前常用的电动灌浆泵有：柱塞式、挤压式和螺旋式。柱塞式又分为带隔膜和不带隔膜两种形状。螺旋泵压力稳定，带隔膜的柱塞泵的活塞不易磨损，比较耐用。

真空辅助灌浆工艺的施工设备：压浆设备包括：强制式灰浆搅拌机、压浆泵（挤压式不可用）、计量设备、贮浆桶、过滤器、高压橡胶管、连接头、控制阀。

真空辅助设备包括：真空泵、压力表、控制盘、压力瓶、加筋透明输浆管、气密阀、气密盖帽（保护罩）。

预应力筋、锚具及张拉机械的配套选用见表 3-15。

表 3-15 预应力筋、锚具及张拉机械的配套选用表

预应力筋品种	锚具形式			张拉机械
	固定端		张拉端	
	安装在结构之外	安装在结构之内		
钢绞线及 钢绞线束	夹片锚具 挤压锚具	压花锚具 挤压锚具	夹片锚具	穿心式
高强金刚丝束	夹片锚具 镦头锚具 挤压锚具	挤压锚具 镦头锚具	夹片锚具	穿心式
			镦头锚具	拉杆式
			锥塞锚具	锥锚式、拉杆式
精轧螺纹钢筋	螺母锚具		螺母锚具	拉杆式

2）施工工艺

施工工艺流程，如图 3-13 所示。

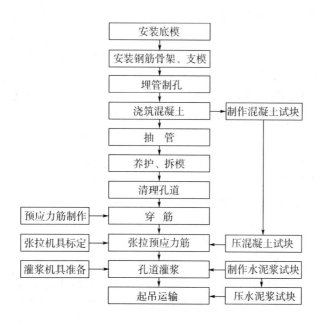

图 3-13 有粘结预应力施工工艺流程

注：对于块体拼装构件，还应增加块体验收、拼装、立缝灌浆和连接板焊接等工序。

3）施工要点

①预应力筋制作

主要包括钢绞线下料、编束与固定端锚具组装等。

a. 下料：钢绞线的下料长度，应根据结构尺寸与构件之间间隔配合选用的各种锚夹具与连接器、张拉设备、张拉伸长值、弹性回缩值等各项参数进行计算确定。

b. 编束：钢绞线编束时，应先将钢绞线理顺，再用 20 号钢丝绑扎，间距 2～3m，并尽量

使各根钢绞线松紧一致。

c. 固定端锚具组装:挤压锚具组装采用 YJ45 型挤压机。钢绞线挤压锚具挤压时,在挤压模内腔或挤压套外表面应涂润滑油,压力表读数应符合操作说明书的规定。钢绞线压花锚具成型时,应将表面的污物或油脂擦拭干净。梨形尺寸:对 $\phi^s15.2$ 钢绞线不应小于 $\phi95\times150$;对 $\phi^s12.7$ 钢绞线不应小于 $\phi80\times130$;直线段长度,对 $\phi^s15.2$ 钢绞线不应小于 900mm。

②预留孔道

a. 孔道成型方法:预应力筋的孔道形状有直线、曲线和折线三种。目前预留孔道成型方法,一般均采用预埋管法。预埋波纹管法可采用薄钢管、镀锌钢管、金属和塑料螺旋管(波纹管)。

b. 孔道直径和间距:预留孔道的直径应根据预应力筋的根数、曲线孔道形状和长度、穿筋难易程度等因素确定。孔道内径应比预应力筋或连接器外径大 10～15mm,孔道面积宜为预应力筋净面积的 3～3.5 倍;金属波纹管接长时应采用大一号同型波纹管作为接头管。接头管的长度宜取管径的 3～4 倍,一般接头管的长度:管径为 $\phi40\sim65$ 时取 200mm;$\phi70\sim85$ 时取 250mm;$\phi90\sim100$ 时取 300mm。管两端用密封胶带或塑料热缩管密封。塑料波纹管接长时,可采用塑料焊接机热熔焊接或采用专用连接管;预应筋孔道的间距与保护层应符合以下规定:

对预制构件,孔道的水平净间距不宜小于 50mm,孔道至构件边缘的净间距不应小于 30mm,且不应小于孔道直径的一半。

在框架梁中,预留孔道垂直方向净间距不应小于孔道外径,水平方向净间距不宜小于1.5 倍孔道外径;从孔壁算起的混凝土最小保护层厚度,梁底为 50mm,梁侧为 40mm,板底为 30mm。

c. 灌浆孔、排气孔、泌水孔:在预应力筋孔道两端,应设置灌浆孔和排气孔。灌浆孔可设置在锚垫板上或利用灌浆管引至构件外。对连续结构中的多波曲线束,且高差较大时,应在孔道的每个峰顶处设置泌水孔;起伏较大的曲线孔道,应在弯曲的低点处设置排水孔;对于较长的直线孔道,应每隔 12～15m 左右设置排气孔;孔径应能保证浆液畅通,一般不宜小于20mm。泌水管伸出梁面的高度不宜小于 0.5m,泌水管也可兼作灌浆孔用。

灌浆孔的做法:对一般预制构件,可采用木塞留孔。木塞应抵紧钢管、胶管或波纹管,并应固定,严防混凝土振捣时脱开,如图 3-14 所示。对现浇预应力结构金属波纹管留孔,其做法是在波纹管上开口,用带嘴的塑料弧形压板与海绵垫片覆盖并用铁丝扎牢,再接增强塑料管(外径 20mm,内径 16mm),如图 3-15 所示。为保证留孔质量,金属螺旋管上可先不开孔,在外接塑料管内插 1 根钢筋;待孔道灌浆前,再用钢筋打穿螺旋管。

d. 钢绞线束端锚头排列,可按下式计算(图 3-16):

相邻锚具的中心距:

$$a \geqslant D + 20\text{mm} \tag{3-6}$$

锚垫板中心距构件边缘的距离:

$$b \geqslant D/2 + C \tag{3-7}$$

式中　D——螺旋筋直径(当螺旋筋直径小于锚垫板边长时,按锚垫板边长取值,mm);

　　　C——保护层厚度(最小 30mm)。

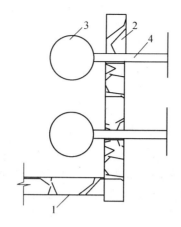

图 3-14　用木塞留灌浆孔

1—底模；2—侧模；3—抽芯管；4—φ20 木塞

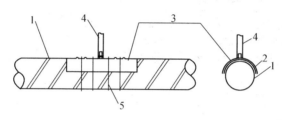

图 3-15　波纹管开孔示意图

1—波纹管；2—海绵垫；3—塑料弧形压板；4—塑料管；5—固定铁丝

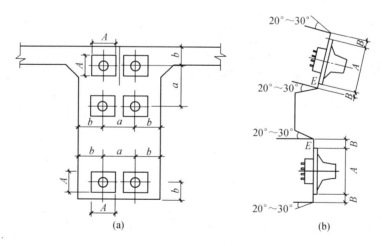

图 3-16　构件端部多孔夹片锚具排列

（a）锚具排列；（b）凹槽尺寸

B—凹槽底部加宽部分，参照千斤顶外径确定；A—锚垫板边长；E—锚板厚度

e. 钢丝束端锚头排列：钢丝束镦头锚具的张拉端需要扩孔，扩孔直径＝锚杯外径＋6mm；孔道间距 S，主要根据螺母直径 D_1 和锚板直径 D_2 确定，可按下式计算：

一端张拉时：$S \geqslant \dfrac{1}{2}(D_1 + D_2) + 5\text{mm}$ (3-8)

两端张拉时：$S \geqslant D_1 + 5\text{mm}$ (3-9)

扩孔长度 l，主要根据钢丝束伸长值 Δl 和穿束后另一端镦头时能抽出 $300 \sim 450\text{mm}$ 操作长度确定，可按下式计算：

一端张拉时：$l_1 \geqslant \Delta l + 0.5H + (300 \sim 450)\text{mm}$ (3-10)

两端张拉时：$l_2 \geqslant 0.5(\Delta l + H)$ (3-11)

式中　H——锚杯高度（mm）。

孔道布置如图 3-17 所示。采用一端张拉时，张拉端交错布置，以便两束同时张拉，并可避免端部削弱过多，也可减少孔道间距。采用两端张拉时，主张拉端也应交错布置。

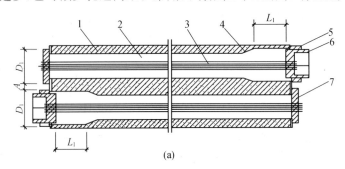

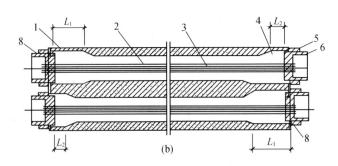

图 3-17　钢丝束镦头锚固系统端部扩大孔布置

(a)一端张拉；(b)两端张拉

1—构件；2—中间孔道；3—钢丝束；4—端部扩大孔；5—螺母；6—锚环；7—锚杯；8—主张拉端

f. 孔道管安装基本要求：一是在外荷载的作用下，有抵抗变形的能力；二是在浇筑混凝土过程中，水泥浆不能渗入管内。据此要求，需进行波纹管的合格性检验。

波纹管安装过程中应尽量避免反复弯曲，以防管壁开裂，同时还应防止电焊火花烧伤管壁。波纹管安装后，管壁如有破损，应及时用粘胶带修补；金属波纹管或塑料波纹管安装前，应按设计要求在箍筋上标出预应力筋的曲线坐标位置，点焊 $\phi 10 \sim 12$ 钢筋支托。金属波纹管支托间距：圆形宜取 $1.0 \sim 1.2\text{m}$，扁形宜取 $0.8 \sim 1.0\text{m}$。波纹管安装就位后，应与钢筋支托可靠固定，避免浇筑混凝土时波纹管上浮，引起严重质量事故。

塑料波纹管的钢筋支托筋间距不大于 $0.8 \sim 1.0\text{m}$。塑料波纹管接长，采用熔焊法或高密度聚乙烯塑料套管。塑料波纹管与锚垫板连接，采用高密度聚乙烯套管。塑料波纹管与排气管连接,在波纹管上热熔排气孔,然后用塑料弧形压板连接。塑料波纹管的最小弯曲半径为 0.9~1.5m。

竖向预应力结构采用钢管成孔时应采用定位支架固定,每段钢管的长度应根据施工分层浇筑高度确定。钢管接头处宜高于混凝土浇筑面 500~800mm,并用堵头临时封口。竖向预应力孔道底部必须安装灌浆和止回浆用的单向阀,钢管接长宜采用丝扣连接;

钢管混凝土浇筑时,宜采用通孔器通孔或采用其他孔道保护措施;

金属波纹管的长度可根据实际工程需要确定,一般每根取 4~6m;

金属波纹管搬运与堆放:金属波纹管在室外保管时间不宜过长,不得直接堆放在地面上,并应采取有效措施防止雨露和各种腐蚀性气体的影响。金属波纹管搬运时应轻拿轻放。

金属波纹管合格性检验:金属波纹管外观应清洁,内外表面无油污,无引起锈蚀的附着物,无孔洞和不规则的折皱,咬口无开裂、无脱扣。

③穿束:预应力筋可在浇筑混凝土前(先穿束法)或浇筑混凝土后(后穿束法)穿入孔道,应根据结构特点、施工条件和工期等要求确定。

a. 先穿束法,分为三种做法,即先装管后穿束、先装束后装管、束与管组装后置入。钢丝束应整束穿,钢绞线优先采用整束穿,也可采用单根穿。

b. 后穿束法可在混凝土养护期内进行,不占工期,便于用通孔器或高压水通孔,穿束后即行张拉,易于防锈,但穿束较为费力。

c. 穿束的方法可采用人力、卷扬机或穿束机单根穿或整束穿。对超长束、特重束、多波曲线束等宜采用卷扬机整束穿,束的前端应装有穿束网套或特制的牵引头。穿束机适用于穿大型桥梁与构筑物的单根钢绞线,穿束时钢绞线前头宜套一个弹头形壳帽。采用先穿束法穿多跨曲线束时,可在梁跨的中部处留设穿束助力段。

d. 竖向孔道的穿束,宜采用整束由下向上牵引工艺,也可单根由上向下控制放盘速度穿入孔道。

e. 一端锚固、一端张拉的预应力筋应从内埋式固定端穿入,应在浇筑混凝土前穿入。当固定端采用挤压锚具时,孔道末端至锚垫板的距离应满足成组挤压锚具的安装要求;当固定端采用压花锚具时,从孔道末端至梨形头的直线锚固段不应小于设计值。预应力筋从张拉端穿出的长度应满足张拉设备的操作要求。

f. 混凝土浇筑前穿入孔道的预应力筋,应采取防腐措施。

④张拉依据和技术要求

a. 设计单位应向施工单位提出预应力筋的张拉顺序、张拉力值及伸长值。

b. 张拉时的混凝土强度,设计无要求时,不应低于设计强度的 75%,并应有试验报告单。现浇结构施加预应力时,对后张楼板或大梁的混凝土龄期分别不宜小于 5d 和 10d。为防止混凝土出现早龄期裂纹而施加预应力,可不受限制。

立缝处混凝土或砂浆强度,如设计无要求时,不应低于块体混凝土强度等级的 40%,且不得低于 15MPa。

c. 对构件(或块体)的几何尺寸、混凝土浇筑质量、孔道位置及孔道是否畅通、灌浆孔和排气孔是否符合要求、构件端部预埋铁件位置、焊渣及混凝土残渣(尤其预应力筋表面灰浆)的清理等进行全面检查处理。

d. 高空张拉预应力筋时,应搭设可靠的操作平台。

e. 张拉前必须对各种机具、设备及仪表进行配套校核及标定。

f. 对安装锚具与张拉设备的要求:

钢绞线束夹片锚固体系:安装锚具时应注意工作锚环或锚板对中,夹片均匀打紧并外露一致;千斤顶上的工具锚孔位与构件端部工作锚的孔位排列要一致,以防钢绞线在千斤顶穿心孔内交叉;安装张拉设备时,对直线预应力筋,应使张拉力的作用线与孔道中心重合;对曲线预应力筋,应使张拉力的作用线与孔道中心线末端的切线重合。

g. 工具锚的夹片,应注意保持清洁和良好的润滑状态。

h. 后张预应力束的张拉顺序应按设计要求进行,如设计无要求时,应遵守对称张拉的原则,还应考虑到尽量减少张拉设备的移动次数。

i. 预应力筋张拉控制应力应符合设计要求,施工时为减少预应力束松弛损失,可采用超张拉法,但张拉应力不得大于预应力束抗拉强度的80%。

j. 多根钢绞线同时张拉时,构件截面中断丝和滑脱钢丝的数量不得大于钢绞线总数的3%,但同一束钢丝只允许1根。

k. 实测伸长值与计算伸长值相差若超出±6%,应暂停张拉,在采取措施予以调整后,方可继续张拉。

l. 张拉后按设计要求拆除模板及支撑。

⑤张拉方式选择:根据预应力混凝土结构特点、预应力筋形状与长度以及施工方法的不同,预应力筋张拉方式有以下几种:

a. 一端张拉:预应力筋一端的张拉适用于长度不大于30m的直线预应力筋与锚固损失影响长度 $L_1 \geqslant L/2$(L 为预应力筋长度)的曲线预应力筋;如设计人员根据计算资料或实际条件认为可以放宽以上限制的话,也可采用一端张拉,但张拉端宜分别设置在构件的两端。

b. 两端张拉:预应力筋两端张拉适用于长度大于40m的直线预应力筋与锚固损失影响长度 $L_f < L/2$ 的曲线预应力筋。当张拉设备不足或由于张拉顺序安排关系等特殊因素,也可先在一端张拉完成后,再移至另一端张拉,补足张拉力后锚固。

c. 分批张拉:对配有多束预应力筋的构件或结构采用分批进行张拉的方式。由于后批预应力筋张拉所产生的混凝土弹性压缩对先批张拉的预应力筋造成预应力损失,所以先批张拉的预应力筋张拉力应加上该弹性压缩损失值或将弹性压缩损失平均值统一增加到每根预应力筋的张拉力内。

d. 分段张拉:在多跨连续梁板分段施工时,通长的预应力筋需要逐段进行张拉的方式。对大跨度多跨连续梁,在第一段混凝土浇筑与预应力筋张拉锚固后,第二段预应力筋利用锚头连接器接长,以形成通长的预应力筋。

e. 分阶段张拉:在后张传力梁结构中,为了平衡各阶段的荷载,采取分阶段逐步施加预应力的方式。所加荷载不仅是外载(如楼层重量),也包括由内部体积变化(如弹性缩短、收缩与徐变)产生的荷载。梁的跨中处下部与上部纤维应力应控制在容许范围内。这种张拉方式具有应力、挠度与反拱容易控制、材料省等优点。

f. 补偿张拉:在早期预应力损失基本完成后再进行张拉的方式。采用这种补偿张拉,可克服弹性压缩损失,减小钢材应力松弛损失、混凝土收缩徐变损失等,以达到预期的预应力效果。此法在水利工程与岩土锚杆中应用较多。

⑥张拉顺序:预应力的张拉顺序,应使混凝土不产生超应力、构件不扭转与侧弯、结构不变位等,因此,对称张拉是一项重要原则。同时,还应考虑尽量减少张拉设备的移动次数。

a. 当构件截面平行配置 2 束预应力筋,不同时张拉时,其张拉力相差不应大于设计值的 50%,即先将第 1 束张拉 0~50%力,再将第 2 束张拉 0~100%力,最后将第 1 束张拉 50%~100%力。

b. 图 3-18 所示为预应力混凝土屋架下弦杆钢绞线的张拉顺序。钢绞线的长度不大于 30m,采用一端张拉方式。图 3-18(a)中预应力筋为 2 束,用 2 台千斤顶分别设置在构件两端,对称张拉,一次完成。图 3-18(b)中预应力筋为 4 束,需要分两批张拉,用 2 台千斤顶分别张拉对角线上的 2 束,然后张拉另 2 束,由分批张拉引起的预应力损失统一增加到张拉力内。

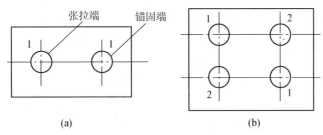

图 3-18　屋架弦杆预应力筋张拉顺序

(a)2 束;(b)4 束

1、2—预应力筋分批张拉顺序

c. 图 3-19 所示为双跨预应力混凝土框架梁钢绞线束的张拉顺序。钢绞线束为双跨曲线筋,长度达 40m,采用两端张拉方式。图 3-19 中 4 束钢绞线分两批张拉,2 台千斤顶分别设置在梁的两端,按左右对称各张拉 1 束,待两批 4 束均进行一端张拉后,再分批在另端补张拉。这种张拉顺序还可以减少先批张拉预应力筋的弹性压缩损失。

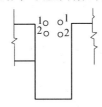

图 3-19　框架梁预应力筋的张拉顺序

1、2—张拉先后顺序

d. 预制构件平卧重叠构件张拉:后张法预应力混凝土屋架等构件一般在施工现场平卧重叠制作,重叠层数为 3~4 层,其张拉顺序宜先上后下逐层进行。为了减少上下层之间因摩擦引起的预应力损失,可逐层加大张拉力。不同的预应力筋与不同隔离层的平卧重叠构件逐层增加的张拉力百分数,列于表 3-16。

表 3-16　平卧重叠浇筑构件逐层增加的张拉力百分数

预应力筋类别	隔离剂类别	逐层增加的张拉力百分数(%)			
		顶层	第二层	第三层	底层
高强钢丝束	Ⅰ	0	1.0	2.0	3.0
	Ⅱ	0	1.5	3.0	4.0
	Ⅲ	0	2.0	3.5	5.0
Ⅱ级冷拉钢筋	Ⅰ	0	2.0	4.0	6.0
	Ⅱ	1.0	3.0	6.0	9.0
	Ⅲ	2.0	4.0	7.0	10.0

⑦张拉操作程序:预应力筋的张拉操作程序,主要根据构件类型、张拉锚固体系、松弛损失等因素确定。

a. 采用低松弛钢绞线时,张拉操作程序为:

$$0 \rightarrow P_j \text{ 锚固}$$

b. 采用普通松弛预应力筋时,按下列超张拉程序进行操作:

对镦头锚具等可卸载锚具:$0 \rightarrow 1.05P_j$ 锚固 $\xrightarrow{\text{持荷 2min}}$ P_j 锚固;对夹片锚具等不可卸载锚具:$0 \rightarrow 1.03P_j$ 锚固。

以上各种张拉程序均可分级加载,对曲线预应力束,一般以 $0.2 \sim 0.25P_j$ 为量伸长起点,分 3 级加载($0.2P_j$、$0.6P_j$ 及 $1.0P_j$)或 4 级加载($0.25P_j$、$0.5P_j$、$0.75P_j$ 及 $1.0P_j$),每级加载均应量测张拉伸长值。

当预应力筋长度较大,千斤顶张拉行程不够时,应采取分级张拉、分级锚固。第二级初始油压为第一级最终油压。

预应力筋张拉到规定油压后,持荷复验伸长值,合格后进行锚固。

⑧张拉伸长值校核:预应力筋张拉时,通过伸长值的校核,可以综合反映张拉力是否足够,孔道摩阻损失是否增大,以及预应力筋是否有异常现象等。

此外,在锚固时应检查张拉端预应力筋的内缩值,以免由于锚固引起的预应力损失超过设计值。如实测的预应力筋内缩量大于规定值,则应改善操作工艺,更换限位板或采取超张拉办法弥补。

⑨张拉安全注意事项

a. 在预应力作业中,必须特别注意安全。因为预应力持有很大的能量,万一预应力筋被拉断或锚具与张拉千斤顶失效,巨大的能量急剧释放,可能造成很大的危害。因此,在任何情况下作业人员不得站在预应力筋的两端,同时在张拉千斤顶的后面应设立防护装置。

b. 操作千斤顶和测量伸长值时,操作人员应站在千斤顶侧面,严禁用手扶摸缸体,并应严格遵守操作规程。油泵开动过程中,不得擅自离开岗位。如需离开,必须把油阀门全部松开或切断电路。

c. 张拉时应认真做到孔道、锚环与千斤顶三项对中,以便张拉工作顺利进行,避免张拉过程中钢筋被切断及增加孔道摩擦损失。

d. 采用锥锚千斤顶张拉钢丝束时,先使千斤顶张拉缸进油,至压力表略有启动时暂停,检查每根钢丝的松紧并进行调整,然后再打紧楔块。

e. 钢丝束镦头锚固体系在张拉过程中应随时拧上螺母,以保证安全。锚固时如遇钢丝束偏长或偏短,应增加螺母或用连接器解决。

f. 工具锚夹片,应注意保持清洁和良好的润滑状态。新的工具锚夹片第一次使用前,应在夹片背面涂上润滑脂。以后每使用 5～10 次,应将工具锚上的夹片卸下,向锚板的锥形孔中重新涂上一层润滑剂,以防夹片在退楔时卡住。润滑剂可采用石墨、二硫化钼、石蜡或专用退锚灵等。

g. 多根钢绞线束夹片锚固体系如遇到个别钢绞线滑移,可更换夹片,用小型千斤顶单根张拉。

⑩孔道灌浆及封锚:预应力筋张拉后,孔道应立即灌浆,这样可以避免预应力筋锈蚀和减少应力松弛损失约 20％～30％。利用水泥浆的强度将预应力筋和混凝土粘结成整体共同工作,以控制超载时裂缝的间距与宽度,并减轻梁端锚具的负荷状况。

第四章 钢筋工程新技术及应用

第一节 高效钢筋应用技术

一、高强钢筋应用技术

1. 技术原理及主要内容

(1)基本概念

高强钢筋是指现行国家标准《钢筋混凝土用钢 第2部分:热轧带肋钢筋》(GB 1499.2—2007)中规定的屈服强度为400MPa和500MPa级的普通热轧带肋钢筋(HRB)和细晶粒热轧带肋钢筋(HRBF)。普通热轧钢筋(HRB)多采用V、Nb或Ti等微合金化工艺进行生产,其工艺成熟、产品质量稳定,钢筋具有强度高、综合性能优的特点。细晶粒热轧钢筋(HRBF)通过控轧和控冷工艺获得超细组织,从而在不增加合金含量的基础上提高钢材的性能,细晶粒热轧钢筋焊接工艺要求高于普通热轧钢筋,应用中应予以注意。经过多年的技术研究、产品开发和市场推广,目前400MPa级钢筋已得到一定应用,500MPa级钢筋已开始应用。

高强钢筋应用技术主要有设计应用技术、钢筋代换技术、钢筋加工及连接锚固技术等。

(2)技术特点

1)500MPa钢筋的材料分项系数为1.15,高于其他强度等级钢筋的1.10,采用500MPa钢筋是适当提高混凝土结构可靠度水准的有力措施。通过设计比较得出,利用提高钢筋设计强度而不是增加用钢量来提高建筑结构的安全储备是一项经济合理的选择。

2)在一般钢筋混凝土结构设计中,在钢材强度得到充分利用的情况下,采用1t500级钢筋(设计强度435MPa)相当于1.45t335级钢筋(设计强度300MPa);采用1t400级钢筋(设计强度360MPa)相当于1.2t335级钢筋(设计强度300MPa)。综合考虑结构构造要求等,使用500、400级钢筋替代335级钢筋可节约钢材15%左右。从全社会角度,可缓解原材料生产、加工、交通运输、电力供应等行业的压力,同时减少了对环境的污染。

2. 主要技术指标

(1)化学成分

对于400、500两种热轧钢筋,为保证钢筋力学性能和工艺性能,产品标准《钢筋混凝土用钢 第2部分:热轧带肋钢筋》(GB 1499.2—2007)中提出了化学成分的上限值要求(表4-1)。

GB 1499.2标准中还对普通热轧钢筋和细晶粒热轧钢筋的区别作出规定:二者金相组织均为铁素体加珠光体,且不得有影响使用性能的其他组织存在;并提出细晶粒热轧钢筋是通过控轧和控冷工艺生产,且晶粒度不粗于9级。

表 4-1 化学成分和碳当量上限值

牌号	化学成分(%)					
	C	Si	Mn	P	S	C_{eq}
HRB400、HRBF400	0.25	0.80	1.60	0.045	0.045	0.54
HRB500、HRBF500						0.55

实际产品中,合金元素的含量由生产企业自行确定,HRBF500 中的合金元素会少于 HRB500。

(2)主要性能指标

400、500 级钢筋的直径规格为 6~50mm,其主要性能指标应符合表 4-2 的规定。其中实际重量与理论重量的偏差将在国家标准《混凝土结构工程施工质量验收规范(2010 版)》(GB 50204-2002)、《混凝土结构工程施工规范》(GB 50666-2011)中作为钢筋进场的验收指标提出。

表 4-2 钢筋的主要性能指标

牌号	屈服强度 R_{eL} (MPa)	抗拉强度 R_m (MPa)	最大力总伸长率 A_{gt} (%)	实际重量与理论重量的偏差(%)
HRB400 HRBF400	≥400	≥540	≥7.5	±7(直径小于 14mm)
				±5(直径 14~20mm)
HRB500 HRBF500	≥500	≥630		±4(直径大于 20mm)

对有抗震设防要求的结构,其纵向受力钢筋的性能应满足设计要求;当设计无具体要求时,对按一、二、三级抗震等级设计的各类框架中的纵向受力钢筋应采用 HRB400E、HRB500E、HRBF400E、HRBF500E 钢筋,且其性能除应符合表 4-2 的规定外,尚应符合下列规定:

1)钢筋实测抗拉强度与实测屈服强度之比不应小于 1.25;

2)钢筋实测屈服强度与屈服强度标准值之比不应大于 1.30;

3)钢筋的最大力下总伸长率不得小于 9%。

(3)钢筋的设计参数

在《混凝土结构设计规范》(GB 50010-2010)、《混凝土结构工程施工质量验收规范(2010 版)》(GB 50204-2002)、《混凝土结构工程施工规范》(GB 50666-2011)等国家标准的制定和修订过程中,已确定将 HRB500、HRBF500 钢筋纳入新规范。热轧钢筋的强度标准值系根据屈服强度确定,500MPa 级钢筋的强度标准值取 500MPa,材料分项系数取 1.15,强度设计值定为 435MPa,作为受力箍筋使用时,其强度设计值不应超过 360MPa。400MPa 级钢筋的强度标准值取 400MPa,强度设计值定为 360MPa。

(4)其他应用技术指标

根据《钢筋混凝土用钢 第 2 部分:热轧带肋钢筋》(GB 1499.2-2007)标准的有关规

定,HRB400、HRBF400、HRB500、HRBF500 钢筋的表面标志分别为 4、C4、5、C5。表面标志轧在钢筋表面,使用中应注意区分。

钢筋连接是钢筋应用中的关键技术,其中焊接和机械连接是主要连接形式。HRB400钢筋的机械连接和焊接连接技术均已大量应用,HRB500 钢筋的机械连接和焊接连接技术均已开发成功,具备应用条件,已在新版的《钢筋机械连接技术规程》(JGJ 107－2010)、《钢筋焊接及验收规程》(JGJ 18－2012)作出规定。HRBF 500 钢筋的连接技术正处于开发过程中,其中机械连接的难度较小,而焊接技术要求较高,在现今应用中可以机械连接为主。

3. 高强钢筋应用技术

(1)技术应用范围

400MPa 和 500MPa 级钢筋可应用于非抗震的和抗震设防地区的民用与工业建筑以及一般构筑物,可用作钢筋混凝土结构构件的纵向受力钢筋和预应力混凝土构件的非预应力钢筋以及用作箍筋和构造钢筋等,相应结构梁板墙的混凝土强度等级不宜低于C25,柱不宜低于 C30。

(2)HRB400 钢筋特点

HRB400 钢筋比传统使用的 HPB 235、HRB 335 级钢筋的技术性能有明显提高,广泛用于建筑结构工程,有利于保证质量、降低工程成本。

1)强度高、安全储备大、经济效益显著

用于取代传统的 HRB 335 级钢筋,其抗拉抗压强度设计值由 310MPa 提高到 360MPa,在混凝土结构中可节约14%钢材。用于取代传统 HPB 235 级钢筋,则抗拉抗压设计强度值可由 210MPa 提高到 360MPa,在结构中节约 32%左右的钢材。同时弹性模量均大于 2×10^5MPa,按国标计算满足使用要求。

2)机械性能好

HRB 400 钢筋显著改善了 HRB 335 级钢筋的力学性能,强度提高的同时塑性降低很小或者基本不降低,一般产品的延伸率 $\delta_5 = 20\% \sim 35\%$,与 HRB 335 级钢筋平均延伸率差值为 0~5%。此外,HRB 400 钢冷弯性能优于 HRB 335 级钢筋,克服了弯折钢筋部位出现的微小裂纹,易于消除结构质量隐患。

3)焊接性能好

400MPa HRB 400 钢筋的碳当量低,有良好的焊接性能,可以采用闪光对焊、气压焊、电渣压力焊和手工电弧焊进行焊接。

4)抗震性能良好

由于 HRB 400 钢筋的强屈比($\sigma_b/\sigma_s > 1.25(R_m = 540\text{MPa}/R_{eL} = 400\text{MPa})$),钢筋在最大力下的总伸长率 A_{gt} 不小于 2.5%,可使钢筋在最大力作用下有较大的弯形而不断裂,在遭遇地震灾害时,能发挥良好的抗震作用,有利于提高建筑结构的抗震性能和安全性。

5)使用范围广、规格齐全

该产品适用于柱、梁、墙、板等结构构件。产品直径为 6~50mm,推荐直径为 6、8、12、16、20、25、32、40、50mm,克服了 HRB 335 级钢缺少 $\phi < 12$mm 小直径盘圆线材及 HPB 235 级钢缺少 $\phi > 25$mm 粗直径直条筋的难题,便于施工下料与配筋绑扎,使钢筋布置更趋合理,易于混凝土的浇捣。

（3）HRB400 钢筋施工应用要点

1）设计

HRB 400 级钢筋混凝土结构计算按照国家标准《混凝土结构设计规范》（GB 50010－2010）规定进行设计。

2）施工与加工要求

①材料要求

用于结构工程的 HRB 400 钢筋通常按定尺长度交货，若以盘卷交货时，每盘应是一条钢筋，长度允许偏差不得大于＋50mm。

a. 直条筋的弯曲度不影响正常使用，总弯曲率不大于钢筋总长度的 0.4%。

b. 钢筋端部应剪切正直，局部变形应不影响使用。

c. 钢筋在最大应力下的总伸长度 $A_{gt} \nless 2.5\%$。

d. 工艺性能，弯曲性能：按表 4-3 弯心直径弯曲 180°后，受弯曲部位表面不得产生裂纹，反向弯曲试验的弯心直径比弯曲试验相应增加一个钢筋直径，先正向弯曲 90°后反向弯曲 20°。经反向弯曲试验后，钢筋受弯曲部位表面不得产生裂纹（该项试验尚应根据需方要求）。

表 4-3　热轧带肋钢筋弯曲性能试验

牌号	公称直径 a(mm)	弯心直径
HRB 400 HRBF 400	6～25	4d
	28～40	5d
	＞40～50	6d
HRB 500 HRBF 500	6～25	6d
	28～40	7d
	＞40～50	8d

e. 表面质量：钢筋表面不得有裂纹、结疤和折叠，表面允许有凸块但不得超过横肋的高度，钢筋表面上其他缺陷的深度和高度不得大于所在部位尺寸的允许偏差。

f. 检验项目：试验方法详见标准《钢筋混凝土用钢　第 2 部分：热轧带肋钢筋》（GB 1499.2－2007）。

②下料、焊接、绑扎、锚固

a. 由于 HRB 400 钢筋强度较高，切断下料应采用机械切断；下料可不考虑用于锚固的 180°弯钩尺寸，但应考虑保护层的厚度尺寸。

b. 钢筋可采用各种电焊焊接，而且可采用 HRB 335 级 20MnSi 钢筋常用的焊接工艺参数施焊。

其钢筋绑扎采用双丝绑扎。

c. 钢筋的锚固长度应比 HRB 335 级钢筋增加 5d，搭接长度和延伸长度也应相应增加，以保证钢筋锚固的安全可靠。增加锚固长度有困难时，可用机械锚固措施解决，如在钢筋端部弯钩、贴焊锚筋、焊锚板、镦头等，锚固长度可按直筋锚固长度乘以折减系数 α，α 取值见表 4-4。使用时，在机械锚固措施的锚固长度范围内，混凝土保护层厚度应不小于钢筋直径；箍筋直径不小于锚筋直径的 1/4，箍筋间距不大于锚筋直径的 5 倍。当采用弯钩或贴焊筋时，锚头方向宜偏向构件截面内部；如锚固区处于支座范围内时，最好将锚头平置，而且受压区钢筋的锚固，不宜采用弯钩和贴焊筋的锚固形式。

表 4-4　锚固长度折减系数

机械锚固形式	直径	弯钩	贴焊锚筋	镦头	焊锚板
α	1.00	0.65	0.65	0.75	0.75

二、钢筋焊接网应用技术

1. 技术原理及主要内容

（1）基本概念

钢筋焊接网是一种在工厂用专门的焊网机焊接成型的网状钢筋制品。纵、横向钢筋分别以一定间距相互垂直排列，全部交叉点均用电阻点焊，采用多头点焊机用计算机自动控制生产，焊接前后钢筋的力学性能几乎没有变化。

目前主要采用 CRB550 级冷轧带肋钢筋和 HRB400 级热轧钢筋制作焊接网。焊接网工程应用较多、技术成熟，主要包括钢筋调直切断技术、钢筋网制作配送技术、布网设计与施工安装技术等。采用焊接网可显著提高钢筋工程质量，大量降低现场钢筋安装工时，缩短工期，适当节省钢材，具有较好的综合经济效益，特别适用于大面积混凝土工程。

（2）技术特点

1）显著提高钢筋工程质量

焊接网的网格尺寸非常规整，远超过手工绑扎网，网片刚度大、弹性好、浇筑混凝土时钢筋不易被局部踏弯，混凝土保护层厚度易于控制均匀。在一些桥面铺装中，实测焊接网保护层的合格率在 95% 以上，特别适用于大面积板、墙类混凝土构件的配筋，并可杜绝人为因素造成的钢筋工程质量问题。

2）明显提高施工速度

国外、国内大量工程实践表明，采用焊接网可大量降低现场安装工时，省去钢筋加工场地。根据欧洲几个国家的统计结果，随配筋量不同，铺设焊接网与手工绑扎钢筋消耗的工时也不同。在钢筋用量相同（如 $10kg/m^2$）的前提下，1000kg 焊接网如按单层铺放约需 4 个多工时，如采用双层网需 6 个多工时，而手工绑扎需 22 个工时，焊接网铺放时间仅为手工绑扎时间的 20%～30%。根据国内一批房屋工程和桥面铺装工程的统计结果，与绑扎网相比大约可节省人工 50%～70%。

在某些特殊情况下，如要求加快施工进度，焊接网则显出很大的优越性。例如深圳一幢

52 层双塔楼多用途综合建筑,在 14 万 m² 的楼面中采用焊接网,每层楼面 1400m²。采用焊接网后每层楼面的施工速度由原来的 4.5d/层提高到 3.5d/层,最快的速度达到 2.5d/层,其中楼板焊接网的安装(包括底网与面网间的管道安装)仅安排了 4h,保证了整幢房屋按时封顶,满足了业主的要求。

3)增强混凝土抗裂性能

传统配筋在纵横钢筋交叉点使用钢丝人工绑扎,绑扎点处易滑动,钢筋与混凝土握裹力较弱,易产生裂缝。焊接网的焊点不仅能承受拉力,还能承受剪力,纵横向钢筋形成网状结构共同起粘结锚固作用。当焊接网钢筋采用较小直径、较密的间距时,由于单位面积焊接点数量的增多,更有利于增强混凝土的抗裂性能,有利于减少或防止混凝土裂缝的产生与发展。

4)具有较好的综合经济效益

采用焊接网能节省大量现场绑扎人工和施工场地,可以做到文明施工,使钢筋工程质量有明显提高。由于焊接网在工厂提前预制,现场不需再加工,无钢筋废料头,减少了现场人工,加快了施工进度。另外,由于缩短了施工周期,从而可减少吊装机械等费用。根据过去国内部分楼面工程的经验总结,采用焊接网可适当降低钢筋工程造价,具有较好的综合经济效益。

2. 主要技术指标及性能

(1)主要技术指标

钢筋焊接网技术指标应符合《钢筋混凝土用钢　第 3 部分:钢筋焊接网》(GB/T 1499.3—2010)和《钢筋焊接网混凝土结构技术规程》(JGJ 114—2003)的规定。

冷轧带肋钢筋的直径宜采用 5～12mm,强度标准值为 550N/mm²;热轧钢筋的直径宜为 6～16mm,屈服强度标准值为 400N/mm²。

焊接网制作方向的钢筋间距宜为 100、150、200mm,与制作方向垂直的钢筋间距宜为 100～400mm,焊接网的最大长度不宜超过 12m,最大宽度不宜超过 3.3m。焊点抗剪力不应小于试件受拉钢筋规定屈服力值的 0.3 倍。

(2)钢筋焊接网的性能

1)焊接网钢筋的强度

焊接网的钢筋采用较 HPB235 热轧低碳钢强度级别更高的 HRB400、CRB550、CPB550 等牌号钢筋。它们的强度较高,延性较好。CRB550、HRB400 为带肋钢筋,具有较高的握裹力。焊接网钢筋与 HPB235 钢筋强度设计值之比为 360/210＝1.714,强度价格比远高于 HPB235 钢筋,可明显地降低钢筋工程的材料用量和提高钢筋工程的效益。

2)焊接网焊点抗剪性能

焊接网焊点具有一定的抗剪能力,使焊接网具有比普通绑扎更为优异的握裹性能。焊点抗剪力可以钢筋握裹力的形式体现,使冷拔光面钢筋焊接网中显示出握裹力性能,使其强度与握裹能力相匹配,从而使冷拔光面钢筋焊接网的构造要求得以简化。

3)抗裂性能

钢筋混凝土中混凝土应力超过其抗拉强度时,混凝土内就会出现裂缝。混凝土握裹力有效时,裂缝将以细而密的形式分布于混凝土中;握裹力失效或部分失效时,裂缝将汇集而使某些裂缝扩展,可能达到影响建筑物使用的程度。焊接网焊点可提供足够的抗剪力,限制混凝土微细裂缝在各焊点间汇集而使混凝土裂缝宽度扩展,从而改善混凝土中裂缝的分布和扩展趋势。焊接网钢筋强度较高,可采用较小的直径和较密的间距,构件单位面积上钢筋根数和焊点数增多,更有利于增强混凝土的抗裂性能和限制裂缝扩展宽度。构件抗裂性能的提高和裂缝较均匀分布,其刚度也相应地有所提高。

4)焊接网的整体性能

钢筋焊接网各焊点将钢筋连成网状整体,使钢筋焊接网混凝土受荷时荷载效应沿纵向和横向扩散,提高其刚度。同时,整片焊接网本身具有一定的刚度和弹性,易于安装、定位,安装后不易受后续工序(如在已安装完的焊接网上安装预埋件、浇筑混凝土等)的影响而松动、移位、变形和折弯,钢筋焊接网的安装质量明显提高。

钢筋焊接网整片安装,免去了普通绑扎钢筋现场绑扎的繁杂体力劳动,安装效率大为提高。

3. 技术应用要点

(1)技术应用范围

冷轧带肋钢筋焊接网广泛适用于现浇钢筋混凝土结构和预制构件的配筋,特别适用于房屋的楼板、屋面板、地坪、墙体、梁柱箍筋笼以及桥梁的桥面铺装和桥墩防裂网,也可用于高速铁路中的双块式轨枕配筋、轨道板底座及箱梁顶面铺装层配筋。此外还可用于隧洞衬砌、输水管道、海港码头、桩等的配筋。

HRB400级钢筋焊接网由于钢筋延性较好,除用于一般钢筋混凝土板类结构外,更适合于抗震设防要求较高的构件(如潜力强底部加强区)配筋。

(2)钢筋焊接网的类型及使用

结构用钢筋焊接网的配筋分别由纵向配筋和横向配筋构成,通常两个方向的配筋均应满足结构设计要求。钢筋焊接网通常分为标准焊接网(简称标准网)和非标准焊接网(简称非标准网或定网)两种类型。按规定的结构和尺寸制作的焊接网称为标准网,标准网以外的焊接网统称为非标准网。非标准网用于具体工程中,亦称为定制网或工程网。在应用过程中出现了许多新的布置形式和新的焊接网类型,如组合网、格网、梯网、箍筋笼网、螺旋网、格构梁网等。其中组合网、格网、梯网、箍筋笼网为常规焊接网通过专用的布置形式或常规焊接网再加工(焊接、裁剪、成形等)制作成的钢筋焊接网,是用于有特殊要求的场合的焊接网类型。螺旋网、格构梁网等则为专用焊接设备生产的,钢筋两个方向不正交,突破了常规焊接网定义的焊接网类型。

大量使用的焊接网仍然为常规定义的焊接网。因此钢筋焊接网可为所有钢筋焊接网的统称,也常作为常规定义钢筋焊接网的简称。除常规钢筋焊接网分为标准焊接网和非标准焊接网两种类型外,将专门布置设计或专门加工的钢筋焊接网如组合网、格网、梯网、箍筋笼网、螺旋网、格构梁网等也按相应类型进行了分类和阐述。

由于焊网机的高度自动化和智能化,就焊接网制作而论,标准网、非标准网的制作难度界限正在消失,仍然存在的差别是它们的制作效率、安装效率和成本。焊接网的类型分类会因此而改变。

1)标准网

①标准网的要求

钢筋焊接网产品的标准化是提高钢筋焊接网生产和安装效率、降低成本的必由之路。钢筋焊接网的标准化常考虑以下因素：

a. 标准网配筋(钢筋直径、间距及其组合)应能涵盖较多构件的配筋,使标准网能更广泛地应用于各种构件;

b. 标准网的外形尺寸应能较灵活地覆盖构件的焊接网配筋面积;

c. 标准网的配筋和外形尺寸应能使标准网生产过程达到定型、高速、连续和规模化的目的。

②标准网的规格

各国标准网的配筋和外形尺寸的规定是根据各国的特点和经验确定的,标准网配筋和外形尺寸的规定各不相同。我国的标准网是吸取了国外的做法,结合我国的实践经验制定的。

《钢筋焊接网混凝土结构技术规程》(JGJ 114－2003)推荐的标准网配筋直径为5～16mm,分为A～E 5种类型。标准网型号的主筋(纵向筋)和横向筋的直径可以不同。A、D、E型为主筋和横向筋间距相同的标准网型号;B、C型为主筋和横向筋间距不相同的标准网型号。钢筋直径较小时,主筋和横向筋直径通常是相同的。《钢筋焊接网混凝土结构技术规程》没有规定标准网的外形尺寸。例如A10网表示主筋和横向筋直径均为10mm,间距均为200mm 的焊接网。(参见《钢筋焊接网混凝土结构技术规程》JGJ 114－2003 附录A 表A.0.1)。国外的标准网通常用主筋每延米配筋截面积来表示焊接网的型号,例如A393 表示焊接网的主筋和横向筋直径相同,间距均为200mm(以A 表示),每延米主筋钢筋截面积为393mm^2 的焊接网。国外有的标准规定标准网的宽度为2.4m,长度为4.8m(英国)或6m(新加坡)。

规定标准网的外形尺寸是有实用意义的。规定了标准网的外形尺寸,可便于焊接网设计者和使用者选择焊接网型号,生产厂也可预先生产和存放,以调节生产能力,提高生产效率。

③标准网的使用

焊接网布置时,应采用较简单的焊接网结构形式和尺寸、布置形式和安装方法,以便使用标准网。广泛使用标准网的措施可能会使焊接网用量增大一些,但可由生产成本和安装成本的降低得到补偿,使综合成本有所减少。在焊接网应用较发达的国家,标准网的使用率平均可达钢筋焊接网总用量的70%左右(欧洲)。在工程设计时选用标准网是标准网推广应用的主要措施之一。桥面铺装较普遍采用焊接网配筋是一个较典型的例子。其他如地面地坪、公路路面、规则梁系楼板、防裂网等亦可设计成标准网配筋。目前焊网机的性能有了很大的提高,可焊接各种规格和外形尺寸的网片,焊接网的规格和尺寸可涵盖更大的配筋范围,标准网的应用范围正进一步扩大。有时扩大标准网的使用范围,会要求增加标准网的规格和型号,但标准网规格和型号过多,将使焊接网的布置、制作、安装等的效率降低,失去标准网应有的作用。因此需在实践中积累焊接网规格模数,制定更为合理的标准网系列。

焊接网的外形尺寸也是标准化的一个方面,布置设计时应有意识地使焊接网外形尺寸标准化,至少在一个工程中使用特定的焊接网尺寸,以积累外形尺寸模数,为焊接网外形尺寸标准化提供资料。

④准标准网

准标准网是配筋和外形尺寸接近于标准网而大批量使用于某具体工程的非标准焊接网。由于《钢筋焊接网混凝土结构技术规程》(JGJ 114－2003)没有规定标准网的外形尺寸，而且目前焊网机的综合性能较好，便于调整钢筋的间距和长度，或可用不同长度的钢筋，因此实际工程中可使用大批量的接近标准网规格的焊接网，称之为准标准网。就焊接网布置设计而论，准标准网仍属非标准网(定制网)之列。准标准网是向标准网过渡的焊接网类型，但用量很大时其效率接近标准网。

目前，大面积工业厂房、大面积场馆、厂房地坪、桥面铺装、公路路面等工程已大量使用准标准网。这些工程焊接网的配筋各异，但很有规律，如果能使之规范化，并向标准网靠拢，将可明显地减少焊接网布置设计工作量，提高焊接网的制作和安装效率，提高焊接网的标准化水平。

2)非标准网

非标准网(亦称定制网)是根据特定工程的要求专门设计和生产的钢筋焊接网。非标准网的结构、形状和尺寸由构件焊接网布置设计确定。焊接网布置的影响因素很多，主要有构件的受力条件和配筋，焊接网配筋面积在构件中覆盖面积的尺寸和形状，焊接网的安装条件和方法等。非标准网能更好适应构件形状和受力要求，在实际工程中亦常使用。非标准网的型号较多，相应地焊接网的制作成本和安装成本也会相应增加。在实践中应综合考虑各种因素，以提高焊接网的效率。

钢筋焊接网可由工程设计单位设计，也可由设计单位提出配筋及相关资料和要求，生产厂进行焊接网布置设计。由于焊接网布置设计与焊接网生产设备有关，焊接网布置设计常采用后一种方式进行。焊接网布置设计要反映设计图纸的设计要求，同时好的布置设计必然也是节省材料的设计。

为了扩大标准网的使用范围，在有些工程中可采用特殊的布置形式或布置措施，以统一焊接网的结构和尺寸，使非标准网的结构和尺寸向标准网靠拢，设计成标准网或准标准网。这些方法应以不增加或少增加钢材用量、提高安装和生产效率为主要目的。

非标准网的布置设计是较繁琐且工作量较大的工作，一些焊接网的布置设计软件也因此而出现。但目前的焊接网布置软件尚需进一步完善，以适应更广泛构件的要求。

3)组合网

组合网是焊接网的一种形式，它是由两片或多片常规焊接网按设计要求组合，发挥一片焊接网配筋作用的网片。双层组合网是将一片焊接网的纵向钢筋和横向钢筋分别用间距较大的架立钢筋(成网钢筋)焊接而成两片焊接网，安装时按配筋要求分别纵横向安装，叠合起来发挥原焊接网的作用。焊接网需局部加强或有其他要求时，组合网可由多层网组合而成。组合网在制作、布置设计、安装等方面与常规焊接网有所不同。

纵向网和横向网的长度(焊接网尺寸)由构件的要求确定，宽度(横向尺寸)受运输和制作条件限制。网片的宽度还应考虑简化安装方法和焊网机的容量的限制，一般采用1～1.5m。网片成形钢筋(架立筋)的间距较大，常用400～800mm。双层组合网布置和尺寸确定较为灵活，为焊接网标准化措施之一。

大量使用的双层组合网纵向网和横向网的结构和尺寸不属标准网之列,应列为准标准网。有些国家,如新加坡,双层组合网的应用已很广泛,也很规范,当可属另类标准网之列。

4)格网和梯网

格网和梯网为新开发的钢筋焊接网类型。这两种焊接网类型均在始用者所在国申请有专利。生产委托方对该产品的制作工艺和产品质量检验标准和方法有很严格的要求。产品出厂前需经生产委托方委托的有资质的第三方派员进行产品质量检测。

①格网

格网即钢筋焊接格网。始用者称之为焊接钢筋格网(Welded Reinforcement Grid),为与我国焊接网名称统一,宜称为钢筋焊接格网,简称格网。格网在柱(暗柱)、梁、墙边缘构件、墙等构件中作为箍筋用,具有很强的构件侧限作用。格网结构与常规网基本相同,钢筋的伸出长度很短(常小于20mm),外形多样,每片焊接网钢筋间距不同,间距分布不规则。格网安装时组合构成笼状组合安装单元,在工地以安装单元为单位安装。

②梯网

梯网为长形网片,纵向钢筋为2根或多根,横向钢筋等间距布置,形如梯子,简称梯网。梯网常用于挡土墙加筋土体中,也用于墙砌体中砂浆的加固焊接网,还用于剪力墙水平筋、柱箍筋安装时的样架。用于加筋土体时,梯网一端或两端设有端环,用于与竖向挡土墙面板的连接及梯网间的连接。用于梯网间的连接,梯网长度固定(用标准长度),可使梯网的长度标准化。

5)其他类型焊接网

为了适应各种工程的需要,已经开发了多种新的焊接网类型。如焊接网再加工而成的焊接网类型有:箍筋笼、公路隔离墩网等。还有用专用焊网机生产制作的焊接网,如螺旋钢筋笼、钢筋骨架网、预制混凝土构件用特制网等。

①箍筋笼

箍筋笼是由常规焊接网再加工成箍筋形状的笼状焊接网,用作箍筋用。多支箍筋可由多个箍筋笼组合而成。

②螺旋钢筋笼、格构梁网

螺旋钢筋笼和格构梁网是用专用焊网机加工的钢筋焊接网制品。螺旋钢筋笼用于混凝土桩、混凝土电线杆、混凝土排水管、预应力混凝土管中;格构梁网用于格构梁和叠合板中。此类焊接网类型属定制网类型。它们的规格已经标准化,如螺旋箍筋钢筋笼,其纵向筋直径和间距、螺旋筋直径和间距等已标准化,构成标准螺旋钢筋笼。格构梁网亦然,亦构成标准格构梁网。

(3)焊接网的钢筋

钢筋焊接网宜采用CRB550级冷轧带肋钢筋或HRB400级热轧带肋钢筋制作,也可采用CPB550级冷拔光面钢筋制作。

HRB400、CRB550、CPB550等牌号的钢筋性能要求见表4-5。钢筋焊接网采用了比低碳钢盘条强度等级更高的钢筋材料,适应了钢筋材料的发展趋势,必将成为取代低强度钢筋(如HRB235钢筋等)的钢筋品种。

表 4-5 主要钢筋焊接网材料性能

钢筋牌号	$\sigma_s(\sigma_{0.2})$ (N/mm²)	σ_b (N/mm²)	δ_s (%)	δ_{10} (%)	冷弯 180°	标准编号
HRB400	400	570	14		$D=4d$ 无裂纹	GB 1499—1998
CRB550	440	550		8	$D=3d$ 无裂纹	GB 13788—2000
CPB550	440	550		8	$D=3d$ 无裂纹	JGJ 114—2003

注：1. σ_s（或 $\sigma_{p0.2}$）为钢筋的屈服应力或非比例延伸应力；

2. 伸长率 δ_{10} 的测量标距为 $10d$；

3. HRB400 钢筋的伸长率 δ_5 的测量标距为 $5d$；

4. D 为弯心直径，d 为钢筋公称直径。

除表 4-5 的力学和工艺性能外，钢筋焊接网材料还需要具有良好的焊接性能。以低碳钢盘条为母材的 CRB550 和 CPR550 钢筋具有良好的焊接性能。HRB400 钢筋具有与 HRB335 热轧带肋钢筋基本相同的焊接性能。由于钢筋焊接网焊接制作的特殊性，不同的钢筋材料应采用不同的焊接工艺，以达到良好的焊接效果。

1）HRB400 热轧钢筋

20 世纪 80 年代以来我国开发了屈服强度 $\sigma_s \geq 400\text{N/mm}^2$ 级的热轧带肋钢筋，如 RRB400 余热处理热轧带肋钢筋、HRB400 热轧带肋钢筋等。

RRB400 钢筋是在 HRB335 钢筋的生产工艺的基础上，采用余热处理工艺，在轧制后穿水冷却时，利用钢筋芯部的余热使钢筋表层的淬火硬壳回火，恢复部分延性，使其性能达到 RRB400 钢筋性能的要求。这种品种的钢筋，其强度的提高是由钢筋表层硬化取得的，性能不稳定，且焊接时会出现回火现象而使强度下降，不宜用作焊接网的材料。

HRB400 是采用微合金化工艺生产的钢筋品种。它是在原含锰（Mn）、硅（Si）的低合金钢中加入微量钛（Ti）、铌（Nb）、钒（V）等元素，以改善其性能。微合金元素 V 较易固溶于钢中，又较易从钢中析出，特别是在存在适量的氮（N）时，V 与 N 结合易形成 VN 析出，颗粒小，析出率高，强化效果好；在轧制过程中还可起到细化晶粒的作用，进一步提高强度，而其延性基本保持不变。

HRB400 热轧带肋钢筋具有以下特点：

①良好的力学性能

HRB400 热轧带肋钢筋的性能要求为：屈服强度 $\sigma_s \geq 400\text{N/mm}^2$，抗拉强度 $\sigma_b \geq 570\text{N/mm}^2$，伸长率 $\delta_5 \geq 14\%$，相应的抗拉强度设计值 $f_y = 360\text{N/mm}^2$。据对首钢、承钢、唐钢、宝钢生产的 HRB400 钢筋产品进行的调查统计，HRB400 钢筋实际的 σ_s、σ_b 和 δ_5 均值分别为 465N/mm^2、638N/mm^2 和 24%，相应的离散系数分别为 0.0229、0.0229 和 0.064，强度和伸长率有足够的富余度，且比较稳定。

②延性好

HRB400 钢筋具有良好的延性。首钢生产的 HRB400 钢筋的统计资料如下：伸长率 $\delta_5 = 24\%$、均匀伸长率 $A_{gt} = 14\%$，强屈比为 1.37＞1.25，屈服强度实测值与强度标准值的比值为 1.16＜1.30。这些数据表明，HRB400 钢筋具有比冷加工钢筋更好的延性和抗震性能。

③焊接性能好

HRB400 钢筋中的钒加速了珠光体的形成,从而增加了焊接热影响区的韧性,提高了焊接质量。HRB400 钢筋焊接性能与 HRB335 钢筋基本相同。

④调直工艺对钢筋性能的影响

与 CRB550 钢筋一样,HRB400 钢筋调直后会影响其性能。一般的规律为钢筋的强度下降,伸长率增加。调直时,HRB400 钢筋的抗拉强度下降最大可达 $50N/mm^2$。在调整调直工艺时应注意钢筋强度下降的影响。HRB400 钢筋不需通过调整工序进行伸长率的调整,抗拉强度下降的控制是易于做到的。调直时,HRB400 钢筋的直度是调直工艺过程的主要控制因素。类似于应力消除的装置亦可用于 HRB400 钢筋的调直,效果较好。

2)CRB550 冷轧带肋钢筋

①冷轧带肋钢筋应用情况

冷轧带肋钢筋是以低碳钢热轧盘条 HPB235,以及 24MnTi、20MnSi 盘条作为母材,经冷加工后使其性能达到更高一级指标,表面有肋的钢筋。这种钢筋强度高,延性好,握裹力强。与低碳钢热轧盘条相比,可显著地减少钢筋用量,达到降低建筑物成本和提高钢筋工程质量的目的。

采用不同的热轧盘条作母材和不同的轧制工艺,可生产出各种冷轧带肋钢筋品种。我国冷轧带肋钢筋,按抗拉强度值可分成若干级别,各级别钢筋的性能见表 4-6。

表 4-6　CRB 钢筋力学性能和工艺性能

牌号	$\sigma_b(N/mm^2)$ 不小于	伸长率(%)		弯曲试验 180°	反复弯曲次数	松弛率(初始应力 $\sigma_{con}=0.7\sigma_b$)	
		δ_{10}	δ_{100}			1000h(%)	10h(%)
CRB550	550	≥8.0	—	$D=3d$	—	—	—
CRB650	650	—	≥4.0	不出现裂纹	3	≤8	≤5
CRB800	800	—	≥4.0	不出现裂纹	3	≤8	≤5
CRB970	970	—	≥4.0	不出现裂纹	3	≤8	≤5
CRB1700	1170	—	≥4.0	不出现裂纹	3	≤8	≤5

注:1. D 为弯心直径,d 为钢筋公称直径;

　　2. 反复弯曲试验时,钢筋公称直径为 4mm、5mm、6mm 时,弯曲半径分别为 10mm、15mm、15mm;

　　3. 当进行弯曲试验时,受弯曲部位表面不得产生裂纹。

以 HPB235 为母材,主要用于生产 CRB550 和 CRB650 冷轧带肋钢筋。CRE550 冷轧带肋钢筋的强度等级相当于 HRB400 级热轧带肋钢筋,且具有良好的延性和焊接性能,是生产钢筋焊接网较好的材料。其他级别的冷轧带肋钢筋常用于预应力等有特殊要求的构件。

②CRB550 钢筋的性能特点

a. 强度高、延性好

CRB550 冷轧带肋钢筋的力学及工艺性能要求为:抗拉强度 σ_{10}≥$550N/mm^2$,伸长率 σ_{10}

$\geq 8\%$，相应的抗拉强度设计值 $f_y = 360\text{N/mm}^2$。非比例延伸应力 $\sigma_{p0.2} \geq 0.8\sigma_b = 440\text{N/mm}^2$。根据我们生产的 CRB550 钢筋的统计资料，CRB550 钢筋的 σ_b 和 σ_{10} 均值分别达到 605N/mm^2 和 10.4%，相应的离散系数分别为 0.0446 和 0.1058。CRB550 钢筋 $\delta_{10} = 8\%$ 相当于 $\delta_5 = 13\%$。CRB550 钢筋的这些指标均接近于 HRB400 钢筋。

b. 握裹力强

实践和试验资料表明，CRB550 钢筋具有较 HPB235、CPB550、HRB400 等钢筋更强的握裹力。

c. 焊接性能好

CRB550 钢筋是以 HPB235 为原材料，具有与 HPB235 相同的焊接性能，且已有较多的实践经验，焊接性能较好。CRB550 钢筋加工时去除氧化层程度较彻底，只要焊接参数和工艺选择得当，电阻熔焊的焊接效果能完全满足要求。

d. 加工性能

CRB550 钢筋在冷弯等方面具有较好的性能。在调直、应力消除、焊接网焊接成形、焊接网加工成形等加工工序中也显示出其良好的加工性能。

3）CPB550 冷轧（拔）光面钢筋

CPB550 冷拔（轧）光面钢筋是由低碳钢热轧盘条（HPB235）经冷拔或冷轧成圆形截面的钢筋，其性能达到 550 级抗拉强度钢筋性能时即为 CPB550 级冷拔光面钢筋。早期 CPB550 钢筋是冷拔加工的，后来发展成冷轧加工。冷轧光面钢筋的轧制工艺与冷轧带肋钢筋相同，只是其成型轧辊环的轧制面是弧面的。冷轧带肋钢筋出现后，冷轧带肋钢筋强度等级仍沿用冷拔光面钢筋 CPB550 级别的指标。实质上，CRB550 冷轧带肋钢筋和 CPB550 冷拔光面钢筋是母材相同、性能要求相同，但成品钢筋外表面形状不同的两种低碳钢热轧盘条的冷加工产品。正由于它们外形上的一些差别，它们的性能也有一些差异。这些差异并不影响它们用作钢筋焊接网的材料。因此，前述的冷轧带肋钢筋的性能，除握裹力外，基本上适用于冷拔光面钢筋。下面仅对冷拔光面钢筋的特点作一些说明。

①加工

冷加工光面钢筋可用冷轧或冷拔工艺生产。冷拔光面钢筋是低碳钢热轧盘条通过拔模孔冷拔而成，在钢筋横截面上的变形是不均匀的，使钢筋表面残留较大的残余应力，从而对钢筋的性能产生影响。直径为 10mm 以内的冷拔光面钢筋具有良好的力学和工艺性能，与冷轧光面钢筋相比，无明显的性能上的差别。我国常用直径较小的冷拔钢筋，称为冷拔钢丝，常用于楼板的预制构件、构件表面的防裂网、顶层屋盖的刚性面层等。采用轧辊环轧制的光面钢筋其横截面内部组织结构的均匀性有所提高，力学性能也相应地有所改善，较大直径钢筋性能的改善更为显著。

冷拔（轧）光面钢筋可采用冷轧带肋钢筋的轧制设备加工，只需将轧制设备轧辊组的带肋槽轧辊环换成弧面轧辊环，或将轧制机组换成拔模即可。轧拔工序中的工序调试较冷轧带肋钢筋简便。

②性能

a. 强度和伸长率

在实践中，CRB550 钢筋和 CPB550 钢筋的性能显示出了某些差别。在相同的母材和相同加工工艺条件下,CPB550 钢筋的强度和伸长率等性能优于 CRB550 钢筋。主要原因是 CRB550 钢筋表面有肋,外表面体形复杂,肋根处体形突变,残余应力集中,进行拉力测试时在体形突变和应力集中处易于断裂而使测得的抗拉强度和伸长率的数值略低。CPB550 钢筋的强度和伸长率较高,即其强度和伸长率的富余度更大,适应性更强,易于进行性能调整。这是冷轧光面钢筋仍在使用的原因之一。

b. 握裹力

CPB550 钢筋握裹力小,端部须弯钩、镦头、焊小横筋或焊接成网后借助于上述锚固措施发挥锚固作用,增加其握裹性能。CPB550 钢筋焊接网焊点抗剪力起到了冷轧光面钢筋在混凝土内的等效握裹性能的作用,这是冷拔光面钢筋焊接网在国外早期使用中能较快发展的原因之一。但 CPB550 钢筋焊接网的应用仍具有局限性。CPB550 钢筋不允许采用没有专门的锚固措施的锚固和搭接,网片的搭接和锚固的要求较 CRB550 钢筋更为严格。在板(墙)面形状复杂而需用散筋人工绑扎补足时,或采用平搭搭接时,钢筋端部(或焊接网伸出钢筋端部)需采用措施繁杂的特殊锚固措施,大大地限制了 CPB550 钢筋焊接网的使用。这也是 CRB550 钢筋取代 CPB550 钢筋的原因之一。

c. 焊点抗剪力

CPB550 钢筋焊接网的钢筋表面为圆弧形,纵向和横向钢筋在各焊接点的接触条件基本相同,焊接效果较好,焊点抗剪力值较大,略高于 CRB550 钢筋。

(4)设计计算

1)一般规定

钢筋焊接网混凝土结构构件设计时,其基本设计假定、承载能力极限状态计算、正常使用极限状态验算以及构件的抗震设计等,基本上与普通钢筋混凝土结构构件的设计计算相同。

钢筋焊接网混凝土结构构件的最大裂缝宽度限值按环境类别规定:一类环境 0.3mm;二、三类环境 0.2mm。

冷轧带肋钢筋焊接网配筋的混凝土连续板的内力计算可考虑塑性内力重分布,其支座弯矩调幅值不应大于按弹性体系计算值的 15%。

2)承载力计算

焊接网配筋的混凝土结构构件计算与普通钢筋混凝土构件相同。相对界限受压区高度 ζ_b 的取值如下:当混凝土强度等级不超过 C50 时,对 CRB550 级钢筋,取 $\zeta_b=0.37$。

斜截面受剪承载力计算时,焊接网片或箍筋笼中带肋钢筋的抗拉强度设计值按 360N/mm² 取值。试验表明,用变形钢筋网片作箍筋,对斜裂缝的约束明显优于光面钢筋,试件破坏时箍筋可达到较高应力,其高强作用在抗剪计算时得到充分发挥,提高了构件斜截面抗裂性能。封闭式或开口式焊接箍筋笼以及单片式焊接网作为梁的受剪箍筋在国外早已正式列入标准规范中,实际应用已有较长时间。

3)裂缝计算

钢筋焊接网配筋的混凝土受弯构件,在正常使用状态下,一般应验算裂缝宽度。按荷载效应的标准组合并考虑长期作用影响计算的最大裂缝宽度不应超过规程的限值。为简化计算,对在一类环境(室内正常环境)下带肋钢筋焊接网板类构件,当混凝土强度等级不低于

C20、纵向受力钢筋直径不大于 10mm 且混凝土保护层厚度不大于 20mm 时,可不作最大裂缝宽度验算。

对带肋钢筋焊接网和光面钢筋焊接网混凝土板刚度、裂缝的试验结果表明,焊接网横筋可有效提高纵筋与混凝土间的粘结锚固性能,且横筋间距愈小,提高的效果愈大,从而可有效地抑制使用阶段裂缝的开展。

(5)构造要求

1)焊接网的锚固与搭接

带肋钢筋焊接网的锚固长度与钢筋强度、焊点抗剪力、混凝土强度、钢筋外形以及截面单位长度锚固钢筋的配筋量等因素有关。根据锚固拔出试验结果得出临界锚固长度,在此基础上考虑 1.8～2.2 倍左右的安全储备系数作为设计上采用的最小锚固长度值。

当焊接网在锚固长度内有一根横向钢筋且此横筋至计算截面的距离不小于 50mm 时,由于横向钢筋的锚固作用,使单根带肋钢筋的锚固长度减少 25% 左右。当锚固区内无横筋时,锚固长度按单根钢筋锚固长度取值。

由于搭接一般都设置在受力较小处,接头强度一般均能满足设计要求。当要求须复核搭接处(特别是采用叠搭法或扣搭法时)截面强度时,此时截面的有效高度应取内层网片受力钢筋的重心到受压区混凝土外边缘的距离。

为了施工方便,加快铺网速度且当截面厚度也适合时,常采用叠搭法。此时要求在搭接区内每张网片至少有一根横向钢筋。为了充分发挥搭接区内混凝土的抗剪强度,两网片最外一根横向钢筋间的距离不应小于 50mm(图 4-1),两片焊接网钢筋末端(对带肋钢筋)之间的搭接长度不应小于 1.3 倍最小锚固长度,且不小于 200mm。

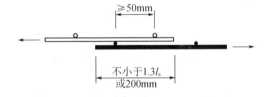

图 4-1　带肋钢筋焊接网搭接接头

有时受截面厚度或保护层厚度所限可采用平搭法,即一张网片的钢筋镶入另一张网片中,使两张网片的受力主筋在同一平面内,构件的有效高度 h_0 相同,各断面承载力没有突变。当板厚偏小时,平搭法具有一定优点。平搭法只允许搭接区内一张网片无横向钢筋,另一张网片在搭接区内必须有横向钢筋。平搭法的搭接长度比叠搭法约增加 30%。

采用平搭法可有效地减少钢筋所占的厚度,桥面铺装常用的钢筋直径在 6～11mm 范围。搭接长度不应小于 35d(平搭法)或 25d(叠搭法),且在任何情况下不应小于 200mm。

考虑地震作用的焊接网构件,按不同抗震等级增加钢筋受拉锚固长度 5%～15% 的规定,在此基础上乘以 1.3 倍增大系数,得出考虑抗震要求的受拉钢筋搭接长度。

2)板的构造

板伸入支座的下部纵向受力钢筋,其间距不应大于 400mm,截面面积不应小于跨中受力钢筋截面面积的 1/2,伸入支座的锚固长度不宜小于 10d,且不宜小于 100mm。网片最外侧钢筋距梁边的距离不应大于该方向钢筋间距的 1/2,且不宜大于 100mm。

板的焊接网配筋应按板的梁系区格布置,尽量减少搭接。单向板底网的受力主筋不宜设置搭接。双向板长跨方向底网搭接宜布置在梁边 1/3 净跨区段内。满铺面网的搭接宜设置在梁边 1/4 净跨区段以外且面网与底网的搭接宜错开,不宜在同一断面搭接。

根据国内外焊接网工程实践经验,有两种现浇双向板底网经济合理的布网方式,可减少搭接或不用搭接。一种方式是将双向板的纵向钢筋和横向钢筋分别与非受力筋焊成纵向网和横向网,安装时分别插入相应的梁中[图 4-2(a)];另一种方式是将纵向钢筋和横向钢筋分别采用 2 倍原配筋间距焊成纵向底网和横向底网,安装时分别插入相应的梁中[图 4-2(b)],此种布网,长跨方向搭接宜采用平搭法。纵向网和横向网的计算高度相同,安装时应使纵、横向网的钢筋均匀分布,此法用钢量最省,相当或低于绑扎钢筋的用量。

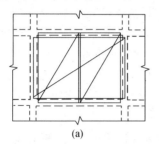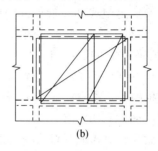

(a)　　　　　　　　(b)

图 4-2　双向板底网的双层布置

(a)方式一;(b)方式二

3)墙的构造

焊接网可用作钢筋混凝土房屋结构剪力墙中的分布筋,其适用范围应符合下列规定:

①可用于无抗震设防要求的钢筋混凝土房屋的剪力墙,以及抗震设防烈度为 6 度、7 度和 8 度的丙类钢筋混凝土房屋中的框架-剪力墙结构、剪力墙结构、部分框支剪力墙结构和筒体结构中的剪力墙;

②关于抗震房屋的最大高度应满足:当采用热轧带肋钢筋焊接网时,应符合混凝土结构设计规范中的现浇混凝土房屋适用的最大高度的规定;当采用冷轧带肋钢筋焊接网时,应比规范规定的适用最大高度低 20m;

③一级、二级抗震等级剪力墙底部加强区的分布筋,宜优先采用热轧带肋钢筋焊接网。

对一、二、三级抗震等级的剪力墙的竖向和水平分布钢筋,配筋率均不应小于 0.25%,四级抗震等级不应小于 0.2%。当钢筋直径为 6mm 时,分布钢筋间距不应大于 150mm;当分布钢筋直径不小于 8mm 时,其间距不应大于 300mm。冷轧带肋钢筋焊接网用作底部加强区以上的剪力墙的分布筋,在国内的部分高层建筑中已经采用。

分布筋为热轧(HRB400)钢筋焊接网、约束边缘构件纵筋为热轧带肋钢筋、约束边缘构件的长度和配箍特征值均符合规范规定的剪力墙,试验结果表明,墙体的破坏形态为钢筋受拉屈服、压区混凝土压坏,呈现以弯曲破坏为主的弯剪型破坏,计算与试验结果符合良好。热轧钢筋焊接网可用于抗震设防烈度不大于 8 度的丙类钢筋混凝土房屋剪力墙的分布筋。

4)焊接箍筋笼

焊接箍筋笼主要用于建筑工程中的梁、柱构件。生产时将钢筋与几根较细直径的连接钢筋先焊接成平面网片,然后用网片弯折机弯折成设计尺寸的焊接箍筋骨架。

　　焊接箍筋笼在工程中得到了广泛应用,可免去现场绑扎钢筋,显著提高施工进度,减少现场钢筋工数量。当全部钢筋工程采用焊接网和箍筋笼时,更能体现出焊接网的优越性。

　　根据加工箍筋笼设备的能力及梁(柱)尺寸,可将一根梁(柱)的箍筋做成一段或几段箍筋笼,运至现场后,穿入主筋形成尺寸准确的钢筋骨架,放入模板中浇灌混凝土。为了更进一步提高现场效率,可将柱的主筋与箍筋笼在焊网厂预先用二氧化碳保护焊焊成整体骨架,运至工地浇筑混凝土。

　　梁、柱焊接箍筋笼在国外已做过很多专门试验,其结构性能是可靠的。梁、柱的箍筋笼宜采用带肋钢筋制作。

　　①柱的箍筋笼应符合下列要求:

　　柱的箍筋笼应做成封闭式并在箍筋末端应做成135°的弯钩,弯钩末端平直段长度不应小于5倍箍筋直径;当有抗震要求时,平直段长度不应小于10倍箍筋直径;箍筋间距不应大于400mm及构件截面的短边尺寸,且不应大于15d;箍筋直径不应小于d/4(d为纵向受力钢筋的最大直径),且不应小于5mm。箍筋笼长度应根据柱高可采用一段或分成多段,并应考虑焊网机和弯折机的工艺参数。

　　②梁的箍筋笼应符合下列要求:

　　梁的箍筋笼可做成封闭式或开口式。当梁考虑抗震要求时,箍筋笼应做成封闭式,箍筋末端应做成135°的弯钩,弯钩端头平直段长度不应小于10倍箍筋直径[图4-3(a)];对不考虑抗震要求的梁,平直段长度不应小于5倍箍筋直径,并在角部弯成稍大于90°的弯钩[图4-3(b)]。当梁与板整体浇筑不考虑抗震要求且不需计算要求的受压钢筋,亦不需进行受扭计算时,可采用"U"形开口箍筋笼(图4-4),且箍筋应尽量靠近构件周边位置,开口箍的顶部应布置连续(不应有搭接)的焊接网片。

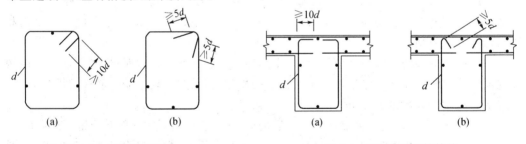

图4-3　封闭式箍筋笼　　　　　　图4-4　"U"形开口箍筋笼
(a)≥10d;(b)≥5d　　　　　　　　(a)≥10d;(b)≥5d

　　梁中钢筋的间距应符合混凝土结构设计规范的有关规定。当梁高大于800mm时,箍筋直径不宜小于8mm;当梁高不超过800mm时,箍筋直径不宜小于6mm;当梁中配有计算需要的纵向受压钢筋时,箍筋直径尚不应小于d/4(d为纵向受压钢筋的最大直径)。

　　(6)钢筋焊接网的质量

　　钢筋焊接网混凝土的质量包括焊接网的制作质量和焊接网的安装质量。焊接网的制作质量是钢筋焊接网混凝土质量的基础,焊接网的安装质量是实现钢筋焊接网混凝土质量的具体体现。

　　1)焊接网的制作质量

热轧带肋钢筋(HRB400),以及冷轧带肋钢筋(CRB550)和冷拔光面钢筋(CPB550)的母材在进厂时已进行严格的检验。HRB400 钢筋的强度和伸长率的富余度较大,调直后仍保留足够的富余度。CRB550 钢筋和 CPB550 钢筋冷加工过程中的轧制和调直工序进行了严格的控制,质量达到较高的水平。

钢筋焊接网是用专用焊网设备自动生产的产品。从原材料选择,直至制作过程中的各道工序都可进行严格的控制。焊点的抗剪力、焊接网的钢筋间距和外形尺寸等都达到了很高的精度水平。钢筋焊接网可达到很高的质量要求。

2)焊接网的安装质量

钢筋焊接网在构件内的布置是根据构件设计的配筋要求和有关标准进行的。若构件对焊接网搭接、锚固及其他构造要求都得到了满足,则焊接网在混凝土中可充分地发挥设计要求的效果。

钢筋焊接网的安装就是将焊接网放置在焊接网布置图中的设计位置上,并满足焊接网的锚固和搭接的构造要求,即可达到安装质量要求。由于钢筋焊接网网面平整,具有一定的弹性和整体刚度,易于准确地安装到设计位置上,在安装过程中不易发生折弯等变形现象,安装后也不易在后续工序施工过程中产生变形、松动、移位等问题,避免了普通绑扎钢筋安装过程中常出现的漏绑,绑扎点处松动和滑动,钢筋长度、间距、根数不准,钢筋的混凝土保护层不易保证,在板负弯矩位置上易于被踩弯、移位和浇筑混凝土时不易复位等影响安装质量的现象。焊接网的安装质量可达到很高的水平。

三、建筑用成型钢筋制品应用

1. 技术原理及主要内容

(1)基本概念

建筑用成型钢筋制品加工与配送是指在固定的加工厂,利用盘条或直条钢筋经过一定的加工工艺程序,由专业的机械设备制成钢筋制品供应给项目工程。钢筋专业化加工与配送技术主要包括:

1)钢筋制品加工前的优化套裁、任务分解与管理。

2)线材专业化加工——钢筋强化加工,带肋钢筋的开卷矫直,箍筋加工成型等。

3)棒材专业化加工——定尺切断,弯曲成型,钢筋直螺纹加工成型等。

4)钢筋组件专业化加工——钢筋焊接网,钢筋笼,梁,柱等。

5)钢筋制品的科学管理、优化配送。

钢筋专业化加工主要由经过专门设计、配置的钢筋专用加工机械完成,主要有钢筋冷拉机、钢筋冷拔机、冷轧带肋钢筋成型机、钢筋冷轧扭机、钢筋调直切断机、钢筋切断机、钢筋弯曲机、钢筋弯箍机、钢筋网成型机、钢筋笼成型机、钢筋连接接头加工机械及其他辅助设备。

(2)技术特点

该项技术的最大优势是坚持以人为本,减轻劳动者作业强度,提高作业效率,提高钢筋加工制品质量,减小材料损耗,降低能耗和排放,降低工程施工成本,提高施工企业核心竞争能力,满足绿色建筑施工的发展要求。其技术特点是:

1)作业效率高,可满足大规模工程建设中钢筋加工的需求。

2)走钢筋加工专业化、工厂化之路,可实现施工现场钢筋装配作业。

3)降低施工成本、提高工程质量。

4)节省资源、保护环境。

5)转变钢筋工程施工管理模式,与国际接轨,走专业化施工分包道路。

2. 主要技术指标

(1)钢筋成型

钢筋成型的设备主要有 GSL 系列钢筋剪切生产线、GW-robot 系列钢筋弯曲生产线、GT 系列热轧带肋钢筋矫直切断机、GSB 系列数控钢筋弯箍机。钢筋成型成套设备全部采用 PCC、B&R 控制技术,GSL 最大剪切力 500t,剪切能力 5mm×50mm、20mm×28mm、40mm×16mm;GW-robot 弯曲能力 1mm×50mm、3mm×28mm、4mm×16mm;GT 最大矫直 HRB500 钢筋直径 16mm、最大速度 180m/min;GSB 最大弯箍直径 1mm×16mm、2mm×12mm、生产箍筋 1800 个/h。其产品主要有 GSL500、GSL300、GSL100,GW-robot50、GW-clas-sic50,GT16,GT12,GSB16,GSB12R 等系列。钢筋成型实现了棒材钢筋与线材自动定尺、切断、收集、输送、弯曲(弯箍)成型、成品收集等工序,大幅度提高了生产效率和钢筋成材率,减少了钢筋吊运和操作人工。

(2)钢筋网成型

GWC 系列钢筋焊接网生产线利用 PCC、B&R 计算机控制技术,钢筋焊接网宽度最大为 4000mm,焊接钢筋直径 φ5～16mm,不仅可以焊接冷轧带肋钢筋,而且适用于热轧带肋钢筋,原料供给方式可为预切直条或盘条。主要有 GWC-PA、GWC-PB、GWC-ZA、GWC-ZB 四种生产工艺,完成了 4000、3200、2800、2600、2400、2050、1800、1600、1250mm 等系列产品。

(3)钢筋笼成型

GCM 型钢筋笼焊接设备,采用电阻焊接技术实现连续焊接,可以生产 600～2000mm 不同钢筋笼直径、纵筋 12～50mm、箍筋 5～16mm 的不同钢筋规格的焊接钢筋笼。主要有 GCM-PA,GWC-ZA 等多种生产工艺,不但可制作成圆形、椭圆形,还可以制作成方形、三角形、六边形等。尤其是钢筋笼的连接采用了中国建筑科学研究院的发明专利技术连接,大幅度提高了施工进度,提高了工程质量,降低了施工成本。

(4)钢筋机械连接

钢筋机械连接将粗钢筋的定尺切断、弯曲成型和机械连接的螺纹加工实现了一体化,将钢筋笼成型和钢筋机械连接螺纹加工实现了一体化,在钢筋笼分段预制的同时做好了分段间主筋螺纹接头,可将成品吊运到现场直接安装,缩短了施工周期,提高了工程质量。

(5)钢筋强化加工

经过强化的钢筋也称冷加工钢筋,包括冷拉钢筋、冷拔钢丝、冷轧带肋钢筋和冷轧扭钢筋。钢筋强化是指对母材(圆盘条)冷拉、冷拔或冷轧(扭)减径、改变外形以提高强度的加工方法。由于冷加工钢筋通过改变外形实现减径,虽然提高了钢筋强度,但降低了塑性,不利于拓宽应用范围。

3. 技术应用

钢筋机械、钢筋加工工艺的发展是和建筑结构、施工技术的发展相辅相成的,我国钢筋制品加工成型与配送已经开始起步,最终将和预拌混凝土行业一样实现商品化。该项技术广泛适用于各种混凝土结构的钢筋工程加工、施工,特别适用于大型工程的现场钢筋加工,适用于集中加工、短途配送的钢筋专业加工。

(1)技术要求

1)钢筋原材

①成型钢筋制品应采用 GB/T 701—2008、GB/T 1499.1~1499.3、GB 13788—2008 规定牌号的钢筋原材。

②成型钢筋制品采用的钢筋原材应按相应标准要求规定抽取试件做力学性能检验,其质量应符合相应现行国家标准的规定。

③成型钢筋制品采用的钢筋原材应无损伤,表面不得有裂纹、结疤、油污、颗粒状或片状铁锈。

④成型钢筋制品采用钢筋原材的几何尺寸、实际重量与理论重量允许偏差应符合相应现行国家标准的规定。

⑤成型钢筋制品采用钢筋原材的品种、级别或规格需作变更时,应办理设计变更文件。

⑥钢筋原材有脆断、焊接性能不良或力学性能不正常等现象时,应对该批钢筋原材进行化学成分检验或其他专项检验。

⑦有抗震设防要求的结构,其纵向受力钢筋的强度应符合国家现行标准的要求。

2)加工

①成型钢筋制品加工前应对钢筋的规格、牌号、下料长度、数量等进行核对。

②成型钢筋制品加工前,应编制钢筋配料单,见表 4-7。其内容包括:

表 4-7 成型钢筋制品配料单

第　　页/共　　页　　　　　　配料单编号:

施工单位					工程名称				
供货单位					结构部位				
成型钢筋制品代码	钢筋编号	规格(mm)	成型钢筋制品示意图单位(mm)	下料长度(mm)	每件根数	总根数	总长(m)	总重(kg)	备注

审核:　　　　　　　　　　制表:　　　　　　　　　年　　月　　日

a. 成型钢筋制品应用工程名称及混凝土结构部位;

b. 成型钢筋制品品种、级别、规格、每件下料长度;

c. 成型钢筋制品形状代码、形状简图及尺寸;

d. 成型钢筋制品单件根数、单件总根数、该工程使用总根数、总长度、总重量。

③成型钢筋制品调直宜采用机械方法。当采用冷拉方法调直钢筋时,应严格按照钢筋的级别、品种控制冷拉率。冷拉率应符合表 4-8 的规定。

表 4-8　冷拉率的允许值

项　目	允许冷拉率(％)
HPB235 级钢筋	≤4
HRB335、HRB400 和 RRB400 级钢筋	≤1

④成型钢筋制品的切断、弯折应选用机械方式,非机械连接的钢筋端头不宜有弯曲、马蹄、椭圆等任何变形。

⑤箍筋应选用机械加工完成。除焊接封闭环式箍筋外,箍筋的末端应按设计和现行规范要求制作弯钩。

⑥冷轧带肋钢筋的制造要求应符合 GB 13788－2008 第 5 条的规定。

⑦环氧树脂涂层钢筋的加工应符合下列规定:

a. 在实际结构中,可根据工程的具体需要,全部或部分采用环氧涂层钢筋;

b. 环氧涂层材料必须采用专业生产厂家的产品,其性能应符合有关现行国家标准的规定;

c. 涂层制作应尽快在净化后清洁的钢筋表面上进行,其间隔时间不宜超过 3h,且钢筋表面不得有肉眼可见的氧化现象发生;

d. 涂层宜采用环氧树脂粉末以静电喷涂方法在钢筋表面制作;

e. 其他防腐钢筋应符合相应设计和现行规范要求。

⑧冷轧(扭)钢筋的加工应选用机械加工完成。

⑨机械连接接头的加工应选用机械加工完成,除应符合有关现行国家标准的规定外,尚应符合下列规定:

a. 钢筋端部应切平或镦平,钢筋端部不得有局部弯曲,不得有严重锈蚀和脏物;

b. 镦粗头不得有与钢筋轴线相垂直的横向裂纹;

c. 钢筋丝头长度应满足设计要求,套筒不得有肉眼可见裂纹;

d. 钢筋丝头的直径和螺距公差应用专用直螺纹量规检验,止规旋入不得超过 3 倍螺距,抽检数量 10％,检验合格率不应小于 95％。

⑩钢筋焊接网的制造要求应符合 GB/T1499.3－2010 第 6.2 条的规定。

⑪组合成型钢筋制品的制作可采用机械连接、焊接或绑扎搭接。机械连接接头和焊接接头的类型及质量除应符合有关现行国家标准的规定外,尚应符合下列规定:

a. 纵向受力钢筋不宜采用绑扎搭接接头;

b. 组合成型钢筋制品连接必须牢固,吊点焊接应牢固,并保证起吊刚度;

c. 箍筋位置、间距应准确,弯钩应沿受力方向错开设置;

d. 接头宜设置在受力较小处,同一纵向受力钢筋不宜设置两个或两个以上接头;

e. 接头末端至钢筋弯起点的距离不应小于钢筋直径的 10 倍。

⑫成型钢筋制品采用闪光对焊连接时,除应符合有关现行国家标准的规定外,尚应符合下列规定:

a. 接头处不得有裂纹、表面不得有明显烧伤;

b. 接头处弯折角不得大于 3°;

c. 接头处的轴线偏移不得大于钢筋直径的 0.1 倍,且不得大于 2mm。

⑬组合成型钢筋制品分节制造完成后应试拼装,其主筋连接应符合相应的设计要求。

⑭钢筋原材下料长度应根据混凝土保护层厚度、钢筋弯曲、弯钩长度及图样中尺寸等规定计算,其下料长度应符合下列规定:

a. 直钢筋下料长度按式(4-1)计算:

$$L_Z = L_1 - L_2 + \Delta_G \tag{4-1}$$

式中　L_Z——直钢筋下料长度,mm;

　　　　L_1——构件长度,mm;

　　　　L_2——保护层厚度,mm;

　　　　Δ_G——弯钩增加长度,按表 4-9 确定。

表 4-9　弯钩增加长度(Δ_G)

弯钩角度/(°)	HPB235 级钢筋(mm)						HRB335 级、HRB400 级、HRB500 级和 RRB400 级钢筋(mm)					
	弯弧内直径 $D=3d$		弯弧内直径 $D=5d$		弯弧内直径 $D=10d$		弯弧内直径 $D=3d$		弯弧内直径 $D=5d$		弯弧内直径 $D=10d$	
	单钩	双钩	单钩	双钩	单钩	双钩	单钩	双钩	单钩	双钩	单钩	双钩
90	$4.21d$	$8.42d$	$6.21d$	$12.42d$	$11.21d$	$22.42d$	$4.21d$	$8.42d$	$6.21d$	$12.42d$	$11.21d$	$22.42d$
135	$4.87d$	$9.74d$	$6.87d$	$13.74d$	$11.87d$	$23.74d$	$5.89d$	$11.78d$	$7.89d$	$15.78d$	$12.89d$	$25.78d$
180	$6.25d$	$12.50d$	$8.25d$	$16.50d$	$13.25d$	$26.50d$						

注:d—钢筋原材公称直径;D—弯弧内直径。

b. 弯起钢筋下料长度按式(4-2)计算:

$$L_W = L_a + L_b - \Delta_W + \Delta_G \tag{4-2}$$

式中　L_W——弯起钢筋下料长度,mm;

　　　　L_a——直段长度,mm;

　　　　L_b——斜段长度,mm;

　　　　Δ_W——弯曲调整值总和,按表 4-10 确定。

表 4-10　单次弯曲调整值

成型钢筋用途	弯弧内直径	弯折角度(°)					
		30	45	60	90	135	180
HRB335 级主筋	$D=4d$	$0.299d$	$0.522d$	$0.846d$	$2.073d$	$2.595d$	$4.146d$
HRB400 级主筋	$D=5d$	$0.305d$	$0.543d$	$0.9d$	$2.288d$	$2.831d$	$4.576d$
平法框架主筋	$D=8d$	$0.323d$	$0.608d$	$1.061d$	$2.931d$	$3.539d$	—
	$D=12d$	$0.348d$	$0.694d$	$1.276d$	$3.79d$	$4.484d$	—
	$D=16d$	$0.373d$	$0.78d$	$1.491d$	$4.648d$	$5.428d$	—

c. 箍筋下料长度按式(4-3)计算:

$$L_G = L + \Delta_G - \Delta_W \tag{4-3}$$

式中　L_G——箍筋下料长度,mm;

　　　　L——箍筋直段长度总和,mm;

　　　　Δ_G——弯钩增加长度,按表 4-9 确定;

Δ_W——弯曲调整值总和,按表 4-10 确定。

d. 其他类型(环形、螺旋、抛物线钢筋)下料长度按式(4-4)计算:

$$L_Q = L_J + \Delta_G \tag{4-4}$$

式中　L_Q——其他类型下料长度,mm;

　　　L_J——钢筋长度计算值,mm;

　　　Δ_G——弯钩增加长度,按表 4-9 确定。

3)形状和尺寸

①成型钢筋制品形状、尺寸的允许偏差应符合表 4-11 的规定。

表 4-11　成型钢筋加工的允许偏差

项　目		允许偏差(mm)
调直后每米弯曲度		≤4
受力成型钢筋制品顺长度方向全长的净尺寸		±10
成型钢筋制品弯折位置		±20
箍筋内净尺寸		±5
钢筋焊接网		应符合 GB/T 1499.3—2010 中第 6.3 条的规定
组合成型钢筋制品	主筋间距	±10
	箍筋间距	±10
	高度、宽度、直径	±10
	总长度	±10

②受力成型钢筋制品的弯钩和弯折除应符合设计要求外,弯弧内直径尚应符合表 4-12 的规定;弯钩和弯折角度、弯后平直部分长度还应符合下列规定:

a. HPB235 级钢筋原材末端应做成 180°弯钩,弯钩的弯后平直部分长度不应小于钢筋原材直径的 3 倍;

b. 当设计要求成型钢筋末端需做成 135°弯钩时,HRB335 级、HRB400 级和 HRB500 级钢筋原材弯后平直部分长度应符合设计要求;

c. 箍筋弯钩的弯弧内直径除应符合上述的规定外,且不应小于受力钢筋原材直径。

表 4-12　弯曲和弯折的弯弧内直径

成型钢筋用途	弯弧内直径 D(mm)
HRB335 级主筋	$D \geqslant 4d$
HRB400 级和 RRB400 级主筋	$D \geqslant 5d$
HRB500 级主筋	$D \geqslant 6d$
平法框架主筋直径≤25mm	$D = 8d$
平法框架主筋直径＞25mm	$D = 12d$
平法框架顶层边节点主筋直径≤25mm	$D = 12d$
平法框架主筋直径＞25mm	$D = 16d$

③箍筋末端的弯钩形式应符合设计要求。当无具体要求时,应符合下列规定:

a. 一般结构的弯钩角度不应小于 90°,有抗震要求的结构应为 135°;

b. 一般结构箍筋弯后平直部分长度不应小于箍筋直径的 5 倍,有抗震要求的结构不应小于箍筋直径的 10 倍且不小于 75mm。

④环氧树脂涂层钢筋用于混凝土结构应符合下列规定:

a. 涂层钢筋与混凝土之间的粘结强度应达到无涂层钢筋粘结强度的 80%;

b. 涂层钢筋的锚固长度应不小于有关设计规范规定的相同等级和规格的无涂层钢筋锚固长度的 1.25 倍;

c. 涂层钢筋进行弯曲加工时,弯弧内直径应符合表 4-12 的规定。

⑤冷轧(扭)钢筋除应符合有关现行国家标准的规定外,尚应符合表 4-13 的规定。

表 4-13　冷轧(扭)钢筋的允许值

伸长率 δ_{10}(%)	长度误差(mm)	重量负偏差(%)	冷弯 180°($D=3d$)
≥4.5	±10	≤5	不得产生裂纹

(2)检验

1)一般规定

①当判断成型钢筋制品质量是否符合要求时,应以交货检验结果为依据,钢筋原材的化学成分、力学性能应以供方提供的资料为依据,其他检验项目应按合同规定执行。

②成型钢筋制品质量的检验分为出厂检验和交货检验。出厂检验工作应由供方承担,交货检验工作应由需方承担。

2)组批规则

①单只成型钢筋制品应按批进行检查验收,每批应由同一工程、同一材料来源、同一组生产设备并在同一连续时段内制造的成型钢筋制品组成,重量不应大于 20t。

②钢筋焊接网、组合成型钢筋制品接头按批进行检查验收时,应符合 GB/T 1499.3、JGJ 18 与 JGJ 107 的规定。

3)复验与判定

成型钢筋制品的形状、尺寸检验结果符合《混凝土结构用成型钢筋》(JG/T 226)第 5.3 条的规定为合格;若不符合要求,则应从该批成型钢筋中再取双倍试样进行不合格项目的检验,复验结果全部合格时,该批成型钢筋判定为合格。

(3)包装、标志及贮存

1)每捆成型钢筋应捆扎均匀、整齐、牢固,捆扎数不应少于 3 道,必要时应加刚性支撑或支架,防止运输吊装过程中成型钢筋发生变形。

2)成型钢筋应在明显处挂有不少于一个标签,标志内容应与配料单相对应,包括工程名称、成型钢筋型号、数量、示意图及主要尺寸、生产厂名、生产日期、使用部位、检验印记等内容。

3)成型钢筋宜堆放在仓库式料棚内。露天存放应选择地势较高、土质坚实、较为平坦的场地,下面要加垫木、离地不少于 200mm,宜覆盖防止锈蚀、碾轧、污染。

4)钢筋机械连接头检验合格后应加保护帽,并按规格分类码放整齐。

5)同一项工程与同一构件的成型钢筋宜按施工先后顺序分类码放。

（4）供货与配送

1）供货

供货应按工程生产进度进行供应。供货信息应包括以下主要内容：

①工程名称与地点；

②应用构件部位；

③成型钢筋制品标记；

④技术要求；

⑤成型钢筋制品性能评定方法；

⑥供货量。

2）配送

①成型钢筋制品的配送过程中必须避免产生变形，应放置平稳、固定可靠。

②成型钢筋制品配送时应进行外观质量检查，如对质量产生怀疑或有约定时可进行力学性能和工艺性能的抽样复试。

③配送时应提供所运送成型钢筋制品的配送清单。配送清单应包括以下主要内容：

a. 配送清单代号；

b. 工程名称与成型钢筋制品应用部位；

c. 成型钢筋制品标记与配送数量；

d. 配送日期与运输车号。

④应按子分部工程提供成型钢筋制品质量证明书和出厂合格证。

⑤出厂合格证应包括以下内容：

a. 工程名称；

b. 加工日期；

c. 成型钢筋标记；

d. 供货数量；

e. 质检部门印记。

⑥质量证明书应包括以下内容：

a. 出厂合格证；

b. 原材料质量证明文件；

c. 原材料复试报告；

d. 试验报告。

第二节　钢筋工程施工新技术应用

一、大直径钢筋直螺纹连接技术

1. 技术原理及主要内容

（1）基本概念

钢筋直螺纹连接技术是指在热轧带肋钢筋的端部制作出直螺纹，利用带内螺纹的连接套筒对接钢筋,达到传递钢筋拉力和压力的一种钢筋机械连接技术。目前主要采用滚轧直螺纹连接和镦粗直螺纹连接方式。技术的主要内容是钢筋端部的螺纹制作技术、钢筋连接套筒生产控制技术、钢筋接头现场安装技术。

(2)技术原理

1)镦粗直螺纹钢筋连接

镦粗直螺纹钢筋连接技术是先将钢筋端部镦粗,在镦粗段上制作直螺纹,再用带内螺纹的连接套筒对接钢筋。目前以采用冷镦工艺为主,在常温下进行,工艺简单,不受环境影响。通过冷镦工艺,不仅扩大了钢筋端部横截面积,同时钢筋经冷镦加工后,钢材的屈服和极限强度均有所提高,从而可确保接头的强度高于钢筋母材强度。

2)滚轧直螺纹钢筋连接

滚轧直螺纹钢筋接头的基本原理是利用钢筋的冷作硬化原理,在滚轧螺纹过程中提高钢筋材料的强度,用来补偿钢筋净截面面积减小而给钢筋强度带来的不利影响,使滚轧后的钢筋接头能基本保持与钢筋母材相同的强度。

(3)技术特点

1)镦粗直螺纹钢筋连接

①接头强度高。镦粗直螺纹接头不削弱钢筋母材截面积,冷镦后还可提高钢材强度。能充分发挥 HRB335、HRB400 级钢筋的强度和延性。

②连接速度快。套筒短、螺纹丝扣少、施工方便、连接速度快。

③应用范围广。除适用于水平、垂直钢筋连接外,还适用于弯曲钢筋及钢筋笼等不能转动钢筋的连接。

④生产效率高。镦粗、切削一个丝头仅需 30～50s,每套设备每班可加工 400～600 个丝头。

⑤适应性强。现场施工时,风、雨、停电、水下、超高等环境均适用。

⑥节能、经济。钢材比锥螺纹接头约节省 35%,比套筒挤压接头约节省 70%;成本与套筒挤压接头相近,粗直径钢筋约节省钢材 20%左右。

2)滚轧直螺纹钢筋连接

滚轧直螺纹钢筋连接技术工艺简单、操作容易、设备投资少,受到用户的普遍欢迎,其主要技术特点是:

①滚轧直螺纹钢筋接头强度高、工艺简单,最适合钢筋尺寸公差小的工况。

②当钢筋尺寸公差或形位公差过大时,易影响螺纹及接头质量。

③钢筋纵横肋过高对直接滚轧不利,滚轧过程中纵横肋倒伏易形成虚假螺纹,剥肋工序可明显改善滚轧螺纹外观和螺纹内在质量。

④选择技术和质量管理水平高的单位供应或分包钢筋接头是重要的,用不良设备、工艺制作的螺纹丝头还常带有较大锥度或椭圆度。

⑤严格控制丝头直径及圆柱度是重要的,否则,滚轧直螺纹钢筋接头易出现接头滑脱。

⑥按照《钢筋机械连接技术规程》(JGJ 107－2010)的要求,在现场工艺检验中增加了对接头变形的检验,目前已有接头公司在设备中增加了钢筋端头倒角的工艺,它可以将滚丝造成的丝头端部卷边的现象全部消除,对改善接头的变形性能很有帮助。

2. 主要技术指标

(1)钢筋连接工程中,机械连接接头的性能应符合《钢筋机械连接通用技术规程》的规定,其中接头试件的抗拉强度应符合表4-14的规定:

表4-14　接头的抗拉强度

接头等级	Ⅰ级		Ⅱ级	Ⅲ级
抗拉强度	$f^0_{mst} \geqslant f_{stk}$ 或 $f^0_{mst} \geqslant 1.10 f_{stk}$	断于钢筋 断于接头	$f^0_{mst} \geqslant f_{stk}$	$f^0_{mst} \geqslant 1.25 f_{yk}$

注:f^0_{mst}——接头试件实际抗拉强度;f_{stk}——接头试件中钢筋抗拉强度实测值;f_{yk}——钢筋抗拉强度标准值。

(2)接头试件的变形性能应符合表4-15的规定。

表4-15　接头的变形性能

接头等级		Ⅰ、Ⅱ级	Ⅲ级
单向拉伸	非弹性变形(mm)	$u \leqslant 0.10 (d \leqslant 32)$ $u \leqslant 0.15 (d > 32)$	$u \leqslant 0.10 (d \leqslant 32)$ $u \leqslant 0.15 (d > 32)$
	总伸长率(%)	$\delta_{sgt} \geqslant 4.0$	$\delta_{sgt} \geqslant 2.0$
高应力反复拉压	残余变形(mm)	$u_{20} \leqslant 0.3$	$u_{20} \leqslant 0.3$
大变形反复拉压	残余变形(mm)	$u_4 \leqslant 0.3$ $u_8 \leqslant 0.6$	$u_4 \leqslant 0.6$

3. 技术应用要点

(1)技术应用范围

钢筋直螺纹机械连接技术可广泛应用于 HRB335、HRB400 和 500MPa 级钢筋的连接,用于抗震和非抗震设防的各类土木工程结构物、构筑物。不同等级的钢筋接头可应用于结构的不同部位,接头的应用应符合《钢筋机械连接技术规程》的规定。

(2)施工技术要点

1)镦粗直螺纹钢筋连接技术

①钢筋的镦粗技术:

钢筋的镦粗是采用专用的钢筋镦头机来实现的,镦头机为液压设备,用高压油泵作为动力源。油缸型镦头机的构造示意图如图4-5所示。

夹紧油缸与镦头油缸是串联型油缸,利用顺序阀使夹紧油缸加压腔首先加压,夹紧缸活塞向前推动斜夹片将钢筋夹紧,到达预定压力后,镦头油缸加压腔开始升压,顶压杆向前运动,

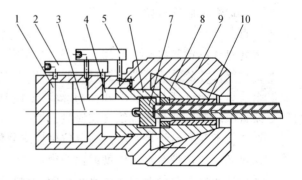

图 4-5　串联油缸型钢筋镦头机构造示意图

1—油缸;2—顺序阀;3—活塞;4—夹紧油缸;5—进油管;
6—夹紧缸活塞;7—顶压杆;8—斜夹片;9—机头;10—夹片

将外露于镦头模具外的钢筋推入镦头模形成镦粗头。镦头完成后,转动换向阀,高压油进入回程油腔,夹紧活塞和镦头活塞反向移动,松开夹片,取出带镦头的钢筋。各个油缸的进油、回油都是经过预先设定的顺序和预定的压力通过顺序阀及油泵换向阀自动及手动控制的,因此工人操作十分简单,生产效率也比较高,一般镦粗一个头约 30～40s。

钢筋镦头机设备还有采用其他结构形式的,如较常见的镦粗与夹紧分别是两个独立垂直分布的油缸。该种机型的结构尺寸要偏大,机型较重。

②钢筋的直螺纹制作技术:

在钢筋镦粗段上制作直螺纹是用专用钢筋直螺纹套丝机(图 4-6)对钢筋镦粗段加工直螺纹。

套丝机由套丝机头、电动机、变速机、钢筋夹紧钳、进给及行程控制系统、冷却系统、机架等组成,其核心部件是套丝机头,机头内装有相互呈 90°布置的可调节径向距离的四个刀架,其上装有四把直螺纹梳刀。电源启动后,电动机通过变速机带动套丝机头绕钢筋轴线旋转,操作进给柄使机头向左移动,在此过程中围绕工件旋转的机头开始切削螺纹,用机械限位装置控制丝头加工长度,并自动胀刀退出工作,机头复位。

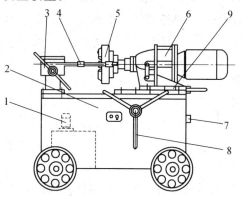

图 4-6　钢筋直螺纹套丝机构造示意图
1—冷却系统;2—机架;3—钢筋夹紧钳;4—导向架;
5—套丝机头;6—变速电动机;7—行程控制;
8—给进系统;9—导轨

2)滚轧直螺纹钢筋连接技术

滚轧直螺纹钢筋接头的基本原理是利用钢筋的冷作硬化原理,在滚轧螺纹过程中提高钢筋材料的强度,用来补偿钢筋净截面面积减小而给钢筋强度带来的不利影响,使滚轧后的钢筋接头能基本保持与钢筋母材等强。

3)直螺纹钢筋连接应用

我国行业标准《钢筋机械连接技术规程》对钢筋机械接头的分级、性能要求和接头在结构中的应用都作了明确规定。

①接头应根据抗拉强度以及高应力和大变形条件下反复拉压性能的差异,分下列三个等级:

Ⅰ级:接头抗拉强度不小于被连接钢筋实际抗拉强度或 1.10 倍钢筋抗拉强度标准值,并具有高延性及反复拉压性能。

Ⅱ级:接头抗拉强度不小于被连接钢筋抗拉强度标准值,并具有高延性及反复拉压性能。

Ⅲ级:接头抗拉强度不小于被连接钢筋屈服强度标准值的 1.25 倍,并具有一定的延性及反复拉压性能。

②不同等级接头的应用规定:

a. 接头等级的选定应符合下列规定:混凝土结构中要求充分发挥钢筋强度或对延性要求高的部位应优先选用Ⅱ级接头;当在同一连接区段内必须实施 100% 钢筋接头的连接时,

应采用Ⅰ级接头。混凝土结构中钢筋应力较高但对延性要求不高的部位可采用Ⅲ级接头。结构设计图纸中宜列出设计选用的钢筋接头等级和应用部位。

b. 钢筋连接件的混凝土保护层厚度宜符合国家标准《混凝土结构设计规范》(GB 50010—2010)中受力钢筋混凝土保护层最小厚度的规定,且不得小于15mm。连接件之间的横向净距不宜小于25mm。

c. 结构构件中纵向受力钢筋的接头宜相互错开。钢筋机械连接的连接区段长度应按35d计算(d为被连接钢筋中的较大直径)。在同一连接区段内有接头的受力钢筋截面面积占受力钢筋总截面面积的百分率(以下简称接头百分率),应符合下列规定:接头宜设置在结构构件受拉钢筋应力较小部位,当需要在高应力部位设置接头时,在同一连接区段内Ⅲ级接头的接头百分率不应大于25%;Ⅱ级接头的接头百分率不应大于50%;Ⅰ级接头的接头百分率除下面一款所列情况外可不受限制。接头宜避开有抗震设防要求的框架的梁端、柱端箍筋加密区;当无法避开时,应采用Ⅱ级接头或Ⅰ级接头,且接头百分率不应大于50%。受拉钢筋应力较小部位或纵向受压钢筋,接头百分率可不受限制。对直接承受动力荷载的结构构件,接头百分率不应大于50%。

d. 当对具有钢筋接头的构件进行试验并取得可靠数据时,接头的应用范围可根据工程实际情况进行调整。

Ⅰ级、Ⅱ级接头均属于高质量接头,对重要的房屋结构,如无特殊需要,选用Ⅱ级接头并控制在同一连接区段内接头百分率不大于50%是合适的。规程并不鼓励在同一连接区段实施100%钢筋连接,尽管规程允许这样做。

实际上,Ⅰ级、Ⅱ级接头的使用部位已不作限制,可以在结构中的任何部位使用,包括梁端、柱端箍筋加密区。Ⅰ级、Ⅱ级接头的应用仅仅是在允许的接头百分率上有差别。

二、钢筋机械锚固技术

1. 技术原理及主要内容

(1)基本概念

钢筋的锚固是混凝土结构工程中的一项基本技术。钢筋机械锚固技术为混凝土结构中的钢筋锚固提供了一种全新的机械锚固方法,将螺帽与垫板合二为一的锚固板通过直螺纹连接方式与钢筋端部相连形成钢筋机械锚固装置。

(2)基本原理(技术特点)

钢筋的锚固力由钢筋与混凝土之间的粘结力和锚固板的局部承压力共同承担(图4-7)或全部由锚固板承担。

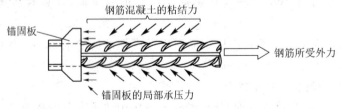

图4-7　带锚固板钢筋的受力机理示意图

2. 主要技术指标

相比传统的钢筋机械锚固技术，在混凝土结构中应用钢筋锚固板，可减少钢筋锚固长度40%以上，节约锚固钢筋40%以上；在框架节点中应用钢筋锚固板，可节约锚固用钢材60%以上；锚固板与钢筋端部通过螺纹连接，安装快捷，质量及性能易于保证；锚固板具有锚固刚度大、锚固性能好、方便施工等优点，有利于商品化供应；几种新型的混凝土框架顶层端节点与中间层端节点钢筋机械锚固的构造形式，可大大简化钢筋工程的现场施工，避免了钢筋密集拥堵、绑扎困难的问题，并可改善节点受力性能和提高混凝土浇筑质量。

3. 技术应用要点

（1）技术应用范围

该技术适用于混凝土结构中热轧带肋钢筋的机械锚固，主要适用范围有：用钢筋锚固板代替传统弯筋，可用于框架结构梁柱节点；代替传统弯筋和箍筋，用于简支梁支座；用于桥梁、水工结构、地铁、隧道、核电站等混凝土结构工程的钢筋锚固；用作钢筋锚杆（或拉杆）的紧固件等。

（2）锚固板钢筋的应用

1）部分锚固板钢筋的应用

①锚固板的混凝土保护层厚度不应小于 15mm；

②部分锚固板钢筋的钢筋净距不宜小于 1.5d；

③埋入长度 l_{am} 不宜小于 0.4l_{ab}（或 l_{abE}）；

④埋入长度范围内钢筋的混凝土保护层厚度不宜小于 1.5d，且不应小于 30mm；在埋入长度范围内应配置不少于 3 根箍筋，其直径不应小于纵向钢筋直径的 0.25 倍，间距不应大于 5d，且不应大于 100mm，第 1 根箍筋与锚固板承压面的距离应小于 1d。锚固板钢筋埋入长度范围内钢筋的混凝土保护层厚度大于 5d 时，允许不设横向箍筋；

⑤同时满足下列条件时，最小埋入长度可取 0.3l_{ab}。

a. 埋入段钢筋的混凝土保护层厚度不小于 2d；

b. 对 HRB500、HRB400、HRB335 级钢筋，埋入段混凝土强度等级应分别不低于 C45、C40、C35；

c. 被锚固的纵向钢筋不承受反复拉、压力。

⑥锚固板钢筋除埋入长度应符合上述规定外，钢筋锚固区尚应符合现行国家标准《混凝土结构设计规范》（GB 50010）有关混凝土抗剪或抗冲切承载力的要求，确保钢筋锚固破坏前不出现钢筋锚固区的混凝土剪切或冲切破坏。

⑦配置部分锚固板的钢筋不得采用光圆钢筋。

2）全锚固板钢筋的应用

①全锚固板的混凝土保护层厚度不应小于 15mm；

②钢筋的混凝土保护层厚度不宜小于 3d；

③钢筋净距不宜小于 5d；

④全锚固板钢筋用作梁的受剪钢筋、附加横向钢筋或板的抗冲切钢筋时，应上、下两端设置锚固板，并应分别伸至梁或板的上、下主筋位置（图 4-8）。墙体拉结筋应用锚固板钢筋

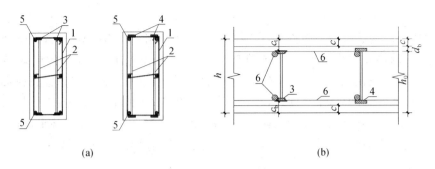

图 4-8　梁、板中全锚固板钢筋设置

(a)梁中全锚固板钢筋;(b)板中全锚固板钢筋

1—箍筋;2—锚固板钢筋;3—非等厚锚固板;4—等厚锚固板;5—梁主筋;6—板主筋

时,锚固板宜置于墙体外层钢筋外侧。

(3)施工现场锚固板钢筋的加工和安装

1)螺纹连接锚固板钢筋丝头加工

①加工钢筋丝头的操作工人应经专业技术人员培训合格后方能上岗,人员应相对稳定;

②钢筋丝头的加工应在现场锚固板钢筋工艺检验合格后方可进行;

③钢筋端面应平整,端部不得弯曲;

④钢筋丝头应满足企业标准中产品设计要求,丝头长度不宜小于锚固板厚度,长度公差宜为$+1.0p$(p为螺距);

⑤钢筋丝头宜满足$6f$级精度要求,应用专用螺纹量规检验,通规能顺利旋入并达到要求的拧入长度,止规旋入不得超过$3p$。抽检数量10%,检验合格率不应小于95%;

⑥丝头加工时应使用水性润滑液,不得使用油性润滑液。

2)螺纹连接锚固板钢筋的安装

①应选择检验合格的钢筋丝头与锚固板进行连接;

②锚固板安装时,可用管钳扳手拧紧;

③安装后应用扭力扳手进行抽检,校核拧紧扭矩。拧紧力扭矩值不应小于表4-16中的规定:

表 4-16　锚固板安装时的最小拧紧扭矩值

钢筋直径(mm)	≤16	18~20	22~25	28~32	36~40
拧紧扭矩(N·m)	100	200	260	320	360

④安装完成后的钢筋端面与锚固板端面应基本齐平,钢筋丝头外露长度不应超过$1.0p$。

3)焊接锚固板钢筋的施工

①从事焊接施工的焊工必须应持有焊工考试合格证方可上岗操作;

②在正式施焊前,参与该项施焊的焊工应进行现场条件下的焊接工艺试验,并经试验合格后方可正式生产;

③用于焊接锚固板的钢板、钢筋、焊条应有质量证明书和产品合格证；

④锚固板塞焊孔尺寸应符合图 4-9 的要求；

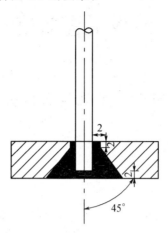

图 4-9　锚固板穿孔塞焊尺寸图

⑤采用穿孔塞焊锚固板的钢筋直径不宜大于 25mm，钢筋等级不应高于 HRB400 级；

⑥用于穿孔塞焊的焊条对 HRB335 级钢筋宜选用 E5003 焊条，对 HRB400 级钢筋宜选用 E5503 焊条；

⑦焊缝应饱满，钢筋咬边深度不得超过 0.5mm，钢筋相对锚固板的直角偏差不应大于 3°；

⑧雨天、雪天不宜在现场进行施焊；必须施焊时，应采取有效遮蔽措施；

⑨环境温度低于 −5℃ 条件下施焊时，宜增大焊接电流、减低焊接速度；环境温度低于 −20℃ 时，不宜进行焊接。

第五章　模板工程新技术及应用

第一节　清水混凝土模板技术

一、技术原理及主要内容

1. 基本概念

清水混凝土(as-cast-finish concrete)，主要是指现浇工艺一次成型，以混凝土自然表面作为最终完成面(装饰面)，通过混凝土本身的质感来体现建筑效果的现浇混凝土工程，只是在表面涂一道透明的保护剂。清水混凝土建筑效果主要通过对构件的外观形式设计和严格控制混凝土完成面质量来实现。另外，清水混凝土还指混凝土墙体拆模后，内墙面只作简单处理后表面抹 2～3mm 厚粉刷石膏和 1～2mm 厚耐水腻子即可。

在清水混凝土模板设计前，应先根据建筑师的要求对清水混凝土工程进行全面深化设计，设计出清水混凝土外观效果图，在效果图中应明确明缝、蝉缝、螺栓孔眼、装饰图案等位置。然后根据效果图的效果设计模板，模板设计应根据设置合理、均匀对称、长宽比例协调的原则，确定模板分块、面板分割尺寸。

(1)明缝：是凹入混凝土表面的分格线或装饰线，是清水混凝土表面重要的装饰效果之一。一般利用施工缝形成，也可以依据装饰效果要求设置在模板周边、面板中间等部位。

(2)蝉缝：是有规则的模板拼缝在混凝土表面上留下的痕迹。设计整齐匀称的蝉缝是清水混凝土表面的装饰效果之一。

(3)螺栓孔眼：是按照清水混凝土工程设计要求，利用模板工程中的对拉螺栓，在混凝土表面形成有规则排列的孔眼，是清水混凝土表面重要的装饰效果之一。

(4)假眼：是为了统一螺栓孔眼的装饰效果，在模板工程中，对没有对拉螺栓的位置设置堵头并形成的孔眼。其外观尺寸要求与其他螺栓孔眼一致。

(5)装饰图案：是利用带图案的聚氨酯内衬模作为模具，在混凝土表面形成特殊的装饰图案效果。

2. 清水混凝土模板技术特点

(1)清水混凝土工程是直接利用混凝土成型后的自然质感作为饰面效果的混凝土工程，分为普通清水混凝土、饰面清水混凝土和装饰清水混凝土。清水混凝土表面质量的最终效果取决于清水混凝土模板的设计、加工、安装和节点细部处理。

(2)模板表面的特征：平整度、光洁度、拼缝、孔眼、线条、装饰图案及各种污染物均拓印到混凝土表面上。因此，根据清水混凝土的饰面要求和质量要求，清水混凝土模板更重视模板选型、模板分块、面板分割、对拉螺栓的排列和模板表面平整度。

二、主要技术指标

(1)饰面清水混凝土模板表面平整度:2mm;

(2)普通清水混凝土模板表面平整度:3mm;

(3)饰面清水混凝土相邻面板拼缝高低差:≤0.5mm;

(4)相邻面板拼缝间隙:≤0.8mm;

(5)饰面清水混凝土模板安装截面尺寸:±3mm;

(6)饰面清水混凝土模板安装垂直度(层高不大于5m):3mm。

三、技术应用要点

1.技术应用范围

体育场馆、候机楼、车站、码头、剧场、展览馆、写字楼、住宅楼、科研楼、学校等,桥梁、筒仓、高耸构筑物等。

2.模板设计

(1)模板设计应根据设计图纸进行,模板的排板与设计的蝉缝相对应。同一楼层的蝉缝水平方向应交圈,竖向垂直,有一定的规律性、装饰性(图5-1)。

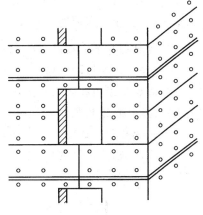

(2)模板设计应保证模板结构构造合理,强度、刚度满足要求,牢固稳定,拼缝严密,规格尺寸准确,便于组装和支拆。

(3)模板的高度应根据墙体浇筑高度确定,应高出浇筑面50mm为宜。

(4)对拉螺栓孔眼的排布应纵横对称、间距均匀,距门洞口边不小于150mm,在满足设计的排布时,对拉螺栓应满足受力要求。

图5-1　明缝、蝉缝水平交圈示意图

(5)模板分块原则:

1)在吊装设备起重力矩允许范围内,模板的分块力求定型化、整体化、模数化、通用化,按大模板工艺进行配模设计。

2)外墙模板分块以轴线或窗口中线为对称中心线,内墙模板分块以墙中线为对称中心线,做到对称、均匀布置。

3)外墙模板上下接缝位置宜设于楼面建筑标高位置,当明缝设在楼面标高位置时,利用明缝作施工缝。明缝还可设在窗台标高、窗过梁底标高、框架梁底标高、窗间墙边线及其他分格线位置。

(6)面板分割原则:

1)面板宜竖向布置,也可横向布置,但不得双向布置。当整块胶合板排列后尺寸不足时,宜采用大于600mm宽胶合板补充,设于中心位置或对称位置。当采用整张排列后出现较小余数时,应调整胶合板规格或分割尺寸。

2)以钢板为面板的模板,其面板分割缝宜竖向布置,一般不设横缝,当钢板需竖向接高时,其模板横缝应在同一高度。在一块大模板上的面板分割缝应做到均匀对称。

3)在非标准层,当标准层模板高度不足时,应拼接同标准层模板等宽的接高模板,不得错缝排列。

4)建筑物的明缝和蝉缝必须水平交圈,竖缝垂直。

5)圆柱模板的两道竖缝应设于轴线位置,竖缝方向群柱一致。

6)方柱或矩形柱模板一般不设竖缝,当柱宽较大时,其竖缝宜设于柱宽中心位置。

7)柱模板横缝应从楼面标高至梁柱节点位置作均匀布置,余数宜放在柱顶。

8)阴角模与大模板面板之间形成的蝉缝,要求脱模后效果同其他蝉缝。

9)水平结构模板宜采用木胶合板作面板,应按均匀、对称、横平竖直的原则作排列设计;对于弧形平面,宜沿径向辐射布置(图5-2)。

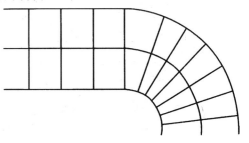

图5-2 水平模板的排列图

3. 模板制作节点处理

(1)胶合板模板阴阳角

1)胶合板模板在阴角部位宜设置角模。角模与平模的面板接缝处为蝉缝,边框之间可留有一定间隙,以利脱模。

2)角模棱角边的连接方式有两种:一种是角模棱角处面板平口连接,其中外露端刨光并涂上防水涂料,连接端刨平并涂防水胶粘结,如图5-3(a)所示。另外一种角模棱角处面板的两个边端都为略小于45°的斜口连接,斜口处涂防水胶粘结,如图5-3(b)所示。

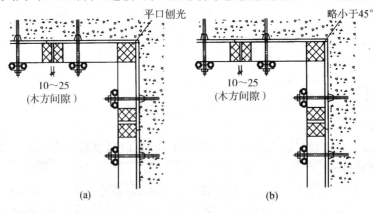

图5-3 阴角部位设角模做法
(a)平口连接;(b)斜口连接

3)当选用轻型钢木模时,阴角模宜设计为柔性角模。

4)胶合板模板在阴角部位可不设阴角模,采取棱角处面板的两个边端略小于45°的斜口连接,斜口处涂防水胶粘结。

5)在阳角部分不设阳角模,采取一边平模包住另一边平模厚度的做法,连接处加海绵条防止漏浆。

(2)大模板阴阳角

1)清水混凝土工程采用全钢大模板或钢框木胶合板模板时,在阴角模与大模板之间为蝉缝,不留设调节缝;角模与大模板连接的拉钩螺栓宜采用双根,以确保角模的两个直角边与大模板能连接紧密不错台,如图5-4所示。

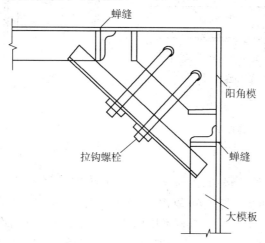

图 5-4　全钢大模板阴角做法

2)在阳角部位,根据蝉缝、明缝和穿墙孔眼的布置情况,可选择两种做法:一种是采用阳角模,阳角模的直角边设于蝉缝位置,使楞角整齐美观;另外一种是采用一块平模包另一垂直方向平模的厚度,连接处加海绵条堵漏。阳角部位不宜采用模板边棱加角钢的做法。

(3)模板拼缝的处理

1)胶合板面板竖缝设在竖肋位置,面板边口刨平后,先固定一块,在接缝处满涂透明胶,后一块紧贴前一块连接。根据竖肋材料的不同,其剖面形式也不同,如图5-5所示。

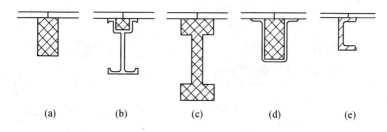

(a)　　(b)　　(c)　　(d)　　(e)

图 5-5　模板拼缝做法
(a)木方;(b)铝梁;(c)木梁;(d)钢木肋;(e)钢模板槽钢肋

2)胶合板面板水平缝拼缝宽度不大于1.5mm,拼缝位置一般无横肋(木框模板可加短木方),为防止面板拼缝位置漏浆,模板接缝处背面切85°坡口,并注满胶,然后用密封条沿缝贴好,贴上胶带纸封严,模板拼缝做法如图5-6所示。

3)钢框胶合板模板可在制作钢骨架时,在胶合板水平缝位置增加横向扁钢,面板边口之间及面板与扁钢之间涂胶粘结(图5-7)。

4)全钢大模板在面板水平缝位置,加焊扁钢,并在扁钢与面板的缝隙处刮铁腻子,待铁腻子干硬后,模板背面再涂漆。

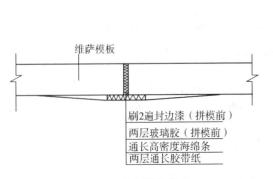

图 5-6 模板拼缝做法

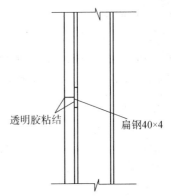

图 5-7 钢框胶合板水平蝉缝

(4)钉眼的处理

龙骨与胶合板面板的连接,宜采用木螺钉从背面固定,保证进入面板一定的有效深度,螺钉间距宜控制在 150mm×300mm 以内。

圆弧形等异形模板,如从反面钉钉难以保证面板与龙骨的有效连接时,面板与龙骨可采用沉头螺栓、抽芯拉铆钉正钉连接,为减少外露印迹,钉头下沉 1~2mm,表面刮铁腻子,待腻子表面平整后,在钉眼位置喷清漆,以免在混凝土表面留下明显痕迹。龙骨与面板连接如图 5-8、图 5-9 所示。

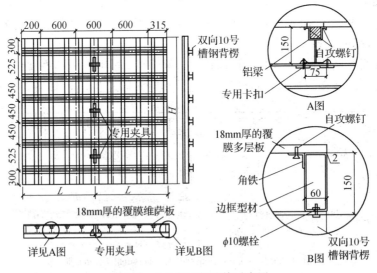

图 5-8 龙骨与面板连接示意图

(5)对拉螺栓

对拉螺栓可采用直通型穿墙螺栓,或者采用锥接头和三节式螺栓。

1)对拉螺栓的排列。对于设计明确规定蝉缝、明缝和孔眼位置的工程,模板设计和对拉螺栓孔位置均以工程图纸为准。木胶合板采用 900mm×1800mm 或 1200mm×2400mm 规

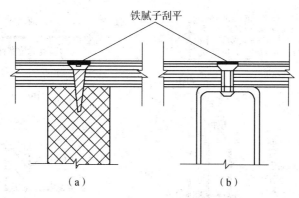

图 5-9 面板钉眼处理示意图
(a)木螺钉;(b)抽芯拉铆钉

格,孔眼间距一般为 450mm、600mm、900mm,边孔至板边间距一般为 150mm、225mm、300mm,孔眼的密度比其他模板高。对于无孔眼位置要求的工程,其孔距按大模板设置,一般为 900～1200mm。

2)穿墙螺栓采用由 2 个锥形接头连接的三节式螺栓,螺栓宜选用 T16×6～T20×6 冷挤压螺栓,中间一节螺栓留在混凝土内,两端的锥形接头拆除后用水泥砂浆封堵,并用专用的封孔模具修饰,使修补的孔眼直径和孔眼深度一致。

这种做法有利于外墙防水,但要求锥形接头之间尺寸控制准确,面板与锥截面紧贴,防止接头处因封堵不严产生漏浆现象。

3)穿墙螺栓采用可周转的对拉螺栓,在截面范围内螺栓采用塑料套管,两端为锥形堵头和胶粘海绵垫。拆模后,孔眼封堵砂浆前,应在孔中放入遇水膨胀防水胶条,砂浆用专用模具封堵修饰。

4)内墙采用大模板时,锥形螺栓所形成的孔眼采用砂浆封堵平整,不留凹槽作装饰。

5)当防水没有要求,或其他防水措施有保障时,可采用直通型对拉螺栓。拆模后,孔眼用专用模具砂浆封堵修饰。其组合图如图 5-10 所示。

(6)预埋件的处理

清水混凝土不能剔凿,各种预留预埋必须一次到位,预埋位置、质量符合要求,在混凝土浇筑前对预埋件的数量、部位、固定情况进行仔细检查,确认无误后,方可浇筑混凝土。

(7)假眼做法

清水混凝土的螺栓孔布置必须按设计的效果图,对于部分墙、梁、柱节点等由于钢筋密集,或者由于相互两个方向的对拉螺栓在同一标高上,无法保证两个方向的螺栓同时安装,但为了满足设计需要,需要设置假眼,假眼采用同直径的堵头、同直径的螺杆固定。

4. 模板安装

(1)根据预拼编号进行模板安装,保证明缝、蝉缝的垂直交圈,吊装时,注意对钢筋及塑料卡环的保护。

(2)套穿墙螺栓时,必须调整好位置后轻轻入位,保证每个孔位都加塑料垫圈,避免螺栓损伤穿墙孔眼。模板紧固前,保证面板对齐,拧紧对拉螺栓。加固时,用力要均匀,避免模板

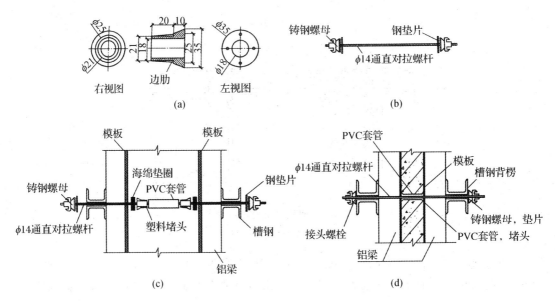

图 5-10　直通型对拉螺栓组合图

(a)塑料堵头剖面；(b)对拉螺杆配件图；(c)对拉螺栓组装示意图；(d)对拉螺栓安装成品示意图

产生不均匀变形。严禁在面板校正前加固。

(3)模板水平之间的连接：

1)木梁胶合板模板之间可采取加连接角钢的做法，相互之间加海绵条，用螺栓连接；也可采用背楞加芯带的做法，面板边口刨光，木梁缩进 5～10mm，相互之间连接靠芯带、钢楔紧固。

2)以木方作边框的胶合板模板，采用企口方式连接，一块模板的边口缩进 25mm，另一块模板边口伸出 35～45mm，连接后两木方之间留有 10～20mm 拆模间隙，模板背面以 $\phi48\times3.5$ 钢管作背楞。

3)铝梁胶合板模板及钢木胶合板模板，设专用空腹边框型材，同空腹钢框胶合板一样采用专用卡具连接。

4)实腹钢框胶合板模板和全钢大模板，均采用螺栓进行模板之间的连接。

(4)模板上下之间的连接：

1)混凝土浇筑施工缝的留设宜同建筑装饰的明缝相结合，即将施工缝设在明缝的凹槽内。清水混凝土模板接缝深化设计时，应将明缝装饰条同模板结合在一起。当模板上口的装饰线形成 N 层墙体上口的凹槽，即作为 N＋1 层模板下口装饰线的卡座，为防止漏浆，在结合处贴密封条和海绵条。

2)木胶合板面板上的装饰条宜选用铝合金、塑料或硬木等制作，宽 20～30mm，厚 20mm 左右，并做成梯形，以利脱模。

3)钢模板面板上的装饰线条用钢板制作，可用螺栓连接也可塞焊连接，宽 30～60mm，厚 5～10mm，内边口刨成 45°。

(5)明缝与楼层施工缝：

明缝处主要控制线条的顺直和明缝条处下部与上部墙体错台问题，利用施工缝作为明缝,明缝条采用二次安装的方法施工。

外墙模板的支设是利用下层已浇混凝土墙体的最上一排穿墙孔眼,通过螺栓连接槽钢来支撑上层模板。安装墙体模板时,通过螺栓连接,将模板与已浇混凝土墙体贴紧,利用固定于模板板面的装饰条(明缝条),杜绝模板下边沿错台、漏浆,贴紧前将墙面清理干净,以防墙面与模板面之间夹渣,产生漏浆现象,明缝与楼层施工缝具体做法如图 5-11 所示。

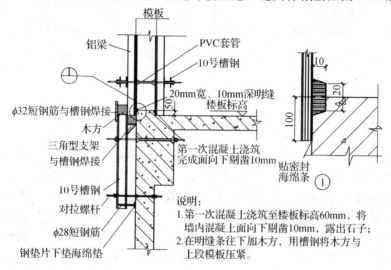

图 5-11 明缝与楼层施工节点做法图

(6)木制大模板穿墙螺栓安装处理:

1)锥体与模板面接触面积较大,中间加海绵垫圈保证不漏浆。五节锥体、丝杆均为定尺带限位机构,拧紧即可保证墙体厚度,此处不用加顶棍(图 5-12)。

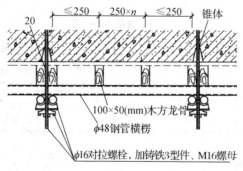

图 5-12 模板穿对拉螺栓图

2)锥体对拉螺栓刚度较大,而胶合板面刚度较小,在锥体螺栓部位易产生变形,故在锥体对拉螺栓两侧加设竖龙骨,其他竖龙骨进行微调,控制龙骨间距不超过设计要求,从而保证板面平整。模板背面处理如图 5-13 所示。

3)为保证门窗洞口模板与墙模接触紧密,又不破坏对拉螺栓孔眼的排布,在门窗洞口四周加密墙体对拉螺栓,从而保证门窗洞口处不漏浆。

4)穿墙螺栓孔弹线确定位置,双侧模板螺栓孔位置对应,保证穿墙螺栓孔美观无偏移,

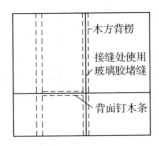

图 5-13　模板背面处理图

模板拉接紧密。

5.脱模剂选用

(1)脱模剂的选用

选择适宜的脱模剂是保证清水混凝土质量的重要因素。目前市场上脱模剂种类大致有矿物油类、植物油类、乳化油类、水质类、聚合物类等多种。矿物油类、植物油类脱模剂对于钢质模板,在黏度合适的情况下脱模效果好;若黏度偏大(气温较低时尤其如此),会造成贴近模板范围的混凝土气泡排出困难,容易造成混凝土表面出现麻面。石蜡乳液脱模剂适用于木胶合板、钢质、玻璃钢质等各类材质模板,且脱模效果好,但价格较贵、脱模剂固化时间相对较长,脱刷后表面容易粘结灰尘。结构施工期间场区灰尘较多,特别是梁模板支设完成、绑扎钢筋到浇筑混凝土期间周期较长,脱模剂容易粘结空中灰尘且不便清理,对清水混凝土表面质量影响较大。将松节油等DHA有机溶剂形成的聚合物脱模剂用于玻璃钢模板,同时在脱模剂中加入光亮剂,经过样板试验不仅脱模方便,且成型后的混凝土表面光洁如镜,效果十分明显。

脱模剂的选用详见表5-1。

表 5-1　脱模剂的选用

序号	模板面板类型	脱模剂选型
1	木胶合板面板	水质脱模剂
2	钢模板面板	矿物油质脱模剂(1∶3＝机油∶柴油)
3	玻璃钢模壳面板	聚合物类脱模剂

(2)脱模剂使用技术要求

水质脱模剂在涂刷前要将模板表面先用水清洗干净,去除灰浆、灰尘、冰雪等杂物后再涂刷。涂刷前脱模剂应搅拌均匀。涂刷时,应均匀涂刷。

油质脱模剂在涂刷前要根据理论配合比进行调配,直到脱模剂涂刷在模板表面不再发生流坠现象,即为最佳配合比。涂刷前用电动钢丝刷将模板表面打磨、清理,使模板表面达到平整、光亮的效果。油质脱模剂涂刷时,应薄厚均匀、一致,严禁漏刷和多刷。

钢柱模合模前30min,用棉纱将柱模从一头向另一头,顺着同一个方向均匀擦拭一遍。擦拭后,达到用手摸有油但不滑腻为最佳。钢柱模板油质脱模剂涂刷完毕后,应使用塑料布将模板上部和两端进行整体遮盖、封闭,以免灰尘和杂物粘在模板表面,影响混凝土的表面成型效果。

油质脱模剂和水质脱模剂使用时应注意不能污染钢筋,且脱模剂自身不被污染,严禁用废机油配制油质脱模剂。

脱模剂选用时,应使用同一厂家、同一配比、同一生产批次的脱模剂,避免混装、混用。

第二节 新型模板应用技术

一、钢(铝)框胶合板模板技术

1. 技术原理及主要内容

(1)基本概念

钢(铝)框胶合板模板是一种模数化、定型化的模板,框体为钢(铝)制框体、面板为胶合板,通用性强、配件齐全,模板总重量轻,强度、刚度大,周转使用次数高、每次摊销费用少,装拆方便。

钢(铝)框胶合板面板采用拉铆钉或自攻螺钉与框体连接,面板更换简单快捷;同时钢(铝)制边框可以有效地保护胶合板面板。

(2)技术特点

钢(铝)框胶合板模板是一种模数化、定型化的模板,具有重量轻、通用性强、模板刚度好、板面平整、技术配套、配件齐全的特点,模板面板周转使用次数 30～50 次,钢(铝)框骨架周转使用次数 100～150 次,每次摊销费用少,经济技术效果显著。

1)钢框胶合板模板:

①面板为优质覆膜木胶合板,骨架为空腹型材、无背楞,模板重量轻,约 $64kg/m^2$。

②模板间采用夹具连接和加强背楞加强,操作简单快捷,模板体系的强度、刚度和平整度得到了有效保证。

③加强背楞由双型钢、专用钩头件和楔型钢销组成为一个整体,搬运方便,操作简单。加强背楞有直角背楞、直背楞、可调节任意角度的背楞。

④模板斜撑底杆与斜杆均可调,适用于不同高度与支撑角度的模板。

⑤模板下口配合撬杠的撬点,非常方面模板的安装与拆除。

⑥吊钩与模板边框型材相吻合,受力合理,吊钩安装方便、快捷;吊钩受力时紧紧扣住模板边框,大大提高了模板吊装过程中的安全性;需摘钩时,将吊钩的自锁件打开,吊钩自动松开,轻松摘下。

2)铝框胶合板模板:

①铝框胶合板模板体系操作简单、快捷,与采用传统方法散支散拆的顶板模板体系相比,可节省操作时间至少 50%。

②钢支撑采用三脚架固定,支撑体系操作简单、安全、快捷。

③铝框胶合板模板标准规格为 1800mm×900mm,模板重量轻(25.9kg/块),单人就可搬运安装。

2. 主要技术指标

(1)模板面板:应采用酚醛覆膜竹(木)胶合板,表面平整。

(2)模板面板厚度:12mm、15mm、18mm。

(3)模板厚度:实腹钢框胶合板模板 55~120mm,空腹钢框胶合板模板 120mm,铝框胶合板模板 120mm。

(4)标准模板尺寸:600mm×2400mm、600mm×1800mm、600mm×1200mm、900mm×2400mm、900mm×1800mm、900mm×1200mm、1200mm×2400mm。

3. 技术应用要点

(1)技术应用范围

可适用于各类型的公共建筑、工业与民用建筑的墙、柱、梁板以及桥墩等。

(2)施工技术要点

1)模板设计

①钢(铝)框胶合板模板由标准模板、调节模板、阴角模、阳角模、斜撑、挑架、对拉螺栓、模板夹具、吊钩等组成。

②钢框胶合板模板分为实腹和空腹两种,以特制钢边框型材和竖肋、横肋、水平背楞焊接成骨架,嵌入 12~18mm 厚双面覆膜木胶合板,以拉铆钉或螺钉连接紧固。面板厚 12~15mm,用于梁、板结构支模;面板厚 15~18mm,用于墙、柱结构支模。详见《钢框胶合板模板技术规程》(JGJ 96—2011)。

③铝框胶合板模板:以空腹铝边框和矩形铝型材焊接成骨架,嵌入 15~18m 厚双面覆膜木胶合板,以拉铆钉连接紧固,模板厚 120mm,模板之间用夹具或螺栓连接成大模板。铝框胶合板模板也分为重型和轻型两种,其中重型铝框胶合板模板用于墙、柱;轻型铝框胶合板模板用于梁、板。

2)模板施工要求

①根据工程结构设计图,分别对墙、梁、板进行配模设计,编制模板工程专项施工方案;

②对模板和支架的刚度、强度和稳定性进行验算;

③计算所需的模板规格与数量;

④制定确保模板工程质量和安全施工等有关措施;

⑤制定支模和拆模工艺流程;

⑥对面积较大的工程,划分模板施工流水段。

3)钢框模板构造及施工

空腹钢框胶合板模板分重型和轻型两种,主要用于墙体、柱子、梁和基础等支模。

①模板构造

模板钢骨架采用特制的空腹型材做边框,边框内侧有 1~2 个三角形凹槽,用于模板卡具连接。加强肋采用矩形钢管或钢板压制的槽钢,间隔设置孔眼,作连接备用。钢骨架焊接后,整体入槽镀。

面板采用 18~21mm 厚防水多层胶合板,面板与骨架采用拉铆连接,面板四周与边框的缝隙用封边胶密封。

②模板特点

a. 将模板和背楞的功能合二为一,模板边框厚 120～140mm,模板的强度和刚度大,但重量轻。允许承受混凝土侧压力 60kN/m²。单位面积模板重量根据型号和规格大小而不同,重型为 47.6～68.6kg/m²,轻型为 32.7～42kg/m²。

b. 模板采用卡具连接,简单可靠,安装速度快,既可散装散拆,也可整体吊装,大量节省安装用工。

c. 通过不同规格的模板组合,可拼装各种尺寸的整块大模板。带有两排孔的模板,柱、墙可通用。因此适用性强,周转使用次数多。

d. 模板平整稳固,确保了混凝土的表面质量清水光洁,可以直接装修。

③带孔的模板

除了一般的模板外,还配有一种带两排孔的模板,模板宽度为 900mm、750mm 两种,高度为 2700mm、1200mm、600mm 三种,每种高度的模板设有两排间隔为 50mm 的孔,可使两块模板成 T 形连接,多余的孔用塑料孔塞堵住。这种模板主要用于柱子和外墙角。

④角模

a. 固定内角模,标准直角边为 350mm。非标准直角边按需设计,角模高度为 3000mm、2700mm、1200mm。固定直角模设有拆除间隙,当拆除时,90°角可减小 2°,有利于脱模。

b. 带绞链的内角模,它同平模板连接后,可使内角在 60°～175°范围内调节。

c. 带绞链的外角模,可使外角在 60°～190°范围内调节。

d. 柔性内角模,它同平模板连接后,可使内角在 80°～100°范围内调节。

⑤模板连接

钢框胶合板模板之间采用夹具连接,使用时卡紧模板边框内侧凹槽,由于夹具加工精度高,使拼装后的大模板平整牢固、整体性好。夹具根据不同的使用部位,有调准板夹、嵌板夹、外角夹、调节板夹等。

⑥穿墙螺栓

a. 穿墙螺栓孔设在每块模板长边的边框上,每块模板 4 个孔,大型模板 8 个孔。

b. 穿墙螺栓采用高强螺旋钢,在全长范围内,螺母都能拧紧,以适应截面变化的需要,配套的螺母、垫片均为铸钢件。

⑦调节缝板

为了调节模板平面尺寸和有利于拆模,设有调节缝板。尺寸的调节范围为 80～300mm。调节缝板与标准模板之间通过 1000mm 长的短背楞进行连接。

⑧斜撑

a. 固定斜撑:斜撑三角形的两个直角边为一定数,斜撑尾部用丝杠调节模板垂直度。主要用于墙模。

b. 可调斜撑:斜撑三角形斜边和底边均为变数,根据模板高度需要,可在一定范围内调整。墙模、柱模均可通用。

⑨操作平台

操作平台由三角架和栏杆组成,三角架上端同模板加强肋连接,下端压在加强肋上。栏杆和平台板采用木板铺设。

⑩电梯井

电梯井模板由带绞链的内角模、外角模、平模板、短背楞和对撑组成。组成整体的电梯井模板，搁置在一个比电梯井净空略小的平台上，平台下设 4 个活动支腿，当提升时，支腿向下，并由滑轮在混凝土井壁上滚动摩擦，当达到井壁预留洞时，支腿座落在预留洞内，以搁置平台和电梯井模。这种电梯井模板只能上，不能下，安全可靠，收缩方便。

4）铝框模板构造及施工

铝合金胶合板模板主要用于楼板支撑。

①铝合金胶合板模板的构造

模板系统包括模板和支撑系统两个部分：

a. 模板边框采用铝合金型材，面板采用 10mm 厚黄色覆膜多层胶合板，同样采用拉铆连接，胶合板边缘用封边胶密封。

b. 支撑系统包括支撑杆和支撑头。支撑头有 2 种：一种有 4 个凸头，用于搁置模板的 4 个角点。另一种有 2 个凸头，用于搁置边模的 2 个角点。支撑头与钢支撑的连接用弹簧钢销。

②铝合金胶合板模板的特点

a. 重量轻，手动方便。一般模板质量为 13kg/m²，最大的一块尺寸为 1800mm×900mm，合 1.62m²，仅 20kg。

b. 模板刚度好，由于成型后的模板厚度达 140mm，可以直接搁置在支撑上，没有通常楼板支模所必需的纵横梁或木格栅。逐个拆除模板和支撑时，也不影响其他模板、支撑的稳定。

c. 模板安装拆除简便、安全，仅用 1～2 人就可进行模板的安拆作业，使用十分方便，施工速度快。

d. 模板支撑系统稳定可靠，它的支设高度最高可达 5.2m，楼板的厚度最多可达 400mm。

e. 模板平整光滑，楼板顶棚面不需抹灰。

③铝合金胶合板模板的安装、拆除

a. 靠墙架设支撑框，使边模的支撑稳定。

b. 先将模板一端的两个角挂在支撑头上，然后用架设杆钩住另一端边框，将模板抬高，再搁置支撑杆和头，依次逐块进行。调节支撑杆，使模板水平。

c. 标准模板或附加模板排列以后的剩余部分，可以靠墙或在中部用木方及多层胶合板在现场补缺。

d. 拆除时，先将支撑杆微调螺母下降，使模板脱离混凝土，然后借助架设杆，顶住模板，拆除支撑杆，再将模板向下悬挂并拆掉。

二、塑料模板技术

1. 技术原理及主要内容

（1）基本概念

塑料模板是以聚丙烯等硬质塑料为基材，加入玻璃纤维、剑麻纤维、防老化助剂等增强材料,经过复合层压等工艺制成的一种工程塑料,可锯、可钉、可刨、可焊接、可修复,其板材镶于钢框内或钉在木框上,所制成的塑料模板能代替木模板、钢模板使用,既环保节能,又能保证质量,施工操作简单,节约成本,减轻工人劳动强度,减少钢材、木材用量,模板材料最后还能回收利用。

塑料模板表面光滑、易于脱模、重量轻、耐腐蚀性好,模板周转次数多、可回收利用,对资源浪费少,有利于环境保护,符合国家节能环保要求。

(2)技术特点

1)塑料模板、散支散拆模是一种常见的施工方法,采用 12mm 塑料模板,一般使用50mm×50mm 木方,间距在 250～350mm,直接与木方连接。

2)曲线形桥梁塑料模板是最好的一种曲线形预制桥梁模板的材料,它可以保证清水混凝土质量,又容易加工,而且很大程度降低成本,提高品质。采用 12～15mm 厚的塑料板材,可加工成异形模板,给施工带来了方便,又能确保施工安全。

3)钢框塑料模板,是一种组合式拼装模板。主要是一种角钢和方钢焊接成钢框,然后将塑料模板镶于钢框内,采用螺栓或拉铆连接,钢框之间采用 U 形卡和专用卡具连接。这种模板主要优势体现在使用周期长,回收价值高,拼装方便,清洁维修量小,是现在组合式模板的最佳产品。

4)铝框塑料模板是将塑料模板镶于铝框内,采用螺栓或拉铆连接。铝框塑料模板优点是重量轻,板面大,安装施工非常方便,周转率高,回收价值也高。国外很多地方采用这种模板。

2. 主要技术指标

以天然纤维增强再生塑料复合板为例:

1)静曲强度:≥33MPa;

2)弯曲弹性模量:纵向大于1300MPa,横向大于1100MPa;

3)耐酸性:10％HCL 溶液中浸泡48h 无明显变化;

4)耐碱性:饱和 $Ca(OH)_2$ 溶液中浸泡48h 无明显变化;

5)耐水性:常温浸水72h,质量增重小于0.5％;长度变化小于0.1％;宽度变化小于0.1％;

6)表面耐磨:小于0.08％/100r,密度:小于1.0g/cm^3;

7)耐燃性:氧指数大于45。

3. 技术应用要点

(1)技术应用范围

可适用于各类型的公共建筑、工业与民用建筑的墙、柱、梁、板及土木工程现浇混凝土结构等。

(2)施工技术要点

1)模板设计

①塑料模板的钢框可采用 80mm×80mm×8mm 角钢做边肋、8 号槽钢做竖肋、5 号槽钢做横肋焊接而成。塑料板材镶于钢框内,采用螺栓连接或拉铆连接。钢框与钢框之间采

用销板、U 形卡或专用卡具连接。

②塑料模板的边框尺寸可根据板材设计为 1200mm×3000mm、1200mm×2400mm、600mm×3000mm、600mm×2400mm、600mm×1800mm 等，另配有调节模板、阴角模、阳角模、斜撑、挑架、对拉螺栓和模板夹具等。

③塑料模板的木框可采用 100mm×100mm 木方做边肋、50mm×100mm 木方做竖肋、2 根 10 号槽钢做背楞。塑料板材同木框采用钉钉方式连接。

④当塑料模板用于水平结构支模时，支撑架上的纵梁采用 100mm×100mm 木方、横梁采用 50mm×100mm 木方。

2)模板制作

①模板的铺设应在搭建好的、验收合格的龙骨架上按顺序铺设，木方间距中心线不得大于 200mm。

②根据天气温度合理调节施工(在模板之间接触处预留合理的空间，用双面弹性海绵胶和专利产品"丁字胶"做平面处理)。模板面板间拼缝力求严密平整，无错台，中间无间缝。

③FRTP 塑模板面板的拼缝应进行防漏浆处理，处理后的拼缝应保持面板的平整度，且不得使混凝土表面着色，FRTP 模板拼缝采用双面海绵胶与透明胶双重措施保证接缝严密，避免漏浆。

④FRTP 塑模板面板与龙骨的连接采用木钉连接，钉头沉进板面 1～2mm，并用透明胶将凹坑刮平。

⑤根据 FRTP 的特性，为了增加其使用次数。模板与模板之间不得直接用钉子强行加固连接处理。

3)模板施工方法

①柱模

a. 模板加工时，模板分别留出除浇混凝土面外的 1.2mm 双边木方尺寸，同时木方与木方纵向间距≤20～15cm，横向间距对拉螺控制在≤50～80cm；使用散制模板时，可使用"建筑步步紧"来固定模板纵向"┐"转角；禁止在楼板侧缝钉钉，这样可防止漏浆，而且脱模容易，柱体脱模后效果佳。

b. 对灌注混凝土后，因 FRTP 要求脱模效果，需对柱子的对拉螺杆进行检查并第二次修正调整，这样可提高脱模后的柱子标准角模直线及消除模面立体误差。

②剪力墙模、平面模

a. 模板面用钉时应离模边≥1cm，木方平面需平整，铺设平面木方应保持木方之间距平衡，方与方间距相等的平面模板木方与木方间距≤20cm，平面模与木方连接只在板和梁连接处用钉，其他地方尽少用钉(因 FRTP 有向下垂直落力特性)，以免脱模时损伤表面。

b. 剪力墙体木方模纵向间距≤15cm，墙体模横箍应≤80m。在穿墙及流水螺杆上螺丝时必须受力均匀，切不可拉丝过紧，使模板外形面孔变形，人为地无意识造成拉炸裂。

c. 对其灌注混凝土后，因 FRTP 要求脱模效果，需对剪力墙的对拉螺杆进行检查并第二修正调整，这样可提高脱模后的剪力墙标准，模平面无误差使之立体效果最佳。

③梁模、柱模

a. 梁模下料加工与柱模相同，要求底模加工时留出除浇混凝土面外的双边木方尺寸。

模面尽量少用钉,保持模面平整,钉间距≥0.5m。

b. 使用"建筑步步紧"或用钢管对拉来固定模板纵向"⌐"转角;同时可采用墙体对拉螺杆技术,对超大型梁板加固。

④定型模板的制作:

a. 制作好定型尺寸的木构框。(方距150mm)镶嵌好固定拉杆,用蝴蝶扣和螺帽锁牢架管,间距500mm。

b. 铺好定型尺寸的模板。

c. 在模板与模板的连接缝粘连好橡胶条。

d. 边框引孔,不要引穿;1mm深度,12~18mm孔径,30cm的间距,然后沿着引空位用麻花钉钉制。

e. 中间部分可以用10分普通圆钉和l0分麻花钉钉制,无需引孔,间距30cm。

f. 在模板边缘100~150mm处,用直径36~37mm的开孔钻花引孔,不要引穿;3mm深度,孔距50cm,中间部分可以用10分普通圆钉和10分麻花钉钉制,无需引孔;间距30cm。

g. 用直径20mm的钻杆在上(6点)孔中间穿过模板和木方,把规格长度150mm(其中包括细丝扣40mm)、螺杆直径20mm、圆头直径35mm、厚度3mm的铆杆敲插下去,牢牢地拴住板和木方,同时上紧螺帽即可。

⑤定型角模制作:

a. 大于或大于等于500mm的,将采用类同定型模板的所有技法。

b. 小于500mm的,启用10分麻花钉嵌式引孔即可,间距300mm。

c. 支撑和紧固体系不变。

d. 建议模板的横切面需用止水橡胶条粘连和3分钉加固,间距10cm。

e. 框架塑料模板应用:参照国家全钢钢框模板的标准要求结合FRTP塑模使用说明细则使用。

4)模板的拆除

①模板拆除注意事项

a. 由项目部技术安全负责人,组织施工班组全面检查模板的连接;根据检查结果定出拆除顺序和措施,对拆除人员进行安全技术指导。

b. 模板拆除作业由边而内逐层进行,拆除时严禁内外同时作业,应逐片逐步进行。

c. 对拆除后的模板应按操作流程,轻拆轻放,堆放整齐。模板的拆除应遵循自上而下,先拆侧向支撑后拆垂直支撑,先拆不承重结构再拆承重结构,先支的后拆,后支的先拆。

d. 拆模应准备的工具:长撬杠、橡皮锤、木锤、木橛子等。

e. 拆模时必须具备移动脚手架,方便FRTP模板脱模,可以防止散制散模脱模过程中的模板砸碰、表面刮划伤。顶板大面积脱落时,为防止模板表面受损,应进行顶板脱模中间支撑体二次保护。

g. 拆模后的模板必须及时人工去除闲钉及模面杂物,以保证模面光洁无异物,同时堆码遮阳平放,并对有损伤的板面进行人工电焊修补,以备下次使用。

h. 高温天气施工时,应对FRTP模板以施工好的板面进行水冷却处理。

②柱模的拆除

自上而下分层拆除（散支）第一层时，用木锤或橡皮锤向外侧轻击模皮上口，模板松动，自行脱离混凝土，依次拆除下一层模板时要轻击模边肋，切不可用撬杠从柱角撬离，以免损伤模板，影响使用率。

③梁模的拆除

梁模应先拆支架拉杆以便作业，而后拆除梁与楼板的连接角模，及梁侧模板，梁柱拆除大致相同，但拆除梁底模支柱时应从跨中向两端作业。

④模板拆除前必须有混凝土强度报告，强度达到方可进行

拆模必须经施工技术人员同意，按顺序分段进行，严禁猛撬硬砸或大面积撬落和拉倒，完工前不得留下松动或悬挂模板，注意安全，防钉扎及板架倒塌伤人，同时拆模间隙应固定活动模板、拉杆、支撑，防止突然坠落伤人。

5）模板的维护

①模板使用后检查边、角的损伤程度，如用锤子敲击归位，如中间有些许局部窝拱（对穿螺杆处），用钢钎平头部位敲击，如有钉子和螺帽的松懈应及时拧紧。

②边角和局部的裂损：可通过切割补板和塑焊接处理。

③每使用三次必须用油漆刮刀、塑料毛刷清理板面的杂质，再用清水洗即可。

④科学堆码，安全吊装。

⑤塑料模板由于具备了良好的保水性和不吸水性特点，建议在制定混凝土的混合比时，水的比例应适当减少；拆模时间控制在 12～20h 内。

⑥对穿螺杆使用的套管建议采用竹子管；因为竹子强度高，在拧螺杆时不易发生变形，另外，混凝土砂浆回流到管内，不会致使螺杆抽打不出。

6）安全技术措施

①对所有施工人员做严格的安全技术培训，施工操作人员掌握安全技术操作规程后，应书面签字保留。做到人人熟知安全技术操作规程，人人遵守安全技术操作规程，安全责任层层落实。

②操作人员在操作过程中不得吸烟、对模板表面需电焊焊接的地方，应做好水面冷水表面处理。

③严格按照施工组织和施工顺序及铺设方法铺设，不得任意改变铺设的连接方式。

④模板拆除必须按规范顺序一段一段地由边至内拆除。

⑤拆除施工人员在作业时配戴安全带，对拆除的模板应有组织地下运，不得抛扔。拆除时应设专人在架底周围看护，设置明显标识，提醒过路行人及车辆注意安全。

三、组拼式大模板技术

1. 技术原理及主要内容

（1）基本概念

组拼式大模板是一种单块面积较大、模数化、通用化的大型模板，具有完整的使用功能，采用塔吊进行垂直水平运输、吊装和拆除，工业化、机械化程度高。组拼式大模板作为一种施工工艺，施工操作简单、方便、可靠，施工速度快，工程质量好，混凝土表面平整光洁，不需

抹灰或简单抹灰即可进行内外墙面装修。

（2）技术关键点

1）模板的材料和设计加工精度：模板材料要求有耐久性和高强度，而且具有高精度的加工精度，能反复周转使用，保证混凝土结构件的外形一致性。因此应首选精密加工制造的全钢大模板。

2）模板的垂直度控制：用上口顺直度和下口地贴紧度确保模板的垂直度与墙面最终垂直度的一致性。

3）模板漏浆的防止：用双边铣边和自动焊接的精制全钢模板在拼接时避免了漏浆。但木制模板需要在拼缝处注入密封胶。若模板下口与顶板平整度不平整，则需要用海绵条和水泥砂浆封堵。

4）穿墙拉杆孔的布置和穿墙拉杆：穿墙拉杆孔位的布置图案是模板设计的艺术作品，最终需要获得建筑设计师的确认。穿墙拉杆的结构、材料和安装方法是穿墙拉杆孔的外形质量和外墙表面效果的重要保证。

2. 主要技术指标

（1）新浇筑混凝土对模板最大侧压力：60kN/m²；

（2）组拼式大模板厚度：85mm、86mm（另设背楞）；100mm、106mm（背楞与模板合二为一）；

（3）组拼式大模板宽度：600mm、900mm、1200mm、1500mm、1800mm、2400mm、3000mm等；

（4）组拼式大模板高度：根据结构工程的层高和楼板厚度选用。

3. 技术应用要点

（1）技术应用范围

可适用于各类型的公共建筑、住宅建筑的墙体、柱子及桥墩等。

（2）施工技术要点

1）组拼式全钢大模板体系的模板设计

目前大模板设计中较普遍存在阴角模规格品种多，施工中使用不便，连接件太多、太琐碎的现象，给施工人员安装带来不便。因此模板设计应考虑到：

①工程结构类型、施工工艺、施工设备、质量要求等；

②板块规格尺寸的标准化、模数化，并符合建筑模数；

③模板荷载大小，采用概率极限状态设计方法进行设计计算；

④模板的运输、堆放和装拆过程中对模板变形的影响。

2）组拼式全钢大模板体系的配板设计原则

①优先采用计算机辅助设计方法，提高配板工作效率和统计计算精确度；

②根据工程结构特点，编制组拼式大模板专项施工方案。按照合理经济原则划分施工流水段，绘制配模平面图，计算所需的模板规格与数量，并按周转数量或按流水段用不同颜色显示，方便施工单位有效使用配板设计图；

③配模时，大模板宽度规格的选用依据为墙面净尺寸减去2个角模边长，当墙面较长

时,可分为2~3块配模;根据塔吊起重力矩,计算出距塔吊最远处的起重量,建筑物最远处的模板宽度不得超过计算宽度,组拼的模板重量必须满足现场起重设备能力的要求;

④在接高模板时,要考虑到楼层高度的变化,采用最少量接高模板规格和最必要的刚度补偿;

⑤选用最大标准模板、标准角模为主体,减少角模规格和辅助补板,最大限度地提高模板在各流水段的通用性。

3)大模板的安装

①按照排版图中模板编号先放入阴角模,后放入大模板,大模板应先入内模,后入外模,按施工流水段要求,分开间进行,直至模板全部合拢就位。

②安装穿墙螺栓和校正模板同步进行。墙的宽度尺寸偏差控制在±2mm范围内。每层模板立面垂直度偏差控制在3mm范围内。穿墙螺栓的卡头不得呈现水平或倾斜状态,防止脱落;穿墙螺栓必须紧固牢靠,用力得当,防止出现松动而造成胀模,不得使模板表面产生局部变形。

采用外挂架支模的外墙模板,模板上排穿墙孔必须设PVC-$\phi40\times3$、PVC-$\phi38\times2$套管,以利外挂架钩栓通过。

大模板支腿支撑点应设在坚固可靠处,杜绝模板发生位移。

③模板合模时,丁字墙如有600~900mm单元板时,必须用小背楞三对加固;模板与模板拼缝处,单块模板穿墙螺栓起孔距离超过300mm以上时,采用400mm小背楞三对加固。

进行测量放线和楼面抄平,必要时在模板底边范围内做好找平层抹灰带,局部不平可临时加垫片,进行砂浆勾缝处理。

④绑扎墙体钢筋时,对偏离墙体边线的下层插筋进行校正处理;在墙角、墙中及墙高度上、中、下位置设置控制墙面截面尺寸的铁撑脚或钢筋撑。

⑤大模板就位安装按照配模图对号入座,模板之间采用螺栓或卡具连接;大模板经靠尺检查并调整垂直后,紧固对拉螺栓。

4)阴角模施工方法

①阴角模与结构钢筋绑扎牢固,防止倾倒。

②阴角模安装借助暗柱主筋,水平方向做多点定位;保证墙体厚度,防止阴角模因压接不牢,在混凝土浇筑时产生扭转,造成墙角扭曲、墙面不平。

大模板与阴角模采用企口连接方式,大模板板面与阴角模板面交平,且留有2mm间隙,以方便拆模。

阴角模与大模板的连接采用两道钩栓、压角固定,并用两对阴角小背楞进行加固,防止出现错台现象。

5)阳角模施工方法

①阳角模边框与大模板边框用螺栓或连接器连接,并用三对阳角背楞进行加固。

②模板安装完后根部需抹砂浆1.0~1.5cm,防止墙体发生烂根、露筋、蜂窝麻面现象,杜绝漏浆。

③合模完成后,应依据《混凝土结构施工质量验收规范》(GB 50204),验收合格,方可进

行下道工序。

④混凝土浇捣严格分层浇捣密实,避免挤歪门窗口模板。

6)大模板的拆除和堆放

①混凝土浇筑完成后,常温混凝土强度达到 1.2MPa、冬季达到 4MPa 以上方可拆模。

②拆模顺序为:先拆除安装配件,后松动、拆除穿墙螺栓,旋转支腿,使大模板和墙体脱离,如有吸附,可在模板下口进行撬动,拆下大模板,然后拆除阴角模。

③拆除穿墙螺栓时,先松动大螺母,取下垫片,利用楔片插销转动穿墙螺栓,使之与混凝土产生脱离,再敲击小端,然后将螺栓退出混凝土,避免混凝土表面掀皮现象。

④模板起吊前应检查穿墙栓、安装配件是否全部拆除完毕,模板上的杂物是否清理干净,之后方可起吊。

⑤拆下的模板必须一次放稳,存放时倾斜角度应满足 75°～80°自稳角,如不能满足应搭设架子,以确保安全。

⑥定期安排专人对模板上的配件进行检查,发现问题及时解决。

⑦模板拆除后应及时对结构棱拐角部位进行产品保护。

7)电梯井筒模施工

①支模

a. 检查跟进平台的安全可靠性。

b. 清除筒模缝隙处杂物,以使合缝严密。

c. 试旋转中心调节机构,使之灵活。

d. 收缩筒模,吊运入井就位,调整跟进平台成水平状态。

e. 逆时针旋转中心调节机构到位。

f. 核查调整板面垂直度(通过调整跟进平台实现)。

g. 紧固四角螺栓,安装穿墙螺栓并紧固之。

②脱模(为支模的逆过程)

施工程序为支模的逆过程,首先彻底松开筒模四角紧固螺栓,间隙大于 10mm;拆除穿墙螺栓;顺时针旋转中心调节机构,通过斜支撑和滑轮使筒模脱离墙面,向内收缩 30～60mm;完成脱模工作。

③井筒模板施工注意事项

a. 电梯井筒模要专人操作。

b. 每次使用前,应检查中心轴头锁母是否紧固,以防松动、脱落造成轴承等零部件损坏。

c. 使用后再次支模时,要注意筒模各接缝部位的水泥清理工作,保证其合缝严密。

d. 井筒模必须设吊环,采取四点形式进行吊运作业,绝对不准直接吊中心调节机构。

8)门窗洞口模板施工

①使用前,请在与模板接触面边框上粘贴 $\delta=10$mm 贯通海绵条;防止混凝土浆渗漏,保证洞口棱角清晰,不出蜂窝现象。

②角部伸缩缝处用聚苯泡沫板条填塞严密,防止伸缩套内渗进砂浆,造成机构失调,无法使用。

③窗口模和混凝土接触的表面,涂刷油性隔离剂,涂面要求均匀周到。

④门窗洞口模支模时,角部顶丝螺栓必须紧固牢靠,支撑调节螺栓调至受力支撑状态,消除螺纹间隙,减小变形。

⑤洞口模拆模时,彻底松动角部顶丝螺栓达到 8～10mm 间隙,打开支撑定位销和连接螺钉,门口模应先旋转调节水平方向支撑螺栓,使模板与侧面混凝土脱离,完成侧立面拆模;再调节顶部支撑螺栓,使顶模竖直方向脱离下落,进而带动角部脱模。

⑥洞口模板拆模时,松动四角顶丝螺栓,达到最大间隙;旋转中心机构螺杆,即可实现脱模。

⑦安装门窗洞口模板,预埋木盒、铁件、电器管线、接线盒、开关盒等,合模前必须通过隐蔽工程验收。

⑧门窗洞口模板施工注意事项:

a. 门窗洞口模板支拆模过程应设专人负责。

b. 门窗洞口模板在安装中必须借助结构钢筋做多点可靠定位,防止洞口位移,保证洞口尺寸准确,四角方正不扭曲。

c. 拆模后,进行严格清理;重新调节至理想定型尺寸,以便下次周转。运转及吊装过程中应避免砸撞现象,吊装要合理,防止支撑变形。

第三节　模板施工新技术

一、早拆模板施工技术

1. 技术原理及主要内容

(1)基本概念

早拆模板技术是现浇楼板、梁模板施工的先进施工工艺。传统的现浇混凝土楼板模板施工中,现浇混凝土养护 10～14d 才能全部拆除模板和支撑。因此,一般现浇楼板施工中,需配备三层模板和三层支撑。

早拆模板技术的基本原理是根据国家标准《混凝土结构工程施工质量验收规范》(GB 50204—2002)中第 4.3.1 条的规定(表 5-2),现浇混凝土结构跨度不大于 2m 时,在楼板混凝土强度达到设计强度的 50% 以上(以试块试压强度为准)时,即可拆除模板。

早拆模板技术就是利用早拆柱头、立柱和横梁等组成的竖向支撑布置早拆立柱时,使原设计的楼板强度处于立柱间距小于 2m 的受力状态,在常温下,楼板混凝土浇筑 2～4d 后,混凝土强度达到设计强度的 50% 以上即可拆模。此时保留部分早拆柱头和立柱支撑不动,拆除全部模板、横梁和部分立柱。当混凝土强度达到足以在全跨条件下承受自重和施工荷载时,方可拆除保留的早拆立柱。

(2)技术特点

1)结构合理,施工安全可靠。早拆模板体系采用碗扣式支架、承插式支架和钢支柱等为支撑,其杆件构造及结点连接方式规范,减少了搭接时的随意性,避免出现不稳定状态,并能确保上下层支撑杆件受力传递准确,形成了可靠的刚度和强度,确保施工安全。使用早拆柱头在拆除模板时,还能两次控制模板和横梁的降落高度,从而避免拆模时发生整体塌落的现象,确保了施工过程中的安全,并可延长模板的使用寿命。

表 5-2　底模拆除时的混凝土强度要求

构件类型	构件跨度(m)	达到设计的混凝土抗压强度标准值的百分率(%)
板	≤2	≥50
	>2,≤8	≥75
	>8	≥100
梁、拱、壳	≤8	≥75
	>8	≥100
悬臂构件	—	≥100

2)构造简便,提高装拆工效。早拆模板体系的构造简单,操作灵活方便,施工工艺容易掌握,装拆速度快,与传统装拆施工工艺相比,一般可提高施工工效 1～2 倍,并可加快施工进度,缩短施工工期。

3)操作简单,降低劳动强度。早拆模板体系操作简单,使用方便,对工人技术素质要求不高,工人只需带一个钢卷尺和一把榔头即可完成全部作业。施工过程中完全避免了螺栓作业,由于部件的规格小、重量轻、模板和支撑用量少,倒运量小,降低了工人劳动强度。

4)减少用量,降低施工费用。施工企业在现有模板和支撑的条件下,只需购置早拆柱头,再配置一层模板和 1.6～1.7 层支撑,与传统支模配置三支三模相比,不仅可降低模板和支撑费用,而且可以减少人工费。另外,模板和支撑的运输费、丢失及损坏赔偿费、维修费等亦可相应减少,经济效益显著。

5)减少运距,节约起吊费用。早拆模板体系只配备了一层模板和 1.6～1.7 层支撑及早拆柱头,垂直运输时,模板、横梁及部分支撑只需往上一层倒运,无需支设出料平台,可以从窗口、通风道、外架上直接传到上一层,减少对塔吊的依赖,而且还减轻了对楼梯间施工通道的压力。

6)施工文明,利于现场管理。早拆模板体系在施工过程中避免了周转材料的中间堆放环节,模板支撑整齐、规范化,立柱、横梁用量少,施工人员通行方便,有利于文明施工和现场管理,对狭窄的施工现场更为适宜。

2. 主要技术指标

1)竹(木)胶合板模板应采用覆膜酚醛胶合板,表面平整光洁,能周转使用 10～20 次以上;模数化、定型化的胶合板模板,厚度宜为 18mm,单块模板尺寸宜选用 900mm×1800mm、600mm×1800mm、600mm×1200mm。

2)钢(铝)框胶合板模板应采用模数化、规格少、重量轻的模板,要求模板刚度好,装拆灵活,表面平整,面板能周转使用 30～50 次。

3)独立式钢支撑、门式支架、插接式支架和盘销式支架的允许荷载必须满足设计要求。

4)主次梁应具有足够的刚度和强度,以及表面平整度,主次梁间距按模板长度规格和模板材料而定。

3. 技术应用要点

(1)技术应用范围

早拆模板技术可适用于各种类型的公共建筑、住宅建筑的楼板以及桥梁、隧道等工程的结构顶板施工。

(2)构成体系

早拆模板体系由模板、支撑系统、早拆柱头、横梁和可调底座等组成。

1)模板

①15～18mm 厚覆膜木胶合板。木胶合板厚度公差小,覆膜板表面平整光洁,板面尺寸大,拼缝少,适用于梁、板底面清水混凝土工程。

②12～15mm 厚覆膜竹胶合板。竹胶合板的厚度公差一般较大,适用于梁、板底面平整度要求不高、底面刮腻子的工程。表面复木单板的竹胶合板也可适用于清水混凝土工程。

③钢(铝)框胶合板模板。模板规格少、重量轻、刚度大、横梁的间距较大、用量少、装拆方便,能多次使用。

④组合钢模板。以 600mm 宽钢模板为主,再配以 450、300、200、150、100mm 的模板调节,模板刚度大,装拆灵活,使用次数多。

⑤12～15mm 厚塑料模板。板面平整光滑,可达到清水混凝土模板的要求,脱模快速容易;耐水性好,耐酸、耐碱、耐候性也好;重量轻,加工制作简单,现场拼接很方便;可以回收反复使用,是一种绿色施工的生态模板。

2)支撑系统

①模板早拆支撑可采用插卡式、碗扣式、独立钢支撑、门式脚手架等多种形式,但应配置早拆装置。

②模板早拆支撑使用《直缝电焊钢管》(GB/T 13793—2008)或《低压流体输送用焊接钢管》(GB/T 3091—2008)中规定的 3 号普通钢管,其质量应符合《碳素结构钢》(GB/T 700—2006)中 Q235-A 级钢的规定。当使用的钢管为低合金钢管时,应满足施工设计对模板早拆支撑的安全要求。杆件加工应符合国家或行业现行的材料加工标准及焊接标准。

③模板早拆支撑使用的扣件等钢管连接配件,其材质必须符合《钢管脚手架扣件》(GB 15831—2006)的规定;采用其他材料制作的扣件及连接件,应经有效的试验证明其质量符合该标准的规定后方可使用。

④早拆装置承受竖向荷载的设计值不应小于 25kN。

⑤早拆装置目前常采用如图 5-14～图 5-17 所示的形式。支撑顶板平面尺寸宜不小于 100mm×100mm,厚度应不小于 8mm。早拆装置的加工应符合国家或行业现行的材料加工标准及焊接标准。

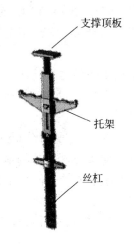

图 5-14　早拆装置 1

图 5-15　早拆装置 2

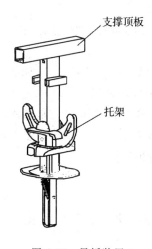

图 5-16　早拆装置 3

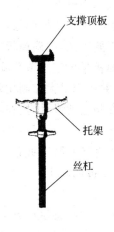

图 5-17　早拆装置 4

⑥模板早拆支撑采用的调节丝杠直径应不小于 36mm；丝杠插入钢管的长度不应小于丝杠长度的 1/3，且不小于 150mm。丝杠与钢管插接配合偏差应保证支撑顶板的水平位移不大于 5mm。

3）早拆柱头

早拆柱头是早拆模板体系中实现模板及横梁早拆的关键部件，按其结构形式可分为螺杆式早拆柱头、滑动式早拆柱头和螺杆与滑动相结合的早拆柱头三种形式。按其使用范围可分为适用于组合钢模板和钢框胶合板模板的早拆柱头、适用于竹（木）胶合板和塑料模板的早拆柱头、适用于塑料或玻璃钢模壳的早拆柱头，以及能适用于组合钢模板、竹（木）胶合板、钢框胶合板模板、塑料模板等的多功能早拆柱头。

4）横梁

横梁中以根据工程需要和现场实际情况,选用 $\phi18\text{mm}$ 钢管、[8 或 [10 槽钢、$40\text{mm}\times80\text{mm}$ 或 $50\text{mm}\times100\text{mm}$ 矩形钢管、箱形钢梁、木工字梁、钢木组合梁、木方、桁架等。

(3)模板早拆的设计

1)模板早拆应根据施工图纸及施工技术文件,结合现场施工条件进行设计。

2)模板及其支撑设计计算必须保证足够的强度、刚度和稳定性,满足施工过程中承受浇筑混凝土的自重荷载和施工荷载的要求,确保安全。

3)依据楼板厚度、最大施工荷载、采用的模板早拆体系类型,进行受力分析。根据楼层的净空高度,按照支撑杆件的规格,确定竖向支撑组合,设计竖向支撑间距控制值;根据竖向支撑结构受力分析确定横杆步距,确定需保留的横杆,保证支撑架体的空间稳定性;依据开间尺寸进行早拆装置的布置。

4)模板早拆设计应明确标注第一次拆除模架时保留的支撑。模板早拆设计应保证上下层立杆位置对应准确。

5)架体根部双向水平杆件距地不应大于 300mm(如支座加螺栓调节,可放宽到不大于500mm)。

6)第一次拆除模架后保留的竖向支撑间距不应大于 2m。

7)根据上述确定的控制数据(立杆最大间距及早拆装置的型号、横杆步距等),绘制模板早拆支撑体系施工图,明确模板的平面布置及材料用量统计。

8)根据模板早拆施工图及施工流水段的划分,对材料用量进行分析计算,明确周转材料的动态用量,并确定最大控制用量,保证周转材料的及时供应及退场。

9)进行楼板模架设计时,在施层下保留支撑的层数要通过计算确定。常温施工时在施层下宜保留不少于两层支撑;冬期施工时在施层下宜保留不少于三层支撑。冬期施工其他内容应符合《建筑工程冬期施工规程》(JGJ 104－2011)的相关规定。

(4)模板早拆的施工

1)一般规定

①施工前必须熟悉设计方案,进行技术交底。严格按照模板早拆设计要求进行支模,严禁随意支搭。

②本节内容所涉及的拆模特指模板早拆与支撑的第一次拆除,模板的第二次拆除应符合《混凝土结构工程施工质量验收规范(2010 版)》的规定。

2)模板的支搭

①工艺流程

按照模板早拆设计布置图备齐所需构配件→弹控制线→确定端角支撑位置并与相邻的支撑搭设,形成稳定结构→按照模板早拆设计图展开搭设→整体支撑搭设完毕→按照模板早拆设计图安装早拆装置,调到工作状态(支撑顶板调整到位)→敷设主龙骨、次龙骨→安装模板面板→模板体系预检。

②技术要点

a. 在顶板模板安装前检查各早拆部位、保留部位的构配件是否符合模板早拆设计要求。

b. 模板安装前,支撑位置要准确,支撑搭设要方正,构配件联结牢固。

c. 上、下层支撑立杆轴线位置对应准确,支撑立杆底部铺设垫板,保证荷载均匀传递。

垫板应平整,无翘曲。

d. 主、次龙骨交错放置,一端顶实,另一端留出拆模空隙。

e. 铺设模板前,利用早拆装置的丝杠将主、次龙骨及支撑顶板调整到方案设计标高,早拆装置的支撑顶板与现浇结构混凝土模板支顶到位,确保早拆装置受力的二次转换,保证拆模后楼板平整。

3)模板的拆除

①应增设不少于1组与混凝土同条件养护的试块,用于检验第一次拆除模架时的混凝土强度。

②现浇钢筋混凝土楼板第一次拆模强度由同条件养护试块施压强度确定,拆模时试块强度不应低于10MPa。

③常温施工现浇钢筋混凝土楼板第一次拆模时间不宜早于混凝土初凝后3d。

④模板的第一次拆除,应确保施工荷载不大于保留支撑的设计承载力。

⑤工艺流程:

满足拆模条件→降下升降托架→拆除主、次龙骨→拆除模板面板→按照模板早拆设计拆除部分支撑。

⑥模板及其支撑的拆除,严格执行模板早拆施工方案规定。

二、液压爬升模板技术

1. 技术原理及主要内容

(1)基本概念

爬模装置通过承载体附着或支承在混凝土结构上,当新浇筑的混凝土脱模后,以液压油缸或液压升降千斤顶为动力,以导轨或支承杆为爬升轨道,将爬模装置向上爬升一层,反复循环作业的施工工艺,简称爬模。目前国内应用较多的是以液压油缸为动力的爬模。

(2)技术原理

爬模装置的爬升运动通过液压油缸对导轨和爬模架体交替顶升来实现。导轨和爬模架体是爬模装置的两个独立系统,二者之间可进行相对运动。当爬模浇筑混凝土时,导轨和爬模架体都挂在连接座上。退模后立即在退模留下的预埋件孔上安装连接座组(承载螺栓、锥形承载接头、挂钩连接座),调整上、下爬升器内棘爪方向来顶升导轨,后启动油缸,待导轨顶升到位,就位于该挂钩连接座上后,操作人员立即转到最下平台拆除导轨提升后露出的位于下平台处的连接座组件等。在解除爬模架体上所有拉结之后就可以开始顶升爬模架体,此时导轨保持不动,调整上下棘爪方向后启动油缸,爬模架体就相对于导轨运动,通过导轨和爬模架体这种交替提升,爬模装置即可沿着墙体逐层爬升。

(3)技术特点

1)液压爬升模板是一种新的施工工艺,它吸收了支模工艺按常规方法浇筑混凝土、劳动组织和施工管理简便、混凝土表面质量易于保证等优点,又避免了滑模施工常见的缺陷,施工偏差可逐层消除。在爬升方法上它同滑模工艺一样,模板及滑模装置以液压千斤顶或油缸为动力自行向上爬升。

2)可以从基础底板或任意层开始组装和使用爬升模板。

3）内外墙体和柱子采用都可以爬模，无需塔吊反复装拆，将塔吊的重点放到钢结构安装上。

4）钢筋绑扎随升随绑，操作方法安全；根据工程的特点，可以采取爬升一层墙，浇筑一层楼板，也可以墙体连续爬模施工；有的电梯井到一定高度变为有楼板的房间，只需卸除下包模板和吊架，不需改变爬模施工工艺；所有模板上都可带有脱模器，确保模板顺利脱模而不粘模。

5）爬模可节省模板堆放场地，对于在城市中心施工场地狭窄的项目有明显的优越性。液压爬模的施工现场文明，在工程质量、安全生产、施工进度和经济效益等方面均有良好的保证。一项工程完成后，模板、爬模装置及液压设备可继续在其他工程通用，周转使用次数多，适合租赁。

2. 主要技术指标

（1）液压油缸额定荷载 50kN、100kN、150kN；工作行程 150～600mm。

（2）油缸机位间距不宜超过 5m，当机位间距内采用梁模板时，间距不宜超过 6m。

（3）油缸布置数量需根据爬模装置自重及施工荷载进行计算确定，根据《液压爬升模板工程技术规程》（JGJ 195－2010）规定，油缸的工作荷载应小于额定荷载 1/2。

（4）爬模装置爬升时，承载体受力处的混凝土强度必须大于 10MPa，并应满足爬模设计要求。

3. 技术应用要点

（1）技术应用范围

适用于高层建筑剪力墙结构、框架结构核心筒、桥墩、桥塔、高耸构筑物等现浇钢筋混凝土结构工程的液压爬升模板施工。

（2）材料设备

1）模板应符合下列规定：

①模板体系的选型应根据工程设计要求和工程具体情况，满足混凝土质量要求；

②模板面板应满足强度、刚度、平整度和周转使用要求，易于清理和涂刷脱模剂，面板更换或翻面不应影响工程施工进度。模板面板材料可选用钢板、双面覆膜防水木胶合板、双面覆膜防水竹胶合板等，木胶合板、竹胶合板应符合《混凝土模板用胶合板》（GB/T 17656－2008）、《竹胶合板模板》（JG/T 156－2004）的规定。

③模板钢材材质不得低于 Q235，模板骨架材料应顺直、规格一致，应有足够的强度、刚度，满足受力要求；

④无框胶合板模板所采用的木梁必须经过防水处理，其外形尺寸及平整度应满足《液压爬升模板工程技术规程》（JGJ 195－2010）表 5-1 和表 6.2.1 的要求；

⑤模板之间的连接可采用螺栓、模板卡具等连接件，经常拆开的模板拼缝处宜采用卡具；

⑥对拉螺栓宜选用冷挤压、满丝扣的高强螺栓，直径规格为 T16×6～T20×6；PVC 套管规格应与对拉螺栓的直径相匹配。

2）模板主要材料见表 5-3：

表 5-3　模板主要材料表

模板部位	模板品种		
	组拼式大钢模板	钢框胶合板模板	木梁胶合板模板
面板	5~6mm 钢板	18mm 胶合板	18mm 胶合板
边框	8mm×80mm 扁钢或 80mm×40mm×3mm 钢管等规格	60mm×120mm 空腹边框等规格	
竖肋	[8 槽钢或 80mm×40mm×3mm 钢管等规格	100mm×50mm×3mm 矩形钢管等规格	80mm×200mm 木工字梁
加强肋	6mm 厚钢板等规格	4mm 厚钢板等规格	
背楞	[10 槽钢等规格	[10 槽钢等规格	[10 槽钢等规格

3）背楞应符合下列要求：

①背楞长度符合模数化要求，具有通用性、互换性和足够的刚度、强度。

②背楞材料宜采用[10 槽钢、[12Q 轻型槽钢等，槽钢相背组合而成；腹板间距宜为 50mm。

③背楞连接孔应满足模板与架体或提升架的连接。

4）架体、提升架、挂钩连接座、支承杆和吊架等受力构件材料应有足够的强度、刚度，满足受力要求；所用钢材应符合《碳素结构钢》(GB/T 700－2006)中 Q235－A 钢的规定，并满足设计技术要求；

5）锥形承载接头、承载螺栓、导轨、上下爬升器等受力构件，所采用的钢材材质由设计确定。

6）所使用的各类钢材均应有合格的材质证明，并符合设计要求和国家现行标准《钢结构设计规范》(GB 50017－2003)的有关规定。对于挂钩连接座、锥形承载接头、承载螺栓、上下爬升器等重要受力构件，除应有钢材生产厂家产品合格证及材质证明外，应进行材料复检，并存档备案。

7）操作平台板宜选择 50mm 厚木脚手板，木脚手板应采用杉木或松木制作，其材质应符合现行国家标准《木结构设计规范》(GB 50005－2003)中Ⅱ级材质的规定；龙骨材料宜采用钢管或型钢；操作平台护栏可选择脚手架钢管或其他材料。

8）油缸、千斤顶和支承杆的规格应根据计算确定，并应符合下列规定：

①油缸、千斤顶选用的额定承载力应为工作承载力的 2 倍；

②支承杆的承载力应能满足千斤顶工作承载力要求；

③支承杆的直径应与选用的千斤顶相配套，支承杆的长度宜为 3~6m。

9）液压设备选用见表 5-4：

表 5-4　液压设备选用表

指标＼规格	油缸		千斤顶			备注
	50kN	100kN	100kN	100kN	200kN	
额定荷载	50kN	100kN	100kN	100kN	200kN	
工作荷载	25kN	50kN	50kN	50kN	100KN	
工作行程	150～600mm	150～600mm	50～100mm	50～100mm	50～100mm	
支承杆外径	—		83mm	102mm	102mm	

10) 油缸或千斤顶所用的液压油应根据地域、季节和气温变化选用或调整。

(3) 设计要点

1) 整体设计

① 采用油缸和架体的爬模装置设计应包括下列主要内容：

a. 模板系统：由木梁胶合板模板(或钢框胶合板模板、铝框胶合板模板、定型组合大钢模板)、定位预埋件、阴角模、阳角模、钢背楞、对拉螺栓、铸钢螺母、铸钢垫片及上架体、可调斜撑等组成。

b. 液压爬升系统：由下架体、导轨、导轨滑轮、挂钩连接座、锥形承载接头、承载螺栓、油缸、液压控制台、上下爬升器、各种孔径的油管及阀门、接头等组成。

c. 操作平台系统：由主操作平台、吊平台、上操作平台、栏杆、安全网等组成 (图 5-18)。

d. 水、电配套系统：包括动力、照明、信号、通讯、电视监控以及水泵、管路设施等。

② 采用千斤顶和提升架的爬模装置应包括下列主要内容：

a. 模板系统：由定型组合大钢模板(或钢框胶合板模板、铝框胶合板模板)、定位预埋件、阴角模、阳角模、钢背楞、对拉螺栓、铸钢螺母、铸钢垫片等组成。

b. 液压爬升系统：由提升架、斜撑、活动支腿、滑道夹板、围圈、导轨、支座、挂钩连接座、钢牛腿、导轨滑轮、防坠装置、千斤顶、支承杆、液压控制台、各种孔径的油管及阀门、接头等组成。

c. 操作平台系统：由主操作平台、吊平台、中间平台、上操作平台、外挑梁、外架立柱、斜撑、栏杆、安全网等组成(图 5-19)。

d. 水、电配套系统：包括动力、照明、信号、通讯、电视监控以及水泵、管路设施等。

③ 当爬模装置用于柱子时应考虑到柱子长边和短边的脱模、模板清理和支承杆穿过楼板的承载、防滑、加固等措施。

④ 在爬模装置设计时应综合考虑塔吊、布料机、外用电梯、爬模起始层结构、起始层脚手架、结构中的钢结构及预埋件、楼板跟进施工或滞后施工等影响爬模的因素。

⑤ 爬模装置设计应满足施工工艺要求，操作平台应考虑到施工操作人员的工作条件，确保施工安全。钢筋绑扎应在模板上口的操作平台或脚手架上进行。

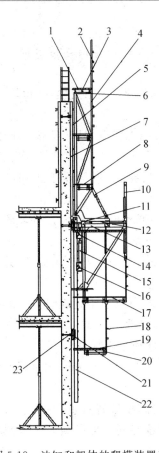

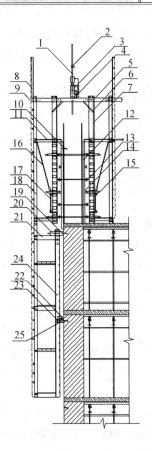

图 5-18　油缸和架体的爬模装置剖面图

1—上操作平台;2—顶护栏;3—纵梁;4—后立柱;5—模板背楞;6—横梁;7—模板面板;8—脚手板;9—垂直调节杆;10—护栏;11—水平跑车;12—水平油缸;13—主操作平台;14—上爬升器;15—爬升油缸;16—下爬升器;17—脚手板;18—护栏;19—吊平台;20—吊平台纵梁;21—挂钩连接柱;22—导轨;23—锥形承载接头

图 5-19　采用千斤顶和提升架的爬模装置剖面图

1—支承杆;2—限位卡;3—升降千斤顶;4—主油管;5—横梁;6—斜撑;7—提升架立柱;8—栏杆;9—安全网;10—定位预埋件;11—操作平台;12—大模板;13—对拉螺栓;14—模板背楞;15—活动支腿;16—外架斜撑;17—围圈;18—外架立柱;19—挂钩;20—支座;21—外架梁;22—防坠装置;23—导轨滑轮;24—导轨;25—挂钩连接座

⑥模板配模设计应符合下列规定:

a. 单块大模板重量必须满足现场起重设备要求;

b. 单块大模板可由若干标准板组拼,内外模板之间的对拉螺栓位置必须相对应;

c. 单面爬模或双面爬模的模板重量、爬模装置重量和施工荷载总计应同所选择液压设备承载力相适应。

⑦一块大模板至少应配制 2 套架体或提升架,架体之间或提升架之间必须平行;弧形模板的架体或提升架应与该模板的垂直中心线平行;

⑧千斤顶机位间距不宜超过 2.4m;油缸机位间距不宜超过 4m。

2)部件设计

①高层及超高层建筑模板高度按结构标准层配制,内模板高度为净空高度加混凝土剔凿高度;外模板高度为内模高度加下接高度;因楼板而变换内外模时,下包部分模板另设;构

造物只设外模板,其模板高度按施工分段确定。

②角模宽度尺寸应留足两边平模后退位置。角模与大模板企口连接处应留有退模空隙。

③钢模板的平模、直角角模及钝角角模宜焊接或安装脱模器;锐角角模,夹角较小时,宜做成柔性角模,采用正反扣丝杠脱模。

④架体应能满足单面爬模或一面爬一面吊的双面爬模施工特点,具有足够的刚度,并符合下列规定:

a. 下架体高度应为1~1.5层层高,应能满足同油缸、导轨、挂钩连接座和吊架安装要求;

b. 下架体的上弦滑道应能满足上架体带动模板后退400~600mm,满足导轨爬升和模板清理和涂刷脱模剂要求;主操作平台的宽度不超过2400mm;

c. 上架体高度应为2层层高,应能支撑模板、带动模板脱模、后退、抗风荷载,并承受上部操作平台的施工荷载。

⑤提升架应能满足双面爬模施工特点,具有足够的刚度,并符合下列规定:

a. 提升架横梁净宽应能满足结构截面变化和千斤顶安装要求;

b. 提升架立柱能带动模板后退400~600mm,用于清理和涂刷脱模剂;

c. 当提升架立柱固定时,活动支腿能带动模板脱开混凝土50~80mm,满足提升的空隙要求。

⑥锥形承载接头、承载螺栓必须具有足够的强度,承受爬模装置自重、施工活荷载以及风荷载。锥形承载接头在混凝土孔内部分的几何尺寸、锥度和同心度必须同定位预埋件的定位锥一致。

⑦上下爬升器应能承受爬模装置自重、施工活荷载以及风荷载,应能防止架体坠落,并符合下列规定:

a. 上下爬升器与架体和油缸的连接应牢固可靠;

b. 爬升器内承重棘爪(又称凸轮摆块)的摆动位置与油缸活塞杆的伸出与收缩应协调一致,换向可靠;

c. 上下爬升器与导轨之间的间隙应满足相互运动的要求。

(4)爬模制作及安装

1)爬模装置制作要点

①爬模装置各种构件的制作应符合现行国家标准《钢结构工程施工质量验收规范》(GB 50205—2001)和《建筑工程大模板技术规程》(JGJ 74—2003)的规定。

②除钢模板正面不涂刷油漆外,其余钢结构件表面必须喷涂防锈漆;在潮湿环境施工的钢模板正面宜喷涂长效脱模剂。

③爬模装置部件成批下料前应首先制作样件,经有关检查人员确认其达到规定要求后方可进行批量下料、组对;对架体、桁架、弧形模板等应放大样,在组对、施焊过程中应随时对胎具、模具、组合件进行检测,确保半成品和成品质量的准确性。

④爬模装置的节点部位的焊接应按照国家现行标准《钢结构焊接规范》(GB 50661—2011)的规定执行。焊接质量应进行全数检查。构件焊接后应及时进行调直、找平等工作。

⑤对影响爬模装置安全的主要受力构件和部件,应严格按照设计和工艺要求进行制作和全数检查验收。

2)爬模安装前的准备工作

爬模安装前应完成下列准备工作:

①对模板底标高、承载体底标高、锥形承载接头、承载螺栓中心标高应进行抄平。当模板在楼板或基础底板上安装时,对高低不平的部位应作找平处理。

②放墙轴线、墙边线、门窗洞口线、模板边线、架体或提升架中心线、提升架外边线。

③对爬模安装标高的下层结构外形尺寸进行检查,对超出允许偏差的结构进行剔凿修正。

④绑扎完成模板高度范围内钢筋。

⑤安装门窗洞模板、预留洞模板、预埋件、预埋管线及洞口钢支架。

⑥模板板面需刷脱模剂,机加工件需加润滑油。

⑦在有楼板的部位安装架体时,应提前在下2层的楼板上预留洞口。

⑧在有门洞的位置安装架体时,应提前做好导轨上升时的门洞支承架。

3)爬模安装要点

①爬模安装程序:

a. 采用油缸和架体的爬模装置安装程序:

爬模安装前准备→架体预拼装→安装锥形承载接头(承载螺栓)和挂勾连接座→安装导轨→安装下架体→安装外吊架→安装平台铺板→安装栏杆及安全网→支设模板→安装上架体→安装液压系统→液压系统调试→安装测量观测装置。

b. 采用千斤顶和提升架的爬模装置安装程序:

爬模安装前准备→支设模板→提升架预拼装→安装提升架→安装围圈→安装外吊架→安装平台铺板→安装栏杆及安全网→安装液压系统→液压系统调试→插入支承杆→安装测量观测装置。

②架体或提升架宜先在地面预拼装,然后用塔吊吊入预定位置。架体或提升架必须垂直于结构。

③采用千斤顶和提升架的模板应先在地面将平模板和背楞分段进行拼装,整体吊装,并用对拉螺栓紧固,同提升架连接后进行垂直度的检查和调节。

④阴角模宜后插入安装,阴角模的两个直角边应同相邻平模板搭接紧密。

⑤平模板之间、平模板与角模之间应有防止漏浆措施。

⑥模板安装后应逐间测量检查对角线并进行校正,确保直角准确。

⑦液压油管宜整齐排列固定。液压系统安装完成后应进行系统调试和加压试验,保压5min,所有密封处无渗漏。千斤顶液压系统的额定压力为8MPa,试验压力为额定压力的1.5倍;油缸液压系统的额定压力≥16MPa时,试验压力为额定压力的1.25倍;额定压力<16MPa时,试验压力为额定压力的1.5倍;采用千斤顶和提升架的爬模装置应在液压系统调试后插入支承杆。

4)爬模施工要点

①爬模施工程序:

a. 采用油缸和架体爬模装置的工程施工程序：

浇筑混凝土→混凝土养护→绑扎上层钢筋→安装门窗洞口模板→预埋管线及预埋铁件→脱模→安装挂钩连接座→爬升→合模、紧固对拉螺栓→继续循环施工。

b. 采用千斤顶和提升架爬模装置的工程施工程序：

浇筑混凝土→混凝土养护→脱模→绑扎上层钢筋→爬升→随升绑扎剩余上层钢筋→安装门窗洞口模板→预埋管线及预埋铁件→合模、紧固对拉螺栓→水平结构施工→继续循环施工。

②爬模施工必须建立专门的指挥管理组织，制定管理制度，液压控制台应设专人负责，禁止其他人员操作。

③非标准层层高大于标准层高时，爬升模板可多爬升一次或在模板上口支模接高，定位预埋件必须同标准层一样在模板上口以下规定位置预埋。

④对于爬模面积较大或不宜整体爬升的工程，可分区段爬升施工，在分段部位要有施工安全措施。

⑤为满足结构工程对垂直度的要求，爬模施工应符合下列规定：

a. 混凝土应分层同步均匀浇筑，不应斜向推进，卸料点不应集中；

b. 钢筋不应影响模板爬升，不应以模板校正钢筋；

c. 操作平台上的全部荷载应保持均匀分布；

d. 油缸、千斤顶应同步爬升，整体升差应控制在 50mm 以内；相邻机位升差应控制在机位间距的 1/100 以内；

e. 千斤顶的支承杆上应设限位卡，每隔 500～1000mm 调平一次。

⑥模板应采取分段整体脱模，宜采用脱模器脱模，不得采取撬、砸等手段脱模。

⑦爬模施工应加强垂直度测量观测，每层提供在合模完成后和混凝土浇注后的两次垂直偏差测量成果；如有偏差，应在上层模板紧固前进行校正。

⑧楼板滞后施工应根据工程结构和爬模工艺确定，应有楼板滞后施工技术安全措施。

5)爬模装置维护

①爬升模板必须做到层层清理、涂刷脱模剂，并对模板及相关部件进行检查、校正、紧固和修理，对丝杠、滑轮、滑道等部件进行注油润滑。

②钢筋绑扎及预埋件的埋设不得影响模板的就位及固定；塔吊起吊物件时严禁碰撞爬模装置。

③采用千斤顶的爬模装置，应确保支承杆的垂直、稳定和清洁；对超过允许自由长度的支承杆应进行加固，保证千斤顶、支承杆的正常工作。

④液压控制台、油缸、千斤顶、油管、阀门等液压系统配件应有专人定期维护和保养。

⑤因强风等恶劣天气停工，复工前应检查、维护爬模装置和防护措施。

6)成品保护

①混凝土浇筑位置的操作平台应采取铺铁皮、设置铁撮箕等措施，保护爬模装置和下层混凝土表面不受污染。导轨顶端应加防护盖，防止混凝土污染。

②爬模装置爬升时，架体下端应有滑轮靠近混凝土结构表面，防止架体硬物划伤混凝土。

③支承杆穿过楼板时,承载铸钢楔应采取保护措施。

(5)安全环保

1)安全规定

①爬模施工应按照《建筑施工高处作业安全技术规范》(JGJ 80－1991)的要求进行。

②爬模工程在编制施工组织设计时,应制订施工安全措施。

③爬模工程应设专职安全员,负责爬模施工安全和检查爬模装置的各项安全设施,每层填写安全检查表。

④操作平台上应在显著位置标明允许荷载值,设备、材料及人员等荷载应均匀分布,人员、物料不得超过允许荷载;爬模装置爬升时不得堆放钢筋等施工材料,非操作人员应撤离操作平台。

⑤爬模施工临时用电线路架设及架体接地、避雷措施等应按《施工现场临时用电安全技术规范》(JGJ 46－2005)有关规定执行。

⑥机械操作人员应执行机械安全操作技术规程,定期对机械、液压设备等进行检查、维修,确保使用安全。

⑦操作平台上必须设置灭火器,施工消防供水系统应随爬模施工同步设置。在操作平台上进行电、气焊作业时应有防火措施和专人看护。

⑧上下架体操作平台均应满铺脚手板,脚手板铺设应按《建筑施工扣件钢管脚手架安全技术规范》(JGJ 130－2011)有关规定执行;下架体全高范围及下端平台底部、上架体全高范围均应安装防护拦及安全网;主操作平台及下架体下端平台与结构表面之间应设置翻板和兜网。

⑨对后退进行清理的外墙模板应及时恢复停放在原合模位置,并应临时拉接固定;架体爬升时,模板距结构表面不应大于300mm。

⑩遇有六级以上强风、雨雪、浓雾、雷电等恶劣天气,禁止进行爬模施工作业,并应采取可靠的加固措施。

⑪操作平台与地面之间应有可靠的通讯联络。爬升过程中应实行统一指挥、规范指令。爬升指令只能由爬模指挥长一人下达,任何人员发现的不安全问题,都应及时向总指挥反馈信息。

⑫爬升前爬模指挥长应告知平台上所有操作人员,清除影响爬升的障碍物。

⑬爬模操作平台上应有专人指挥塔吊和布料机,防止吊运的料斗、钢筋等碰撞爬模装置和操作人员。

⑭爬模装置拆除前,必须编制拆除技术方案,明确拆除部件的先后顺序,规定拆除安全措施,进行安全技术交底。爬模装置拆除时应做到先装的后拆,后装的先拆,独立高空作业宜采用塔吊进行分段整体拆除。

⑮爬模装置的安装、操作、拆除必须在专业厂家指导下进行,专业操作人员应进行技术安全培训,并应取得爬模施工培训合格证。

2)环保措施

①模板宜选用钢模板或优质竹木胶合板和木工字梁模板,提高周转使用次数,减少木材资源消耗和环境污染。

②平台栏杆宜采用脚手架钢管。

③模板和爬模装置应做到模数化、标准化,可在多项工程使用,减少能源消耗。

④爬模装置加工过程中应降低材料和能源消耗,减少有害气体排放。

⑤混凝土施工时,应采用低噪声环保型振捣器,以降低城市噪声污染。

⑥清理施工垃圾时应使用容器吊运并及时清运,严禁随意凌空抛撒。

⑦液压系统采用耐腐蚀、防老化、具备优良密封性能的油管,防止漏油造成的环境污染。

第六章 钢结构工程新技术及应用

第一节 住宅钢结构技术

一、技术原理及主要内容

1. 基本概念

采用钢结构作为住宅的主要承重结构体系,对于低密度住宅以采用冷弯薄壁型钢结构体系为主,墙体为墙柱加石膏板,楼盖为C型格栅加轻板;对于多层住宅以钢框架结构体系为主,楼板宜采用混凝土楼板,墙体为预制轻质板或轻质砌块。多层钢结构住宅的另一个方向是采用带钢板剪力墙或与普钢混合的轻钢结构;对于高层住宅,则采用钢框架与混凝土筒体组合构成的混合结构或采用带钢支撑的框架结构。

2. 技术特点

钢结构住宅是目前最具有发展潜力的节能型住宅,突破了我国传统建造模式,替代了传统的红砖及混凝土,完全使用工业化生产的建筑材料,是21世纪人类居住环境的理想建筑。其主要特点如下:

(1)钢结构的重量轻、强度高,抗震性能好。钢结构材料的强度高,塑性和韧性好,结构延性好。用钢结构建造的住宅重量约为钢筋混凝土住宅的1/3～1/2。自重的减轻使得地震作用效果降低,一般自重减轻一半,相当于降低抗震设防烈度一度,地震作用可降低30%～40%。

(2)工业化程度高,易于实现住宅产业化。钢结构住宅的设计借助专业设计软件,大大缩短设计周期,并实现了设计的标准化。所有构件工厂化加工制造,精度高,易保证质量。容易实现机械化装配,施工速度快,施工周期短,与传统住宅相比工期缩短40%以上。

(3)空间利用率高,能合理布置功能区间。由于钢材轻质高强的特点,便于形成大柱距、大开间的开放式住宅,而传统结构(如砖混结构、混凝土结构)由于材料性质限制了空间自由布置,如果跨度、开间过大,就会造成板厚、梁高、柱大,出现"肥梁胖柱"现象,不但影响美观,而且自重增大,增加造价。在空间使用率上,钢结构住宅使用的钢梁、钢柱的截面积比传统结构减小,所占净空面积也随之减小,使得房间使用面积增大,与传统结构相比可增加有效面积10%左右。

(4)绿色环保,节能省地。目前我国住宅体系多为砖混结构,大量使用硅酸盐水泥,在建筑物解体后产生大量的建筑垃圾,对环境造成极大破坏;砌体结构使用的实心黏土砖,浪费大量的土地资源。而钢结构住宅所用材料主要是环保型可回收材料,在建筑物拆除时,钢材可以100%回收利用。

（5）钢结构住宅保温、隔热、隔声效果突出，造型美观、结构丰富。大多采用新型轻质墙体围护材料，不易霉变，不易虫蛀，在保温、隔热、隔声性能方面比传统住宅有明显优势。钢结构材料轻质高强，结构设计时可以创造出艺术性较强的建筑外形，以满足住户对不同建筑风格的要求。

二、主要技术指标

对于低层冷弯薄壁型钢住宅体系，其总结构用钢量为 22～25kg/m²，开间尺寸为 3.3～4.8m；多层钢框架住宅体系，其钢结构用钢量为 35～40kg/m²，开间尺寸以 3.3～4.5m 为宜；高层钢框架混合结构或带钢支撑钢框架体系，其钢结构用钢量为 50kg/m² 左右，开间尺寸以 3.3～7.2m 为宜。

三、技术应用要点

1. 技术应用范围

冷弯薄壁型钢可广泛应用于低层住宅（1～3层）的建设；钢框架结构可广泛应用于多层住宅（4～7层）的建设；钢与混凝土混合结构或带钢支撑框架结构可应用于高层住宅（9～24层）的建设。钢结构住宅建设要以产业化为目标做好墙板的配套工作，以试点工程为基础做好钢结构住宅的推广工作。

2. 施工技术要点

（1）结构体系

1）低层建筑 C 型钢结构体系

冷弯薄壁型钢结构装配式住宅体系主要由墙体、楼盖、屋盖及维护结构组成，一般适用于三层以下的独立或联排住宅。

冷弯薄壁型钢结构装配式住宅的构件采用 U 形（普通槽形）、C 形（卷边槽形）和 L 形（角形）截面形式。U 形截面用作顶梁、底梁或边梁，C 形截面用作梁柱构件，L 形截面用作连接件和过梁。冷弯薄壁型钢构件的截面形状合理，材料利用率高，用钢量省。

楼盖由密梁和楼面板组成，墙体结构由密柱和墙板组成。墙板为墙体提供侧向支撑作用，必要时应设置 X 形剪力支撑系统。屋盖也采用密梁体系，上铺屋面板，屋架由屋面斜梁和屋面横梁组成。为了保持屋架在安装和使用时的稳定性和整体性，屋架横梁和屋架斜梁均设置水平支撑，在屋架横梁和斜梁之间还设置斜支撑。构件连接的紧固件包括螺钉、普通钉子、射钉、拉铆钉、螺栓和扣件等。

2）多层建筑 H 型钢框架体系

钢框架结构体系的节点必须是刚接的，若确实需要，内部的个别节点可以做成绞接，但必须有足够的刚性节点保持结构稳定。这些刚性节点将梁柱构成纵横的多层多跨刚架来传递水平力。水平力使柱产生弯矩，因此，框架柱的基础一定要做得牢固，且要具有整体性，如果是独立柱基，则应设置地梁将各独立基础联系在一起，不仅有利于抗倾覆，而且还有利于调节不均匀沉降。

有时候（或地区）水平力较大，使框架产生较大的侧向位移，如果用继续加大构件截面的方法来提高框架抗侧刚度则不经济。因此纯钢框架结构体系一般只适宜用做多层建筑(4～6层)。

根据建筑平面图,结构构件布置应将梁柱沿墙走向,尽量使梁柱隐藏起来,使房间内不露或少露梁柱轮廓,尤其是在起居室(客厅)内不要横架一道钢梁。

在结构竖向布置时,可以考虑变截面柱,以节省用钢量。水平构件梁的大小沿高度各层基本不变,柱截面可仅变板厚而不变截面高度,从而避免了柱竖向偏心。

3)中、高层建筑钢框架支撑体系或钢与混凝土组合体系

①钢框架支撑体系

在框架结构中设置一道或多道竖向支撑,从而能大大提高框架的抗侧位移,以满足较高层数的结构侧向位移限制值,这种结构体系为框架支撑结构体系。支撑必须布置在永久性墙面内,如楼(电)梯间墙、分户墙内等,从而避免内部因支撑而出现障碍影响平面布置的灵活性。支撑可沿横墙布置,也可纵横向都布置,但应对称布置以抵抗反复荷载作用,如十字交叉支撑,且选用双轴对称截面杆件。每一道支撑从底层到顶层应连续布置。十字交叉支撑在弹性工作阶段,具有较大的刚度,使结构层间位移减小,能很好地满足正常使用的功能要求,在抗侧力体系中常用。在反复荷载作用下,支撑反复产生拉压变形来耗散能量,从而达到抗震的效果。

十字交叉支撑杆件应按压杆设计,其长细比要选得合理。长细比小的杆件滞回图形丰满,耗能性能好;长细比大的杆件,耗能性能则差。但支撑杆件的长细比并非越小越好,支撑杆件的长细比越小,支撑框架的刚度就越大,承受的地震力也越大。现行的《建筑抗震设计规范》(GB 50011－2010)根据抗震设防烈度规定了不同的长细比要求:

a.不超过 12 层的钢框架柱的长细比,6～8 度时不应大于 120,9 度时不应大于 $100\sqrt{235/f_{\mathrm{ay}}}$。

b.超过 12 层的应符合表 6-1 的规定。

表 6-1　超过 12 层框架的柱长细比限值

烈度	6 度	7 度	8 度	9 度
长细比	120	80	60	60

注:若不是 Q235 的钢材,则表中的长细比数应乘以 $\sqrt{235/f_{\mathrm{ay}}}$。

②钢框架与钢筋混凝土核心筒体混合结构体系是由外侧周围钢框架和内部钢筋混凝土筒体构成,简称"钢—混"混合结构体系。钢框架与内筒之间用钢梁一端与钢框架刚接,另一端与内筒铰接,内筒布置在楼(电)梯间或卫生间,主要优点有:

a.侧向刚度大于钢结构。由于采用了钢筋混凝土核心筒作为抗侧力构件,其刚度大于钢框架框支撑结构,对应的水平位移较小。

b.造价经济。由于钢筋混凝土结构的造价比钢结构低,因此,这种混合结构体系的造价比纯钢结构的经济些。

由于现行的《建筑抗震设计规范》(GB 50011－2010)未列入钢框架—混凝土筒体体系,钢框架—混凝土筒体结构可按《高层建筑混凝土结构技术规程》(JGJ 3－2010)进行结构抗

震验算。

宜在混凝土筒体内预埋尺寸较小的构造用钢柱、钢梁,将钢框架梁与混凝土筒体内暗埋的钢柱直接相连,既可以方便施工,也可提高混凝土筒体结构的抗震延性。

(2)围护体系

钢结构住宅的墙体应该是轻质材料组成的非承重的围护结构,它不仅要有一定的强度和耐久性,而且还要有保温、隔热、隔声和防潮等主要功能。

1)轻质砌块填充墙体

钢框架结构采用轻质砌块填充作为围护结构,不仅技术可行,而且也最经济。在钢结构住宅技术开发的初期阶段,能够把钢结构用于建造住宅并能很好地解决由此带来的相关配套技术问题,使之满足住宅功能是最基本的目标。实现住宅产业化的目标要有一个过程,在不同的历史阶段有不同的含义和不同程度的要求。

砌块填充钢框架时,要尽量减少钢构件的热桥效应,砌筑时沿钢柱(梁)外皮向外至少砌筑 50mm 以满足隔热要求,若做墙体外保温则更好。目前,可选用的轻质砌块有加气混凝土砌块、各种空心砖等。为防止墙体收缩裂缝,可布置钢丝网格和纤维网络于墙体表面,然后抹灰,这些技术都是较成熟的。

2)复合型外墙板

复合外墙板具有安全可靠、保温隔热、经久耐用、技术成熟的特点,但要经济许可。安装接口错边咬槎,避免产生贯通裂缝;节点三向可调,配件标准化生产。

另外,楼板还是现浇钢筋混凝土为好,包括预制装配叠合楼板。它们不需要次梁和吊顶,又能免支模,既经济又能满足隔声和防火要求。低层住宅也可用 C 型钢格栅加轻板。屋面宜为坡形。

第二节　钢结构施工新技术

一、钢结构深化设计技术

1. 技术原理及主要内容

(1)基本概念

深化设计是在钢结构工程原设计图的基础上,结合工程情况、钢结构加工、运输及安装等施工工艺和其他专业的配合要求进行的二次设计。其技术原理及主要内容有:使用详图软件建立结构空间实体模型或使用计算机放样制图,提供制造加工和安装的施工用详图、构件清单及设计说明。

深化设计应贯穿于施工的全过程:深化设计阶段了解各专业对钢结构的影响和需求,根据构件运输、安装方案确定制作单元重量及长度的划分;制作、安装阶段提供结构变形分析、结构安装施工安全性分析及临时支撑设计建议。

(2)主要工作内容

1)施工全过程仿真分析

内容包括模拟施工各状态的结构稳定性,特殊施工荷载作用下的结构安全性,整体吊装模拟验算,大跨结构的预起拱验算,大跨结构的卸载方案仿真研究,焊接结构施工合拢状态仿真,超高层结构的压缩预调分析等。

2)节点深化

钢结构节点主要有柱脚、支座、梁柱连接、梁梁连接、空间相贯节点等形式,深化主要内容包括图纸未指定的节点焊缝强度验算、螺栓群验算、现场拼接节点连接计算以及节点设计的施工可行性复核和复杂节点空间放样等。

3)安装图

安装图用于指导现场安装定位和连接,包括构件平面布置图、立面图、剖面图、节点大样图、各弦层构件节点编号图等内容。

4)构件大样图

构件大样图是表达工厂内的零件组装和拼装要求,包括拼接尺寸、工厂内节点连接要求、附属构件定位、制孔要求、剖口形式等内容。通常还包括表面处理、防腐甚至包装等要求。构件大样图还代表构件的出厂状态,即在加工厂加工完毕运输至现场的成品状态,便于现场核对检查。

5)零件图

零件图有时也称加工工艺图。图纸表达的是在加工厂不可拆分的构件最小单元,如板件、型钢、管材、节点铸件和机加工件等内容。

6)材料表

材料表往往容易被忽视,但却是深化详图的重要部分。它包含构件、零件、螺栓等的数量、尺寸、重量和材质信息,这些信息对正确理解图纸大有帮助,还可以很容易得到安装所需的起吊重量和现场的材料计划等重要信息。

2. 主要技术指标

通过深化设计满足钢结构加工制作和安装的设计深度需求。使用计算机辅助设计,推动钢结构工程的模数化、构件和节点的标准化,计算机自动校核、自动纠错、自动出图、自动统计,提高钢结构设计的水平和效率。深化设计应符合原设计人设计意图和国家标准与技术规程,并经原施工图设计人审核确认。

3. 技术应用要点

(1)技术应用范围

适用于各类建筑钢结构工程,特别适用于大型工程及复杂结构工程。

(2)钢结构深化设计思路

1)施工过程仿真分析介绍

施工过程仿真分析,就是根据实际的施工顺序、施工周期、施工方法和施工荷载等要素,对施工全过程进行模拟,以达到发现问题、解决问题的目的。对复杂工程的施工过程仿真分析非常重要,不仅可以指导施工顺序、保证施工安全,而且还可以对竣工验收起到很大的帮助作用。

仿真的计算工具通常采用目前具有施工阶段验算模块的 SAP2000 和 MIDAS 等设计软件,或 ANSYS 等分析软件来进行。

2)各种结构体系深化工作常用思路与方法

①多高层钢结构:多高层钢结构的深化重点是结构布置和连接节点。以层为单位表达水平构件(梁、桁架、水平支撑等)和竖向构件(柱、垂直支撑、钢板墙等)是通常的思路。以柱的运输或安装分段内包含的水平和竖向构件,划分为相对清晰的工作模块,是比较有效率的组织方式。此外,型钢混凝土等劲性构件还需要额外考虑栓钉、穿筋孔的布置和大量的埋件连接。

②门式刚架:门式刚架结构相对简单,刚架梁、刚架柱的设计通常按平面结构进行计算。深化详图也常常按榀来划分工作范围。除此之外,吊车梁系统和托架系统是深化工作需要重点关注的。

③空间桁架:空间桁架常常用于大面积的屋盖,如果处理好桁架的运输单元划分、桁架之间的连接或拼接节点,深化工作就事半功倍了。因为美观的需要,越来越多的空间桁架采用管桁架、索桁架或弦支杂交结构形式。这些桁架加工图本身并不复杂,如管桁架,甚至只需要给出三维 CAD 单线模型,给出相贯顺序就可以自动加工切割。确定复杂节点的相贯次序或拉索的张拉过程是深化工作的难点所在。

④空间结构:这里的空间结构代表性的是空间网格结构。这些结构中的螺栓球、焊接球、杆件和零配件等已有比较智能的设计深化一体软件。深化工作一般着重于杆件、支座等与其他结构的碰撞校核、螺栓球非主结构的工艺孔的定位等方面。

⑤特殊结构:工业建筑中有很多异型构件,如气罐、油罐等压力容器和储仓海洋平台等专业化很强的建筑物。这些构件往往由专业加工厂生产,因而深化时必须注意先和加工厂配合,了解冲压、旋压设备的基本要求,切忌想当然。

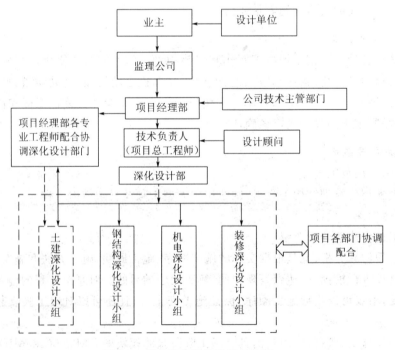

图 6-1 项目深化设计组织机构图

随着建筑技术的发展,民用建筑也有向非常规化发展的趋势,如著名的奥运工程鸟巢和水立方。这些项目没有相对固定的深化思路,必须就工程特点,与加工安装单位密切配合,同时必须具备良好的软件二次开发能力,如 AutoCAD 的 3D 建模技术的运用、弯扭构件的曲面展开、复杂相贯曲线数学模型推算等内容。

(3)钢结构深化设计工作流程

1)深化设计管理流程,如图 6-1 所示。

2)钢结构深化设计流程,如图 6-2 所示。

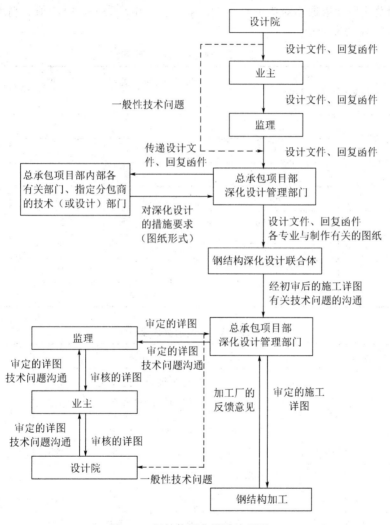

图 6-2　钢结构深化设计流程图

(4)钢结构节点深化设计

1)节点设计要求

①节点设计应严格按照结构设计提供的杆件内力报告进行计算。若结构设计无明确要求时,所有节点按等强连接设计。

②节点的形式原则上采用结构设计给定的样式,若确需调整,应事先提交结构设计

确认。

③在设计图没有特别指明的情况下,高强螺栓采用10.9级摩擦扭剪型。摩擦面的抗滑移系数 Q235 为 0.45,Q345 以上为 0.50。

④所有节点的设计,除满足强度要求外,尚应考虑结构简洁、传力清晰以及现场安装的可操作性。

2)节点设计内容

①设计指标

结构钢设计强度依据相对应的材料规范,使用表 6-2、表 6-3 中的值。高强螺栓的抗拉强度最小值为 $1040N/mm^2$。

表 6-2　钢材的强度设计值　　　　　　　　　（单位:N/mm^2）

材料（厚度 t:mm）		抗拉、抗压和抗弯 (f)	抗剪 (f_v)	端面承压 (f_{ce})
GB	Q235			
		$t \leqslant 16$	215	125	
		$t = 16 \sim 40$	205	120	325
		$t = 40 \sim 60$	200	115	
		$t = 60 \sim 100$	190	110	
	Q345	$t \leqslant 16$	310	180	
		$t = 16 \sim 35$	295	170	400
		$t = 35 \sim 50$	265	155	
		$t = 50 \sim 100$	250	145	

表 6-3　焊缝的强度设计　　　　　　　　　（单位:N/mm^2）

母材		对接焊缝				角焊缝
材质	厚度 (mm)	抗压	焊缝等级为下列级别时的抗拉和抗弯		抗剪	抗拉、压、剪
			一级、二级	三级		
Q235	$t \leqslant 16$	215	215	185	125	160
	$t = 16 \sim 40$	205	205	175	120	
	$t = 40 \sim 60$	200	200	170	115	
	$t = 60 \sim 100$	190	190	160	110	
Q345	$t \leqslant 16$	310	310	265	180	200
	$t = 16 \sim 35$	295	295	250	170	
	$t = 35 \sim 50$	265	265	225	155	
	$t = 50 \sim 100$	250	250	210	145	

②高强螺栓连接

a. 设计采用的高强螺栓规格和相对应的孔径见表 6-4。

表 6-4　设计采用的高强螺栓规格和相应的孔径表

螺栓名称	孔径	螺栓名称	孔径
M16	$\phi 17.5$	M22	$\phi 24$
M20	$\phi 22$	M24	$\phi 26$

b. 孔距和边距的设定原则:孔距≥3 倍螺栓直径;受力方向边距≥2 倍螺栓直径;非受力方向边距≥1.5 倍螺栓直径。孔距和边距一览表(标准孔)见表 6-5。

表 6-5　孔距和边距一览表(标准孔)

螺栓直径	孔距(mm)	受力方向边距 (mm)	非受力方向边距 (mm)
M16	50	35	30
M20	60	40	35
M22	70	45	40
M24	75	50	45

注:当螺栓沿受力方向的连接长度 $L \geqslant 15d_0$ 时(d_0 为孔径),螺栓承载力设计值应乘折减系数 $\beta = 1.1 - L/(150 \times d_0)$;当 $L \geqslant 60d_0$ 时,折减系数 $\beta = 0.7$。

c. 摩擦面的抗滑移系数:构件接触面应采用喷砂或抛丸处理,抗滑移系数采用 $u = 0.45$。

d. 采用的摩擦型高强螺栓的预拉力值见表 6-6。

表 6-6　采用的摩擦型高强螺栓的预拉力值　　　(单位:kN)

螺栓规格	GB 10.9	螺栓规格	GB 10.9
M16	100	M22	190
M20	155	M24	225

e. 高强度螺栓的承载力设计值见表 6-7、表 6-8,n_{fu} 为传力摩擦面数目。

表 6-7　摩擦型高强度螺栓的承载力设计值计算公式

项次	受力情况	公式
1	抗拉连接	$N_t = 0.8P$
2	抗剪连接	$N_v = 0.9 n_{fu} P$
3	同时承受摩擦面间的剪力和螺栓杆轴方向的外拉力	$N_v/N_{vb} + N_t/N_{tb} \leqslant 1$

表 6-8　高强螺栓允许抗拉、抗剪明细表

项目	螺栓规格			
	M16	M20	M22	M24
直径(mm)	16	20	22	24
面积(mm²)	201	314	380	452
标准	GB 10.9	GB 10.9	GB 10.9	GB 10.9
拉应力(kN)	80	124	152	180
标准孔　单剪	36	55.8	68.4	81
双剪	72	111.6	136.8	162

③焊接连接

a. 角焊缝有效焊喉(h_e)

直角焊缝的有效焊喉图如图 6-3 所示。有效焊喉 $h_e = 0.7h_f$。

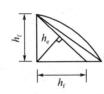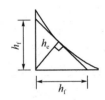

图 6-3　直角焊缝的有效焊喉图

斜角焊缝的有效焊喉计算参见图 6-4 和表 6-9。

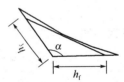

图 6-4　斜角焊缝的有效焊喉图

表 6-9　有效焊喉(h_e)

两焊角边的夹角	60°~90°	91°~100°	101°~106°	107°~113°	114°~120°
有效焊喉(h_e)	$0.7h_f$	$0.65h_f$	$0.60h_f$	$0.55h_f$	$0.50h_f$

b. 角焊缝的有效面积(A_w)：$A_w = h_e \times L_w$（L_w 为有效焊缝长度）；

c. 角焊缝的强度计算式：

当力垂直于焊缝长度方向时，

$$\sigma_f = \frac{N}{h_e l_w} \leqslant \beta_f f_f^w$$

当力平行于焊缝长度方向时，

$$\tau_{f} = \frac{N}{h_{e}l_{w}} \leqslant f_{f}^{w}$$

在其他力和综合力作用下,

$$\sqrt{\left(\frac{\sigma_{f}}{\beta_{f}}\right)^{2} + \tau_{f}^{2}} \leqslant f$$

注:β_f 为正面角焊缝强度设计值增大系数,结构承受静力和间接动载时 $\beta_f = 1.22$;结构承受动载时 $\beta_f = 1.0$。

对接焊缝的强度计算:由于在节点设计原则和焊接节点连接形式的设定中,已指定对接焊缝为全熔透一级焊缝,因此不必进行焊缝强度计算。

3)施工详图设计

①复杂结构建议采用 X-STEEL 建模,利用其优势进行三维建模,能清晰反映出复杂构件之间的关系,发现相互冲突的位置,及早解决,以免安装时造成不必要的损失及延误整个工期;图纸导出后的标注和修饰采用 AutoCAD。

②施工详图设计应根据节点设计详图进行,如在节点设计图中无相对应的节点时,可按照"高钢规"选用,但必须提交原设计认可。

③施工详图上的构件尺寸应采用 MS 公制尺寸;图面上所有的文字标注或说明必须采用中文。

④结构钢的材质在没有特别指明的情况下按"钢结构施工图设计说明"选用。

⑤在设计图没有特别指明的情况下,孔径按相关规程选用。

4)安装布置图

①包括平面布置图和立面布置图以及布置图所示构件的索引图。

②安装布置图所包含的内容有构件编号、安装方向、标高、安装说明等一系列安装所必须具有的信息。

5)构件加工详图

①构件细部、重量表、材质、构件编号、焊接标记、连接细部和锁口等。

②螺栓统计表,螺栓标记,螺栓直径,螺栓强度等级及栓钉统计表。

③轴线号及相对应的轴线位置。

④布置索引图。每一段外框柱必须在布置索引图上给出上下两个轴线控制点与定位轴线的位置关系。

⑤加工、安装所必须具有的尺寸。

⑥方向:构件的对称和相同标记(构件编号对称,此构件也应视为对称)。

⑦图纸标题、编号、改版号、出图日期。

⑧加工厂所需要的信息。

6)构件详图制图方向

构件详图制图方向图如图 6-5 所示。

7)整个结构和每件构件的紧固螺栓清单

①螺栓尺寸(直径、长度、数量)。

②构件编号,详图号。

③螺栓长度的确定方法见《钢结构高强度螺栓连接技术规程》(JGJ 82－2011)。

8)图纸清单

①应注明详图号、构件号、数量、净重量、构件类别、改版号、提交日期。

②文字:所有文书、资料、清单、图纸均使用中文。

9)图纸尺寸

①图纸尺寸和其他资料均使用 A 系列纸张,即 A1、A2、A3、A4。

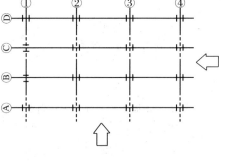

图 6-5　构件详图制图方向图

②原则上构件图纸尺寸均使用 A1,文书、资料和清单等使用 A4。

A0:841mm×1189mm;

A1:594mm×841mm;

A2:420mm×594mm;

A3:297mm×420mm;

A4:210mm×297mm。

③图纸比例:

索引图:1/200、1/400、1/60;

构件详图:1/20、1/30、1/50;

局部详图:1/5、1/10;

安装布置图:1/100。

10)施工图构件编号的设定

①构件类型的字母设定:

柱:　　　　　　　　C

主梁:　　　　　　　G(柱与柱之间的连系梁)

次梁:　　　　　　　B(梁与梁之间的连系梁)

垂直支撑:　　　　　V(层与层之间的支撑)

水平支撑:　　　　　F/H(平面内梁与梁之间的支撑)

立柱:　　　　　　　P

围梁、墙梁:　　　　GT

楼梯:　　　　　　　ST

楼梯扶手:　　　　　R

平面扶手:　　　　　HR

地脚螺栓:　　　　　EB

②图纸编号设定:

布置图　　设计合同号—区域号—图纸序列号

柱　　　　设计合同号—区域号—C—图纸序列号

梁　　　　设计合同号—区域号—G—图纸序列号

......

其余图纸编号类推。

③构件编号的设定：

柱　区域号—C 原设计序号—分节序号

如：E01—C01—1,表示位于 E01 区域编号为 C01 的第 1 节柱。

主梁　区域号—平面标高值 G 数字序号

如：E01—20G12,表示位于 E01 区域标高为＋20m 处序号为 12 的主梁。

次梁　区域号—平面标高值 B 数字序号

如：E01—20B11,表示位于 E01 区域标高为＋20m 处序号为 11 的次梁。

其他类型构件的编号设定均与柱和主梁的编号方法相同或类同,如业主对编号系统的设定有特殊要求,应严格按业主指示编号。

11）重量计算

重量计算必须按照相关规范中重量计算规定进行。

二、厚钢板焊接技术

1. 技术原理及主要内容

（1）基本概念

厚板通常指板厚大于 30mm 的钢板,而目前在一些大型钢结构建筑,特别是超高层钢结构中所用钢板都较厚,有的甚至达到或超过 100mm。如国家体育场（鸟巢）工程用钢最大板厚达 110mm（Q460E－Z35）,上海中心大厦工程桁架节点板厚达 120mm（Q390C－Z35）。超厚钢板的大量使用,对钢材的冶金工艺提出了更高要求,既要确保材料的性能指标,又要具有良好的焊接性,另外在焊接施工时要采取相应的焊接工艺来保证焊接质量。

（2）技术内容

1）建筑钢结构所用厚板的材质基本为低合金高强度钢,通常是在热轧及正火（或正火加回火）状态下焊接和使用,屈服强度 σ_s 为 295～460MPa,其中尤以 Q345 最普遍,近年来 Q390、Q420 也逐渐开始得到应用,甚至达到 Q460 级别。低合金高强度钢含有一定的合金元素及微合金化元素,其焊接性主要表现在焊接热影响区组织与性能的变化对焊接热输入敏感,热影响区淬硬倾向增大,对氢致裂纹敏感性较大。并且随着强度级别及板厚的增加,淬硬性和冷裂倾向都随之增大。焊接热影响区是整个接头最薄弱的环节,它的组织与性能取决于钢的化学成分、焊接时的加热和冷却速度。如果焊接冷却速度控制不当,焊接热影响区的局部区域将产生淬硬或脆性组织,导致抗裂性或韧性下降。随着板厚的增加,焊缝熔敷金属增加,焊接变形和应力控制难度大。

在高层建筑、大跨度工业厂房、大型公共建筑、塔桅结构等钢结构工程中,应用厚钢板焊接技术的主要内容有:①厚钢板抗层状撕裂 Z 向性能级别钢材的选用;②焊缝接头形式的合理设计;③低氢型焊接材料的选用;④焊接工艺的制定及评定,包括焊接参数、工艺、预热温度、后热措施或保温时间;⑤分层分道焊接顺序;⑥消除焊接应力措施;⑦缺陷返修预案;⑧焊接收缩变形的预控与纠正措施。

2）技术重点控制因素

①材料方面应采用有 Z 向性能要求的钢板,并控制碳当量,提高可焊性;

②焊缝形式应合理设计,以减小层状撕裂;

③焊接材料采用低氢型焊条;

④焊接工序要选择合适的预热温度与焊后热控制,并严格控制焊接顺序;

⑤焊接施工需重点控制焊接变形。

2. 主要技术指标

(1)焊前打磨:厚板焊接前,应将钢板切割面进行打磨处理,打磨深度不少于0.5mm,母材的焊接坡口及两侧30～50mm范围内,在焊前必须彻底清除气割氧化皮、熔渣、锈、油、涂料、灰尘、水分等影响焊接质量的杂质。

(2)预热、后热温度:预热温度不得低于150℃,后热温度250～300℃,后热时间按每25mm板厚不小于0.5h且不小于1.0h确定。

(3)预热区范围:焊缝两侧的预热区宽度应各为焊件待焊处厚度的1.5倍以上,且不小于100mm,焊接返修处的预热区域应适当加宽,以防止发生焊接裂纹。

(4)测温点位置:测温点设置在焊缝原始边缘两侧各75mm处;层间温度测温点应在焊道起点距离焊道熄弧端300mm以上;后热温度测温点应设在焊道表面。

(5)焊接环境:必须正温焊接(当环境温度低于0℃时,需搭设保温棚,确保焊接环境温度达到0℃以上方可施焊);当焊接作业区风速手工电弧焊超过8m/s、CO_2气体保护焊超过2m/s时,应设防风棚等防风措施。

焊后做焊缝的超声波探伤,焊缝质量达到国家验收合格标准,并扩大焊缝周围母材的检测,不允许母材出现裂纹、层状撕裂、淬硬等现象。板厚大于或等于40mm,且承受沿板厚方向拉力作用的焊接时,应有Z向性能保证,可根据《厚度方向性能钢板》(GB/T 5313－2010)的规定选取Z向性能等级。

3. 技术应用要点

(1)材料选用控制

1)对于厚板宜采用有Z向性能要求的钢板(其至用高建钢)

根据《钢结构焊接规范》(GB 50661－2011)第4.0.6条规定:"焊接T形、十字形、角接接头,当其翼缘板的厚度等于或大于40mm时,设计宜采用抗层状撕裂的钢板。钢板的厚度方向性能级别应根据工程的结构类型、节点形式及板厚和受力状态的不同情况选择。"Z向钢板的选用可以大大提高钢板抗Z向拉伸拘束应力的能力,从而从源头解决层状撕裂的问题。

2)控制钢材的含硫量

钢材的层状撕裂,含硫量是主要的影响因素。因此在材料的定购、复验中要有意识地控制钢材的含硫量,从而减少钢材层状偏析(主要是MnS)、各向异性等缺陷的存在,提高其Z向性能。

3)对母材进行UT检查

钢板进仓前应对每块钢板进行网格状UT检查,有裂纹、夹层及分层等缺陷存在的钢板不得使用。焊接前,对母材焊道中心线两侧各2倍板厚加30mm的区域内进行UT检查,母材中不得有裂纹、夹层及分层等缺陷存在,从而从根本上杜绝有缺陷的钢材流入加工工序中。

(2)焊缝接头形式的合理设计

　　1)改善接头设计,选用合理的节点形式(表 6-10)。

　　节点合理选用可以减少拘束应变,提高抗层状撕裂能力。具体的措施有:

表 6-10　防层状撕裂的节点形式

序号	不良节点形式	可改善节点形式	说　明
1			将垂直贯通板改为水平贯通板,变更焊缝位置,使接头总的受力方向与轧层平行,可大大改善抗层状撕裂性能
2			将贯通板端部延伸一定长度,有防止启裂的效果。此类节点多用于钢管与加劲板的连接接头
3			将贯通板缩短,避免板厚方向受焊缝收缩应力的作用。此类节点多用于钢板 T 字形连接接头

　　2)采用合理的坡口(表 6-11)

　　在满足设计焊透深度要求的前提下,选择合理的坡口形式、角度、间隙和合理的焊缝成型系数。可以有效地减少焊缝截面积和改变焊缝收缩应力方向,由此达到减小母材厚度方向承受拉应力的目的。具体的方法有:

表 6-11　防层状撕裂的坡口形式

序号	不良节点形式	可改善节点形式	说　明
1		$0.3\sim0.5t$	改变坡口位置以改变应变方向,使焊缝收缩产生的拉应力与板厚方向成一角度,为特厚板时,侧板坡口面角度应超过板厚中心,可减少层状撕裂倾向
2			在满足设计焊透深度要求的前提下,宜采用较小的坡口角度和间隙,以减小焊缝截面积和母材厚度方向承受的拉应力
3			在焊接条件允许的前提下,改单面坡口为双面坡口,可以避免收缩应变集中,同时可以减少焊缝金属体积从而可以减小焊缝收缩应变

　　(3)焊接材料控制

　　焊材的选用一般考虑以焊缝金属的强度和韧性与母材金属相匹配为原则。焊接不同类别的钢材时,焊接材料的选用以强度级别较低母材为依据。

　　高强厚钢板焊接应选用低氢的焊接材料。由于低合金高强钢对氢致裂纹敏感性较强,应优先选用低氢(或超低氢)焊条。CO_2 气体只要达到规范要求,所得熔敷金属的含氢量极低,具有较好的抗氢裂性,因此厚板焊接时推荐采用 CO_2 气体保护焊。

常用的结构钢材手工电弧焊、CO_2 气体保护焊焊材选配分别见表6-12和表6-13。

表6-12 常用钢材手工电弧焊焊条选用

钢材牌号	焊条选用	
	国标型号	牌号
Q235	E4303	J422
	E4315,E4316	J427,J426
Q345	E5003	J502
	E5015,E5016	J507,J506
Q390	E5015,E5016	J507,J506
	E5515—D3、G	J557
	E5516—D3、G	J556
Q420	E5515—D3、G	J557
	E5516—D3、G	J556
Q460	E6015—D1、G	J607

注:E××用于一般结构;E××15为低氢钠型,直流反接;E××16为低氢钾型,可采用交流电施焊。

表6-13 常用钢材 CO_2 气体保护焊焊丝选用

钢材牌号	焊丝选用	
	国标型号(实芯)	国标型号(药芯)
Q345	ER49—1	E500T
	ER50—3、2	E501T1
Q390	ER50—3	E500T
	ER50—2	E501T1
Q420	ER55—D2	E551T1
Q460	ER55—D2	E551T1

注:ER49—1用于一般结构。

(4)焊接工艺及评定

1)由于随着钢板厚度的增加,淬硬性和冷裂倾向会随之增大,焊接工艺要求高,因此在厚板焊接前应按规定进行焊接工艺评定试验,以取得合适的焊接工艺参数,从而指导焊接生产。

2)采用合理的焊接工艺

①采用低氢型、超低氢型焊条或气体保护电弧焊施焊,使得冷裂倾向小,有利于改善抗层状撕裂性能。

②采用低强组配的焊接材料,使焊缝金属具有低屈服点、高延性,易使应变集中于焊缝

而减轻母材热影响区的应变,可改善抗层状撕裂性能。

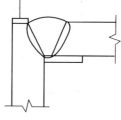

图 6-6　特厚板角接头
防层状撕裂工艺措施

③采用低强度焊条在坡口内母材板面上先堆焊塑性过渡层。减少母材影响区的应变,以防止母材发生层裂。

④采用对称多道次施焊,使应变分布均衡,减少应变集中。采用适当小热输入的多层多道焊,以减少热作用,从而减小收缩应变。

⑤Ⅱ类及Ⅱ类以上钢材箱形柱、梁角接接头,当板厚≥80mm,侧板边火焰切割面宜用机械方法去除淬硬层(图 6-6),防止层状撕裂起源于板端表面的硬化组织。

⑥采用焊后消氢热处理加速氢的扩散,使得冷裂倾向减小,提高抗层状撕裂性能。

⑦采用或提高预热温度施焊,降低冷却速度,改善接头区组织韧性,但采用的预热温度较高时易使收缩应变增大,在防止层状撕裂的措施中只能作为次要的方法。

在以上所述的三类防止层状撕裂措施中,降低母材含硫量、控制母材夹杂物、裂纹、夹层及分层等缺陷,提高母材 Z 向性能,是防止层状撕裂最根本的措施;选用合理的节点和合适的坡口形式,可以减小焊缝收缩应变,是防止层状撕裂积极的措施;而焊接工艺措施,可以改善焊缝及母材热影响区的焊缝收缩应变作用,对提高母材抗层状撕裂性能有很大作用,但因受生产施工实际情况的限制,其作用是有限的。

3)Q460E 钢焊接工艺(表 6-14)

表 6-14　Q460E 钢焊接工艺参数(以 110mm 为例)

层次	焊接方法	焊丝直径 (mm)	保护气流量(l/min)	电流 (A)	电压 (V)	焊接速度 (m/h)	焊丝、焊条
打底	埋弧焊	$\phi4$	—	550～600	27～34	27～33	CJ.GNH+1+SJ105
中间	埋弧焊	$\phi4$	—	600～650	32～36	27～33	
盖面	埋弧焊	$\phi4$	—	600～650	32～36	27～33	
预热温度(℃)	150～170		层间温度(℃)		150～200		
打底	CO_2 焊	$\phi1.2$	15～20	200～230	32～34	27～30	TWE-81K2
中间	CO_2 焊	$\phi1.2$	15～20	200～230	32～34	27～30	
盖面	CO_2 焊	$\phi1.2$	15～20	200～220	32～34	27～30	
预热温度(℃)	150～170		层间温度(℃)		150～180		
打底	手工焊	$\phi3.2$	—	90～130	23～26	13.3～15	CHE557
中间	手工焊	$\phi4$	—	150～180	23～26	13.3～15	
盖面	手工焊	$\phi4$	—	150～180	23～26	13.3～15	
预热温度(℃)	150～170		层间温度(℃)		150～180		

注:手工焊或 CO_2 气保焊在焊接时应采用多层多道焊,严禁摆宽道。

Q460E 钢为低合金高强度钢,正火处理,碳当量较高,焊接性较差,为保证焊接接头质量,应对焊接前的预热温度、焊接过程中的层间温度和线能量进行严格控制。这对焊缝整体质量起到至关重要的作用。焊接线能量过小则冷却速度快,产生淬硬组织,易产生裂纹;焊接线能量过大则冷却速度缓慢,晶粒粗大,导致焊缝塑性、韧性下降。因此在焊接过程中要严格控制焊接规范。

①焊前检查焊缝坡口质量,检查坡口边缘是否光滑和有无割痕缺口;切割边缘的粗糙度应符合《钢结构工程施工质量验收规范》(GB 50205—2001)规范规定的要求。被焊接头区域附近的母材应无油污、铁锈、氧化皮及其他外来物;

②对焊缝坡口区域进行彻底打磨,去除渗碳层、油污、铁锈、氧化皮等杂物直至露出金属光泽;

③焊前对焊接部位进行预热,焊接部位的表面用电加热均匀加热,加热区域为被焊接头中较厚板的两倍板厚范围,但不得小于 100mm 区域。如 Q460E 钢板厚为 110mm,因此加热范围为坡口中心至坡口两侧各大于 220mm 范围。加热区域加热时应尽可能在施焊部位的背面加热;

④焊接过程中严格控制焊接线能量,焊接采用多层多道焊,层间温度一般不得超过 200℃且不得低于预热温度;

⑤预热和层间温度的测量应采用红外测温枪进行测量。测量时应距焊缝坡口两侧焊接各方向 75mm;

⑥同一焊缝应连续施焊,力求一次完成;不能一次完成的焊缝应注意焊后的缓冷,再次焊接前必须重新进行预热;

⑦焊后采用石棉或加热板使焊缝缓慢冷却,待冷却 48h 后进行无损检测。

(5)分层分道焊接

在厚板焊接过程中,应坚持多层多道焊,严禁摆宽道。由于母材对焊缝拘束应力大,焊缝强度相对较弱,摆宽道焊接容易引起焊缝开裂或延迟裂纹的发生。而多层多道焊,前一道焊缝对后一道焊缝来说是一个"预热"的过程;后一道焊缝对前一道焊缝相当于一个"后热处理"的过程,有效地改善了焊接过程中应力分布状态,保证焊接质量。

(6)消除焊接应力

1)选用合理的接头坡口形式,接头的设计要能尽量减少焊缝熔敷量,并且有利于两面对称焊接(如尽量采用对称的 U 形或 X 形坡口)。在满足设计强度要求下,选用局部熔透焊缝。如果只能单面焊接,应在保证焊透的情况下采用窄间隙、小坡口,以降低熔敷金属量,减少焊接收缩,从而减小焊接变形及残余应力。

2)焊接热输入的控制。正火或正火加回火钢对焊接热输入较敏感,为确保焊接接头的韧性,不宜采用过大的焊接热输入,而热轧钢相对可以适应较大的焊接热输入。焊接操作上尽量不用横向摆动和挑弧焊接,而采用多层窄道焊接。焊接热输入可通过焊接工艺评定试验加以确定。

3)焊接工艺上,采取合适的焊接顺序以及预热、后热措施来减小焊接应力。

4)设计文件对焊后有消应力要求时,可采用热时效、振动时效及锤击法等消应力措施。

5)为了控制厚板焊缝中的收缩应力,可对中间焊层进行锤击,以防止开裂或变形,或同时防止两者。严禁对焊缝根部、表面焊层或焊缝边的母材进行锤击。锤击应小心进行,以防止焊缝金属或母材皱叠或开裂。锤击工具选用圆头手锤或带有 $\phi8mm$ 球形的风铲。

(7)变形控制

厚板、超厚板的角接、对接焊缝,坡口大,焊接填充熔敷金属量大,焊接热输入量高,变形亦大。对于超厚板焊接结构而言,若焊接变形得不到有效控制,将会直接导致构件的外形尺寸精度严重超差,构件质量达不到设计、规范要求。控制焊接变形的主要措施有:

1)厚板对接焊后的角变形控制。为控制变形,必须对每条焊缝正反两面分阶段反复施焊,或同一条焊缝分两个时段施焊。施焊时注意随时观察其角变形情况,准备翻身焊接,以尽可能减少焊接变形及焊缝内应力。对异形厚板结构,可设置胎模夹具,对构件进行约束来控制变形。由于厚板异形结构造型奇特,断面、截面尺寸各异,在自由状态下施焊,尺寸精度难以保证,根据构件的形状,制作胎模夹具,将构件处于固定状态下进行装配、定位、焊接,进而控制焊接变形。

2)合理的焊接顺序

选择与控制合理的焊接顺序,既是防止焊接应力的有效措施,也是防止焊接变形的最有效的方法之一。根据不同的焊接方法,制定不同的焊接顺序。埋弧焊一般采用逆向法、退步法;CO_2 气体保护焊及手工焊采用对称法、分散均匀法;编制合理的焊接顺序的方针是"分散、对称、均匀、减小拘束度"。

3)采取反变形措施

由于本工程中钢板超厚,全熔透焊缝范围大,焊接后上下翼缘板外伸部分会产生较大的角变形。厚板的角变形往往不易校正,为减少校正工作量,可在板件拼装前将上下翼缘板先预设反变形;由于焊接角变形效应,构件焊后基本可以使翼板回复至平吾状态,如图 6-7 所示。反变形角度通过对焊缝焊接过程中热输入量的计算及以往工程中的实践经验综合予以确定。

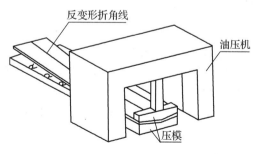

图 6-7　反变形设置示意

4)对结构进行优化设计

结构中节点设计的合理性对构件的焊接变形影响关系很大,深化设计时应考虑的因素包括:构件分段易于切分;焊缝强度等级要求合理,易于施工;节点刚度分配合理,易于减少焊缝焊接时的拘束度等。

三、大型钢结构滑移安装施工技术

1. 技术原理及主要内容

（1）基本概念

大跨度空间结构与大型钢构件在施工安装时，为加快施工进度、减少胎架用量、节约大型设备、提高焊接安装质量，可采用滑移施工技术。滑移技术是在建筑物的一侧搭设一条施工平台，在建筑物两边或跨中铺设滑道，所有构件都在施工平台上组装，分条组装后用牵引设备向前牵引滑移（可用分条滑移或整体累积滑移）。结构整体安装完毕并滑移到位后，拆除滑道实现就位。

滑移可分为结构直接滑移、结构和胎架一起滑移、胎架滑移等多种方式。牵引系统有卷扬机牵引、液压千斤顶牵引与顶进系统等。

（2）技术特点

1）对于大跨度空间钢结构采用滑移法安装只需在结构一端搭设拼装平台，完成一个滑移单元拼装后，利用牵引设备向前滑移该拼装单元，接着拼装下一个单元，并再次向前滑移，依此类推，最终滑移到位。该方法与散装法相比除结构端部的拼装支架外不用搭设满堂支架，对土建等相关专业影响小，可以实现钢结构和其他专业平行施工。

2）该方法具有广泛的适用性。除单向桁架外，对于结构刚度较小的双向桁架或网架通过增加支撑点（减小跨度），加大组装平台宽度，增加平台上同时拼装桁架的数量，同样可以采用滑移法安装。

3）滑移法施工不仅可以单独滑移桁架或网架，对于张弦钢屋架滑移时采取拖带索的方法，既可解决桁架滑移到位后不易挂索的难题，又能保证工程质量、安全，且减少对其他工序施工的干扰。

4）滑移的推进装置采用计算机控制同步液压爬行器。设备自动化程度高，操作方便灵活，安全性好，可靠性高，使用面广，通用性强。

2. 主要技术指标

结构滑移设计时要对滑移工况进行受力性能验算，保证结构的杆件内力与变形符合规范和设计要求。滑移牵引力要正确计算，当钢与钢面滑动摩擦时，摩擦系数取 0.12～0.15；当滚动摩擦时，滚动轴处摩擦系数取 0.1；当不锈钢与四氟聚乙烯板之间的滑靴摩擦时，摩擦系数取 0.08。滑移时要确保同步，位移不同步应小于 50mm，同时应满足结构安全的要求。

3. 技术应用要点

（1）技术应用范围

适用于大跨度网架结构、平面立体桁架（包括曲面桁架）及平面形式为矩形的钢结构屋盖、特殊地理位置的钢结构桥梁，特别是由于现场条件的限制，吊车无法直接安装的结构。

（2）施工技术要点

1）施工仿真计算与施工方案编制

要对整个滑移施工过程进行全面的仿真计算，按最不利工况验算结构、拼装平台、滑道、牵引系统等的受力、变形和稳定性，采取必要的加固措施。编制施工方案指导施工，包括：滑移单元划分、拼装平台和滑道搭设、高空拼装、牵引系统、分条滑移或累积滑移、落架就位、施工监测、应急预案等。

2）高空组装平台搭设及桁架拼装

拼装平台一般采用钢管脚手架或钢格构架，在结构一端，既可以在结构内也可以在结构外，搭设宽度与结构刚度和滑移单元划分相关。对于网架一般取两个网格为一个滑移单元，桁架以一榀作为一个滑移单元。拼装平台宽度一般要满足两个滑移单元拼装需要，对于双向桁架可通过增加平台宽度，使三榀纵向桁架能同时在高空组装平台上拼装，可保证横向桁架在前一节间发生形变前拼装后一节间，如此则能较好地提高横向桁架的整体质量，高空组装平台搭设的宽度就要满足三榀桁架拼装的需要。

3）滑移轨道设置

滑道首先考虑在结构两边的立面支撑结构上设置，形成两条滑道，对于双向桁架如果在原支座、原跨度条件下滑移，则桁架应力、变形有可能超出设计允许值，故需跨中增设一条，即三条滑道。对于拱形结构，考虑到水平推力，除设置水平滑轨外，还要设置侧向滑轨。滑轨采用钢轨或 H 形钢梁，为降低摩擦系数，可抹上黄油或铺设聚四氟乙烯板。

4）液压同步滑移系统安装

液压同步滑移施工采用计算机控制，通过数据反馈和控制指令传递，可全自动实现各个爬行器同步动作、负载均衡、姿态矫正、推力控制、操作闭锁、过程显示和故障报警等多种功能。滑移设备总体规划布置应满足钢屋架滑移单元滑移驱动力的要求，使每台液压爬行器受载均匀；保证每台泵站驱动的液压爬行器数量相等，提高泵站利用率；确保系统的安全性和可靠性，降低工程风险。

5）同步滑移

①滑移前需充分进行准备工作

主要包括液压爬行器安装及检修调试、爬行器耳板设计、轨道及预埋件安装、液压泵站的检修与调试、电气控制系统检修与试验、计算机同步控制系统、泵站控制柜及各种传感器的检修与调试。

爬行速度控制在 6～8m/h；启动时爬行加速度取决于流量增量，通过计算机控制速度曲线，可使滑板初始运动的加速度非常小。

液压同步滑移设备系统安装完成后需进行调试，主要内容是：

a. 检查泵站上所有阀或硬管的接头是否有松动。

b. 检查溢流阀的调压弹簧是否处于完全放松状态。

c. 检查泵站启动柜与液压爬行器之间电缆线的连接是否正确。

d. 检查泵站与液压爬行器主油缸之间的油管连接是否正确。

e. 系统送电，检查液压泵主轴转动方向是否正确。

f. 在泵站不启动的情况下，手动操作控制柜中相应按钮，检查电磁阀和截止阀的动作是否正常，截止阀编号和液压爬行器编号是否对应。

g. 检查行程传感器和位移传感器；滑移前启动泵站，调节到 5MPa 左右的压力，伸缩油缸，检查 A 腔、B 腔的油管连接是否正确。

h. 检查截止阀能否截止对应的油缸；检查比例阀在电流变化时能否加快或减慢对应油

缸的伸缩速度。

②滑移的同步性控制

屋架在滑移过程中，是沿设定的直线前进的，如果滑道的直线度差，易使滑道产生破坏，因此滑道的施工精度必须较高。液压牵引作业由计算机通过传感器进行闭环控制和智能化控制，实现牵引的同步和负载的均衡，使滑移过程中钢屋架的结构稳定性、同步性和位移偏差满足要求。

同步性测控除采用液压滑移系统本身的计算机系统控制外，另外采用全站仪对所有滑道处的行程进行同步性测控。在每个滑道位置上各固定一个反射棱镜，通过测量放线使各点连线垂直于滑道的方向，即各点具有相同的起始位置。

在滑移单元沿滑道前方各搭设一个临时观测平台，安置全站仪，分别观测各个反射棱镜，在滑移过程中，各点同时计时，从开始每隔固定时间间隔测量全站仪与反射棱镜间的距离，记录每次监测的距离数据。通过时间、距离记录表可了解较详细的爬行运动状态及同步情况。

6) 应力、变形监测

采用激光扫描仪、水准仪、全站仪、光纤光谱应变传感器、振弦式应变计及相应的数采系统等对滑移施工中钢结构的应力、变形、水平偏移，支撑架及滑移轨道应力等进行全过程监控，并设定预警值，保证滑移施工在可控状态下进行。

第三节　组合结构、预应力钢结构新技术

一、钢与混凝土组合结构技术

1. 技术原理及主要内容

(1) 基本概念

钢与混凝土组合结构是指钢（钢筋和型钢）与混凝土（素混凝土和钢筋混凝土）组成一个结构或构件而共同工作的结构。钢与混凝土组合结构是继木结构、砌体结构、钢筋混凝土结构和钢结构之后发展兴起的第五大类结构。国内外常用的钢-混凝土组合结构主要包括压型钢板与混凝土组合板、钢与混凝土板组合在一起的组合梁、型钢混凝土结构、钢管混凝土结构和外包钢混凝土结构五大类。

(2) 技术原理及分类

组合结构充分发挥了钢材与混凝土各自的自身特点和优势，取长补短，组合结构在强度、刚度和延性等方面都比一般的钢筋混凝土结构要好，同时还方便施工，因此组合结构具有广阔的发展前景。组合结构是由两种材料共同工作，两种不同性能的材料组合成一体，发挥各自的长处，其关键在于"组合"，主要是依靠两种不同材料之间的可靠连接，必须能有效的传递混凝土与钢材之间的剪力，使混凝土与钢材组合成整体，共同工作。剪切连接件的形式可以分为两大类，即带头栓钉、斜钢筋、环形钢筋以及带直角弯钩的短钢筋等柔性连接件和块式连接的刚性连接件。

钢与混凝土组合结构一般包括框架、框架-剪力墙、框架-核心筒、筒中筒等结构体系。根

据施工特点分为柱、梁、墙、板等构件,见表 6-15。

表 6-15　钢与混凝土组合结构构件分类表

序号	构件类别	截面形式	
1	钢与混凝土组合柱	钢管混凝土柱	圆形钢管混凝土柱
			矩形钢管混凝土柱
		型钢混凝土柱	简单截面型钢混凝土柱
			复合断面型钢混凝土柱
2	型钢混凝土组合梁	型钢混凝土框架梁	
		型钢混凝土转换梁	
		型钢混凝土转换桁架	
3	钢与混凝土组合墙	型钢混凝土墙	型钢混凝土端柱墙
			型钢混凝土框架墙
			型钢混凝土斜撑墙
		钢板混凝土墙	混凝土单层钢板墙
			混凝土双层钢板墙
4	钢与混凝土组合板	压型钢板混凝土楼板	
		桁架式钢板混凝土楼板	压型钢板混凝土楼板
			钢板混凝土楼板

1)钢管混凝土柱:在钢管内浇筑混凝土并由钢管和管内混凝土共同承担荷载的柱,包括圆形、矩形、多边形及其他复杂截面的钢管混凝土柱。

2)圆形钢管混凝土转换柱:承托上部楼层墙或柱,实现上部楼层到下部楼层结构形式转变的圆形钢管混凝土柱。

3)圆形钢管混凝土框架柱:圆形钢管内填混凝土形成钢管与混凝土共同受力的框架柱。

4)型钢混凝土框架柱:钢筋混凝土截面内配置型钢的框架柱。

5)型钢混凝土转换柱:承托上部楼层墙或柱,实现上部楼层到下部楼层结构形式转变的型钢混凝土柱;部分框支剪力墙结构的转换柱亦称框支柱。

6)矩形钢管混凝土框架柱:矩形钢管内填混凝土形成钢管与混凝土共同受力的框架柱。

7)矩形钢管混凝土转换柱:承托上部楼层墙或柱,实现上部楼层到下部楼层结构形式转变的矩形钢管混凝土柱。

8)型钢混凝土框架梁:钢筋混凝土截面内配置型钢的框架梁。

9)型钢混凝土转换梁:承托上部楼层墙或柱,实现上部楼层到下部楼层结构形式转变的型钢混凝土梁;部分框支剪力墙结构的转换梁亦称框支梁。

10)钢与混凝土组合梁:钢筋混凝土截面内配置型钢梁的梁。

11)型钢混凝土剪力墙:钢筋混凝土截面内配置型钢的剪力墙。

12)钢板混凝土剪力墙:钢筋混凝土截面内配置钢板的剪力墙。

13)钢斜撑混凝土剪力墙:钢筋混凝土截面内配置钢斜撑的剪力墙。

14)钢与混凝土组合楼板:在制作成型的压型钢板或钢筋桁架板上绑扎钢筋、现浇混凝土,压型钢板与钢筋、混凝土之间通过剪力连接件相结合,压型钢板与混凝土共同工作承受载荷的楼板。

(3)钢-混凝土组合结构特点

1)钢与混凝土组合梁及其特点

组合梁由于能充分发挥钢与混凝土两种材料的力学性能,在国内外获得广泛的发展与应用。组合梁结构除了能充分发挥钢材和混凝土两种材料受力特点外,与非组合梁结构比较,具有下列特点:

①节约钢材:钢筋混凝土板与钢梁共同工作的组合梁,节约钢材17%~25%。

②降低梁高:组合梁较非组合梁不仅节约钢材,降低造价,而同时降低了梁的高度,这在建筑或工艺限制梁高的情况下,采用组合梁结构特别有利。

③增加梁的刚度:在一般的民用建筑中,钢梁截面往往由刚度控制,而组合梁由于钢梁与混凝土板共同工作,大大地增强了梁的刚度。

④抗震性能好,抗疲劳强度高。

⑤增加梁的承载力,局部受压稳定性能良好。

2)钢管混凝土及其特点

钢管混凝土是指在钢管中填充混凝土而形成的构件。钢管混凝土研究最多的是圆钢管,在特殊情况下也采用方钢管或异形钢管,除了在一些特殊结构当中有采用钢筋混凝土的情况之外,混凝土一般为素混凝土。钢管混凝土在我国的应用范围很广,发展很快,从应用范围和发展速度两个方面来看都位于世界前列。主要应用领域一个是公路和城市桥梁,另一个是工业与高层和超高层建筑。钢管混凝土具有下列基本特点:

①承载力大大提高:钢管混凝土受压构件的强度承载力可以达到钢管和混凝土单独承载力之和的1.7~2.0倍。

②具有良好的塑性和抗震性能:在钢管混凝土构件轴压试验中,塑性性能非常好。钢管混凝土构件在压弯剪循环荷载作用下,表明出的抗震性能大大优于钢筋混凝土。

③施工简单,可大大缩短工期:和钢柱相比,零件少,焊缝短,且柱脚构造简单,可直接插入混凝土基础预留的杯口中,免去了复杂的柱脚构造;和钢筋混凝土柱相比,免除了支模、绑扎钢筋和拆模等工作;由于自重的减轻,还简化了运输和吊装等工作。

④经济效果显著:和钢柱相比,可节约钢材50%,和钢筋混凝土柱相比,可节约混凝土约70%,减少自重约70%,节省模板100%,而用钢量约略相等。

3)型钢混凝土结构及其特点

由混凝土包裹型钢做成的结构被称为型钢混凝土结构。它的特征是在型钢结构的外面有一层混凝土的外壳。型钢混凝土中的型钢除采用轧制型钢外,还广泛使用焊接型钢。此外还配合使用钢筋和钢箍。型钢混凝土梁和柱是最基本的构件。型钢可以分为实腹式和空腹式两大类。实腹式型钢可由型钢或钢板焊成,常用的截面形式有I、H、工、T、槽形等和矩形及圆形钢管。空腹式构件的型钢一般由缀板或缀条连接角钢或槽钢而组成。

由型钢混凝土柱和梁可以组成型钢混凝土框架。框架梁可以采用钢梁、组合梁或钢筋混凝土梁。在高层建筑中，型钢混凝土框架中可以设置钢筋混凝土剪力墙，在剪力墙中也可以设置型钢支撑或者型钢桁架，或在剪力墙中设置薄钢板，这样就组成了各种形式的型钢混凝土剪力墙。型钢混凝土剪力墙的抗剪能力和延性比钢筋混凝土剪力墙好，可以在超高层建筑中发挥作用。

型钢混凝土与钢筋混凝土框架相比较具有以下特点：

①型钢混凝土的型钢可不受含钢率的限制，其承载能力可以高于同样外形的钢筋混凝土构件的承载能力一倍以上；可以减小构件的截面，对于高层建筑，可以增加使用面积和楼层静高。

②型钢混凝土结构的施工工期比钢筋混凝土结构的工期大为缩短。型钢混凝土中的型钢在混凝土浇筑前已形成钢结构，具有相当大的承载能力，能够承受构件自重和施工时的活荷载，并可将模板悬挂在型钢上，而不必为模板设置支柱，因而减少了支模板的劳动力和材料。型钢混凝土多层和高层建筑不必等待混凝土达到一定强度就可继续施工上层。施工中不需架立临时支柱，可留出设备安装的工作面，让土建和安装设备的工序实行平行流水作业。

③型钢混凝土结构的延性比钢筋混凝土结构明显提高，尤其是实腹式的构件。因此在大地震中此种结构呈现出优良的抗震性能。日本抗震规范规定高度超过45m的建筑物不得使用钢筋混凝土结构，而型钢混凝土结构则不受此限制。

④型钢混凝土框架较钢框架在耐久性、耐火度等方面均更胜一筹。

4）外包钢混凝土结构及其特点

外包钢混凝土结构（以下简称外包钢结构）是外部配型钢的混凝土结构。外包钢结构由外包型钢的杆件拼装而成，杆件中受力主筋由角钢代替并设置在杆件四角，角钢的外表面与混凝土表面取平，或稍突出混凝土表面0.5～1.5mm。横向箍筋与角钢焊接成骨架，为了满足箍筋的保护层厚度的要求，可将箍筋两端墩成球状再与角钢内侧焊接。外包钢混凝土结构主要有以下特点：

①构造简单：外包钢结构取消了钢筋混凝土结构中的纵向柔性钢筋以及预埋件，构造简单，有利于混凝土的捣实，也有利于采用高强度等级混凝土，减小杆件截面，便于构件规格化，简化设计和施工。

②连接方便：外包钢结构的特点就在于能够利用它的可焊性，杆件的连接可采用钢板焊接的干式接头，管道等的支吊架也可以直接与外包角钢连接。和装配式钢筋混凝土结构相比，可以避免钢筋剖口焊和接头的二次浇筑混凝土等工作。

③使用灵活：外包角钢和箍筋焊成骨架后，本身就有一定强度和刚度，在施工过程中可用来直接支承模板，承受一定的施工荷载。这样施工方便、速度快，又节约了材料。

④抗剪强度提高：双面配置角钢的杆件，极限抗剪强度与钢筋混凝土结构相比提高22%左右。

⑤延性提高：剪切破坏的外包钢杆件，具有很好的变形能力，剪切延性系数和条件相同的钢筋混凝土结构相比要提高1倍以上。

2. 主要技术指标

(1)组合梁的构造要求

组合梁中现浇混凝土板的混凝土强度等级不低于 C20,组合梁中混凝土板的厚度,一般采用 100~160mm,采用压型钢板与混凝土组合板,则压型钢板肋顶至混凝土板顶间的距离不小于 50mm,组合板的整个高度不小于 90mm,混凝土板中应设置板托。钢梁顶面不得涂刷油漆,在浇筑或安装混凝土板之前应消除铁锈、焊渣及其他脏污杂物。

(2)型钢混凝土计算方法

型钢混凝土结构构件应由混凝土、型钢、纵向钢筋和箍筋组成。型钢混凝土结构构件的计算有三种:

1)按平截面假定采用钢筋混凝土构件计算方法,即认为型钢与钢筋混凝土能够成为一个整体且变形一致,共同承担外部作用,将型钢离散化为钢筋,并用钢筋混凝土的公式计算其强度。

2)基于试验与数值计算的经验公式一种是以钢结构计算方法为基础,根据型钢混凝土结构的试验结果,经过数值计算,引入协调参数加以调整的经验公式。另一种是在对型钢混凝土构件试验研究的基础上,通过大量的数值计算直接拟合试验结果的近似经验公式。

3)累加计算方法。对空腹式型钢混凝土构件按钢筋混凝土的方法计算,而对实腹式型钢混凝土构件在型钢不发生局部屈曲的假定下,分别计算型钢和钢筋混凝土的承载力或刚度,然后叠加,即为构件的承载力或刚度。这种方法是一种简单的叠加法,没有考虑型钢和钢筋混凝土之间的粘结力及型钢骨架与混凝土间的约束与支撑作用,其承载力和刚度计算结果均偏于保守,且当型钢不对称时精度不高。按该法,在计算柱截面的承载力时,弯矩和轴力在型钢和钢筋混凝土之间的分配,可根据具体情况采用不同的分配方式。

(3)钢管混凝土的构造要求

钢管与钢管的连接应尽可能采用直接连接的方式。只有在直接连接实在困难的情况下才采用节点板连接,与节点连接的空钢管,必须在管端焊接钢板封住,以免湿气侵入腐蚀钢管内壁。主钢管在任何情况下都不允许开洞。钢管上的焊缝应尽可能在浇筑混凝土前完成。在浇筑混凝土后,只允许施加少量的构造焊缝,以免在焊接高温下产生温度应力,影响钢管与混凝土的受力性能。钢管混凝土柱与梁的连接与一般钢结构梁柱或钢柱与钢筋混凝土梁连接不同,通过加强环与钢梁或预制钢筋混凝土梁连接是比较可靠的连接方法;钢管混凝土柱与现浇钢筋混凝土梁连接时,可将梁端宽度加大,使纵向主筋绕过钢管直通,然后浇筑混凝土,将钢管包围在节点混凝土中,而在梁加宽处加设附加钢箍,梁宽加大部分的斜面坡度应≤1/6。钢管混凝土柱柱脚与基础的连接可分为两大类:一类是与钢柱连接类似,在柱脚底焊接底板与柱脚加劲肋,底板与基础顶面预埋的钢板直接焊接,然后浇筑混凝土,也可将底板与基础预埋螺栓用螺栓连接;另一类柱脚与钢筋混凝土基础的连接构造类似,做成刚性连接,连接时将钢管混凝土柱肢插入混凝土杯形基础的杯口中。

3. 技术应用要点

(1)技术应用范围

钢管混凝土特别适合应用于高层、超高层建筑的柱及其他有重载承载力设计要求的柱;

钢骨混凝土适合于高层建筑外框柱及公共建筑的大柱网框架与大跨度梁设计;组合梁适用于结构跨度较大而高跨比又有较高要求的楼盖结构。

(2)钢管混凝土柱施工要点

1)钢管混凝土柱施工工艺流程:

钢管柱制作(含防腐)→钢管柱安装→管芯混凝土浇筑→钢管外壁涂防火涂层。

2)钢管柱的管段制作规定:

①圆钢管可采用直焊缝钢管或者螺旋焊缝钢管。当管径较小无法卷制时,可采用无缝钢管。采用无缝钢管时应满足设计提出的技术要求。

②采用常温卷管时,Q235 的最小卷管内径不应小于钢板厚度的 35 倍,Q345 的最小卷管内径不应小于钢板厚度的 40 倍,Q390(或以上者)的最小卷管内径不应小于钢板厚度的45 倍。

③直缝焊接钢管应在卷板机上进行弯管,在弯曲前钢板两端应先进行"压头"处理,以消除两端直头。螺旋焊钢管应由专业生产厂加工制造。

④钢板应优先选择定尺采购,使每节管段上只有 1 条纵向焊缝。当钢板一定要拼接时,每节管段拼缝不宜多于 2 条,也不宜有交叉拼缝。要求焊缝质量检验合格,表面打磨后方可进行弯管加工。

⑤矩形钢管角部应采用全熔透角接焊缝,也可以采用角部冷弯侧面全熔透对接焊缝。

3)钢管柱拼装:

①焊接钢管柱由若干管段组成。应先组对、矫正、焊接纵向焊缝形成单元管段,然后焊接钢管内的加强环肋板,最后组对、矫正、焊接环向焊缝形成钢管柱安装的单元柱段。相邻两管段的纵缝应相互错开 300mm 以上。

②钢管柱单元柱段的管口处,应有加强环板或者法兰等零件,没有法兰或加强环板的管口要加临时支撑。

③钢管柱单元柱段在出厂前应进行工厂预拼装,预拼装检查合格后,应标注中心线,控制基准线等标记,必要时应设置定位器。

4)钢管柱焊接:

①钢管构件的焊缝(纵向焊缝、螺旋焊缝或者横向焊缝)均应采用全熔透对接焊缝,其焊缝的坡口形式和尺寸应符合国家标准《气焊、焊条电弧焊、气体保护焊和高能束焊的推荐坡口》(GB/T 985.1—2008)和《埋弧焊的推荐坡口》(GB/T 985.2—2008)的规定。

②圆钢管构件纵向直焊缝应选择全熔透一级焊缝。横向环焊缝可选择全熔透一级(或者二级)焊缝。矩形钢管构件纵向的角部组装焊缝应采用全熔透一级焊缝。横向焊缝可选择全熔透一级(或者二级)焊缝。圆钢管的内外加强环板与钢管壁应采用全熔透一级(或二级)焊缝。

5)钢管柱安装:

①钢管柱吊装时,管上口应临时加盖或包封。钢管柱吊装就位后,应立即进行临时固定措施。

②由钢管混凝土柱-钢框架梁构成的多层和高层框架结构,应在一个竖向安装段的全部构件安装、校正和固定完毕,并经测量检验合格后,方可浇灌管芯混凝土。

③由钢管混凝土柱—钢筋混凝土框架梁构成的多层和高层框架结构,竖向安装柱段宜采用每段一层,最多每段二层。在钢管柱安装、校正并完成上下柱段的焊接后,方可浇筑管芯混凝土和施工楼层的钢筋混凝土梁板。

④单层工业厂房的钢管混凝土排架结构,应在钢管柱安装校正完毕,完成柱脚嵌固并经测量检验合格后,方可浇灌管芯混凝土。

6)主要节点做法:

①钢管柱的柱脚可以直接锚固在基础内(包括桩、桩承台、地下室底板等),也可以在基础内预埋连接钢构件或连接螺栓,将钢管柱的底节柱和预埋钢构件或预埋螺栓连接。

②钢管柱与钢梁的连接可以采用钢梁和钢管柱直接连接,也可以采用钢管柱在工厂制作时先安装钢牛腿,在现场安装时钢梁和钢牛腿连接。连接方式可以采用焊接节点(翼缘和腹板全焊接)、栓接节点(翼缘和腹板全栓接)和混合节点(翼缘焊接、腹板栓接),可优先选用混合节点。

③钢管柱与钢筋混凝土梁连接时,钢筋与钢管柱的连接可以采用:

a. 在钢管上直接钻孔(钻孔部位须做孔口加固),将钢筋直接穿过钢管以满足钢筋混凝土梁的受力要求。

b. 在钢管外侧设外环板,将钢筋直接焊在外环板上,钢管内侧应在相同高度设置内加劲环板。

c. 在钢管外侧(矩形钢管)焊接钢筋连接器,钢筋通过连接器和钢管柱相连接。

7)混凝土施工:

①钢管混凝土柱内所有水平加劲板都应设置直径不小于 250mm 的混凝土浇灌孔和直径不小于 20mm 的排气孔。采用泵送顶升法浇筑混凝土时,钢管壁也应设置直径为 10mm 的观察排气孔。

②管内混凝土可采用常规浇捣法、泵送顶升浇筑法或自密实免振捣法。泵送顶升浇筑法或自密实免振捣法混凝土,应事先进行混凝土的试配和编制混凝土浇灌工艺,并经过足尺的模拟试验后,方可在工程中应用。

a. 常规浇捣法。当钢管直径很大,施工人员可以进入管内作业时,可以采用人工机械振捣的方式浇筑管芯混凝土。应分层下料,分层振捣,逐段向上浇筑。当钢管直径较小,施工人员无法进入管内作业时,应采用特制的振捣工具以满足混凝土的振捣要求。除管内振捣外,可采用附着在钢管外壁的外部振捣器进行振捣,外部振捣器的位置应随着混凝土的浇筑的进展加以调整振捣。

b. 泵送顶升浇筑法。由泵车将混凝土连续不断地自下而上挤压入钢管内,无需振捣。每次顶升浇筑的高度宜控制在 3 个楼层高度以内。采用顶升浇筑法的钢管柱要求管内所有水平钢构件都要留有直径不小于 250mm 的混凝土浇筑孔,直径不小于 25mm 的排气孔。在管壁上也应适当留有一定数量的直径为 10mm 的排气孔。

c. 自密实混凝土。管芯混凝土采用自密实混凝土时,应事先进行混凝土的试配,并经过足尺的模拟试验后,方可在工程中应用。

③钢管混凝土柱可采用敲击钢管或超声波的方法来检验混凝土浇筑后的密实度。对于有疑问的部位可采用钻芯检测,对于混凝土不密实的部位应采取局部钻孔压浆法进行补强,

并将孔洞补焊封堵牢固。

（3）型钢混凝土柱施工要点

1）工艺流程

①普通截面型钢混凝土柱施工工艺流程：

钢柱制作→钢柱安装→柱钢筋绑扎→柱模板支设→柱混凝土浇筑→上一节钢柱安装。

②箱形或圆形截面型钢混凝土柱施工工艺流程

钢柱制作→钢柱安装→内灌混凝土浇筑→柱外侧钢筋绑扎→柱模板支设→柱混凝土浇筑→上一节钢柱安装。

2）柱内型钢的混凝土保护层厚度不宜小于 150mm。柱内竖向钢筋的净距不宜小于 60mm，且不宜大于 200mm；竖向钢筋与型钢的最小净距不宜小于 30mm。

3）施工单位应对首次使用的钢筋连接套筒、钢材、焊接材料、焊接方法、焊后热处理等，进行焊接工艺评定，并根据评定报告确定焊接工艺。

4）对于埋入式柱脚，其型钢外侧混凝土保护层厚度，不宜小于 180mm，型钢翼缘应设置栓钉；柱脚顶面的加劲肋应设置混凝土灌浆孔和排气孔，灌浆孔孔径不宜小于 30mm，排气孔孔径不宜小于 10mm，如图 6-8 所示。

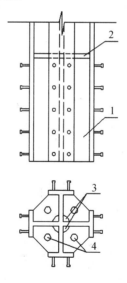

图 6-8　埋入式柱脚加劲肋的灌浆孔和排气孔设置

1—埋入式柱脚；2—加劲肋；3—排气孔；4—灌浆孔

5）对于非埋入式柱脚，型钢外侧竖向钢筋锚入基础的长度应不小于受拉钢筋锚固长度，锚入部分应设置箍筋。

6）柱钢筋绑扎前应根据型钢形式、钢筋间距和位置、栓钉位置等确定合适的绑扎顺序。

7）柱内竖向钢筋遇到梁内型钢时，可采用钢筋绕开法和连接件法。其具体要求如下：

①采用钢筋绕开法时，钢筋应按不小于 1:6 角度折弯绕过型钢；

②采用连接件法时，钢筋下部宜采用连接板连接，上部宜采用钢筋连接套筒连接，并应在梁内型钢相应位置设置加劲肋，如图 6-9 所示；

③竖向钢筋较密时，部分可代换成架立钢筋，伸至梁内型钢后断开，两侧钢筋相应加大。

代换钢筋应满足设计要求。

8)钢筋与型钢相碰,当采用钢筋连接套筒连接时,应符合下列规定:

①连接套筒抗拉强度等于被连接钢筋的实际拉断强度或不小于 1.10 倍钢筋抗拉强度标准值,残余变形小并具有高延性及反复拉压性能。同一区段内焊接于钢构件上的钢筋面积率不宜超过 30%。钢筋连接套筒焊接于钢构件的连接部位应验算钢构件的局部承载力。

②钢筋连接套筒应在工厂制作期间在工厂完成焊接,焊缝连接强度不应低于对应钢筋的抗拉强度;

③钢筋连接套筒与型钢的焊接应采用贴角焊缝,焊缝高度按计算确定,如图 6-10 所示。

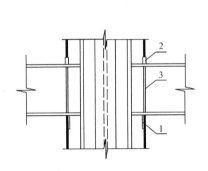

图 6-9　柱竖向钢筋遇梁内型钢措施

1—连接板;2—钢筋连接套筒;3—加劲肋

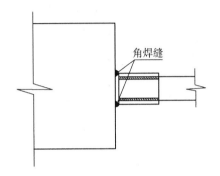

图 6-10　钢筋连接套筒焊接示意

④当钢筋垂直于钢板时,可将钢筋连接套筒直接焊接于钢板表面;当钢筋与钢板成一定角度时,可采用特殊加工成一定角度的连接板辅助连接,如图 6-11 所示;

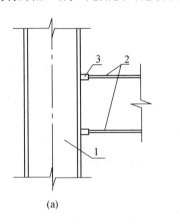

(a)

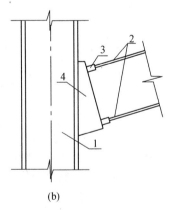

(b)

图 6-11　钢筋连接套筒与型钢连接方式

(a)钢筋与钢板垂直;(b)钢筋与钢板成角度

1—柱内型钢;2—钢筋;3—钢筋连接套筒;4—辅助连接板

⑤焊接于型钢上的钢筋连接套筒,当需要将钢筋拉力或压力传递到另一端时,应在对应于钢筋接头位置的型钢内设置加劲肋,加劲肋应正对连接套筒,并应按现行国家标准《钢结

构设计规范》(GB 50017—2003)验算加劲肋、腹板及焊缝的承载力,如图 6-12 所示。

⑥当在型钢上焊接多个钢筋连接套筒时,套筒间净距不应小于 30mm,且不应小于套筒外直径。

9)钢筋与型钢相碰,当采用连接板焊接的方式时,应符合下列规定(图 6-13):

①钢筋与钢板焊接时,宜采用双面焊。当不能进行双面焊时,方可采用单面焊。双面焊时,钢筋与钢板的搭接长度不应小于 5d(d 为钢筋直径),单面焊时,搭接长度不应小于 10d。

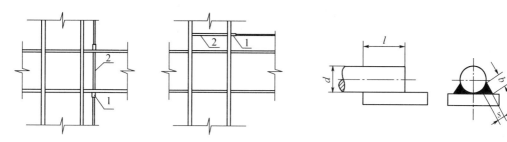

图 6-12　钢筋连接套筒位置加劲肋设置

1—钢筋连接套筒;2—加劲肋

图 6-13　钢筋与钢板搭接焊接头

d—钢筋直径;l—搭接长度;b—焊缝宽度;s—焊缝厚度

②钢筋与钢板的焊缝宽度不得小于钢筋直径的 0.6 倍,焊缝厚度不得小于钢筋直径的 0.35 倍。

10)型钢柱的水平加劲板和短钢梁上下翼缘处应设置排气孔,排气孔孔径不宜小于 10mm。

11)内灌或外包混凝土施工前,应完成柱内型钢的焊缝、螺栓和栓钉的质量验收。

12)安装完成的箱形或圆形截面钢柱顶部应采取相应措施进行临时覆盖封闭。

13)型钢混凝土柱模板支设时,宜设置对拉螺杆,螺杆可在型钢腹板开孔穿过或焊接连接套筒。当不宜设置对拉螺杆时,可采用刚度较大的整体式套框固定,模板支撑体系应进行强度、刚度、变形等验算。

当采用焊接对拉螺杆固定模板时,宜采用 T 型对拉螺杆,焊接长度不宜小于 10d,焊缝高度不宜小于 d/2。对拉螺栓的变形值不应超过模板的允许偏差;另外由于部分柱内型钢尺寸较大,对拉螺杆不易贯通,宜采用槽钢、工字钢等刚度较大的材料制成的套框固定模板,取消或减少对拉螺栓的数量,增加施工的方便性。

14)混凝土浇筑前,型钢柱应具有足够的稳定性,必要时增加临时稳定措施,防止混凝土浇筑过程中的偏位。

15)型钢柱内混凝土宜控制粗骨料粒径。型钢混凝土柱通常钢筋较密,型钢也较为复杂,尤其在梁柱节点部位,混凝土施工过程中非常容易出现浇筑不密实的现象,因此适当减小骨料粒径,选择流动性较好的混凝土有利于保证浇筑质量。

16)混凝土浇筑完毕后,可采取浇水、覆膜或涂刷养护剂的方式进行养护。

(4)型钢混凝土组合梁施工要点

1)型钢混凝土组合梁施工工艺流程

型钢梁加工制作→梁定位放线→型钢梁安装→搭设钢筋绑扎操作平台→钢筋绑扎→钢筋验收→梁模板支设→模板验收→混凝土浇筑→养护。

2）钢筋加工和安装

①梁与柱节点处钢筋的锚固长度应满足设计要求。如不能满足设计要求时,应采用绕开法、穿孔法、连接件法处理。

②箍筋套入主梁后绑扎固定,其弯钩锚固长度不能满足要求时,应进行焊接。梁顶多排纵向钢筋之间可采用短钢筋支垫来控制排距。

a. 钢筋连接方式:一般梁底和面钢筋分别与型钢柱连接 50% 开孔穿过;另外 50% 宜采用以下方式连接:当梁筋端头水平锚固长度满足 $0.4L_{ae}$ 弯锚在柱头内;当水平锚固长度不足 $0.4L_{ae}$ 时应在弯起端头处双面焊接不少于 $5d$ 同纵筋直径的短筋头;当支座处有来自于另一方向的梁钢筋承压且满足抗震设计要求时则可省略焊接 $5d$ 短筋头补偿,如图 6-14 所示;其他经设计认可的连接方式。

b. 当箍筋在型钢梁翼缘截面尺寸和两侧主纵筋定位调整时,箍筋弯钩应尽量满足 1350 的要求,若因特殊情况应做成 900 弯钩焊接 $10d$,以满足现行国家标准《混凝土结构工程施工质量验收规范(2010 版)》(GB 50204－2002)之规定和结构抗震设计要求。

c. 型钢混凝土梁中的纵向主筋应锚入墙中,锚固长度应符合现行国家标准的有关规定和抗震设计要求。连接套筒的钢材不应低于 Q345B 的低合金高强度结构钢。与型钢柱翼缘的焊接可采用部分熔透与角接组合焊缝,并满足与连接套筒的等强。

3）模板支撑

①梁支撑系统的荷载可不考虑型钢结构重量。侧模板可采用穿孔对拉螺栓,也可在型钢梁腹板上设置耳板对拉固定,如图 6-14 所示。

②耳板设置或腹板开孔应经设计单位认可,并在加工厂制作完成。

③当利用型钢梁作为模板的悬挂支撑时,应征得设计单位同意。

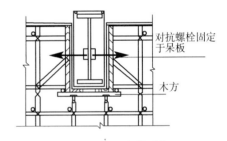
对抗螺栓固定于呆板

木方

图 6-14　型钢梁支撑系统

4）混凝土浇筑

①大跨度型钢混凝土组合梁应采取从跨中向两端分层连续浇筑混凝土,分层投料高度控制在 500mm 以内。对钢筋密集部位,应选用自密实混凝土进行浇筑,同时敲击梁的侧模、底模,实施外部的辅助振捣,并配备小直径振捣器。

②在型钢组合转换梁的上部立柱处,宜采用分层赶浆和辅助敲击浇筑混凝土。

5）型钢混凝土转换桁架混凝土浇灌

①型钢混凝土转换桁架混凝土宜采用自密实混凝土浇铸法;

②若采用常规混凝土浇筑时,浇筑级配碎石(细)混凝土时,先浇捣柱混凝土,后浇捣梁混凝土。柱混凝土浇筑应从型钢柱四周均匀下料,分层投料高度不应超过 500mm,采用振捣器对称振捣。

③型钢翼缘板处应预留排气孔,在型钢梁柱节点处应预留混凝土浇筑孔。

④浇筑型钢梁混凝土时,工字钢梁下翼缘板以下混凝土应从钢梁一侧下料,待混凝土高度超过钢梁下翼缘板 100mm 以上时,改为从梁的两侧同时下料、振捣,待浇至上翼缘板 100mm 时再从梁跨中开始下料浇筑,从梁的中部开始振捣,逐渐向两端延伸浇筑。

a. 型钢混凝土柱的浇筑过程中,随时挂线进行模板垂直度的校正,发现偏斜立即纠正。型钢混凝上弦杆浇筑时,须分层进行,因弦杆内有钢梁,浇筑时,梁内盲区较多,故应采取如下浇筑方法:在工字钢梁上翼缘板以下从钢梁一侧下料,用振捣器在工字钢梁一侧振捣,将混凝土从钢梁底挤向另一侧,待混凝上高度超过钢梁下翼缘板一定距离时改为两侧两人对称振捣,以确保钢梁底部混凝上密实。

b. 钢梁腹板两侧的混凝土由两侧同时对称下料,对称振捣,待浇至上翼缘板一定高度时,再从梁跨中开始下料浇筑,混凝上投料厚度要高出上翼缘板,使其对下层混凝土有一定压力,从梁的中部开始振捣,逐渐向两端延伸,至上翼缘板下的全部气泡从钢梁两端及梁柱节点位置穿钢筋的孔中排出为止,同时也可在模板底或侧面预留排气孔。浇筑支撑斜杆时,为保证混凝上的密实性,采用小型振捣棒进行振捣和敲击外侧模。

(5)钢与混凝土组合墙施工要点

1)施工工艺流程

①型钢混凝土剪力墙施工工艺流程

图纸深化设计→钢结构加工制作→型钢柱、梁安装→墙体钢筋绑扎→墙体模板支设→墙体混凝土浇筑→上一节型钢柱、梁安装。

②带钢斜撑混凝土剪力墙施工工艺流程

图纸深化设计→钢结构加工制作→型钢柱、梁安装→钢斜撑安装→墙体钢筋绑扎→墙体模板支设→墙体混凝土浇筑→上一节型钢柱、梁安装。

③钢板混凝土剪力墙施工工艺流程

图纸深化设计→钢结构加工制作→型钢柱安装→型钢梁及内置钢板安装→墙体钢筋绑扎→墙体模板支设→墙体混凝土浇筑→上一节型钢柱安装。

④双钢板混凝土组合剪力墙施工工艺流程

图纸深化设计→钢结构加工制作→钢管柱安装→一侧外置钢板安装→墙体钢筋网绑扎→另一侧外置钢板安装→墙体混凝土浇筑→上一节钢管柱安装。

2)钢与混凝土组合剪力墙类型

在剪力墙的边缘构件中配置实腹型钢,即为型钢混凝土剪力墙,当剪力墙的中部需搁置楼面钢梁时,还可在剪力墙中部增设型钢;在剪力墙端部设置型钢混凝土端柱,则形成有端柱型钢混凝剪力墙;在剪力墙端部设置型钢混凝土边框柱,则形成带边框型钢混凝土剪力墙;在剪力墙内配置与周边型钢相连的钢板或钢斜撑的组合剪力墙,即形成钢板混凝土剪力墙或带钢斜撑混凝土剪力墙。

型钢混凝土剪力墙包括有暗柱型钢混凝土剪力墙和有端柱或带边框型钢混凝土剪力墙,钢板混凝土剪力墙包括单层和双层钢板混凝土剪力墙,如图6-15所示。

3)墙体钢筋的绑扎与安装

①基本要求

a. 墙体钢筋绑扎前,需要根据结构特点、钢筋布置形式等因素制定合适的钢筋绑扎工艺;绑扎过程中应避免对钢构件的污染、碰撞和损坏;

b. 墙体纵向受力钢筋与型钢的净间距应大于30mm,纵向受力钢筋的锚固长度、搭接长度应符合国家标准《混凝土结构设计规范》(GB 50010—2010)的要求;

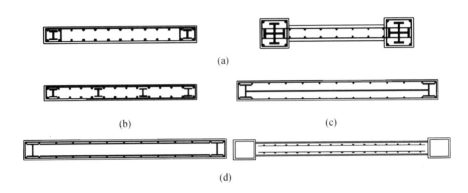

图 6-15　钢与混凝土组合剪力墙类型

(a)型钢混凝土剪力墙;(b)钢斜撑混凝土剪力墙;(c)钢板混凝土剪力墙;(d)双钢板混凝土组合剪力墙

c. 剪力墙的水平分布钢筋应绕过或穿过墙端型钢,且满足钢筋锚固长度要求;

d. 墙体拉结筋和箍筋的位置、间距和数量应满足设计要求。当设计无具体规定时,应符合相关设计规范的要求。

②钢筋与墙体内型钢相碰时,可采用钢筋绕开法,按不小于 1∶6 角度折弯绕过型钢。无法绕过时,若能满足锚固长度及相关设计要求,钢筋可伸至型钢后弯锚;

③钢筋与墙体内型钢相碰,当采用穿孔法时,应符合下列规定:

a. 预留钢筋孔的大小、位置应满足设计要求,必要时采取相应的加强措施;

b. 钢筋孔的直径宜为 $d+4\mathrm{mm}$(d 为钢筋直径);

c. 型钢翼缘上设置钢筋孔时,应采取补强措施。型钢腹板上预留钢筋孔时,其腹板截面损失率宜小于腹板面积的 25%,且满足设计要求;

d. 预留钢筋孔应在深化设计阶段完成,并由构件加工厂进行机械制孔,严禁用火焰切割制孔。

④钢筋与墙体内型钢相碰,当采用钢筋连接套筒连接时,应按照相关规定执行。

⑤钢筋与墙体内型钢相碰,当采用连接板焊接的方式时,应按照相关规定执行。

4)孔道设置

钢与混凝土组合剪力墙中型钢或钢板上设置的混凝土灌浆孔、流淌孔、排气孔和排水孔等应符合下列规定,如图 6-16 所示。

①孔的尺寸和位置需在深化设计阶段完成,并征得设计单位同意,必要时采取相应的加强措施;

②对于型钢混凝土剪力墙和带钢斜撑混凝土剪力墙,内置型钢的水平隔板上应开设混凝土灌浆孔和排气孔;

③对于单层钢板混凝土剪力墙,当两侧混凝土不同步浇筑时,可在内置钢板上开设流淌孔,必要时在开孔部位采取加强措施;

④对于双层钢板混凝土剪力墙,双层钢板之间的水平隔板应开设灌浆孔,并宜在双层钢板的侧面适当位置开设排气孔和排水孔;

⑤灌浆孔的孔径不宜小于 150mm,流淌孔的孔径不宜小于 200mm,排气孔及排水孔的

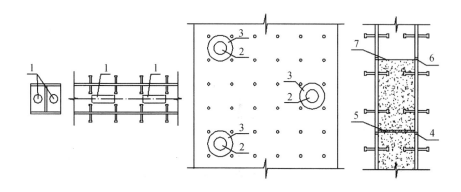

图 6-16　混凝土灌浆孔、流淌孔、排气孔和排水孔设置
1—灌浆孔；2—流淌孔；3—加强环板；4—排气孔；
5—横向隔板；6—排水孔；7—混凝土浇筑面

孔径不宜小于 10mm；

⑥钢板制孔时，应由制作厂进行机械制孔，严禁用火焰切割制孔。

5）混凝土浇筑基本要求

①安装完成的箱型型钢柱和双钢板墙顶部应采取相应措施进行覆盖封闭。为了保证接缝处混凝土的密实，箱型型钢柱和双钢板墙顶部可采用帆布或彩条布进行覆盖，防止异物落入。上一层墙体混凝土浇筑前，应将下一层混凝土顶部的积水和杂物及时清除干净。

②墙体混凝土浇筑前，应完成钢结构焊缝、螺栓和栓钉的检测和验收工作。

③钢与混凝土组合剪力墙的墙体混凝土宜采用骨料较小、流动性较好的高性能混凝土。混凝土应分层浇筑。

④墙体混凝土浇筑完毕后，可采取浇水或涂刷养护剂的方式进行养护。

6）型钢混凝土剪力墙施工

对于仅在墙体端部或中部设置型钢柱的型钢混凝土剪力墙，由于钢结构无法形成自身稳定体系，因此在墙体混凝土浇筑前，内部的型钢柱需要形成稳定的框架，必要时需要增加临时钢梁，防止混凝土浇筑过程中型钢的偏位。

7）钢斜撑混凝土剪力墙

①剪力墙中设置的钢斜撑是结构中的主要抗侧力构件，因此应尽量减少在其翼缘和腹板上开孔。

②对于钢斜撑混凝土剪力墙，斜撑与墙内暗柱、暗梁相交位置的节点宜按如下方式处理：

a. 墙体钢筋遇到斜撑型钢，无法通长时，可采用钢筋绕开法；

b. 当钢筋无法绕开时，可采用连接件法连接；

c. 箍筋可通过腹板开孔穿过或采用带状连接板焊接。

③墙体的拉结钢筋和模板使用的穿墙螺杆位置应根据墙内钢斜撑的位置进行调整，尽量避开斜撑型钢。无法避开时，可采用在斜撑型钢上焊接连接套筒连接。

④斜撑与墙内暗柱、暗梁相交位置应考虑在横向加劲板上留设混凝土灌浆孔和排气孔，灌浆孔孔径不宜小于 150mm，排气孔孔径不宜小于 10mm，如图 6-17 所示。

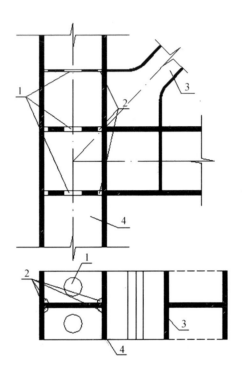

图 6-17　灌浆孔和排气孔设置
1—灌浆孔；2—排气孔；3—斜撑；4—型钢暗柱

8）钢板混凝土剪力墙

①钢板混凝土剪力墙内置的钢板安装与混凝土工程的交叉施工，应符合下列规定：

a. 内置钢板的安装高度应满足稳定性要求；

b. 内置钢板拼接处的横焊缝应连续施焊，为了避免在施焊过程中受到钢筋的阻挡，墙体钢筋绑扎完成后，钢筋顶标高应低于内置钢板拼接处的横焊缝。

②钢板混凝土剪力墙的内置钢板安装时，宜采取下列措施控制内置钢板产生过大的平面外变形：

a. 吊装薄钢板时，可在薄钢板侧面适当布置临时加劲措施；

b. 当内置钢板双面坡口的深度不对称时，宜先焊深坡口侧，然后焊满浅坡口侧，最后完成深坡口侧焊缝，如图 6-18 所示；

c. 内置钢板的施焊宜双面对称焊接，当条件不允许时，可采取"非对称分段交叉焊接"的施焊次序；焊缝较长时，宜采用分段退焊法或多人对称焊接法，如图 6-18 所示。

③钢板混凝土剪力墙的墙体竖向受力钢筋遇到暗梁型钢，无法正常通长时，可按 1∶6 角度绕开钢梁位置，如图 6-19 所示。

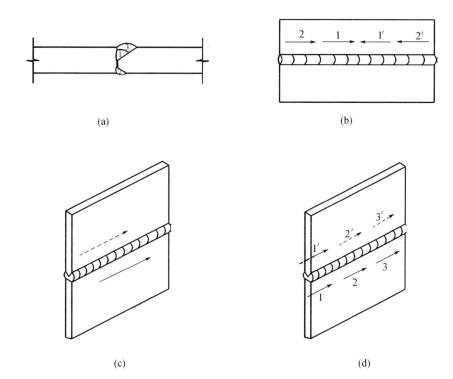

图 6-18　内置钢板的焊接工艺及施焊次序

(a)双面坡口不对称时焊接顺序示意(焊接顺序:1→2→3);(b)长焊缝分段退焊法示意(焊接顺序:1、1′→2、2′)

(c)双面对称焊接示意;(d)非对称分段交叉焊接示意(焊接顺序:1→1′→2→2′→3→3′)

④钢板混凝土剪力墙的墙体竖向受力钢筋遇到型钢混凝土梁无法绕开时,可采用连接件连接,如图 6-20 所示。

⑤型钢混凝土梁与钢板混凝土剪力墙相交部位,梁的纵向钢筋可直接顶到钢板然后弯锚;当梁的纵向钢筋锚固长度不足时,可采用连接件连接;连接件的对应位置需设置加劲肋,如图 6-21 所示。

⑥钢板混凝土剪力墙的暗柱或端柱内的箍筋宜穿过钢板,应在钢板上预留孔洞;当柱内箍筋较密时,可采用间隔穿过,如图 6-22 所示。

⑦用于墙体模板的穿墙螺杆可开孔穿越钢板或焊接钢筋连接套筒,如图 6-23 所示。开孔和钢筋连接套筒的尺寸、位置应在深化设计阶段确定。

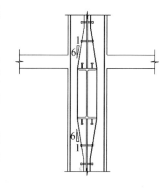

图 6-19　墙体竖向钢筋
遇暗梁型钢时的做法

$\overset{1}{\underset{6}{\triangleright}}$角度

⑧钢板混凝土剪力墙的墙体混凝土浇筑

a. 单层钢板混凝土剪力墙,钢板两侧的混凝土宜同步浇筑,也可在内置钢板表面焊接连接套筒,并设置单侧螺杆,利用钢板作为模板分侧浇筑,如图 6-24 所示。

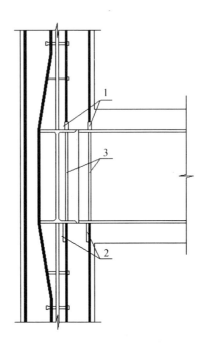

图 6-20　墙体竖向钢筋遇型钢梁时的做法

1—钢筋连接套筒;2—连接板;3—加劲肋

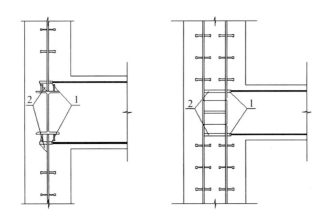

图 6-21　梁钢筋与钢板墙采用钢筋连接套筒连接

1—钢筋连接套筒;2—加劲肋

b. 双层钢板混凝土剪力墙,双钢板内部的混凝土可先行浇筑,双钢板外部的混凝土可分侧浇筑,浇筑方法可参照单钢板混凝土剪力墙分侧浇筑的方法,如图 6-25 所示。

c. 当钢板内部及两侧混凝土无法同步浇筑时,浇筑前应进行混凝土侧压力对钢板墙的变形计算和分析,并征得设计单位的同意,必要时需采取相应的加强措施。

(6)钢与混凝土组合板施工要点

1)压型钢板或钢筋桁架组合楼板施工工艺流程

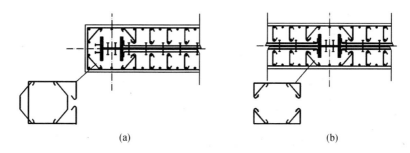

图 6-22 钢板混凝土剪力墙内型钢柱周边箍筋布置

(a)端部配置型钢;(b)中部配置型钢

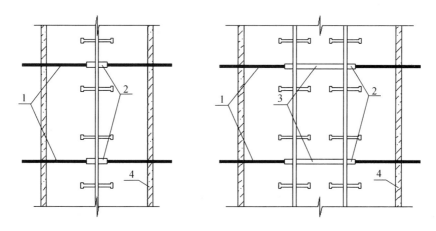

图 6-23 穿墙螺杆与钢板墙连接做法

1-穿墙螺杆;2-钢筋连接套筒;3-加劲肋;4-模板

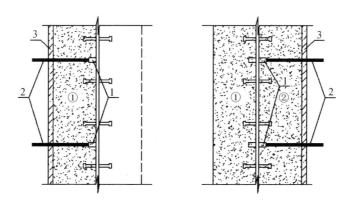

图 6-24 单钢板混凝土剪力墙分侧浇筑示意(浇筑顺序①→②)

1-连接套筒;2-单侧螺杆;3-单侧模板

压型钢板或钢筋桁架板加工→测量、放线→压型钢板或钢筋桁架板安装、焊接→栓钉焊接→水、电预埋设→绑扎钢筋→浇筑混凝土→混凝土养护。

2)压型钢板或钢筋桁架板加工与运输

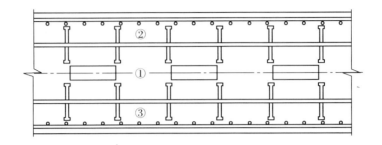

图 6-25 双钢板混凝土剪力墙混凝土浇筑示意
(浇筑顺序:①→②→③)

①试制构件成品的外形尺寸、波宽波高等检测数据满足设计要求后,再按试制工艺参数批量下料和生产。

②钢筋桁架板加工时钢筋桁架节点与底模接触点,均应采用电阻焊,根据试验确定焊接工艺。

③压型钢板运输过程中,应采取可靠措施保证不损坏。

④压型钢板、钢筋桁架板制作、安装时,禁止用火焰切割,以防止形成镀锌层被破坏而锈蚀、切口不整齐等影响结构质量的缺陷。

3)压型钢板或钢筋桁架板的安装

①压型钢板或钢筋桁架板安装前,应根据工程特征编制垂直运输、安装施工专项方案。

②安装压型钢板或钢筋桁架板前先按照排版图在梁顶测量、划分压型钢板或钢筋桁架板安装线。

③铺设压型钢板或钢筋桁架板前,应割除影响安装的钢梁吊耳、清扫支承面杂物、锈皮及油污。

④压型钢板或钢筋桁架板与混凝土墙(柱)应采用预埋件的方式进行连接,不得采用膨胀螺栓固定。若遗漏预埋件,应采用化学锚栓或植筋的方法进行处理。

⑤宜先安装、焊接柱梁节点处的支托构件,再安装压型钢板或钢筋桁架板。

⑥预留孔洞应在压型钢板或钢筋桁架板锚固后进行切割开孔。

4)压型钢板或钢筋桁架板的锚固与连接

①穿透压型钢板或钢筋桁架板的栓钉与钢梁或混凝土梁上预埋件应采用焊接锚固,压型钢板或钢筋桁架板之间、其端部和边缘与钢梁之间均应采用间断焊或塞焊进行连接固定。

②钢筋桁架板侧向可采用扣接方式,板侧边应设连接拉钩,搭接宽度不小于10mm。

5)栓钉施工

①栓钉应设置在压型钢板凹肋处,穿透压型钢板并将栓钉焊牢于钢梁或混凝土预埋件上。

②栓钉的焊接宜使用独立的电源。电源变压器的容量应在100~250kVA。

③栓钉施焊应在压型钢板焊接固定后进行。

④环境温度在0℃以下时不宜进行栓钉焊接。

6)压型钢板预留孔洞开孔处、组合楼面集中荷载作用处,应按深化设计要求采取措施进行补强。

7）钢筋施工

①钢筋桁架板的同一方向的两块压型钢板或钢筋桁架板连接处,应设置上下弦连接钢筋。上部钢筋按计算确定,下部钢筋按构造配置。

②钢筋桁架板的下弦钢筋伸入梁内的锚固长度不应小于钢筋直径的 5 倍,且不小于 50mm。

8）临时支撑

①压型钢板在混凝土浇注阶段挠曲变形超过设计要求时,应在跨中设置临时支撑,临时支撑应按施工方案进行搭设。

②临时支撑底部、顶部应设置为宽度不小于 100mm 的水平带状支撑。

9）混凝土施工

①混凝土浇筑应均匀布料,避免过于集中。

②混凝土不宜在 0℃以下温度浇筑,必须施工时应采取综合措施。

二、索结构预应力施工技术

1. 技术原理及主要内容

（1）基本概念

以索作为主要结构受力构件而形成的结构称为索结构,索结构可分为索桁架、索网、索穹顶、张弦梁、悬吊索和斜拉索等,索结构一般通过张拉或下压建立预应力。其主要技术包括拉索材料及制作技术、拉索节点及锚固技术、拉索安装及张拉技术、拉索防护及维护技术等。

（2）技术特点

索结构预应力是施加预应力的拉索与钢结构组合而成的一种新型结构体系,其组成元素为:高强拉索,主要为高强度金属或非金属拉索,目前国内普遍采用的是强度超过 1450MPa 的不锈钢拉索和强度超过 1670MPa 的镀锌拉索;钢结构,包括各种类别的钢结构形式,如钢网架、钢网壳、平面钢桁架、空间钢桁架、钢拱架等。

索结构预应力的技术原理及主要内容有:

1）拉索材料及制作技术;

2）设计技术;

3）拉索节点、锚固技术;

4）拉索安装、张拉;

5）拉索端头防护;

6）施工监测、维护及观测等。

预应力钢结构主要特点是以下几点:充分利用材料的弹性强度潜力以提高承载能力;改善结构的受力状态以节约钢材;提高结构的刚度和稳定性,调整其动力性能;创新结构承载体系、达到超大跨度的目的和保证建筑造型。

在钢结构中引入预应力的方法主要有钢索张拉法、支座位移法和弹性变形法,需要视结构的具体情况而定。预应力的技术方案与预应力度应遵循结构卸载效应大于增载消耗的原则。可以在单独、局部构件或整体结构中引入预应力,也可以在工厂制造、工地安装或施加荷载过程中引入预应力。钢索张拉预应力的类型有先张法、中张法及多张法,前两者成为单次预应力,工艺简单,在工程中较常采用;后者为多次预应力,可用不同途径实现,施工稍繁,但经济效益良好。

2. 主要技术指标

拉索采用高强度材料制作,作为主要受力构件,其索体性能应符合《建筑工程用索》(新编)和《桥梁缆索用热镀锌钢丝》(GB/T 17101—2008)、《预应力混凝土用钢绞线》(GB/T 5224—2003)、《重要用途钢丝绳》(GB 8918—2006)等相关标准。拉索采用的锚固装置应满足《预应力筋用锚具、夹具和连接器》(GB/T 14370—2007)及相关钢材料标准。拉索的静载破断荷载一般不小于索体标准破断荷载的95%,破断延伸率不小于2%,拉索的使用应力一般在0.4~0.5倍标准强度。当有疲劳要求时,拉索应按规定进行疲劳试验。

3. 技术应用要点

(1)技术应用范围

可用于大跨度建筑工程的屋面结构、楼面结构等,可以单独用索形成结构,也可以与网架结构、桁架结构、钢结构或混凝土结构组合形成杂交结构,以实现大跨度,并提高结构、构件的性能,降低造价。该技术还可广泛用于各类大跨度桥梁结构和特种工程结构。

(2)节点与连接构造

1)张拉节点

①高强拉索的张拉节点应保证节点张拉区有足够的施工空间,便于施工操作,锚固可靠。对于张拉力较大的拉索,可采用液压张拉千斤顶或其他专用张拉设备进行张拉;对于张拉力较小的拉索,可采用花篮调节螺栓或直接拧紧螺母等方法施加预应力。

②张拉节点与主体结构的连接应考虑超张拉和使用荷载阶段拉索的实际受力大小,确保连接安全。常用的平面空间受力的张拉节点构造示意图如图6-26所示。

③通过张拉节点施加拉索预应力时,应根据设计需要和节点强度,采用专门的拉索测力装置监控实际张拉力值,确保节点和结构安全。

2)锚固节点

①锚固节点应采用传力可靠、预应力损失低和施工便利的锚具,尤其应注意锚固区的局部承压强度和刚度的保证。

②锚固节点区域受力状态复杂、应力水平较高,设计人员应特别重视主要受力杆件、板域的应力分析及连接计算,采取的构造措施应可靠、有效,避免出现节点区域因焊缝重叠、开孔等易导致严重残余应力和应力集中的情况。常用的拉索锚固节点构造示意图如图6-27所示。

3)转折节点

转折节点是使拉索改变角度并顺滑传力的一种节点,一般与主体结构连接。转折节点应设置滑槽或孔道供拉索准确定位和改变角度,滑槽或孔道内摩擦阻力宜小,可采用润滑剂或衬垫等低摩擦系数材料;转折节点沿拉索夹角平分线方向对主体结构施加集中力,应注意验算该处的局部承压强度和该集中力对主体结构的影响,并采取加强措施。拉索转折节点处于多向应力状态,其强度降低应在设计中考虑。图6-28是转折节点的构造示意图。

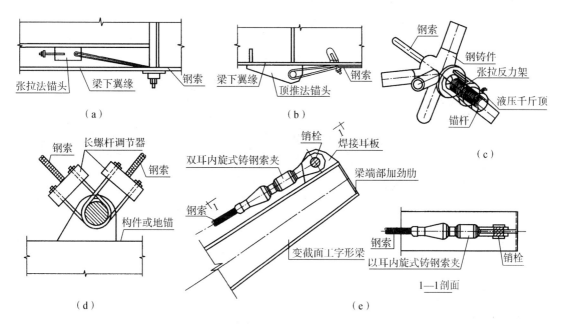

图 6-26　张拉节点的构造示意

(a)张拉法锚头式节点;(b)顶推法锚头式节点;(c)千斤顶式节点;(d)螺杆调节式节点;(e)花篮螺栓式拉节点

4)索杆连接节点

索杆连接节点是将金属拉杆和拉索串联的一种节点,其传力沿拉索轴线方向。索杆连接节点应保证其承载能力不低于杆件和拉索承载力的较小值,节点应传力可靠、连接便利、外形尽可能美观且符合建筑造型要求。索杆连接节点构造示意图如图 6-29 所示。

5)拉索交叉节点

拉索交叉节点是将多根平面或空间相交的拉索集中连接的一种节点,多个方向的拉力在交叉节点汇交、平衡。拉索交叉节点应根据拉索交叉的角度优化连接节点板的外形,避免因拉索夹角过小而相撞,同时应采取必要措施避免节点板由于开孔和造型切角等因素引起应力集中区,必要时,应进行平面或空间的有限元分析。交叉节点构造示意图如图 6-30 所示。

(3)材料

预应力钢索的组成构造如图 6-31 所示,主要组成分为三部分:调节端、固定端和索体,调节端在与结构锚固的同时还用于钢索张拉时调节伸长值,固定端用于把索体锚固到结构上,索体本身为承受力的主要部分。

1)钢索

索体形式:

作为施加预应力的索体,可分为四类:钢丝绳索体、钢绞线索体、钢丝束索体、钢拉杆索体。

①钢丝绳索体:钢丝绳索体用钢丝的质量、性能应满足《重要用途钢丝绳》(GB 8918—2006)中关于钢丝绳的各项规定。钢丝绳的基本组成元件为:绳芯、绳股和钢丝(图 6-32)。钢丝绳绳芯可采用纤维芯、金属芯、有机芯和石棉芯。金属芯分为独立的钢丝绳芯和钢丝股芯。

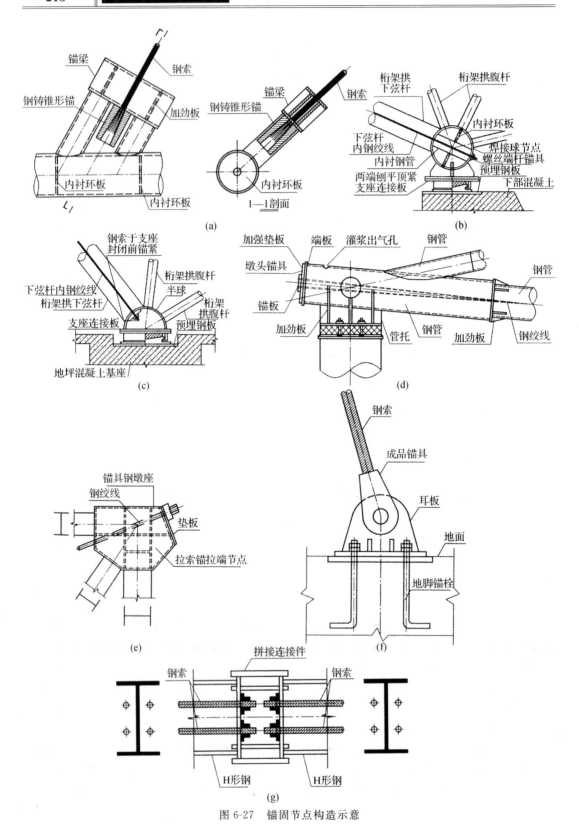

图 6-27 锚固节点构造示意

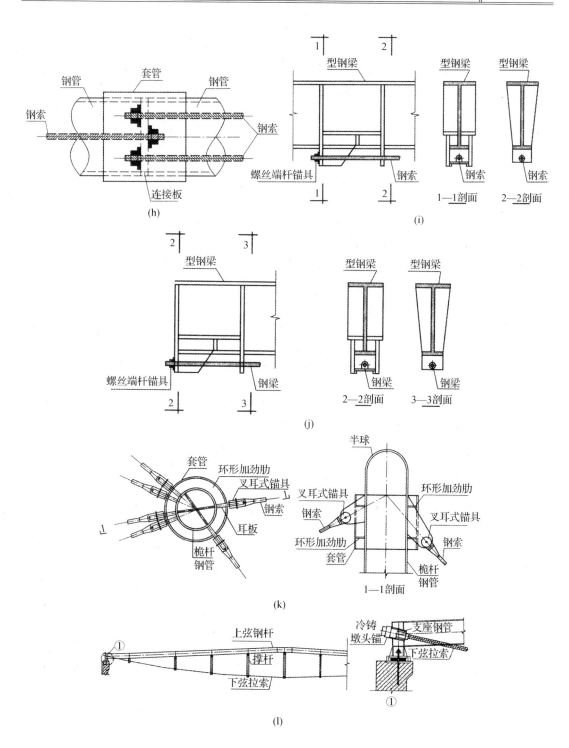

续图 6-27 锚固节点构造示意

(a)锚梁式节点;(b)外锚固式支座球节点;(c)内锚固式支座半球节点;(d)圆管桁架端部节点;(e)H 形钢桁架结构端锚固节点;(f)地锚固节点;(g)H 形钢梁拼接节点;(h)钢管拼接节点;(i)H 形钢梁中间节点;(j)H 形钢梁端部节点;(k)桅杆结构节点;(l)张弦桁架节点

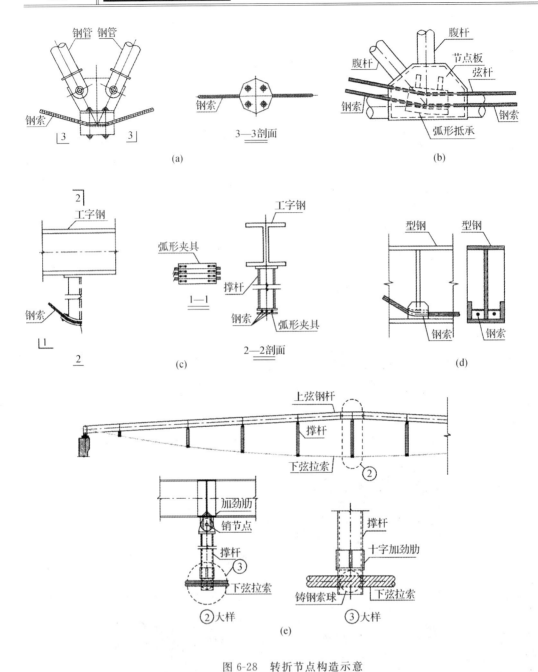

图 6-28　转折节点构造示意

(a)下弦拉索节点;(b)弧形连接件式节点;(c)弧形夹具式节点;(d)实腹梁节点;(e)张弦桁架节点

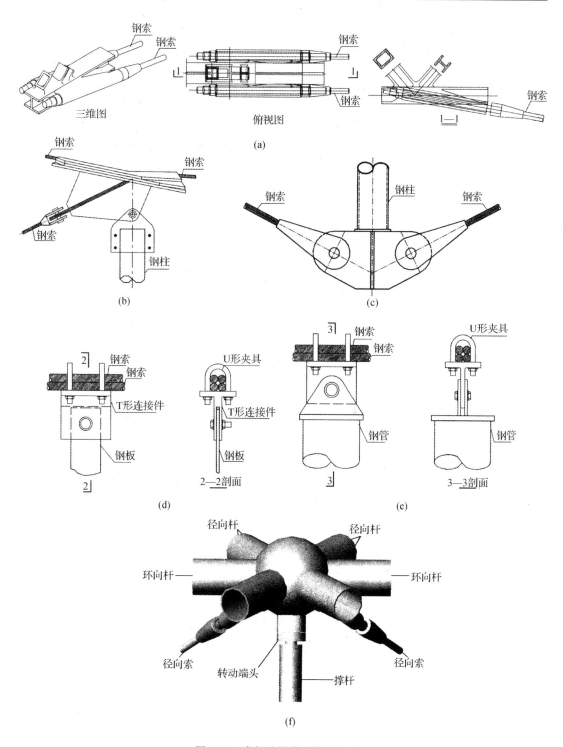

图 6-29　索杆连接节点构造示意

(a)铸钢式节点；(b)销接节点板式空间节点；(c)销接式平面节点；(d)U 形夹具式索板节点；(e)U 形夹具式钢管节点；

(f)弦支穹顶结构节点

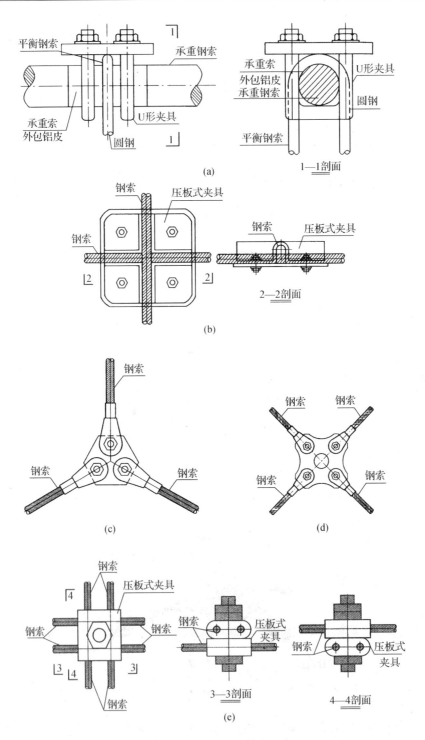

图 6-30　拉索交叉节点构造示意

(a)U 形夹具式节点;(b)单层压板式夹具节点;(c)销接式三向节点;(d)销接式四向节点;(e)双层压板式夹具节点

图 6-31 预应力钢索组成构造图

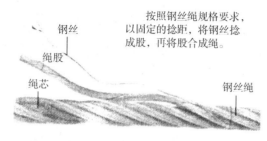

图 6-32 钢丝绳的构成分解图

②钢绞线索体：钢绞线可采用的类型有镀锌钢绞线、高强度低松弛预应力热镀锌钢绞线、铝包钢绞线、涂塑钢绞线、无粘结钢绞线和 PE 钢绞线等。

钢绞线索体用钢绞线的质量、性能应符合《高强度低松弛预应力热镀锌钢绞线》(YB/T 152—1999)、《预应力混凝土用钢绞线》(GB/T 5224—2003)或《预应力混凝土用未涂层的 7 股钢绞线的标准规范》(ASTMA416/A416M)中的各项规定，钢绞线内的钢丝应符合《镀锌钢绞线》(YB/T 5004—2012)中的有关规定，钢丝的捻距不得大于其直径的 14 倍。

钢绞线的断面结构主要有 1×3、1×7、1×19 和 1×37 等。强度等级按公称抗拉强度分为 1270MPa、1370MPa、1470MPa、1570MPa、1670MPa、1770MPa、1870MPa 和 1960MPa 等级别。

③钢丝束索体：钢丝束索体有平行钢丝束和半平行钢丝束两种，其钢丝的直径为 5mm 和 7mm，宜选用高强度、低松弛、耐腐蚀的钢丝，钢丝质量和性能应符合国家标准《桥梁缆索用热镀锌钢丝》(GB/T 17101—2008)的规定。

④钢拉杆索体：当结构之间连接为直线连接，并且直线距离不是很长的情况下，也可以采用钢拉杆作为索体材料。钢拉杆产品按品种分为合金钢和不锈钢，其中，合金钢钢拉杆可按强度级别分为 345 级、460 级和 650 级等；钢拉杆产品按规格分为：合金钢种类 φ20~210，不锈钢种类 φ12~60。钢拉杆由圆柱形杆体、调节套筒、锁母和两端耳环接头部件组成，可采用的主要结构形式有单耳环式、双耳环式和不对称式等，钢拉杆结构如图 6-33、图 6-34 所示。

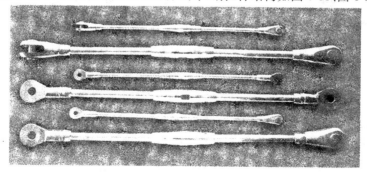

图 6-33 不锈钢拉杆索体构造图

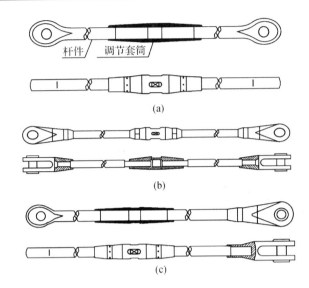

图 6-34　合金钢钢拉杆索体构造图
(a)单耳环式；(b)双耳环式；(c)不对称式

2)锚具

根据浇铸材料的不同,拉索两端的锚具分为冷铸锚具和热铸锚具。冷铸锚具采用环氧树脂、铁砂等冷铸料进行浇铸和锚固,其安装结构形式又分为固定端和张拉端两种。热铸锚具采用低熔点的合金浇铸和锚固,按其在工程结构上的固定方式分,有叉耳式、双螺杆式、耳环式、叉耳内旋式、单耳内旋式和单螺杆式等几种,其结构构造如图 6-35 所示。

拉索锚具会产生二次应力,在设计中要予以考虑,其主要原因如下:

①由于制作、架设误差而在锚固部位产生角度误差;

②由于拉索拉力的变化使其垂度改变,从而使锚固部位角度发生变化;

③由于主梁及索塔的变形,使锚固部位角度发生变化;

④伴随风力振动而产生的应力变动;

⑤受力的复杂化和计算的近似性,在实际设计使用中,应选用安全锚具,确保锚具各项技术指标满足要求。

(4)施工机具

预应力拉索施工机具与预应力施工阶段对应,主要包括放索机具、挂索机具和张拉机具。

1)放索机具

预应力拉索在出厂时均卷成一盘,考虑运输问题,一般直径为 3m 左右。因此,在现场施工时的第一步就是把预应力拉索放成直线,以便进行拉索的安装。放索机具主要包括:①放线盘;②小滚轮;③卷扬机。

2)挂索机具

在进行挂索时,主要使用的机具包括:手拉捌链或电动捌链、吊装带等。由于工程中使用的预应力拉索重量较大,因此在进行挂索施工时应注意捌链和吊装带的吊挂位置。

3)张拉机具

预应力拉索张拉机具是预应力拉索施工最关键的施工机具。根据拉索形式的不同,采

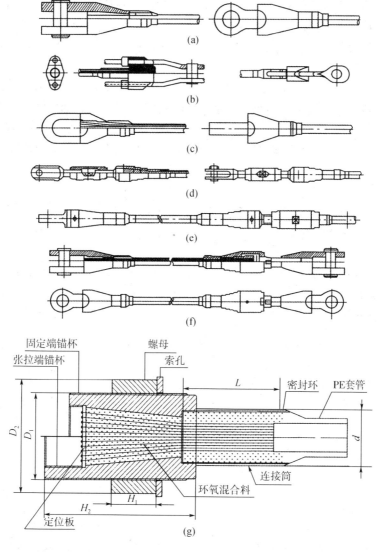

图 6-35 热、冷铸锚具的结构形式

(a)叉耳式;(b)双螺杆式;(c)耳环式;(d)双耳内旋式;(e)单耳内旋式;(f)单螺杆式;(g)冷铸墩头锚具

用不同的张拉机具。对预应力钢索锚固在钢结构或混凝土支承结构上的,可采用常规的单根张拉千斤顶或整束张拉千斤顶。对预应力钢索的两端安装在铰支座轴销上的情况,开发出多种专用张拉设备,分述如下:

①捌链与传感器测力:用于轻型钢丝束体系,拉力不大于 50kN。

②测力扳手与大扭矩液压扳手:前者拉力不大于 40kN;后者拉力不大于 100kN。适用于一般的预应力拉索支撑等。

③专用张拉装置:专门设计了一种带叉耳的双螺杆传力架,利用两台液压千斤顶张拉,拧螺母锁紧钢索,适用于拉力不大于 5000kN 时的情况。

④专用四缸液压千斤顶装置:专门设计的一种用四台液压千斤顶组成的传力架卡住两

根钢棒的连接部位进行张拉,然后用卡链式扳手将连接套筒锁紧的装置,适用于大吨位的钢棒支撑与钢棒拉索。

4)测试仪器选择

①索力监测传感器

预应力钢索拉力监测可以采用压力传感器等。通过将压力传感器放置到索体后部可以实时监测到索体的拉力。张拉前读初读数,测试至全部张拉结束,同时还可以在使用期间进行长期监测。

对于重要工程结构,进行施工阶段及长期监测是十分必要的。压力传感器虽然成本较高,但使用方便、数据漂移小,适用于长期监测。

②位移监测仪器——全站仪

全站仪是目前在大型工程施工现场采用的主要的高精度测量仪器。全站仪可以单机、远程、高精度快速放样或观测,并可结合现场情况灵活地避开可能的各种干扰。

③钢构件应力监测仪器——振弦传感器

采用振弦传感器时,每个构件取一个截面(四个测点)贴片,张拉前读初读数,一直测试至全部张拉结束。

(5)工艺流程如下:

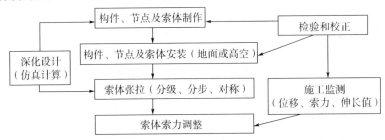

(6)施工要点

1)深化设计(施工仿真计算)

根据设计及预应力施工工艺要求,计算出索体的下料长度、索体各节点的安装位置及加工图。针对具体工程建立结构整体模型,进行施工仿真计算,对结构各阶段预应力施工中的各工况进行复核,并模拟预应力张拉施工全过程。对复杂空间结构须计算施工张拉时,各索相互影响,找出最合理的张拉顺序和张拉力的大小,并提供索体张拉时每级张拉力的大小、结构的变形、应力分布情况,作为施工监测依据,并且作为选择合理、确保质量要求的工装和张拉设备的依据。

预应力钢结构施工仿真计算一般采用有限元方法,施工过程中应严格按结构要求施工操作,确保结构施工及结构使用期内的安全。

拉索的下料长度应是无应力长度。首先应计算每根拉索的长度基数,再对这一长度基数进行若干项修正,即可得出下料长度。修正内容为:

①初拉力作用下拉索弹性伸长值;

②初拉力作用下拉索的垂度修正;

③张拉端锚具位置修正;

④固定端锚具位置修正；

⑤下料的温度与设计中采用的温度不一致时，应考虑温度修正；

⑥为应力下料时，应考虑应力下料的修正；

⑦采用冷铸锚时，应计入钢丝墩头所需的长度，一般取 $1.5d$，采用张拉式锚具时，应计入张拉千斤顶工作所需的长度。

2）索体制作

①钢丝拉索的钢丝通常为镀锌钢丝，其强度级别为 1570MPa、1670MPa 等。钢丝拉索的外层分为单层与双层。双层 PE 套的内层为黑色耐老化的 PE 层，厚度为 3～4mm；外层为根据业主需要确定的彩色 PE 层，厚度为 2～3mm。锚头分为冷铸锚和热铸锚两种，冷铸锚为锚头内灌入环氧钢砂，其加热固化温度低于 180℃，不影响索头的抗疲劳性能。热铸锚为锚头内灌入锌铜合金，浇铸温度小于 480℃，试验表明也不影响其抗疲劳性能。对用于室内有一定防火要求的小规格拉索，建议采用热铸锚。

钢绞线拉索的钢绞线可采用镀锌或环氧涂层钢绞线，其强度等级为 1670MPa、1770MPa。由于索结构规范规定索力不超过 $0.5f_{ptk}$，与普通预应力张拉相比处于低应力状态，为防止滑索，故采用带有压板的夹片锚具。

在大型空间钢结构中作剪刀撑或施加大吨位预应力的钢棒拉索，通常采用延性达 16%～19%的优质碳素合金钢制作。

②拉索制作方式可分为工厂预制和现场制造。扭绞型平行钢丝拉索应采用工厂预制，其制作应符合相关产品技术标准的要求。钢绞线拉索和钢棒拉索可以预制也可在现场组装制作，其索体材料和锚具应符合相关标准的规定。

③拉索进场前应进行验收，验收内容包括外观质量检查和力学性能检验，检验指标按相应的钢索和锚具标准执行。对用于承受疲劳荷载的拉索，应提供抗疲劳性能检测结果。

④工厂预制拉索的供货长度为无应力长度。计算无应力长度时，应扣除张拉工况下索体的弹性伸长值。对索膜结构、空间钢结构的拉索，应将拉索与周边承力结构作整体计算，既考虑边缘承力结构的变形又考虑拉索的张拉伸长后确定拉索供货长度。拉索在工厂制作后，一般卷盘出厂，卷盘的盘径与运输方式有关。

采用钢丝拉索时，成品拉索在出厂前应按规定作预张拉等检查，钢绞线拉索主要检查预应力钢材本身的性能以及外包层的质量。

⑤现场制索时，应根据上部结构的几何尺寸及索头形式确定拉索的初始长度。现场组装拉索，应采取相应的措施，保证拉索内各股预应力筋平行分布。现场组装拉索，特别注意各索股防护涂层的保护，并采取必要的技术措施，保证各索股受力均匀。

⑥钢索制作下料长度应满足深化设计在自重作用下的计算长度进行下料，制作完成后，应进行预张拉，预张拉力为设计索力的 1.2～1.4 倍，并在预张拉力等于规定的索力情况下，在索体上标记出每个连接点的安装位置。为方便施工，索体宜单独成盘出厂。

⑦拉索在整个制造和安装过程中，应预防腐蚀、受热、磨损和避免其他有害的影响。

⑧拉索安装前，对拉索或其他组装件的所有损伤都应鉴定和补救。损坏的钢绞线、钢棒或钢丝均应更换。受损的非承载部件应加以修补。

3）索体安装

　　预应力钢结构刚性件的安装方法有高空散装、分块（榀）安装、高空滑移（上滑移——单榀、逐榀和累积滑移，下移法——地面分块（榀）拼装滑移后空中整体拼装）、整体提升法（地面整体拼装后，整体吊装、柱顶提升、顶升）等。其索体安装时，可根据钢结构构件的安装选择合理的安装方法，与其平行作业，充分利用安装设备及脚手架，达到缩短工期、节约设备投资的目标。

　　索体的安装方法还应根据拉索的构造特点、空间受力状态和施工技术条件，在满足工程质量要求的前提下综合确定，常用的安装方法有三种，是与索体张拉方法（整体张拉法、部分张拉法、分散张拉法）相对应的，其拉索安装要点如下：

　　①施工脚手架搭设：拉索安装前，应根据定位轴线的标高基准点复核预埋件和连接点的空间位置和相关配合尺寸。应根据拉索受力特点、空间状态以及施工技术条件，在满足工程质量的前提下综合确定拉索的安装方法。安装方法确定后，施工单位应会同设计单位和其他相关单位，依据施工方案对拉索张拉时支撑结构的内力和位移进行验算，必要时采取加固措施。张拉施工脚手架搭设时，应避让索体节点安装位置或提供可临时拆除的条件。

　　②索体安装平台搭设：为确保拼装精度和满足质量要求，安装胎架必须具有足够的支承刚度。特别是当预应力钢结构张拉后，结构支座反力可能有变化，支座处的胎架在设计、制作和吊装时应采取有针对性的措施。安装胎架搭设应确保索体各连接节点标高位置和安装、张拉操作空间的设计要求。

　　③室外存放拉索：应置于遮篷中防潮、防雨。成圈的产品应水平堆放；重叠堆放时应逐层加垫木，以避免锚具压损拉索的护层。应特别注意保护拉索的护层和锚具的连接部位，防止雨水侵入。当除拉索外其他金属材料需要焊接和切削时，其施工点与拉索应保持移动距离或采取保护措施。

　　④放索：为了便于索体的提升、安装，应在索体安装前，在地面利用放线盘、牵引及转向等装置将索体放开，并提升就位。索体在移动过程中，应采取防止与地面接触造成索头和索体损伤的有效措施。

　　⑤索体安装时结构防护：当风力大于三级、气温低于 4℃时，不宜进行拉索和膜单元的安装。拉索安装过程中应注意保护已经做好的防锈、防火涂层的构件，避免涂层损坏。若构件涂层和拉索护层被损坏，必须及时修补或采取措施保护。

　　⑥索体安装：索体安装应根据设计图纸及整体结构施工安装方案要求，安装各向索体，同时要严格按索体上的标记位置、张拉方式和张拉伸长值进行索具节点安装。

　　⑦为保证拉索吊装时不使 PE 护套损伤，可随运输车附带纤维软带。在雨季进行拉索安装时，应注意不损伤索头的密封，以免索头进水。

　　⑧传力索夹的安装，要考虑拉索张拉后直径变小对索夹夹持力的影响。索夹间固定螺栓一般分为初拧、中拧和终拧三个过程，也可根据具体使用条件将后两个过程合为一个过程。在拉索张拉前可对索夹螺栓进行初拧，拉索张拉后应对索夹进行中拧，结构承受全部恒载后可对索夹作进一步拧紧检查并终拧。拧紧程度可用扭力扳手控制。

　　⑨对连接用或装饰用索，可不对索力和位移进行双控，目测绷直即可。

　　4）索体张拉及监测

　　①试验、张拉设备标定

　　试验和张拉用设备和仪器应进行计量标定。施加索力和其他预应力必须采用专用设备,其负荷标定值应大于施力值的 2 倍。施加预应力的误差不应超过设计值的±5%。

施工中,应根据设备标定有效期内数据进行张拉,确保预应力施加的准确性。

②张拉控制原则

根据设计和施工仿真计算确定优化的张拉顺序和程序,以及其他张拉控制技术参数(张拉控制应力和伸长值)。在张拉操作中,应建立以索力控制为主或结构变形控制为主的规定,并提供每根索体规定索力和伸长值的偏差。

③张拉方法

施加预应力的方法有三种:整体张拉法、分部张拉法和分散张拉法。

a. 整体张拉法:整体张拉法是我国目前采用的最有效的拉索张拉方式。张拉器具可采用计算机控制的液压千斤顶群,几个、几十个千斤顶同时张拉。同步控制拉伸长度可达3mm,可最大限度地接近设计力学模型。

b. 分部张拉法:采用分部张拉法时应对空间结构进行整体受力分析,建立模型并建立合理的计算方法,充分考虑多根索张拉的相互影响。根据分析结果,可采用分级张拉、桁架位移监控与千斤顶拉力双控的张拉工艺。施工过程的应力应变控制值可由计算机模拟有限元计算得到。

c. 分散张拉法:分散张拉法即各根索单独张拉。此种张拉方法适用于一般连接用或装饰性索,无预应力要求,一般以目测绷直为准。

④张拉工艺、施工监测及索力调整

a. 预应力索的张拉顺序必须严格按照设计要求进行。当设计无规定时,应考虑结构受力特点、施工方便、操作安全等因素,且以对称张拉为原则,由施工单位编制张拉方案,经设计单位同意后执行。

b. 张拉前,应设置支承结构,将索就位并调整到规定的初始位置。安装锚具并初步固定,然后按设计规定的顺序进行预应力张拉。宜设置预应力调节装置。张拉预应力宜采用油压千斤顶。张拉过程中应监测索体的位置变化,并对索力、结构关键节点的位移进行监控。

c. 预制的拉索应进行整体张拉。由单根钢绞线组成的群锚拉索可逐根张拉。

d. 对直线索可采取一端张拉,对折线索宜采取两端张拉。几个千斤顶同时工作时,应同步加载。索体张拉后应保持顺直状态。

e. 拉索应按相关技术文件和规定分级张拉,且在张拉过程中复核张拉力。

f. 拉索可根据布置在结构中的不同形式、不同作用和不同位置采取不同的方式进行张拉。对拉索施加预应力可采用液压千斤顶直接张拉方法,也可采用结构局部下沉或抬高、支座位移等方式对拉索施加预应力,还可沿与索正交的横向牵拉或顶推对拉索施加预应力。

g. 预应力索拱结构的拉索张拉应验算张拉过程中结构平面外的稳定性,平面索拱结构宜在单元结构安装到位和单元间联系杆件安装形成具有一定空间刚度的整体结构后,将拉索张拉至设计索力。倒三角形拱截面等空间索拱结构的拉索可在制作拼装台座上直接对索拱结构单元进行张拉。张拉中应监控索拱结构的变形。

h. 预应力索桁和索网结构的拉索张拉,应综合考虑边缘支承构件、索力和索结构刚度间的相互影响和相互作用,对承重索和稳定索宜分阶段、分批、分级,对称、均匀、循环地施加张拉力。必要时选择对称区间,在索头处安装拉压传感器,监控循环张拉索的相互影响,并作为调整索力的依据。

i. 空间钢网架和网壳结构的拉索张拉,应考虑多索分批张拉相互间的影响。单层网壳和厚度较小的双层网壳拉索张拉时,应注意防止整体或局部网壳失稳。

j. 吊挂结构的拉索张拉,应考虑塔、柱、钢架和拱架等支撑结构与被吊挂结构的变形协调和结构变形对索力的影响。必要时应作整体结构分析,决定索的张拉顺序和程序,每根索应施加不同张拉力,并计算结构关键点的变形量,以此作为主要监控对象。

k. 其他新结构的拉索张拉,应考虑预应力拉索与新结构共同作用的整体结构有限元分析计算模型,采用模拟索张拉的虚拟拉索张拉技术,进行各种施工阶段和施工荷载条件下的组合工况分析,确定优化的拉索张拉顺序和程序,以及其他张拉控制的技术参数。

l. 玻璃幕墙中,多根预应力索的张拉工艺,应遵循分级、逐步、反复张拉到位的流程。

m. 拉索张拉时应计算各次张拉作业的拉力和伸长值。在张拉中,应建立以索力控制为主或结构变形控制为主的规定。对拉索的张拉,应规定索力和伸长值的允许偏差或结构变形的允许偏差。

n. 拉索张拉时可直接用千斤顶与配套校验的压力表监控拉索的张拉力。必要时,另用安装在索头处的拉压传感器或其他测力装置同步监控拉索的张拉力。结构变形测试位置通常设置在对结构变形较敏感的部位,如结构跨中、支撑端部等,测试仪器根据精度和要求而定,通常采用百分表、全站仪等。通过施工分析,确定在施工中变形较大的节点,作为张拉控制中结构变形控制的监测点。

o. 每根拉索张拉时都应做好详细的记录。记录应包括:测量记录;日期、时间和环境温度、索力、拉索伸长值和结构变形的测量值。

p. 索力调整、位移标高或结构变形的调整应采用整索调整方法。

q. 索力、位移调整后,对钢绞线拉索夹片锚具应采取放松措施,使夹片在低应力动载下不松动。对钢丝拉索索端的铸锚连接螺纹、钢棒拉索索端的锚固螺纹应检查螺纹咬合丝扣数量和螺母外侧丝扣长度是否满足设计要求,并应在螺纹上加放松装置。

(7)安全措施

1)索体现场制作下料时,应防止索体弹出伤人,尤其原包装放线时宜用放线架约束,近距离内不得有其他人员。

2)施工脚手架、索体安装平台及通道应搭设可靠,其周边应设置护栏、安全网,施工人员应佩戴安全带,严防高空坠落。

3)索体安装时,应采取放索约束措施,防止拉索甩出或滑脱伤人。

4)预应力施工作业处的竖向上、下位置严禁其他人员同时作业,必要时应设置安全护栏和安全警示标志。

5)张拉设备使用前,应清洗工具锚夹片,检查有无损坏,保证足够的夹持力。

6)索体张拉时,两端正前方严禁站人或穿越,操作人员应位于千斤顶侧面,张拉操作过程中严禁手摸千斤顶缸体,并不得擅自离开岗位。

7)电气设备使用前应进行安全检查,及时更换或清除隐患;意外停电时,应立即关闭电源开关,严防电气设备受潮漏电。

8)严防高压油管出现扭转或死弯现象,发现后立即卸除油压,进行处理。

第七章 机电安装工程新技术及应用

第一节 管线综合布置技术

一、技术原理及主要内容

1. 基本概念

管线综合布置技术是依靠计算机辅助制图手段,在施工前模拟机电安装工程施工完后的管线排布情况,即在未施工前先根据所施工的图纸在计算机上进行图纸"预装配",有条件的可以采用3D(三维图)直观地反映出设计图纸上的问题,尤其是在施工中各专业之间设备管线的位置冲突和标高重叠。

根据模拟结果,结合原有设计图纸的规格和走向,进行综合考虑后再对施工图纸进行深化,从而达到实际施工图纸深度。应用"管线综合布置技术"极大缓解了在机电安装工程中存在的各种专业管线安装标高重叠、位置冲突的问题。不仅可以控制各专业和分包的施工工序,减少返工,还可以控制工程的施工质量与成本。

2. 技术要求

管线综合布置技术是技术与管理相结合的产物,是现代建筑工程施工中机电总承包必备的管理技术,填补了机电工程施工前设计、施工、监理及业主之间的管理空白,以技术手段完善管理过程,通过综合布置技术找出问题、解决问题,可以最大限度实现设计和施工之间的衔接,为机电总承包方有效协调各机电专业分包方的施工提供技术支持,为施工的顺利进行创造条件。

(1)配套性

要求配备的软件必须和设计院的软件对应,便于打开设计提供的图纸,避免发生因软件版本不对无法进行图纸的沟通。

所依据的标准和规程也必须和原设计施工图的相一致,避免发生因不同标准规定不一致造成矛盾的情况。

(2)专业性

机电安装是一门多专业多学科的综合领域,包括水系统、空调采暖系统、燃气系统、动力电系统、弱电系统甚至还有工艺管线等,一般建筑物中常见的如生活给水、生活污水、中水、雨水、消火栓、消防自动喷淋、气体灭火、空调冷冻水、冷却水、冷凝水、热水、蒸汽、燃气、空调新风、建筑排气、消防排烟、厨房排气、高低压配电、动力照明、事故广播、消防报警、电信与有线电视、计算机网络、建筑智能等,有时多达二三十个功能系统。这些系统每种都有其专门的技术和专门的规程,每一项都必须遵章守纪,不能为了满足楼层的净高、足够的检修空间、管线可以穿过等问题,而留下安全隐患。

(3)实用性

要想使这项技术能够真正应用到工程中就必须使其简单、通俗易懂,还要注意很多细节问题,使使用者真正得到方便。举例来说,综合图中每个专业设为一种颜色,这样便于查找;为了清楚系统归为一层,颜色随该层等。

二、技术特点

1. 快速完善施工详图设计和节点设计

目前工程中使用的施工图纸要求必须由有设计资质的设计公司来绘制,而每个工程的设计工作都是集中在施工展开前完成,而对于施工进程中的设计工作比较松懈。

对于机电设备安装的设计工作,是依据建设方要求的初步系统功能设计方案来进行的,不同的专业进行各自专业设计。设计过程中,各机电专业的管线设计基本上是根据各专业的专业要求来确定走向和尺寸的,彼此之间缺乏统筹与协调(大型设计公司往往在最后有专门的综合审图)。同时图纸上的很多部件、设备只是一个符号,并没有一个实际的空间尺寸概念,实际安装中又由于不同品牌的尺寸也不统一,往往造成很多意想不到的困扰。

虽然各机电专业图纸中都有准确的管道或线路在建筑物内的空间位置,以及管道与管道之间、线路与线路之间、管道与线路之间等的空间相互位置,但是在遇到交叉或有部件和设备的位置时,这些就不一定适合实际安装的需要了。机电施工图纸中各个机电专业的管道或线路严格地说,只是给出了大体的走向及位置,遇到机电管线交叉或专业上有部件和设备的地方,每个专业给定的位置都极易与其他专业发生位置重复、碰撞等问题,这是我国机电工程施工中一直存在的难点。

各专业的施工单位和人员提前熟悉图纸。通过提前审图这一过程,使施工人员了解设计的意图,掌握管道内的传输介质及特点,弄清管道的材质、直径和截面大小,强电线缆与线槽(架、管)的规格、型号,弱电系统的敷设要求,明确各楼层净高,管线安装敷设的位置和有吊顶时能够使用的宽度及高度,管道井的平面位置及尺寸,特别是注意风管截面尺寸及位置、保温管道间距要求、无压管道坡度、强弱电桥架的间距等。这样就能快速地完善施工详图和各节点的调整工作,从而保证施工的进度和质量。

2. 控制各专业或各分包的施工工序

现代建筑中除各种设备外,管道、线路是重要的组成部分,它们品种繁多、数量巨大,材质不同,承担着输送介质、能源、信息、动力等功能,在有些特殊情况下还可能存在一定的危险性。这些管线集中分布在建筑物内的有限空间,如地下室的设备层、技术层、楼层和公用通道的吊顶、管道井内等。管线安装时由于空间有限,多系统交叉施工,一旦安装顺序或遇到接头等问题很容易出现因相互交叉、挤占空间而引起的质量缺陷、检修空间不足、降低楼层的净高等问题,有些甚至会留下危及安全的隐患。

以上的现象看似简单,但是对工程施工影响很大。对于大型工程及较复杂的工程,一般在机电管线交叉较多的位置,标高冲突、空间不够等种种问题就会暴露出来,暴露出来的问题有些可以通过适当调整布局加以解决,但如果结构已经施工完成,就不可能再加高楼层或调整结构布局,只能对机电管线进行调整。这就牵扯到机电施工工序的问题,因为先作的专业不会出现问题,所以即使是简单的调整,也会造成已经完成施工的施工单位返工,必定影响工期、增加成本。当遇到无法通过简单合理的调整解决的、比较棘手的问题时,往往只能通过设计来修改本来的设计参数,以迁就由于空间位置冲突造成的影响。这样做的结果会导致施工质量上的永久缺陷,甚至造成安全隐患或者影响整体功能的使用。

管线综合布置技术在未施工前先根据所要施工的图纸进行图纸"预装配",通过"预装配"的过程就把各个专业未来施工中的交汇问题全部暴露出来。提前解决这些问题,同时通过解决这些问题,为将来施工中安排施工工序打下良好基础,因此可合理安排整个工程各专业或各分包的施工穿插及顺序。

3. 控制施工成本

控制成本和上面提及的控制施工工序、避免返工是密不可分的。在未施工前先根据所要施工的图纸进行图纸"预装配",通过典型的截面图直观地把各个专业设计图纸上的交汇问题全部暴露出来,尤其是在施工中各专业之间的位置冲突和标高"交叉"问题。它保证了各种专业管线的顺利排列,提前有效地解决了各专业管线在施工过程中产生的冲突和矛盾,控制了分包的施工工序,从而有效地提高和保证了工程进度、工程质量,缓解了建设方(甲方)变更设计要求时引发的许多技术问题,同时有效地遏制了返工量,缩短了工期、提高了工程质量。

通过在图纸上提前解决问题,在实际施工中基本做到一次成活,这样就避免了因各个专业的设计不协调和设计变更产生的"返工"等经济损失。进行支吊架的核算计算,使用综合支吊架也能避免在选用各种支吊架时因选用规格过大造成钢材和经济浪费,同时也避免选用规格过小造成事故隐患等现象。管理带来的是细致的施工而不是粗犷的蛮干,通过这些细致到位的工作,就能使管理者发现和掌握施工成本的发生原因,也就能在施工的过程中有效地控制和减少施工成本。

4. 施工动态控制

由于图纸制作、处理、审核全在现场,使与机电工程有关的管理及施工人员(包括甲方、监理、总包、劳务分包等)均通过图纸对所涉及的专业内容(各专业图纸的综合图、机电样板的汇总报审图、与土建的交接图、方案附图、洽商附图、报验图及工程管理用图等)进行管理调整,及时掌握变更的状况。

三、技术应用要点

1. 技术应用范围

(1)适用范围。适用于多专业或多分包单位施工的建筑机电安装工程管理,尤其适用于机电工程总承包管理,同时也适用于市政工程中的道路桥梁的配套管线工程。

"管线综合布置技术"应用于现代建筑机电工程,对加强现代机电工程总承包管理是非常重要的,也是经过工程检验行之有效的管理技术,在机电总承包管理工作中推广应用会创造可观的经济效益。管线综合布置技术是机电工程总承包管理技术,对于机电工程的总承包方尤为重要。

　　为确保工程施工工期和工程施工质量,机电总承包方必须有效掌控各个专业的施工工序,以保证施工的质量并避免返工的发生。通过应用管线综合布置技术可以使管理者得到一条比较清楚的管理主线和一种辅助手段,为管理者有效协调各机电专业的施工提供充分的技术支持,为施工的顺利进行创造条件。

　　(2)技术应用延伸领域

　　1)综合支吊架的应用

　　综合支吊架的应用只有机电总包应用管线综合布置技术才能做到,只有机电总包可以统筹安排各个专业的施工,而综合支吊架的最大优点就是不同专业的管线使用一个综合支架,从而减少支架的使用。只有采用管线综合布置技术才能更好地进行综合支架的选择和计算。

　　综合支吊架的应用要有技术根据,对于不同介质的管线,图集和规范上的支架选用规格无法直接选用,支架受力分析及选型必须要进行验算复核。同时通过计算校核整体支吊架受力强度,以保证质量和安全。

　　对于规范中明确不允许借用支架的管线,必须使用独立的支吊架,可以直接参照图集和规范中的支架选用规格。

　　2)工程的增值服务

　　当施工现场有了设计部后,不但对于施工的管理有了技术保证,同时,还可以进行工程的技术增值服务。在实际的工程施工中存在很多需深化设计的内容,现场设计部可以进行小型验算和局部图纸变更后的完善设计,为业主解决一些实际的问题,同时会赢得业主和设计单位的多方面配合,对将来物业部门的介入也能提供技术支持。主要包括如下内容:

　　①支架承重校核计算及支吊架选型;

　　②管道平面图;

　　③系统图;

　　④某具体房间改造图;

　　⑤结合竣工图的编制提供设备参数及相关供应商信息快速查询;

　　⑥通过对图纸的深刻理解和原设计单位的探讨可以进行改造项目的空调负荷计算,设备噪声控制,水管、风管流量控制等。

2.技术应用要点

　　(1)应用技术条件

　　首先应具备有效版本的电子版设计图纸,这是应用该技术的前提条件;其次应配备必要的硬件设备和办公条件,如:计算机、存储介质、打印设备、网络、专业设计软件等;最后应建立管理制度,明确图纸编制的依据和责权范围,建立清楚明了的操作目录和文件档案以便日后查找,对所有的工程相关的文件进行留档和归类。

　　(2)管理机构与制度建立

　　必须在施工项目部组建设计部门,以工程技术管理人员和制图人员为基础,组成具有丰富管理经验、组织协调能力强、技术水平高的设计管理机构。通过这个机构对整个施工和设计过程实施管理、指挥、协调、监督。同时根据工程管理的需要,负责对整个工程的各专业、各分包进行施工管理、组织、协调、检查、监督,为机电总承包管理提供有效地技术支持。

1)建立清楚明了的操作目录和文件档案,以便日后查找。

2)明确图纸编制的依据和责权范围。

①以合约为依据,在合约条款中明确,或单独签订合同。

②甲方提供的设计院的全部机电施工图及施工图电子版。

③国家及地方的相关规范。

3)建立管理体系,如图 7-1 所示。

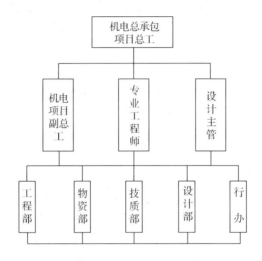

图 7-1 管理体系

4)明确专业人员职责。

①项目总工:

a.组织、协调各部门的技术管理工作;

b.组织建立技术、质量管理体系;

c.组织制订管理制度细则;

d.组织综合图制作、方案制订;

e.组织协调解决制作过程中的技术问题。

②专业工程师:

a.负责编制技术管理工作细则;

b.参与图纸会审及设计交底,并解决技术问题,协调各专业间的交叉问题,组织交底;

c.签认、会审、交底、记录;

d.组织制定关键点技术方案,并在签认后组织交底实施;

e.综合图签审核栏。

③机电项目副总工:

a.负责按程序标准向甲方递交报审图纸方案等,文件的签认与组织传递;

b.组织项目自审;

c.组织甲方设计审核。

④设计主管:

a.组织综合图、大样图,深化设计图的制作;

b.根据规范及交底记录审核初稿电子版施工图,并签复核栏;

c.负责按时提供电子版图;

d.参与交底并签认。

5)明确各部门职责。

①设计部:

a.按出图要求整理、绘制电子版图纸;

b.参与会审、交底,并根据交底记录调电子版图;

c.按时提供符合会审要求的电子版图;

d.根据甲方批复意见调整电子版图。

②物资部:向设计部提供有效、准确的设备、材料参数。

③技质部、工程部:

a.负责图纸会审,并将问题及解决方案总结报技术工程师、总工审批;

b.参加设计交底,做好记录;

c.审核综合图初版图;

d.将会审、交底结果汇总后,向设计部交底,并填写交底记录。

④行政办:负责保证绘图用材的及时供应及资料文件的收集和存档。

(3)工作程序

制订详细的计划才能使整个工作具有可操作性和可评估性,没有详细的计划就没法确定人力和物力的配备。

同时为了能有效地控制工序和施工质量;必须建立具有可操作性的工作流程,因为每个工程的性质、特点和涉及专业都不同,所以必须根据工程自身的特性来制定工作流程。由于管线综合平衡是中心内容,所有的工作都是围绕管线综合平衡来扩展,所以最终的控制和安排也主要通过管线综合平衡图来实现。

工作程序流程图如图 7-2 所示。

(4)管线综合布置原则

在管线综合布置设计时,要遵循六大原则,依照此原则来布置和安排顺序(表 7-1)。

表 7-1　管线综合布置原则

序号	原则	说　　明
1	小管让大管,越大越优先	如空调通风管道、排风排烟管道、冷冻水主管道、冷却水管道等由于是大截面、大直径的管道,占据的空间较大,如发生局部返弯,施工难度大,施工成本大,应优先作布置
2	有压管道让无压管道	如生活污水排水管、粪便污水排水管、雨水排水管、冷凝水排水管等都是靠重力进行排水,因此,水平管段必须保持一定的坡度,这是排水顺利的充分必要条件。有压管道主要指管道内的介质靠前、后端存在的压力差距来进行输送,所以有压管道与无压管道交叉时,有压管道应尽量避让无压管道

序号	原则	说　明
3	一般性管道让动力性管道	由于动力性管道本身对于建筑功能的保证和影响范围都较大，为了保证整体的利益，一般性管道应避让动力性管道
4	强、弱电分开设置	由于弱电线路，如电信讯号、闭路电视、计算机网络和其他建筑智能线路等易受强电线路电磁场的干扰，因此强电线路与弱电线路不应敷设在同一个电缆槽内
5	电气避让热水及蒸汽管道	在热水管道、蒸汽管道的附近因为有辐射热量，电缆、电线的绝缘层不宜受热，因此热水及蒸汽管道的四周不宜布置电气线路
6	同等情况下造价低让造价高的	对于不属于以上几条的管线，如发生位置冲突应以哪种管线改造所产生的成本低作为避让的依据

工作内容	参加人员	生成文件
确定需要绘制图纸部位及进度计划	施工员、专业工程师、总工、甲方工程师	制图进度计划、制图划分文件
对施工图纸审核，熟悉现场实际情况，检查施工图电子版	施工员、专业工程师、总工	综合意见
整理施工图纸电子版	设计部制作人员、设计主管	经过处理的施工图纸电子版
设计会审交底	设计部制作人员、设计主管	会审交底纪要
制作综合图	设计部制作人员、设计主管	正式综合图
项目对综合图自审、签认	施工员、专业工程师	综合意见
向相关单位交底	监理工程师、施工员、专业工程师、甲方工程师	交底记录
正式打印报甲方审核	设计部制作人员	正式综合图
甲方或设计院审批	甲方工程师、设计院设计人员	审批意见
正式施工		

图 7-2　工作程序流程图

(5)制图计划及内容

1)制图计划

①图纸专业审核；

②电子版整理；

③图纸会审；

④设计交底；

⑤标准层综合图及二次结构留洞图；

⑥各层图及二次结构留洞图；

⑦样板综合图；

⑧其他大样图、基础图、深化图报审。

2)制图内容

制图的制作流程是由项目部确定施工整体进度计划，项目部及设计部一起确定综合图起始部位及整体进度计划；然后按技术要求组织某部位施工技术准备，同时施工员审图，设计部整理电子版图纸，对各专业进行图层及颜色的划分，叠加整理出综合图，并进行会审交底；然后分专业调整并修改电子版图，包括绘制剖面图、留洞图、各种大样图、综合图；然后技术部自审，项目部会审，并正式打印，报甲方单位审核，期间若发现问题应及时与甲方和设计部沟通解决；最后出综合彩图和正式施工图。

首先要做好技术工作，熟悉建筑功能和各层的使用功能；熟悉建筑有多少个功能系统、设备的布置、管线分布情况；熟悉建筑结构的形式、装饰装修的构造等。施工单位收到施工图纸以后，应组织有关施工员和专业的技术人员认真阅读各专业施工图纸，主要核对其有无表达不清、图示不明、缺项漏项、自相矛盾等问题，做好各个专业的图纸自审。在自审的基础上，由业主或监理组织设计单位的设计交底以及各专业之间的交叉会审，重点解决各专业之间的"错、漏、碰、缺"等问题。这一环节是非常关键的，是制作综合图纸的基础，明确问题所在，找到重点问题，确定哪些位置为最不利点，具体绘制时对那些位置做剖视图。

以一个专业的图纸为例(通风平面图纸)，综合图具体制作步骤如下：

第一步，就是要整理图层。打开图之后，先查看风管所在图层，打开图层管理器，将此层的名字改为风管图层，颜色改为绿色，然后将此层关闭。接下来，要合并同类图层，把阀门、风口等放置在风管图层。

完成风管的分层后，查看风管标注的所在图层，将此层的名字改为风管标注，颜色同样定为绿色，再将此层关闭。

最后，对风管的定位层进行整理，将此层的名字改为风管定位，颜色也为绿色，将此层关闭。

此时检查图中是否有遗漏的部分，检查完毕后，作一条定位基准线，一般选取柱子的一角，将此基准线放置在风管定位层。打开被关闭的风管图层、风管标注、风管定位这三个图层，然后关闭其他图层，图层的整理就完成了。将这三个图层生成块，另存为一个文件。至此，对通风图纸的整理就完成了。

依照上述同样的步骤，对空调水、给排水及电气等各个专业的图纸进行相同的整理。

第二步，将做好的各个专业的图块以定位基准线与柱子的交点为插入点，将各图块分别插入同一建筑结构图中。

第三步，这是制作中的重点，就是对已经合在一起的图纸进行二次深化，主要是通过图纸来进行"预装配"，在未施工前就找到施工时会碰见的问题。在图纸上先解决各专业之间的位置冲突和标高打架问题。找到有问题的区域，通过截面图直观地把设计图纸上的问题全部暴露出来，再重新布置图纸中各专业的走向和标高，直到达到要求为止，再通过截面图把改变标高后的情况表示出来，通过平面图将走向改变后的情况表示出来。在业主对吊顶标高或布置安排上有改动时，同样利用综合图可以直观地看到各专业的情况，综合考虑各专业的相互关系和相互影响，做到统筹考虑。再通过截面图和平面图来表示出新的布局和标高。

掌握的基本原则是：电气让水管、水管让风管、小管让大管、有压管让无压管、一般性管道让动力性管道、同等情况下造价低的管道让造价高的管道（具体问题根据实际情况来定）。

这就是一张综合图的简单制作过程，实际制作中还要考虑多重因素和各方要求。

对于各专业在图纸的颜色分层上的具体要求，各图层名称应以方便和便于识别来确定，图层颜色一般应按管道实际涂色标来区分。

3）一些简单实用的小型计算、校核和局部小样图纸

实际的工程中存在很多各方都认为不应该自己管的问题，尤其是设计单位，对于一些和实际情况联系十分紧密的小型验算和由于后期改动造成的局部图纸，一般不愿意接手，这时机电总承包单位发挥自己的实力为业主解决一些实际的困难，就会更加突显公司的实力，同时会赢得业主和设计单位的多方面配合，也有利于自身的施工和管理。如：支架承重校核计算及支吊架选型，空调负荷计算，卫生间给排水的管道平面及系统图等。

第二节　暖通工程新技术

一、金属矩形风管薄钢板法兰连接技术

1. 技术原理及主要内容

（1）基本概念

金属矩形风管薄钢板法兰连接技术，根据加工形式的不同分为两种：一种是法兰与风管管壁为一体的形式，称之为"共板法兰风管"、"无法兰风管"或叫"TDC 法兰风管"；另一种则是"组合式法兰风管"（又称之为 TDF 法兰），其薄钢板法兰用专用组合法兰机制作成法兰的形式，根据风管长度下料后，插入制作好的风管管壁端部，再用铆（压）接连为一体。

（2）技术特点

金属矩形风管薄钢板法兰风管制作、安装技术与传统角钢法兰连接技术相比，具有工艺先进、产品质量稳定、制作、安装生产效率高，成型质量好，操作人员工种少（省去焊接、油漆工种），减少环境污染，降低操作劳动强度，缩短施工周期，加快工程建设进度等特点。

金属矩形风管薄钢板法兰连接技术是近年来通风空调工程风管制作、安装的新技术，由于其生产设备的自动化程度和加工能力不断提高、配套软件的开发和形式的多样性，与传统

角钢法兰连接技术相比,具有占用场地小、设备使用量少、批量制作速度快、生产效率高,操作劳动强度降低,产品质量易于控制等诸多特点。此种法兰连接技术在国外已广泛应用,在国内一些重要工程和相当大的区域内也已具有市场规模。

薄钢板法兰风管有两种构造形式:经过专用机械加工风管与法兰同为一体及采用镀锌板制作的法兰条与风管本体采用铆接形成的风管,第二种是第一种的补充和加强形式。风管间的连接采用弹簧夹式、插接式或顶丝卡紧固等方式。

薄钢板法兰风管的制作,可采用单机设备分工序完成风管制作,也可采用在计算机控制下,通过自动生产线将材料类型选择、剪切下料、风管板面连接形式及法兰成型、折方等工序顺序自动完成。自动化流水线使用镀锌板卷材,根据风管需要连续进行管材下料到半成品加工完成,全部工序只需30s即可完成,实现了直风管加工和风管配件下料的自动化。

异形风管可采用数控等离子切割设备下料,有效节省手工展开下料的繁琐工序、操作时间,保证了下料的准确性。设备的配套使用实现了直风管加工和风管配件下料的自动化。

矩形风管加工流水线的使用,具有速度快、效率高、风管质量稳定、外表美观、尺寸准确、互换性强等优点,对减轻操作工人劳动强度、提高工效、节约材料起到很大的促进作用。按照流水线的设计速度为12~22.5m/min,日产量可达800~1600m²,设备操作人员正常为2~4人。薄钢板法兰风管与型钢法兰风管相比可节约材料、降低人工成本,提高工效约10倍以上,风管加工安装成本每平方米综合成本可降低20元以上。

矩形风管流水线由于使用卷筒钢板,其材料的损耗可比板材料制作风管下降5%~8%。薄钢板法兰风管与型钢法兰风管相比可降低风管系统的重量,以边长1250mm×1000mm的风管管为例,可降低风管重量约30%,不仅仅是风管加工材料的节约,还可降低风管支吊架的选用规格型号。

2. 主要技术指标

金属矩形风管薄钢板法兰连接技术的技术指标应符合国家标准《通风与空调工程施工质量验收规范》(GB 50243—2002),《通风管道技术规程》(JGJ 141—2004)以及《薄钢板法兰风管制作与安装》(07K133)中的有关规定。

3. 技术应用要点

(1)技术应用范围

适用于工作压力不大于1500Pa的通风及空调系统中风管长边尺寸不大于2000mm的金属矩形风管的制作连接。

矩形薄钢板法兰风管适用于中、低压通风及空调工程中的送、回、排风系统(含空调净化系统),风管长边尺寸一般以2000mm以下为宜。超出此规格尺寸的风管,应采用角钢或其他形式的法兰风管。当采用薄钢板法兰风管时应由设计院与施工单位研究制定措施,满足风管的强度和变形量要求。

(2)金属矩形风管薄钢板法兰风管制作

1)风管下料

宜采用"单片、L形或口形"方式。金属风管板材连接形式见表7-2,金属矩形风管的连接形式、刚度等级及适用范围见表7-3。

表 7-2　金属风管板材连接形式及适用范围

名　称	连　接　形　式	适　用　范　围
单咬口		低、中、高压系统
联合角咬口		低、中、高压系统矩形风管或配件四角咬接
转角咬口		低、中、高压系统矩形风管或配件四角咬接
按扣式咬口		低、中、高压系统或配件四角咬接,低压圆形风管

表 7-3　金属矩形薄钢板法兰风管规格、刚度等级及适用范围　　　　（单位:mm）

连接形式	附件规格		适用风管边长		刚度等级
		低压风管	中压风管		
弹簧夹式 插接式 顶丝卡式	弹簧夹板厚度大于或等于 1.0mm 顶丝卡厚度大于或等于 3mm 顶丝螺栓 M8	$h=25$、$\delta_1=0.6$	≤630	≤630	Fb1
		$h=25$、$\delta_1=0.75$	≤1000	≤1000	Fb2
		$h=30$、$\delta_1=1.0$	≤2000	≤2000	Fb3
		$h=40$、$\delta_1=1.2$	≤2000	≤2000	Fb4
组合式	弹簧夹板厚度大于或等于 3mm	$h=25$、$\delta_2=0.75$	≤2000	≤2000	Fb3
		$h=30$、$\delta_2=1.0$	≤2500	≤2000	Fb3

注:h 为法兰高度;δ_1 为风管壁厚;δ_2 为组合法兰板厚度。

2)薄钢板法兰风管咬口

咬口形式一般为联合角咬口或按扣式咬口。系统对风管严密性要求不高或采取咬口缝增加密封措施时,可采用按扣式咬口。采用联合角咬口时,风管大边采用单口,小边采用双口,如图 7-3 所示。

金属矩形薄钢板法兰风管连接最大间距见表 7-4。风管连接的最大间距是指风管管段采用不同形式和规格连接时,管段的允许最大长度。当风管段长度超出此范围时,应对管段实施加固。

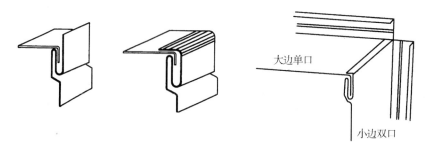

图 7-3　联合角咬口单、双口示意图

表 7-4　薄钢板法兰矩形风管连接允许最大间距　　　　　　　（单位：mm）

刚度等级		风管边长 b								
		≤500	630	800	1000	1250	1600	2000	2500	3000
		允许最大间距								
低压风管	Fb1	3000	1600	1250	650	500				
	Fb2		2000	1600	1250	650	500	400		
	Fb3		2000	1600	1250	1000	800	600		
	Fb4		2000	1600	1250	1000	800	800	不使用	
中压风管	Fb1	3000	1250	650	500					
	Fb2		1250	1250	650	500	400	400		
	Fb3		1600	1250	1000	800	650	500		
	Fb4		1600	1250	1000	800	800	800	不使用	

（3）金属矩形风管薄钢板法兰风管加固

当风管的长度尺寸超出表 7-4 所列范围时，应对其进行加固，否则不能满足风管耐压强度要求。风管的加固是风管制作工艺的重要组成部分。我国风管制作通常是对目前常用的风管连接和加固形式进行分析，根据计算结果提出了矩形风管的连接和横向加固的"刚度等级"概念，以细化风管加固措施的要求。

1）金属矩形风管的加固可采用外加固框和点加固形式进行加固（表 7-5）。

采用外加固框方式时，型材高度应等于或小于风管法兰高度；排列应整齐、间隔应均匀对称；与风管的连接应牢固，螺栓或铆接点的间距应不大于 220mm；外加固框的四角处，应连接为一体。

表 7-5 金属矩形风管加固刚度等级

加 固 形 式			加固件规格 (mm)	加固件高度 h (mm)					
				15	25	30	40	50	60
				刚 度 等 级					
外框加固	角钢加固		∟25×3		G2				
			∟30×3			G3			
			∟40×4				G4		
			∟50×5					G5	
			∟63×5						G6
	直角形加固		$\delta=1.2$	—	G2	G3	—	—	—
	Z 形加固		$\delta=1.5$	—	G2	G3	G3	—	—
		$b \geq 10mm$	$\delta=2.0$	—	—	—	—	G4	—
	槽形加固 1		$\delta=1.2$	—	G2				
		$b \geq 20mm$	$\delta=1.5$	—	—	G3	—	—	—
	槽形加固 2		$\delta=1.2$	G1	G2				
			$\delta=1.5$	—	—	G3	G4	—	—
		$b \geq 25mm$	$\delta=2.0$	—	—	—	—	G5	—
点加固	扁钢内支撑	$b \geq 25mm$	25×3 扁钢	J1					
	螺杆内支撑		≥M8 螺杆	J1					
	套管内支撑		φ16×1 套管	J1					
纵向加固	立咬口	$h \geq 25mm$	—	Z2					
压筋加固	压筋间距 ≤300		—	J1					

2)外加固的加固形式及加固间距见表 7-6。

表 7-6　矩形风管横向加固允许最大间距　　　　　　　　（单位：mm）

刚度等级		风管边长 b								
		≤500	630	800	1000	1250	1600	2000	2500	3000
		允 许 最 大 间 距								
低压风管	G1	3000		1600	1250	625					
	G2			2000	1600	1250	625	500	400	不使用	
	G3			2000	1600	1250	1000	800	600		
	G4			2000	1600	1250	1000	800	800		
	G5			2000	1600	1250	1000	800	800	800	625
	G6			2000	1600	1250	1000	800	800	800	800
中压风管	G1			1250	625						
	G2			1250	1250	625	500	400	400	不使用	
	G3			1600	1250	1000	800	625	500		
	G4			1600	1250	1000	800	800	625		
	G5			1600	1250	1000	800	800	800	625	
	G6			2000	1600	1000	800	800	800	800	625

3)风管采用点支撑加固、压筋加固形式时（加固刚度等级为 J1），其加固件之间允许的距离或风管连接允许最大间距应按照表 7-4 所对应的数值再向左移 1 格，这时的数值是加固后的允许值。当风管采用纵向加固（加固刚度等级为 Z2）形式时，风管连接允许最大间距应按照表 7-4 所对应的数值再向左移 2 格，这时的数值是加固后的风管连接允许最大间距。

一般情况下，薄钢板法兰矩形风管流水线生产的风管管壁均已压制加强筋，所以另采用点加固形式中螺杆内支撑即可。

采用螺杆内支撑加固时，加固点的排列应整齐、间距应均匀，其支撑件两端专用垫圈应置于风管受力（压）面。管内两加固支撑件交叉成十字状时，其支撑件对应两个壁面的中心点应前移和后移 1/2 螺杆或钢管直径的距离。螺杆直径宜大于或等于 8mm，垫圈外径应大于 30mm。

薄钢板法兰矩形风管加固表格使用示例：

确定截面尺寸为 1600mm×500mm，长度为 1250mm，薄钢板法兰（高度 $h=30$mm）连接方式为低压风管的加固方式。查表步骤如下：

①查表 7-3。薄钢板法兰（高度 $h=30$mm）连接的刚度等级为 Fb3。

②查表 7-4。横向连接刚度等级为 Fb3 的低压风管，该风管边长 1600mm 的面，其管段的允许最大长度为 800mm，因此风管边长为 1600mm 的管壁面处必须采取加固措施；该风管另一面边长 500mm 处，由于刚度等级为 Fb3 的低压风管管段的允许最大长度为 3000mm，该风管长度小于 3000mm，故不需采用加固措施。

③查表 7-5。若选择点支撑加固，其横向加固刚度等级为 J1。

④查表 7-4。刚度等级为 Fb3，风管边长 1600mm 的低压风管管壁面，其管段的允许最大长度为 800mm，若同时采用 J1 等级的点支撑加固与压筋 J1 等级的加固两种方法，按前所述，其加固后的允许最大长度为 1250mm（向左平移 2 格的对应值），符合加固要求。

4)加固形式

在具体风管施工项目中,风管的加固形式可根据风管的具体规格和自身的加固习惯做法确定,最终加固后的风管要达到规程的刚度要求,加固方案选择得当与否,对施工成本影响很大。

风管加固可采用楞筋、立筋、角钢(内、外加固)、扁钢、加固筋和管内支撑等形式。

风管加固的主要要求包括:楞筋或楞线的加固,排列应规则,间隔应均匀,板面不应有明显的变形;管内支撑与风管的固定应牢固,各支撑点之间或与风管的边沿或法兰的间距应均匀;内支撑加固采用螺纹杆或钢管,其支撑件两端专用垫圈应置于风管受力(压)面,螺纹杆直径宜不小于8mm,垫圈外径应大于30mm,钢管与加固面应垂直,长度应与风管边长相等;管内两加固支撑件交叉成十字形时,其支撑件对应两个壁面的中心点应前移和后移1/2螺杆或钢管直径的距离;风管的法兰强度低于规定强度时,可采用外加固框和管内支撑进行加固,加固件距风管端面的距离应不大于250mm;纵向加固时,风管对称面的纵向加固位置应上、下对称,长度与风管长度齐平。

薄钢板法兰风管加固的方法应参照《通风管道技术规程》(JGJ 141—2004)采用查找镀锌钢板矩形风管横向连接刚度等级表 3.2.1-2、镀锌钢板矩形风管加固刚度等级表 3.2.1-3、镀锌钢板矩形风管横向连接允许最大间距表 3.2.1-4、镀锌钢板矩形风管横向加固允许最大间距表 3.2.1-5、薄钢板法兰矩形风管横向加固允许最大间距表 3.2.1-6 的要求,进行选择和确定。

流水线生产的风管管壁多已压出加强筋,一般采用点加固形式中的螺杆内支撑方法进行加固。

综合考虑风管系统的质量性能、加工、安装、美观程度等因素,一般工程风管标准加固时,宜采用风管壁压筋并配合镀锌通丝螺杆内支撑的方式。这样露出风管外的丝杆,要求平口或二牙左右即可,保温施工时保温层就不至于有太大的凸起,使风管安装的外观质量最好。

某工程加固情况实例如下(风管管壁已压出加强筋,管段长度由于使用卷板,长度一定,因此在多数情况下采用点加固形式中螺杆内支撑即可满足要求):

①通丝螺杆内支撑加固,如图 7-4 所示。

②确定了两种中、低压薄钢板法兰风管加固方式及 C 型和 C/F 型加固方式,见表 7-7、图 7-5。

表 7-7　中低压风管加固方式选用表

风管大边长 b(mm)	低压风管		中压风管	
	壁厚(mm)	加固方式	壁厚(mm)	加固方式
b≤320	0.5	—	0.5	—
320<b≤450	0.6	—	0.6	—
450<b≤630	0.6	—	0.6	—
630<b≤1000	0.75	—	0.75	—
1000<b≤1250	1.0	C	1.0	C
1250<b≤2000	1.0	C/F	1.0	C/F

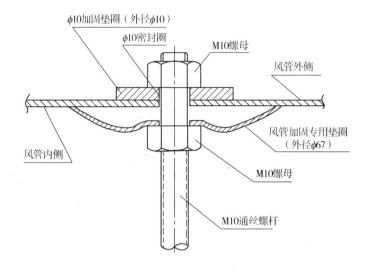

图 7-4　通丝螺杆内支撑加固示意图

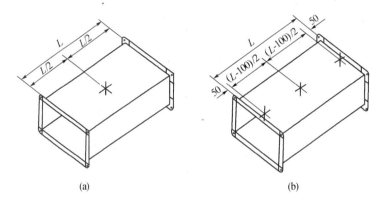

(a)　　　　　　　　　　　　　　(b)

图 7-5　风管加固方式示意图

(a)C 型加固方式；(b)C/F 型加固形式

　　③对于矩形风管大边大于 1250mm，且小边大于 630mm 的除了按上述方法加固外，其管内壁靠近法兰口四角处，还需用 30×4 镀锌扁钢斜支撑，以使几管四壁相互垂直，如图 7-6 所示。

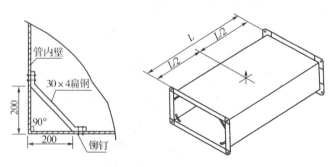

图 7-6　大口径风管内壁斜支撑

(4)金属矩形风管薄钢板法兰风管安装

薄钢板法兰风管安装除应符合金属风管安装的有关规定外,还应注意其自身的特点。

1)组合式薄钢板法兰风管在将法兰条与风管组装成型时,应避免风管与法兰条插接后产生端面缝隙。调整法兰口的平面度后,再将法兰条与风管铆接(或本体铆接)。铆(压)接点,间距应小于或等于150mm,不得存在漏铆(压)和脱铆(压)现象。

2)薄钢板法兰风管的四角处(图7-7)应在其内外侧均涂抹密封膏。

3)一般通风空调用薄钢板法兰风管的法兰垫料厚度宜为3~5mm;可用橡胶板、闭孔海绵橡胶板、密封胶带或其他闭孔弹性材料。输送产生凝结水或含湿空气的空气,应采用橡胶板或闭孔海绵橡胶板。输送洁净空气,不得采用乳胶海绵。

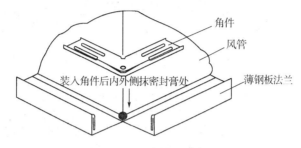

图7-7 法兰四角处密封

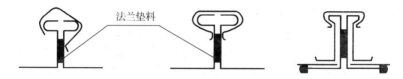

图7-8 薄钢板法兰矩形风管管段连接的密封

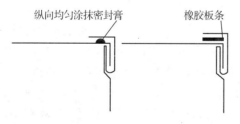

图7-9 联合角咬口处密封措施

法兰垫料应减少拼接,法兰垫料不应凸入管内或凸出法兰外。密封方式如图7-8所示。

4)洁净空调用风管,为防止从风管的联合角咬口处漏风,可在咬口翻边前沿风管壁纵向均匀涂抹一道密封胶,然后再翻边咬口压紧(图7-9),或者在风管翻边前加入一道 $\delta=5\text{mm}\times1\text{mm}$ 的橡胶板条。

5)薄钢板法兰连接所用的弹簧夹的长度应为120~150mm。弹簧夹、顶丝卡应分布均匀,间距不应大于150mm,最外端的连接件距风管边缘不应大于100mm。

6)管段连接前在四角处插入四个长度大于60mm的90°角件,角件与法兰四角接口的固定应稳固、紧贴,端面应平整。

7)组合式法兰风管的法兰安装应根据风管边的长度,分别配制四根法兰条,填充密封胶后插入风管(图7-10),调校法兰口平直,再铆(压)固。

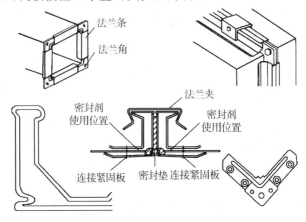

法兰条
法兰角
法兰夹
密封剂使用位置
密封剂使用位置
连接紧固板   密封垫 连接紧固板

图 7-10   组合式法兰风管的法兰安装

8)两节风管连接时,在一端风管法兰平面处粘贴密封条,将四角处用螺栓紧固,螺栓方向应一致,最后用专用工具将法兰弹簧夹卡固在两节风管法兰处,或用顶丝卡固定两节风管法兰。弹簧夹、顶丝卡不应有松动现象。

(5)支吊架

1)支吊架制作:薄钢板法兰风管水平安装一般采用吊架,立管采用支架。风管支、吊架的固定件、吊杆、横担和所有配件材料的应用,应符合其载荷额定值和应用参数的要求。

支吊架的形式和规格应按《通风管道技术规程》(JGJ 141—2004)或有关标准图集与规范选用,直径大于2000mm或边长大于2500mm的超宽、超重特殊风管的支、吊架应按设计要求。

风管支吊架制作应符合以下要求:支吊架的下料宜采用机械加工,采用电气焊切割后,应对切割口进行打磨处理;不得采用电气焊开孔或扩孔;吊杆应平直,螺纹应完整、光洁;吊杆加长可采用以下方法拼接:采用搭接双侧连续焊,搭接长度不应小于吊杆直径的6倍;采用螺纹连接时,拧入连接螺母的螺纹长度应大于吊杆直径,并有防松动措施。

部分工程采用镀锌槽形钢和镀锌通丝吊杆的组合,比较有特色。其优点是可以利用通丝吊杆调整风管标高,拆装方便;吊架整体为镀锌件,不用进行防腐、油漆工序,减少了施工现场的污染;吊架表面处理效果好,外形美观,与镀锌钢板制作的风管浑然一体。其缺点是槽形钢的刚度没有角钢、槽钢、工字钢高,在同等情况下,吊架横担易产生挠度,在一定程度上影响美观;材料相对传统的钢制吊架,造价有所提高。

矩形金属水平风管在最大允许安装距离下,吊架的最小规格见表7-8。

2)支吊架安装:按照设计图纸、根据土建基准线确定风管标高,并按风管系统所在的空间位置确定风管支吊架形式,设置支吊点,风管支吊架的形式、材质、尺寸、安装间距、制作精度、焊接等应符合设计要求。吊杆、横担应根据风管安装标高适当截取,安装前调直,同一水平面纵横方向应成一直线,无偏差。吊杆丝扣末端不宜超出托架最低点。

表 7-8　金属矩形水平风管吊架的最小规格　　　　　　　（单位:mm）

风管长边 b	吊杆直径	吊架规格	
		角钢	槽钢
b≤400	Φ8	∟25×3	[40×20×1.5
400<b≤1250	Φ8	∟30×3	[40×40×2.0
1250<b≤2000	Φ10	∟40×4	[40×40×2.5
2000<b≤2500	Φ10	∟50×5	—
b>2500	按设计确定		

　　风管安装后,支、吊架受力应均匀,且无明显变形,吊架的横担挠度应小于 9mm。矩形风管立面与吊杆的间隙不宜大于 150mm;吊杆距风管末端不应大于 1000mm。水平悬吊的风管长度超过 20m 的系统,应设置不少于 1 个防止风管摆动的固定支架。

　　支吊架的预埋件应位置正确、牢固可靠,埋入部分应除锈、除油污,并不得涂漆。支吊架外露部分须作防腐处理。支吊架不应设置在风口处或阀门、检查门和自控机构的操作部位,距离风口或插接管不宜小于 200mm。

　　薄钢板法兰风管(含保温)水平安装时,支、吊架间距不应大于 3000mm。水平弯管在 500mm 范围内应设置一个支架;支管距干管 1200mm 范围内应设置一个支架。金属风管垂直安装时,其支架间距不应大于 4000mm,长度不小于 1000mm,单根直风管至少应设置 2 个固定点。

　　(6)风管系统的严密性检验

　　风管系统安装后,必须进行严密性检验,合格后方能交付下道工序。风管系统严密性检验以主、干管为主。在加工工艺得到保证的前提下,低压风管系统可采用漏光法检测。

　　风管系统安装完毕后,应按系统类别进行严密性检验,漏风量应符合设计与规范要求。风管系统的严密性检验,应符合下列要求:低压系统风管的严密性检验应采用抽检,抽检率为 5%,且不得少于 1 个系统;在加工工艺得到保证的前提下,采用漏光法检测,检测不合格时,应按规定的抽检率做漏风量测试。中压系统风管的严密性检验,应在漏光法检测合格后,对系统漏风量测试进行抽检,抽检率为 20%,且不得少于 1 个系统。高压系统风管的严密性检验,应全数进行漏风量测试。

　　系统风管严密性检验的被抽检系统,全数合格,则视为通过;如有不合格,则应再加倍抽检,直至全数合格。

二、非金属复合板风管施工技术

1. 技术原理及主要内容

（1）材料基本特点

按复合板材质的不同，非金属复合板风管主要有机制玻镁复合板风管、聚氨酯复合板风管、酚醛复合板风管、玻纤复合板风管。

1）机制玻镁复合板风管是以玻璃纤维为增强材料，氯氧镁水泥为胶凝材料，中间复合绝热材料或不燃轻质结构材料，采用机械化生产工艺制成三层（多层）结构的机制玻镁复合板。在施工现场或工厂内切割成上、下、左、右四块单板，用专用无机胶粘剂组合粘结工艺制作成通风管道。

2）酚醛铝箔复合板风管与聚氨酯铝箔复合板风管同属于双面铝箔泡沫类风管，风管内外表面覆贴铝箔，中间层为聚氨酯或酚醛泡沫绝热材料。

3）玻纤复合板风管是以玻璃棉板为基材，以外表面复合一层玻璃纤维布复合铝箔（或采用铝箔与玻纤布及阻燃牛皮纸复合而成）、内表面复合一层玻纤布（或覆盖一层树脂涂料）而制成的玻纤复合板为材料，经切割、粘合、胶带密封和加固制成的通风管道。

复合板板材的制作均采用机械化生产工艺一次成型复合制成，生产效率高，板材质量得到了有效保证。

复合板风管具有外观美观、重量轻、施工方便、效率高、漏风小、不需要外保温的特点，一般在现场制作，以避免损坏。

（2）材料性能

工程上常用的非金属风管见表7-9。

表 7-9 工程上常见的非金属风管一览表

风管类别	保温材料密度（kg/m³）	板材厚度（mm）	燃烧性能	强度（MPa）	特点	适用范围
酚醛铝箔复合板风管	≥60	≥20	B_1级	弯曲强度≥1.05	（1）断面形状为矩形；（2）采用酚醛铝箔或聚氨酯铝箔复合夹心板制作，内外表面均为铝箔。内壁中度光滑，阻力较小；（3）风管板材的拼接，采用45°角粘结或"H"形加固条拼接，在拼接处涂胶粘剂粘合；或在粘结缝处两侧贴铝箔胶带，刚度和气密性有保证。具有保温性能；（4）属于难燃 B_1 级；（5）加工工艺较先进，质量轻，使用年限较长	工作压力小于或等于2000Pa的空调系统及潮湿环境
聚氨酯铝箔复合板风管	≥45	≥20	B_1级	弯曲强度≥1.02		工作压力小于或等于2000Pa的空调系统及潮湿环境

续表

风管类别		保温材料密度（kg/m³）	板材厚度（mm）	燃烧性能	强度（MPa）	特点	适用范围
玻璃纤维复合板风管		≥70	≥25	B_1级	—	（1）断面形状为矩形； （2）采用离心玻璃纤维板材，外壁贴敷铝箔丝布，内壁贴阻燃的无碱或中碱玻璃纤维布，并用风管特型加强框架及不燃等级为A级的粘结剂，在高温、高压下粘合而成。外表面可喷涂彩色气密胶； （3）具有保温、消声、防火、防潮的功能。质量轻，使用寿命较长	工作压力小于或等于1000Pa的空调系统
无机玻璃钢	水硬性无机玻璃钢风管	≤1700	表7-10	A级	弯曲强度≥70	（1）断面形状为矩形和圆形； （2）水硬性无机玻璃钢风管，以硫酸盐类为胶凝材料与玻璃纤维网格布制成；而以改性氯氧镁水泥为胶凝材料与玻璃纤维网格布制成的称为氯氧镁水泥风管； （3）无机玻璃钢风管可分为整体普通型（非保温）、整体保温型（内、外表面为无机玻璃钢，中间为绝热材料）、组合型（由复合板、专用胶、法兰、加固件等连接成风管）和组合保温型四类； （4）风管内表面较粗糙，阻力较大，密度大，质量重	低、中、高压空调及防排烟系统；湿度较大场合（如地下室）的送排风系统，输送腐蚀性气体的管道
	氯氧镁水泥风管	≤2000	表7-10	A级	弯曲强度≥65		
硬聚氯乙烯风管		1300～1600	表7-11	B_1级	拉伸强度≥34	（1）断面形状为圆形和矩形； （2）板材的拼接采用搭接焊接。内表面光滑，不起尘，耐腐蚀。价格较贵，易老化，易带静电	洁净空调高效过滤器后的送风管，含酸碱的表面处理车间的排风系统
聚酯纤维织物风管						（1）断面形状为圆形或半圆形。可利用编织纤维的透气性向房间送风，也可在风管表面上开设纵向条缝口或者圆形孔口送风； （2）质量轻、无噪声、表面不结露，安装、拆卸方便，便于运输	某些生产车间、允许风管在顶板下明装的公共建筑空调系统，以及展览场所临时性的空调系统
柔性风管						有铝合金薄带螺旋咬口圆形软管、玻纤布聚酯薄膜铝箔复合金属钢带螺旋软管和铝箔聚酯复合夹丝螺旋软管等，可带保温材料	用于通风空调风管与末端装置的连接

表 7-10　无机玻璃钢风管板材厚度　　　　　　　　　　　（单位:mm）

圆形风管直径 D 或矩形风管长边尺寸 b	风管壁厚	圆形风管直径 D 或矩形风管长边尺寸 b	风管壁厚
$D(b) \leqslant 300$	2.5～3.5	$1000 < D(b) \leqslant 1500$	5.5～6.5
$300 < D(b) \leqslant 500$	3.5～4.5	$1500 < D(b) \leqslant 2000$	6.5～7.5
$500 < D(b) \leqslant 1000$	4.5～5.5	$D(b) > 2000$	7.5～8.5

表 7-11　硬聚氯乙烯风管板材厚度　　　　　　　　　　　（单位:mm）

圆形风管		矩形风管	
风管直径 D	板材厚度	风管长边尺寸 b	板材厚度
$D \leqslant 320$	3.0	$b \leqslant 320$	3.0
$320 < D \leqslant 630$	4.0	$320 < b \leqslant 500$	4.0
$630 < D \leqslant 1000$	5.0	$500 < b \leqslant 800$	5.0
$1000 < D \leqslant 2000$	6.0	$800 < b \leqslant 1250$	6.0
		$1250 < b \leqslant 2000$	8.0

2. 主要技术指标

非金属复合板风管制作安装均应符合国家有关的规范、规程:《通风与空调工程施工质量验收规范》(GB 50243—2002)、《通风管道技术规程》(JGJ 141—2004)、《非金属及复合风管》(JG/T 258—2009)、《复合玻纤板风管》(JC/T 591—1995)、《机制玻镁复合板风管制作与安装》(09CK134)。

3. 技术应用要点

(1)技术应用范围

按中间复合绝热材料或不燃轻质结构材料的不同,机制玻镁复合板风管适用于工业与民用建筑中工作压力≤3000Pa 的通风、空调、洁净及防排烟中的风管。

1)聚氨酯复合板风管适用于工作压力≤2000Pa 的空调系统、洁净系统及潮湿环境。

2)酚醛复合板风管适用于工作压力≤2000Pa 的空调系统及潮湿环境。

3)玻纤复合板风管适用于工作压力≤1000Pa 的空调通风管道系统。

(2)机制玻镁复合板风管施工

机制玻镁复合板风管是以玻璃纤维增强氯氧镁水泥为两面强度结构层,以绝热材料或不燃轻质结构材料为夹芯层,表面附有一面或二面铝箔,采用机械化工艺制成的复合板,在施工现场或工厂内切割成上、下、左、右四块单板,用专用无机胶粘剂组合粘结工艺制作成通风管道,再用错位式无法兰连接方式连接风管。

机制玻镁复合板风管施工技术是近年来风管加工制作的新技术,它既有镀锌钢板风管的强度和现场制作、安装的便利,又有不燃烧、不生锈的特点,更兼有复合风管重量轻、不需二次保温、漏风小的特点,是新一代的节能环保风管。

1)施工工艺流程

施工准备→板材切割→专用胶配制→风管组合→风管加固及导流叶片安装→风管连接→风管安装。

2)施工准备

①制作场地:机制玻镁复合板风管多采用现场制作,因此要求现场有一块平整、干燥的场地,能满足加工和储存的要求。

②板材检验:要求机制玻镁复合板应无分层、裂纹、变形等现象,且板材应平整,外表面覆膜平整,内表面层没有密集气孔。

③机具准备:平台切割机、手提切割机、手锯、木工锯、圆钢套丝机、交流电焊机、砂轮锯、台钻、手电钻、电锤等。

④根据施工现场情况及设计图纸,画出风管加工草图。

3)板材切割

直管采用平台切割,变径、三通、弯头等异径管件板材采用手提切割机切割。

风管左右侧板在切割时按照图 7-11(a)中的两边采用大小不同的刀片,同时切割出组合用的梯阶线,切割深度见表 7-12。

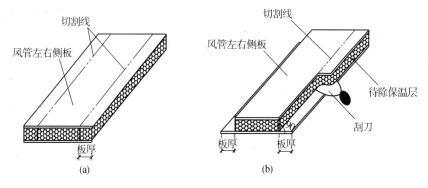

图 7-11 风管左右侧板的切割示意图

(a)梯阶线切割示意图;(b)用刮刀切至尺寸示意图

按照图 7-11(b)用工具刀将台阶线外的保温层刮去,梯阶位置应保证 90°的直角,切割面应平整。

表 7-12 梯阶线切割深度

板厚(mm)	切割深(mm)
18	12±1
25	19±1
31	25±1

4)专用胶的配制

专用胶由粉剂和液剂两部分组成,主要成分为氯氧镁水泥。粉剂和液剂两部分的组成,在现场按说明书配制。应采用电动搅拌机搅拌,搅拌后的专用胶要稍有流动性。配制后的专用胶粘剂应及时使用,在使用过程中如发现胶粘剂变稠和硬化,不允许再次添加液剂进行稀释后使用。

5) 直风管制作

① 直风管由上、下、左、右四张板粘合而成 [图 7-12(a)],四张板的尺寸为风管内径尺寸加两倍板厚×风管节长。

② 首先用刮刀将侧面板的梯阶形保温层刮去,保证梯阶平整。

③ 在左右板侧面的台阶处敷上专用胶,均匀饱满不缺浆。

④ 如图 7-12 所示,把风管底板放于组装架上,将左右侧板插在底面板边沿,左右侧板与上下板对口纵向粘结方向错位 100mm,然后将上面板左右侧板间用龙门架形箍定位,再用捆扎带将组合的风管捆扎紧。捆扎带间距 650mm,捆扎带与风管四转角接合处用 90°护脚保护。

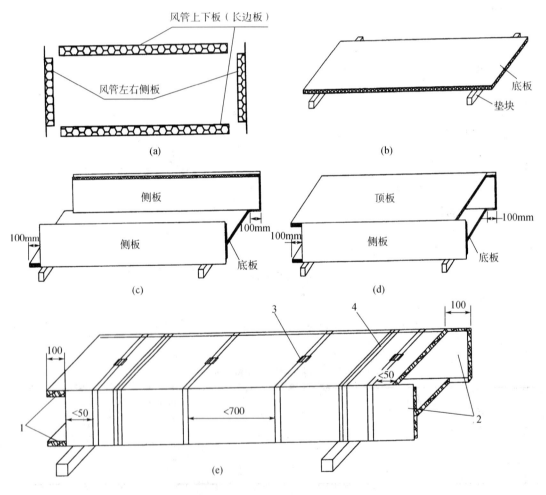

图 7-12 直风管制作示意图

(a)风管组装示意图;(b)风管底板放于组装垫块上;(c)装风管侧板;

(d)风管组合;(e)风管用捆扎带紧固示意图

⑤风管捆扎后,应及时清除风管内外壁挤出的余胶,填充空隙;清除风管上下板与左右板错位100mm处的余胶。然后检查风管对角线,必要时,可在风管内角处设置临时支撑,保证风管对角线小于3mm。矩形风管的形位尺寸允许偏差应符合表7-13。风管表面残胶清洁干净。

表7-13　矩形风管的形位尺寸允许偏差

长边尺寸 A	允许偏差不大于			
	表面不平度	管口对角线之差	端面与管壁垂直度	上下板与左右板错位
≤630	≤3	≤3	3/1000	100±2
630<A≤1500	≤4			
1500<A≤2000	≤5			
>2000	≤6			

⑥粘结后的风管应根据环境温度,按照规定的时间确保专用胶固化。在此时间内,不允许搬移。专用胶固化后,拆除捆扎带,并再次修整粘结缝余胶,填充孔隙,在平整的场地养护。

6)异径风管制作

①变径风管制作

矩形风管的变径管,有单面偏心和双面偏心两种,如图7-13(a)所示。变径管单面变径的夹角宜小于30°,双面变径的夹角宜小于60°。变径风管制作与直风管制作方法相同,其中一面或三面风管管板是斜面,其拼装方式如图7-13(b)所示。变径风管的长度不得小于大头长边减去小头长边之差。

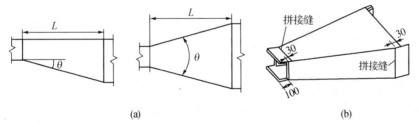

(a)　　　　　　　　　　　(b)

图7-13　直风管制作示意图
(a)单面变径与双面变径口角;(b)变径风管的拼装

②弯管制作

做矩形弯管时,一般采用由若干块小板拼成折线的方法制成内外同心弧形弯管,与直风管连接口应按图7-14制成错位连接形式。制作时,应根据弯管弯曲角度、管边长 B,按表7-14选定所需片数并根据角度算出折线板的长度,两端的两块板叫端节,中间小板叫中节。常用的弯管有90°、60°、45°、30°四种,其曲率半径一般为 $R=1\sim1.5B$(曲率半径是从风管中心计算)。

表 7-14 弯管曲率半径和最少分片数

弯管边长 B（mm）	曲率半径 R(mm)	弯管角度和最少节数							
		90°		60°		45°		30°	
		中节	端节	中节	端节	中节	端节	中节	端节
B≤600	≥1.5B	2×30°	2×15°	1×30°	2×15°	1×22°30′	2×11°15″	—	2×15°
600＜B≤1200	D～1.5B	2×30°	2×15°	2×20°	2×10°	1×22°30′	2×11°15″	—	2×15°
1200＜B≤2000	D～1.5B	3×22°30′	2×11°15″	2×20°	2×10°	1×22°30′	2×11°15″	1×15°	2×7°30′

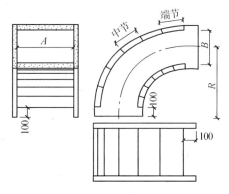

图 7-14 90°弯管制作示意图

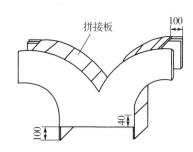

图 7-15 蝴蝶三通制作示意图

③相同截面的蝴蝶三通制作

根据图纸尺寸,按照图 7-15 划出两平面板尺寸线,并切割下料。内外弧小板片数参照表 7-14。

④支风管制作

按设计尺寸,在主风管上切割支风管的连接口,与支风口上下板连接的开口尺寸为支风管内壁尺寸加大 6mm。与支风管左右板连接处的开口尺寸为支风管外壁尺寸。按图 7-16 所示应在顺风方向设置 45°导流角,导流角的长度不得小于支风管宽度的 1/2。将支风管和主风管连接的上下板切割成梯阶形,左右板不切梯阶形。

如果支风管与主风管的高度一致,主风管的上下板与支风管的上下板连为整体,制作方便,又有利提高强度。

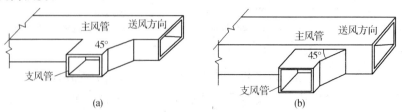

图 7-16 支风管制作示意图

(a)主、支风管整体制作(高度一致);(b)主、支风管插入式制作(高度不一致)

如果支风管高度小于主风管,按图 7-16(b),将支风管插入主风管内,用专用胶粘结,然后用捆扎带固定,清理余胶,填补空隙,放在平整处固化。

7)风管加固及导流叶片安装

①风管内支撑加固横向加固数量应符合表7-15规定,加固风管的纵向支撑柱加固间距应≤1300mm。

表 7-15 风管内支撑横向加固数量表

风管长边尺寸 A(mm)	系统工作压力(Pa)											
	低压系统 $P \leqslant 500$				中压系统 $500 < P \leqslant 1500$				高压系统 $1500 < P \leqslant 3000$			
	18	25	31	43	1	25	31	43	18	25	31	43
$1250 \leqslant A < 1600$	1	—	—	—	1	—	—	—	1	1	—	—
$1600 \leqslant A < 2300$	1	1	1	1	2	1	1	1	2	2	1	1
$2300 \leqslant A < 3000$	2	2	1	1	2	2	2	2	3	2	2	2
$3000 \leqslant A < 3800$	3	2	2	2	3	3	3	2	4	3	3	3
$3800 \leqslant A < 4000$	4	3	3	2	4	3	3	3	5	4	4	4

②风管内支撑加固材料参照表7-16。内支撑加固时,先锁外螺母,将镀锌螺杆拉直,后锁紧螺母,螺栓松紧适度,如图7-17所示。

表 7-16 风管内支撑加固材料表

内支撑柱	镀锌垫片 凹凸加强	橡塑保温垫 (用于保温风管)	保温罩 (用于保温风管)
$\phi 10$ 镀锌通丝螺杆 配 M10 螺母 4 只	$\phi 70 \times 1$mm	$\delta = 20$mm	定制

注:负压风管的内支撑高度>800mm 时,应采用镀锌钢管内支撑。

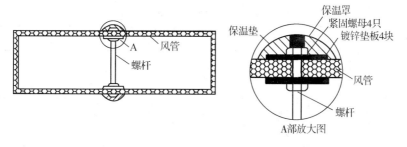

图 7-17 内支撑加固图

③距风机5m内的风管,按表7-15规定再增加500Pa风压计算内支撑数量。内支撑加强点应在离风管端口300mm处开始设置。

④内斜线形矩形弯头,当平面边长>500mm时应设置弯管导流片。导流片数量及设置位置应按表7-17的规定确定。导流片采用厚度与机制玻镁复合板风管相同的板材制作。

表 7-17　内外弧形矩形弯管导流片数及设置位置

弯管平面边长(a)(mm)	导流片数	导流片位置		
		A	B	C
500＜a≤1000	1	a/3	—	—
1000＜a≤1500	2	a/4	a/2	—
a＞1500	3	a/8	a/3	a/2

8)风管连接

如图 7-18 所示,采用无法兰错口插接,专用胶粘结。用钢丝刷将风管对口纵向粘结面上的泡沫材料刮去 1~2mm,然后连接面涂胶。将两节连接的风管错位插入并靠紧,上下左右平直,准确定位。在插入靠紧过程中,不宜多次移动,防止挤掉连接面的专用胶,造成缺胶。

风管连接完成后,清除连接处的余胶,并填充空隙。

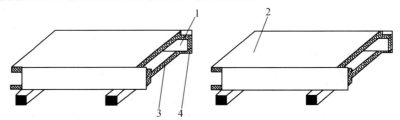

图 7-18　风管连接示意图
1—垂直板;2—水平板;3—涂胶;4—预留表面层

9)风管安装

①支吊架制作与安装

a. 风管支吊架的规格应符合表 7-18 规定。

表 7-18　风管支吊架直径及横担规格

风管边长尺寸(mm)	吊杆直径(mm)	吊杆孔径(mm)	横担规格(mm)
≤630	φ8	φ8.5	∠30×3
630＜A≤1600	φ8	φ8.5	∠40×4
1600＜A≤2200	φ10	φ10.5	∠50×5
＞2200	φ10	φ10.5	5 号槽钢

b. 支吊架不应设置在风口处或阀门、检查门和自控机构的操作部位,距离风口的距离不宜＜200mm。消声器,消声弯管,风机和边长尺寸≥1250mm 的弯管、三通、四通、异径管等应单独设立支吊架。当水平悬吊的主、支风管长度超过 20m 时,应设置防止摆动的固定点。伸缩节的固定支架可作为防晃支架使用。使用可调防振支吊架时,应按设计的要求调整拉伸或压缩量。

c. 风管立面与吊杆的间隙不宜＞150mm,吊杆距风管末端不应＞1000mm。防火阀直径或边长尺寸≥630mm时,宜设独立支吊架。防火阀、排烟阀(口)安装方向、位置应正确,防火区域墙两侧的防火阀,距墙表面不应＞200mm。边长尺寸＞3000mm的风管应在风管中间穿过一根吊杆与膨胀螺栓连接,提高横担的强度。

②伸缩节安装

a. 水平安装风管长度每达到30m时,应设置一个伸缩节,伸缩节长400mm,内边尺寸比风管的外边尺寸大3～4mm,伸缩节与风管中间填充3mm厚的TEF泡沫密封条,在伸缩节位置的风管拉开5～10mm的错位连接。如图7-19(a)所示。

边长尺寸＞1600mm的伸缩节,伸缩节中间应增加内支撑,如图7-19(b)所示。

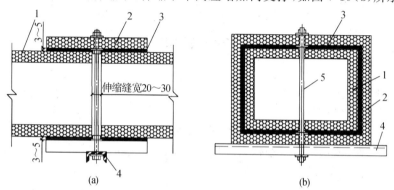

图 7-19　风管伸缩节的制作示意图

(a)水平风管伸缩节的制作和安装;(b)伸缩节中间设支撑柱

1—风管;2—伸缩节;3—填塞软质绝热材料并密封;

4—角钢或槽钢防摆支架;5—内支撑杆

b. 垂直安装的风管,在两个固定支架之间设置伸缩节。伸缩节采用阻燃塑料制作,并在U形口处插入风管板,另一端用专用胶粘剂与风管连接。

③风管与风阀、静压箱、消声器的连接

采用机制玻镁复合板制作的风阀、静压箱、消声器,采用无法兰纵向对口粘结方法,如图7-20所示。采用金属风阀、静压箱、消声器,连接面制作成插入式,插入口长度为50mm,自攻尾钉固定,如图7-21所示。

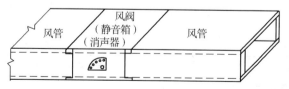

图 7-20　风管与风阀无法兰纵向对口粘结示意图

④风管与带调节阀的风口连接

根据风口尺寸在风管壁上开口,将喉管粘结在开口处(喉管长度根据设计需要)。待粘结处固化后,按图7-22将带调节阀的风口插入喉管内,用自攻螺钉固定。喉管安装风口处端面涂胶粘剂。带阀门的风口,应设置独立支吊架。

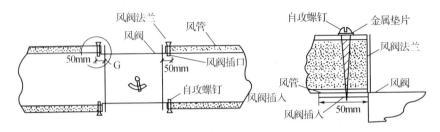

图 7-21　风管与风阀承插口连接示意图

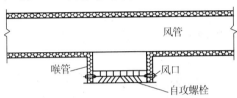

图 7-22　与带调节阀的风口连接

⑤风管与平面风口连接

根据风口尺寸在风管壁上开口,按图 7-23 所示,在自攻螺钉处的泡沫板内插入用镀锌铁皮制作的槽形件,槽形件数量根据自攻螺钉数量确定。插入风口后,用自攻螺钉将风口固定在槽形件上。

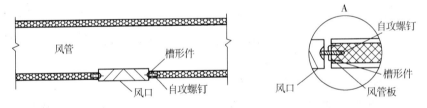

图 7-23　风管与平回风口连接

⑥风管与带柔性接头的风口连接

按图 7-24 根据风口柔性接头尺寸,在风管上切割开矩形口,粘结上喉管。将软节套在喉管外侧,用镀锌薄板压住,用自攻螺钉固定。螺钉间距<150mm。喉颈长度>500mm 时,设独立支吊架。

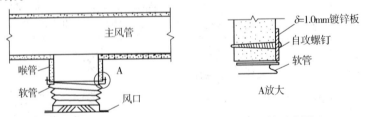

图 7-24　风管与带软接头的风口连接示意图

⑦清扫、检查门

根据图纸标注的位置,按照图 7-25 所示,在风管侧面板上画出高 500mm、宽 400mm 的切割线,用手提式切割机切割至所需尺寸。

切割时应将切割片向内斜,割出的清扫、检查门内边尺寸小于外边尺寸,以便取出切割下来的门。按照图 7-25 制作、安装清扫、检查门。关闭清扫、检查门时,四周应同时压入3mm 厚的聚乙烯密封条,填充间隙。

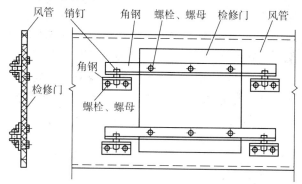

图 7-25　检修、清扫门制作、安装示意图

⑧风管与风机的连接

由于风机为圆形连接口,因此采用变径风管的一端与风管连接,另一端粘结端盖板,在端盖板上开圆口和风机的软管连接。

按图 7-26 制作一只变径风管。该变径风管一端与相连风管的尺寸相同,另一端制成大于风机直径的正方形,并将正方形端用端盖板封闭。在端盖板切割一个与风机口尺寸相等的圆,用帆布软接与风机连接。

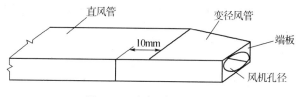

图 7-26　变径(变圆)风管

用角铁制成和风机孔径相等的圆法兰,按图 7-27 在法兰中心均布与风管连接的螺栓孔和与紧固套连接的螺栓孔,将圆法兰用螺栓固定在端盖板的圆口上。

按图 7-28,用 2mm 厚扁铁制成外径圆法兰内径 3～4mm 的紧固套。

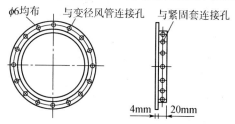

图 7-27　圆法兰

图 7-28　紧固套

安装时,将帆布软管套在紧固套上,压入圆法兰,用螺栓固定。另一端帆布软管与风机连接。该安装方法有利于风管软节更换。

10)风管开裂原因及修补办法

机制玻镁复合板风管能承受3000Pa以上的风压,可以满足低、中、高压系统风管的工作需求。风管在安装使用过程中,粘结面不应该开裂。发现少量的开裂现象也是正常的,不影响风管强度。一种现象是风管四转角出现裂缝,一般是拼装时缺胶或专用胶过稠造成的,可进行修补。第二种现象是风管连接处出现裂纹,一般是伸缩节设置不合理所致,或在风管安装时摆动过大,影响半固化中的前段风管连接强度。可增加伸缩节,或者修补。修补方法为:

①在风管开裂处周围用砂皮打磨表面,并除去尘粒;

②将修补胶压入开裂缝,贴上玻璃纤维布,用刷子将修补胶抹平。修补胶应采用外墙泥子粉用水调和,即可使用,在商店有售。

(3)聚氨酯复合板及酚醛复合板风管施工

聚氨酯复合板风管与酚醛复合板风管同属于双面铝箔泡沫类风管,风管内外表面覆贴一定厚度的铝箔,中间层为聚氨酯或酚醛泡沫绝热材料。聚氨酯复合风管为20世纪90年代从国外引进技术,现国内部分地区已有专业生产聚氨酯复合板制作流水生产线。酚醛复合风管为近年我国自行研究的用于通风管道的复合板,现已有酚醛复合风管复合板制作流水生产线,达到了规模化生产的水平。

这两种风管具有质量轻、外形美观、不用保温、隔声性能好、施工速度快、安全卫生等优点。

这两种风管的区别主要是复合板中的保温泡沫层材料材性的不同,两种类型风管的外表面均以轧花铝箔为内外覆面,且发泡工艺、复合板成型工艺形式也基本一样。

两种风管在风管制作工艺上的区别不大,制作时应注意的是:胶粘剂的类别选用的区别;两种板材强度有一定的区别,在大截面风管的加固时应引起注意。

1)施工工艺流程

施工准备→板材下料/成型→合口粘贴、贴胶带→法兰下料粘结、管段打胶→风管加固及导流叶片安装→支吊架制作、安装→风管与阀部件连接、安装。

2)施工准备

①制作场地:复合风管一般在现场制作,因此要求现场有一块平整、干燥的场地,能满足加工和储存的要求。

②板材检验:符合《通风管道技术规程》(JGJ 141－2004)第3.1.3条规定。

③机具准备:量具、工作台(4m×1.2m)、压尺、切割刀、打胶枪、密封枪(含2m加长)、橡胶锤、切割机、台钻、手电钻、电焊机等。

④根据施工现场情况及设计图纸,画出风管加工草图。

3)板材下料、成型

①放样下料应在平整、干净的工作台上进行。矩形风管的板材放样下料展开可采用一片法、U形法、L形法、四片法,根据需要选择展开方法以减小板材损耗,如图7-29所示。

②常用聚氨酯铝箔复合板风管与酚醛铝箔复合板风管板材尺寸一般为厚20mm、板宽

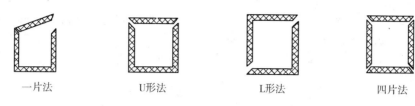

图 7-29 切口、切边成型

1200mm、长度为 4000mm。当风管长边尺寸≤1160mm，风管可按板材长度做成每节 4m，以减少管段接口。

③风管板材可以拼接，如图 7-30 所示。当风管长边尺寸≤1600mm 时，可切 45°角直接粘结，粘结后在接缝处双面贴铝箔胶带；当风管长边尺寸＞1600mm 时，板材的拼接需采用"H"形专用连接件粘结，以增强拼接强度。

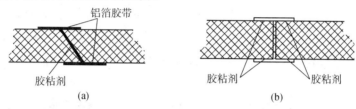

图 7-30 风管板材拼接方式
(a)切 45°角粘结；(b)中间加"H"形连接件拼接

④矩形弯管一般由 4 块板组成。先按设计要求，在板材上放出侧样板，然后测量侧板弯曲边的长度，按侧板弯曲边长度，放内外弧板长方形样。

⑤矩形变径管一般由 4 块板组成。先按设计要求，在板材上对侧板放样，然后测量侧板变径边长度，按测量长度对上板放样。

⑥风管的三通、四通宜采用分隔式或分叉式；弯头、三通、四通、大小头的圆弧面或折线面应等分对称画线。风管每节管段（包括三通、弯头等管件）的两端面应平行，与管中线垂直。

⑦复合板板材切割应使用专用工具。切割前应调整好刀片间距和角度，并用边角料试切割，符合要求后方可正式切割下料。切割时刀具要紧贴靠尺以保证切口平直并防止切割尺寸误差。板材切断成单块风管板后，将风管板编号，以防搞错。

⑧采用机械压弯成型制作风管弯头的圆弧面，其内弧半径＜150mm 时，轧压间距宜为 20~35mm；内弧半径 150~300mm 时，轧压间距宜在 35~50mm 之间；内弧半径＞300mm 时，轧压间距宜在 50~70mm。轧压深度不宜超过 5mm。

4）合口粘结、贴胶带

①所用的胶粘剂应是板材厂商认定的专用胶粘剂。

②矩形风管直管段，同一块板材粘结或几块板材组合拼接，均需准确，角线平直。风管组合前应清除板材切口表面的切割粉末、灰尘及杂物。在粘合前需预组合，检查拼接缝全部贴合无误时再涂胶粘剂；粘合时间控制与季节温度、湿度及胶粘剂的性能有关，批量加工前应做样板试验，确定最佳粘合时间。

③管段组合后，粘结成型的 45°角切边外部接缝，需贴铝箔胶带封合板材外壳面，每边宽

度≥20mm。用角尺、钢卷尺检查、调整垂直度及对角线偏差应符合规定,粘结组合后的管段应垂直摆放至定型后方可移动。

④风管的圆弧面或折线面,下完料、折压成弧线或折线后,应与平面板预组合无误后再涂胶粘结,以保证管件的几何形状尺寸及观感。

5)法兰下料粘结,管段打胶

①法兰连接件下料后与风管端面粘结,检查法兰端面平面度及对角线,其偏差应符合规定。复合材料风管法兰与风管板材的连接应可靠,其绝热层不得外露,不得采用降低板材强度和绝热性能的连接方法。

②当复合风管组合定型后,风管四个内角的粘结缝及法兰连接件四角内边接缝处用密封胶封堵,使泡沫绝热材料及胶粘剂不裸露。涂密封胶处,应清除油渍、水渍及灰尘、杂物。

③当风管边长≤500mm,可采用45°粘结;当风管边长>500mm,必须采用插接或法兰连接形式。风管长边尺寸>1500mm 时,风管法兰宜采用金属材料。当风管采用金属法兰连接件时,其外露金属须采取措施防止冷桥结露。矩形风管法兰主要连接形式及适用范围见表 7-19。

表 7-19 聚氨酯复合板风管及酚醛复合板风管连接形式及适用范围 （单位:mm）

法兰主要连接形式		法兰材料	适用范围
45°粘接		铝箔胶带	$b \leqslant 500mm$
槽形插接连接		PVC	低中压风管长边尺寸 $b \leqslant 1500mm$
工形插接连接		PVC	低中压风管长边尺寸 $b \leqslant 1500mm$
		铝合金	风管长边尺寸 $b > 1500mm$
H形连接法兰		PVC 或铝合金	与阀部件及设备连接

④长边尺寸≥320mm 的矩形风管在安装插接法兰时,宜在四角粘贴厚度≥0.75mm 的镀锌直角垫片;直角垫片宽度应与风管板材厚度相等,边长不得小于 55mm。

6)风管加固及导流叶片安装

①风管内支撑加固形式应按《通风管道技术规程》(JGJ 141—2004)表 3.2.1-5 选用。横向加固点数及纵向加固间距应符合表 7-20 的规定。

表 7-20　聚氨酯复合板风管与酚醛复合板风管横向加固点数及纵向加固间距

类别		系统工作压力(Pa)						
		<300	301~500	501~750	751~1000	1001~1250	1251~1500	1501~2000
		横向加固点数						
风管边长 b (mm)	410<b≤600	—	—	—	1	1	1	1
	600<b≤800	—	1	1	1	1	1	2
	800<b≤1000	1	1	1	1	1	2	2
	1000<b≤1200	1	1	1	1	1	2	2
	1200<b≤1500	1	1	1	2	2	2	2
	1500<b≤1700	2	2	2	2	2	2	2
	1700<b≤2000	2	2	2	2	2	2	3
纵向加固间距(mm)								
聚氨酯铝箔复合板风管		≤1000	≤800	≤600				≤400
酚醛铝箔复合板风管		≤800						

②风管的角钢法兰或外套槽形法兰可视为一纵(横)向加固点;其余连接方式的风管,其边长>1200mm 时,应在法兰连接的单侧方向长度为 250mm 内,设纵向加固。

③矩形弯管应采用内外同心弧形或内外同心折线形,曲率半径宜为一个平面边长;当采用其他形式的弯管(内外直角、内斜线外直角),平面边长>500mm 时应设置弯管导流片。导流片数量及设置位置应按表 7-17 的规定确定。

④导流片可采用 PVC 定型产品,或镀锌板弯压成圆弧,两端头翻边,铆到上下两块平行连接板上(连接板也可用镀锌板裁剪而成)组成导流板组。在已下好料的弯头平面板上划出安装位置线,组合弯头时将导流板组用胶粘剂同时粘上。导流板组的高度宜大于弯头管口 2mm,以使其连接更紧密。

7)吊架制作、安装

①水平安装风管的横担,可选用相应规格的角钢等型材,还可根据风管规格选用金属板材制作的槽形钢。风管吊装一般用圆钢作吊杆。风管吊装横担、吊杆规格见表 7-21。

表 7-21　聚氨酯复合板风管与酚醛复合板风管风管吊装横担、吊杆规格　　(单位:mm)

风管类别	角钢或槽形钢			吊杆直径	
	∠25×3 [40×20×1.5	∠30×3 [40×20×1.5	∠40×4 [40×20×1.5	φ6	φ8
聚氨酯复合风管	b≤630	630~1250	>1250	b≤1250	1250<b≤2000
酚醛复合风管	b≤630	630~1250	>1250	b≤800	800<b≤2000

②聚氨酯复合板风管与酚醛复合板风管支吊架最大间距见表 7-22,在弯管、三通、四通处吊架的间距应适当加强。

表 7-22　聚氨酯复合板风管与酚醛复合板风管支吊架最大间距　　　（单位：mm）

风管类别	风管边长						
	≤400	≤450	≤800	≤1000	≤1500	≤1600	≤2000
	支吊架最大间距						
聚氨酯复合板风管	≤4000	≤3000					
酚醛复合板风管	≤2000				≤1500		≤1000

③风阀等部件及设备与铝箔复合风管连接时,应单独设置支吊架;该支吊架不能作为风管的支吊点。风管的支吊点距风口、风阀及自控操作机构的距离不少于 200mm。

④风管垂直安装,支架的间距应不超过 2.4m,每根立管上支架数量不少于 2 个,并应适当增加支吊架与风管的接触面积。

⑤水平悬吊的主、干风管长度超过 20m 时,应设置防止摆动的固定点,每个系统不宜少于 1 个。

8）风管与阀部件的连接、安装

①风管与风管的连接采用法兰专用连接件。插入插条后,用密封胶将风管的四个角所留下的孔洞封堵严密,安装护角。

②复合风管与带法兰的阀部件、设备等连接时,宜采用强度符合要求的 F 形或 H 形专用连接件。专用连接件为 PVC 或铝合金材料制成,连接件与法兰之间应使用密封性能良好、柔性强的垫料,连接件与法兰应平整无缺损,无明显扭曲。紧固螺栓的间距应≤100mm,法兰四角应设螺栓孔。

③风管与风口的连接,在支管管端或支管开口端粘结 F 形、H 形连接件,用柔性短管连接风口;或在风口内侧壁用自攻螺钉与 F 形、L 形连接件固定。

④支管长边尺寸≤630mm 时,可在主管上开 45°切口直接采用胶粘剂粘结支管;亦可在主管上开 90°切口粘结 PVC 插接法兰连接件,再连接支管。粘结支管接缝处,外部贴铝箔胶带,管内接缝用密封胶封闭。后开孔连接支管的一边应采用内弧形或内斜线形,以减少气流的阻力。

⑤中、高压系统风管两法兰间对口插接时,应加密封垫或采取其他密封措施。

（4）玻纤复合板风管施工

玻纤复合板风管是以玻璃棉板为基材,外表面复合一层玻璃纤维布复合铝箔（或采用铝箔与玻纤布及阻燃牛皮纸复合而成）,内表面复合一层玻纤布（或覆盖一层树脂涂料）而制成的玻纤复合板为材料,经切割、粘合、胶带密封和加固制成的通风管道。

1）风管施工工艺流程

施工准备→板材放样下料→风管组合成型→法兰下料粘结→加固及导流叶片→风管安装。

2）施工准备

①复合板风管材料应符合设计及《通风管道技术规程》（JGJ 141—2004）第 3.1.3 条和第 3.6.1 条的规定,并有出厂检验合格证明。

②量具、工作台、压尺、双刃刀、单刃刀、壁纸刀、扳手、打胶枪、切割机、手动压弯机、台钻、手电钻、电焊机等工具满足使用要求。

③施工前应采取措施预防制作人员接触玻璃纤维产生的刺激。

3）板材放样下料

①放样与下料，应在平整、干净的工作台上进行。

②风管管板的槽口形式可采用45°角形和90°梯形（图7-31），其封口处应留有＞35mm的外表面层搭接边量。制作风管的板材实际展开长度应包括风管内尺寸和为开槽准备的余量及纵向搭边宽度，展开长度超过3m的风管可用两片法或四片法制作。

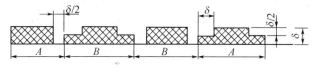

图7-31　玻璃纤维复合风管梯形槽口

③复合板板材切割应使用专用工具。切割前应准确调整好刀片间距和角度，并用边角料试切割，符合要求后方可正式切割下料。切割时刀具要紧贴靠尺以保证切口平直并防止切割尺寸误差，且不得破坏铝箔表层。板材切断成单块风管板后，将风管板编号，以防搞错。

④风管宜采用整板材料制作。板材拼接时应在结合口处涂满胶液并紧密粘合（图7-32）；外表面拼缝处预留宽30mm的外护层涂胶密封后，用一层≥50mm宽热敏（压敏）铝箔胶带粘贴密封。接缝处单边粘贴宽度不应＜20mm。内表面拼缝处可用一层≥30mm宽铝箔复合玻璃纤维布粘贴密封或采用胶粘剂抹缝。

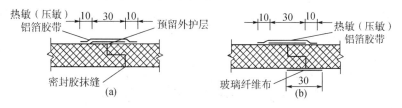

图7-32　玻璃纤维复合板拼接

4）风管组合成型

①风管组合成型应在干净、平整的工作台上进行，严禁在地上加工。

②风管组合前，应清除管板表面的切割纤维、油渍、水渍。

③风管组合时，在槽口的切割面处均匀涂满胶粘剂，然后顺槽口按矩形把料板折合成管，调整风管端面的平面度，槽口不得有间隙和错口。风管四角槽口粘合后，管外壁封闭槽的接缝用料板上预留的外护层刷胶均匀地贴在接缝处，压紧后再用一层≥50mm宽的热敏（压敏）铝箔胶带重叠粘贴密封。如料板无预留外护层，应用两层铝箔胶带搭叠封闭。如图7-33所示。

④成型后的风管在风管内角接缝处用密封胶勾缝。

⑤内表面层采用丙烯酸树脂的风管，风管成型后，在外接缝处宜采用扒钉加固，其间距不宜＞50mm，并应采用宽度＞50mm的热敏胶带粘贴密封。丙烯酸树脂涂层应均匀，涂料重量不应＜105.7g/m²，且不得有玻璃纤维外露。

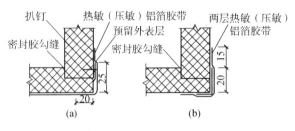

图 7-33　风管直角组合图

⑥使用压敏胶带前,应清洁风管表面需粘结的部位并保持干燥。使用热敏胶带时,熨斗的表面温度达到 150℃,热量和压力要使胶带表面感温色点变色。使用玻璃纤维织物和胶粘剂时应注意在胶粘剂干透前,不宜触碰胶粘剂,也不应压紧玻璃纤维织物和胶粘剂。

5)法兰下料粘结

①玻璃纤维复合板矩形风管主要连接形式按《通风管道技术规程》(JGJ 141—2004)表 3.1.6 选用。

②采用槽形、工形插接连接及 C 形插接法兰时,插接槽口应刷满胶液,风管端部必须插入到位,接缝应用胶液勾缝或密封胶嵌缝。

③采用外套角钢法兰连接时,角钢法兰用料规格可以依照金属风管标准小一号规格使用,角钢外法兰与槽形内法兰采用规格为 M6 镀锌螺栓连接,螺孔间距≤120mm,连接时法兰与板材间以及螺栓孔的周边需涂胶进行密封,防止玻璃纤维外露和飞散。如图 7-34 所示。

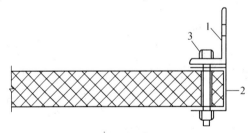

图 7-34　玻璃纤维复合风管采用角钢法兰连接的形式示意图
1—角钢外法兰;2—槽形内法兰;3—镀锌六角螺栓 M6

6)加固及导流叶片

①玻璃纤维复合板矩形风管加固一般采用内支撑加固。当风管长边尺寸 b≥1000mm 或系统工作压力≥500Pa 时,应采用金属槽形框外加固。加固时,内用直径 6mm 的圆钢做内支撑横向加固,并将内支撑与金属槽形框紧固为一体。负压风管的加固,应设在风管的内侧。风管加固内支撑件和管外壁加固件的螺栓穿过管壁处应进行密封处理。

②风管的内支撑横向加固点数及外加固框纵向间距应符合表 7-23 的规定。风管的外加固槽形钢规格应符合表 7-24 的规定。

③风管采用外套角钢法兰、C 形插接法兰连接时,其法兰连接处可视为一外加固点。其他连接方式风管的边长>1200mm 时,距法兰 150mm 内应设横向加固(只在连接后的风管任意一边)。采用阴、阳榫连接的风管,应在距榫口 100mm 内设横向加固。

表 7-23　玻璃纤维复合板风管内支撑横向加固点数及外加固框纵向间距

类别		系统工作压力(Pa)				
		0～100	101～250	251～500	501～750	751～1000
		内支撑横向加固点数				
风管边长 b(mm)	300＜b≤400	—	—	—	—	1
	400＜b≤500	—	—	1	1	1
	500＜b≤600	—	1	1	1	1
	600＜b≤800	1	1	1	2	2
	800＜b≤1000	1	1	2	2	3
	1000＜b≤1200	1	2	2	3	3
	1200＜b≤1400	2	2	3	3	4
	1400＜b≤1600	2	3	3	4	4
	1600＜b≤1800	2	3	4	4	5
	1800＜b≤2000	3	3	4	5	6
槽形外加固框纵向间距(mm)		≤600		≤400		≤350

表 7-24　玻璃纤维复合风管外加固槽形钢规格　　　　　(单位:mm)

风管边长(b)	槽形钢高度×宽度×厚度
≤1200	40×20×1.0
1201～2000	40×20×1.2

④三通、四通凡设计要求加装拉杆调节阀和导流片的要加装拉杆调节阀和设导流片,制作方法与钢板风管相同。固定方式采用 M4×35 螺栓紧固,外加固采用压制成型的镀锌铁皮加固。

7)三通的制作

三通的制作可以采取直接在主风管上开口的方式进行:

①采用接口切内 45°粘结时,制作应符合图 7-35(a)的要求。

②采用 90°专用连接件连接时,制作应符合图 7-35(b)、(c)的要求,并在连接件的四角处涂抹密封胶。

8)风管安装

①风管水平安装横担及吊杆直径规格可按表 7-25 的规定选择。

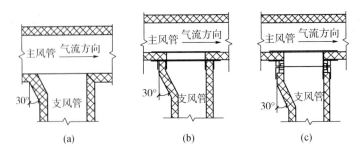

图 7-35　三通的制作示意图

(a)接口切内 45°粘结；(b)、(c)90°专用连接件连接

表 7-25　玻璃纤维复合风管水平安装横担及吊杆规格　　　　　　（单位：mm）

风管类别	角钢或槽形钢横担			吊杆直径	
	∠25×3 [40×20×1.5	∠30×3 [40×20×1.5	∠40×4 [40×20×1.5	φ6	φ8
玻璃纤维复合风管	$b \leqslant 450$	$450 < b \leqslant 1000$	$1100 < b \leqslant 2000$	$b \leqslant 600$	$600 < b \leqslant 200$

②玻璃纤维复合风管水平面安装支架允许的最大间距见表 7-26。垂直安装的支架间距不应＞1.2m。

表 7-26　玻璃纤维复合风管水平安装支吊架最大间距　　　　　　（单位：mm）

风管类别	风管边长		
	≤450	≤1000	≤2000
	支吊架最大间距		
玻璃纤维复合风管	≤2400	≤2200	≤1800

③在风管组对安装前，可将风管的内表面进行清理，确保内表面的清洁。安装时每两节组对完成后用人力进行向上传递，每次吊装的风管不得超过 4m。

9）风管破损处的修补

①当风管内表面出现损坏及玻璃棉外露时，应采取修补液进行修补，防止玻璃棉被吹出。

②风管外铝箔被损坏时，应及时采用胶带将损坏处贴牢密封。损坏面较大时采用四周企口带搭接边的补板进行修补。

三、薄壁金属管道新型连接技术

1. 技术原理及主要内容

（1）基本概念

给水管道中，取代镀锌钢管和塑料管道的薄壁不锈钢管道和薄壁铜管的应用已越来越广泛，连接方式也越来越多，除焊接和粘接以外，机械密封式连接的种类最多。因机械密封式连接无套丝作业、无焊接施工、无粘结作业，污染少，连接快速简便，发展前景好。

1)金属管材：

①铜管：按《无缝铜水管和铜气管》GB/T 18033 标准拉制的薄壁铜质管材。铜管状态分为硬态、半硬态和软态三种。

②薄壁不锈钢管：壁厚与外径之比≤6％的不锈钢管。

2)连接方式：

①卡套连接：拧紧螺母，使管件内的鼓型环受压紧固变形而封堵管道连接处缝隙的连接方式。

②卡压连接：以带有特种密封圈的承口管件，在管口处压紧起到密封和紧固作用的连接方式。

③卡凸式连接：用螺母或法兰紧固，依靠管道凸环和密封圈的压紧作用而封堵管道的连接方式。

④环压式连接：在承插口处设置宽带密封圈，以钳压承口部位后呈环状压缩紧固而达到密封的连接方式。

(2)技术原理

1)基本原理

①卡套连接和卡凸式连接等方式均是：管子＋配套管件＋密封圈＋螺母紧固方式，属活性连接方式。

②卡压连接和环压式连接等方式均是：管子＋配套管件＋密封圈＋工具压接紧固方式，属永久性连接方式。

2)铜管接卸密封式连接

①卡套式连接：是一种较为简便的施工方式，操作简单，掌握方便，是施工中常见的连接方式，连接时只要管子切口的端面能与管子轴线保持垂直，并将切口处毛刺清理干净，管件装配时卡环的位置正确，并将螺母旋紧，就能实现铜管的严密连接，主要适用于管径 50mm 以下的半硬铜管的连接。

②插接式连接：是一种最简便的施工方法，只要将切口的端面能与管子轴线保持垂直并去除毛刺的管子，用力插入管件到底即可，此种连接方法是靠专用管件中的不锈钢夹固圈将钢壁禁锢在管件内，利用管件内与铜管外壁紧密配合的"O"型橡胶圈来实施密封的。主要适用于管径 25mm 以下的铜管的连接。

③压接式连接：是一种较为先进的施工方式，操作也较简单，但需配备专用的且规格齐全的压接机械。连接时管子的切口端面与管子轴线保持垂直，并去除管子的毛刺，然后将管子插入管件到底，再用压接机械将铜管与管件压接成一体。此种连接方法是利用管件凸缘内的橡胶圈来实施密封的。主要适用于管径 50mm 以下的铜管的连接。

3)薄壁不锈钢管机械密封式连接

①卡压式连接：配管插入管件承口（承口"U"形槽内带有橡胶密封圈）后，用专用卡压工具压紧管口形成六角型而起密封和紧固作用的连接方式。

②卡凸式螺母型连接：以专用扩管工具在薄壁不锈钢管端的适当位置，由内壁向外（径向）辊压使管子形成一道凸缘环，然后将带锥台形三元乙丙密封圈的管插进带有承插口的管件中，拧紧锁紧螺母时，靠凸缘环推进压缩三元乙丙密封圈而起密封作用。

③环压式连接:环压连接是一种永久性机械连接,首先将套好密封圈的管材插入管件内,然后使用专用工具对管件与管材的连接部位施加足够大的径向压力使管件、管材发生形变,并使管件密封部位形成一个封闭的密封腔,然后再进一步压缩密封腔的容积,使密封材料充分填充整个密封腔,从而实现密封。同时将管件嵌入管材使管材与管件牢固连接。

2. 主要技术指标

应按设计要求的标准执行,无设计要求时应按《建筑给水排水及采暖工程施工质量验收规范》(GB 50242)、产品标准及下列要求执行。

(1)负管连接技术指标:

1)铜管卡套式连接技术指标。卡套连接(承压 1.0MPa)铜管的规格尺寸应符合表 7-27 的要求。

表 7-27　卡套连接(承压 1.0MPa)铜管的规格尺寸表　　　　(单位:mm)

公称直径 DN	铜管外径 De	承口内径		铜管壁厚	螺纹最小长度
		最大	最小		
15	15	15.30	15.10	1.2	8.0
20	22	22.30	22.10	1.5	9.0
25	28	28.30	28.10	1.6	12.0
32	35	35.30	35.10	1.8	12.0
40	42	42.30	42.10	2.0	12.0
50	54	54.30	54.10	2.3	15.0

2)铜管压接式连接技术指标。压接式连接(承压 1.0MPa)铜管的规格尺寸应符合表 7-28 的要求。

表 7-28　压接式连接(承压 1.0MPa)铜管的规格尺寸表　　　　(单位:mm)

公称直径 DN	铜管外径 De	承口内径		壁厚
		最小	最大	
15	15	15.20	15.35	0.7
20	22	22.20	22.35	0.9
25	28	28.25	28.40	0.9
32	35	35.30	35.50	1.2
40	42	42.30	42.50	1.2
50	54	54.30	54.50	1.2

3)用于铜管法兰连接的各种法兰规格

①承口铜环松套钢法兰规格见表 7-29。

表 7-29 承口铜环松套钢法兰规格 　　　　　（单位：mm）

公称内径 （通径）DN	公称外径 De	D	K	L	螺栓孔	图示
15	—	—	—	—	—	
20	—	—	—	—	—	
25	—	—	—	—	—	
32	—	—	—	—	—	
40	—	—	—	—	—	
50	55	165	125	25	4×φ18	
65	70	185	145	30	4×φ18	
80	85	200	160	30	4×φ18	
100	105	220	180	30	4×φ18	
125	133	250	210	35	4×φ18	
150	159	240	240	35	4×φ23	

②外螺纹松套钢法兰规格见表 7-30。

表 7-30 外螺纹松套钢法兰规格 　　　　　（单位：mm）

公称内径 （通径）DN	公称外径 De	D	K	L	螺栓孔	图示
15	—	—	—	—	—	
20	—	—	—	—	—	
25	—	—	—	—	—	
32	—	—	—	—	—	
40	—	—	—	—	—	
50	55	165	125	57	4×φ18	
65	70	185	145	63	4×φ18	
80	85	200	160	68	4×φ18	
100	105	220	180	74	4×φ18	
125	133	250	210	79	4×φ18	
150	159	240	240	79	4×φ23	

③承口全铜法兰规格一览表见表 7-31。

表 7-31　承口全铜法兰规格　　　　　　　　　　（单位：mm）

公称内径 （通径）DN	公称外径 De	D	K	L	螺栓孔	图示
15	—	—	—	—	—	
20	—	—	—	—	—	
25	—	—	—	—	—	
32	—	—	—	—	—	
40	—	—	—	—	—	
50	55	165	125	26	4×ϕ18	
65	70	185	145	30	4×ϕ18	
80	85	200	160	36	4×ϕ18	
100	105	220	180	40	4×ϕ18	
125	133	250	210	42	4×ϕ18	
150	159	240	240	48	4×ϕ23	

④内螺纹铜环松套钢法兰规格见表 7-32。

表 7-32　内螺纹铜环松套钢法兰规格　　　　　　　　（单位：mm）

公称内径 （通径）DN	公称外径 De	D	K	L	螺栓孔	图示
15	—	—	—	—	—	
20	—	—	—	—	—	
25	—	—	—	—	—	
32	—	—	—	—	—	
40	—	—	—	—	—	
50	55	165	125	31	4×ϕ18	
65	70	185	145	35	4×ϕ18	
80	85	200	160	37	4×ϕ18	
100	105	220	180	43	4×ϕ18	

⑤承口铜翻边松套法兰规格见表7-33。

表7-33 承口铜翻边松套法兰规格 （单位：mm）

公称内径 （通径）DN	公称外径 De	D	K	L	螺栓孔	图示
15	—	—	—	—	—	
20	—	—	—	—	—	
25	—	—	—	—	—	
32	—	—	—	—	—	
40	—	—	—	—	—	
50	55	165	125	50	$4 \times \phi 18$	
65	70	185	145	50	$4 \times \phi 18$	
80	85	200	160	55	$4 \times \phi 18$	
100	105	220	180	65	$4 \times \phi 18$	
125	133	250	210	65	$4 \times \phi 18$	
150	159	240	240	75	$4 \times \phi 23$	

（2）薄壁不锈钢管连接技术指导

1）薄壁不锈钢管卡压式连接技术指标

①薄壁不锈钢管及不锈钢卡压式管件的材料一般采用奥氏不锈钢。密封圈采用丁基橡胶，耐热水、抗老化、抗添加剂，适用于饮用水。

②不同管径要求的插入深度不同，对应的插入长度具体尺寸见表7-34。

表7-34 插入长度尺寸表 （单位：mm）

公称通径	15	20	25	32	40	50	65	80	100
插入长度	21	24	24	39	47	52	53	60	75

③由于卡压压力不足可导致连接处有松弛现象，对于不同管径管道的卡压压力都有明确要求，采用液压分离式卡压工具对应不同管径的卡压压力见表7-35。

表7-35 卡压压力表

公称通径	卡压压力	公称通径	卡压压力
DN15～25	40MPa	DN65～100	60MPa
DN32～50	50MPa		

2）薄壁不锈钢卡凸式螺母连接技术指标

环高度，如图7-36所示，相关尺寸符合表7-36的规定。

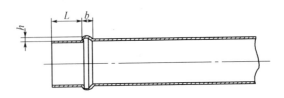

图 7-36　扩环示意图

表 7-36　环尺寸表　　　　　　　　　　　　　　　　　　（单位:mm）

公称直径 DN	扩环高度 h	扩环宽度 b	承口长度 L
15	1.7	4	11.5
20	1.8	4	11.5
25	2.0	5.5	13.5
32	2.0	5.5	13.5
40	2.0	6	17
50	2.5	6	17

3)薄壁不锈钢管环压式连接技术指标

①密封圈采用圆筒形硅橡胶(MVD)。

②薄壁不锈钢环压式管件承口尺寸(图 7-37)应符合表 7-37 的规定。

表 7-37　薄壁不锈钢环压式管件承口尺寸表　　　　　　　（单位:mm）

公称直径 DN	管外径 ϕ_0	ϕ_1	ϕ_2	A_0	A	δ
15	18.0	18.1	17.6	≥10	≥23	0.8
20	19.0	21.1	20.6	≥10	≥25	0.8
25	28.0	28.1	27.5	≥11	≥32	1.1
32	31.8	34.1	33.9	≥11	≥35	1.1
40	40.0	43.0	42.3	≥17	≥42	1.2
50	50.8	54.1	53.5	≥17	≥43	1.4
65	67.5	67.8	66.2	≥18	≥50	1.4
80	80.0	80.4	79.5	≥18	≥60	1.8
100	106	106.5	105.5	≥18	≥78	1.8
125	133	140	138.2	≥28	≥115	2.0
150	159	166	164.6	≥28	≥128	2.2

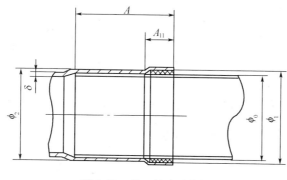

图 7-37　承口尺寸示意图

3. 技术应用要点

（1）技术应用范围

可以广泛地应用于给水、热水、饮用水、排水采暖等管道系统中。

1）铜管卡套连接适用于以水为介质，公称直径 DN≤50，系统工作压力≤1.0MPa 的明装管道。铜管状态宜为硬态和半硬态。

2）压接式连接铜管管道（硬态或半硬态、明装或暗埋）适用情况，见表 7-38。

表 7-38　压接连接铜管管道适用范围

	给水系统	燃气系统		给水系统	燃气系统
适用管径 DN	＜100	＜50	适用工作温度（℃）	110	－20～70
适用工作压力（MPa）	1.6	0.5	O 型密封圈材料	耐高温三元乙丙橡胶 EPDM	耐高温丙烯腈聚丁橡胶 HNBR

3）不锈钢卡压式连接方式适用于给水、热水、饮用水、排水采暖等管道系统中。

适用于公称通径≤DN100，公称压力≤1.6MPa 的薄壁不锈钢管道。

4）不锈钢卡凸式管件连接技术使薄壁不锈钢给水管道可以广泛地应用于给水、热水、饮用水、排水采暖等管道系统。

薄壁不锈钢卡凸式螺母形连接适用于 DN15～50 的管道；卡凸式法兰形适用于 DN40～300 的管道。

5）不锈钢环压式连接方式适用于给水、热水、饮用水、排水采暖等管道系统中。适用于公称通径 DN15～150，公称压力普通型≤1.6MPa、加厚型≤2.5MPa 的薄壁不锈钢管道。

（2）铜管连接

1）铜管卡套式连接技术要点

卡套连接时只要管子切口的端面能与管子轴线保持垂直，并将切口处毛刺清理干净，管件装配时卡环的位置放置正确，并将螺母旋紧，就能实现铜管的严密连接，主要使用于管径 50mm 以下的半硬铜管的连接。

①安装前应清洁卡套、卡套连接件的接头部位；

②铜管宜采用滚轮式切管器切断，管口断面与管子中心轴线应垂直，管口保持整圆，应

无毛刺、破裂等缺陷；

③螺母和卡套应按连接的先后顺序套在连接管上,旋紧螺母后,检查连接管段是否平直、尺寸是否准确,无误后使用适用扳手旋紧;

④应选用活动扳手或专用扳手,不宜使用管钳旋紧螺母;

⑤一次完成卡套连接时,拧紧螺母应从力矩激增点起再旋转 $1 \sim 1\frac{1}{4}$ 圈,使卡套刃口切入管子,但不得旋得过紧,以免造成缩径、变形。

⑥连接部位宜采用二次装配,第二次装配时,拧紧螺母应从力矩激增点起再旋转 $\frac{1}{4}$ 圈。

2)铜管压接式连接技术要点

压接需配备专用的且规格齐全的压接机械。连接时,管子的切口端面与管子轴线保持垂直,并去除管子的毛刺,然后将管子插入管件到底,再用压接机械将铜管与管件压接成一体。此种连接方法是利用管件凸缘内的橡胶圈来实施密封的。

①铜管宜采用滚轮式切管器切断,管口断面与管子中心轴线应垂直,管口保持整圆,应无毛刺、破裂等缺陷;

②采用与管径相匹配的连接管件,检查管件密封圈是否在凹槽中,不得涂油;

③将管道轻轻旋转插入管件接口,直到管件止位处,插入时应防止密封圈扭曲变形,管子和管件的接合部保持同轴;

④用标记笔沿管件端口在管道上画线,标记插入深度;

⑤采用与管件规格一致的夹具和压接工具,将夹具中凹槽对准管件凸环,同时检查管道插入深度;

⑥压接时,卡钳端面应与管件轴线垂直,达到规定的卡压力后保持 $1 \sim 2s$ 再松开卡钳;

⑦管道应全部敷设到位后,对接口逐一压接完成,同时逐一检查压接质量,不得遗漏。

3)铜管插接式连接

是一种快速接头方式,只要将切口的端面能与管子轴线保持垂直并去除毛刺的管子,用力插入管件到底即可,此种连接方法是靠专用管件中的不锈钢夹固圈将钢壁禁锢于管件内,利用管件内与铜管外壁紧密配合的"O"型橡胶圈来实施密封的。主要适用于管径 DN25mm 以下的铜管的连接。

(3)薄壁不锈钢管连接

1)薄壁不锈钢管卡压式连接技术要点

不锈钢卡压式管件连接是不锈钢卡压式管件端口部分有环状 U 形槽,且内装有 O 型密封圈。安装时,用专用卡压工具使用 U 形槽凸部缩径,且薄壁不锈钢水管、管件承插部位卡成六角形。

①薄壁不锈钢管道切割:

a. 管径≤80mm 切割工具宜采用专用的电动切管机或手动切管器、手动管割刀。

b. 管径≥100mm 时宜采用锯床切割,当必须采用砂轮锯时,应采用不锈钢专用砂轮片,且不得切割其他金属管材。切割后必须清除管内外毛刺。

c. 在切割前,应先确认管材无损伤、无变形,并应扣除管件的长度再进行切割。

d. 切割后管口的端面应平整,并垂直于管轴线,其切斜不得大于表 7-39 的规定(图 7-38)。

表 7-39　切斜允许值

公称尺寸 DN	切斜允许值 e(mm)
≤20	0.5
25～40	0.6
50～80	0.8
100～150	1.2
≥200	1.5

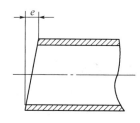

图 7-38　管材切斜示意图

e. 切割后切口应无明显毛刺。

②应按下列要求进行安装前准备：

a. 用专用划线器在管子端部画标记线周，以确认管子的插入长度。插入长度应满足表 7-40 的规定。

表 7-40　管子插入长度基准值　　　　　　　　　（单位：mm）

公称直径	10	15	20	25	32	40	50	65
插入长度基准值	18	21	24		39	47	52	64

b. 应确认 O 型密封圈已安装在正确的位置上。安装时严禁使用润滑油。

③应将管子垂直插入卡压式管件中，不得歪斜，以免 O 型密封圈割伤或脱落造成漏水。插入后，应确认管子上所画标记线距端部的距离，公称直径 10～25mm 时为 3mm；公称直径 32～65mm 时为 5mm。

④用卡压工具进行卡压连接时，应符合下列规定：

a. 使用卡压工具前应仔细阅读说明书；

b. 卡压工具钳口的凹槽应与管件凸部靠紧，工具的钳口应与管子轴心线呈垂直状。开始作业后，凹槽部应咬紧管件，直到产生轻微振动才可结束卡压连接过程。卡压连接完成后，应采用六角量规检查卡压操作是否完好；

c. 如卡压连接不能到位，应将工具送修。卡压不当处，可用正常工具再做卡压，并应再次采用六角量规确认；

d. 当与转换螺纹接头连接时，应在锁紧螺纹后再进行卡压。

2)薄壁不锈钢卡凸式螺母连接技术要点

是以专用扩管工具在薄壁不锈钢管端的适当位置,由内壁向外(径向)辊压使管子形成一道凸缘环,然后将带锥台形三元乙丙密封圈的管插进带有承插口的管件中,拧紧锁紧螺母时,靠凸缘环推进压缩三元乙丙密封圈而起密封作用。如图7-39和图7-40所示。

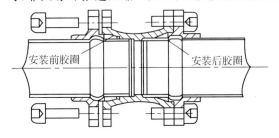

图7-39 卡凸式法兰形连接示意图

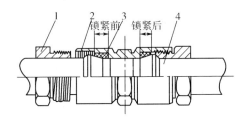

图7-40 不锈钢锁扩式螺母形连接示意图
1—螺母;2—管件体;3—胶圈;4—管材

①安装必备工具:切管器(机)、扩凸环机、扳手。

②安装程序:选择所需规格管材→按所需长度裁切→放入紧固螺母→辊压凸环→套入三元乙丙密封胶圈→插入管件承口→锁紧螺母→固定管路。

③安装前准备:

a. 断管。用砂轮切割机将配管切断,切口应垂直,且把切口内外毛刺修净;

b. 将管件端口部分螺母拧开,并把螺母套入配管上;

c. 用专用工具(用形器)将配管内胀成山形台凸缘或外加一挡圈;

d. 将硅胶密封圈放入管件端口内;

e. 将事先套入螺母的配管插入管件内;

f. 手拧螺母,并用扳手拧紧,完成配管与管件一个部分的连接。

④连接施工:

a. 配管胀形前,先将需连接的管件端口部分螺母拧开,并把它套在配管上;

b. 胀形器按不同管径附有模具,公称直径15~20mm用卡箍式(外加一挡圈),公称直径25~50mm用胀箍式(内胀成一个山形台),装、卸合模时可借助木锤轻击;

c. 配管胀形过程凭借胀形器专用模具自动定位,上下拉动摇杆至手感力约30~50kg,配管卡箍或胀箍位置应满足表7-41的规定:

表7-41 管子胀形位置基准值 （单位:mm）

公称直径 DN	15	20	25	32	40	50
胀形位置外形 ϕ	16.85	22.85	28.85	37.70	42.80	53.80

d. 硅胶密封圈应平放在管件端口内,严禁使用润滑油;

e. 把胀形后的配管插入管件时,切忌损坏密封圈或改变其平整状态;

f. 与阀门、水嘴等管路附件连接时,在常规管件丝口处应缠麻丝或生料带。

3)薄壁不锈钢管环压式连接技术要点

环压连接是一种永久性机械连接,首先将套好密封圈的管材插入管件内,然后使用专用工具对管件与管材的连接部位施加足够大的径向压力,使管件、管材发生形变,并使管件密封部位形成一个封闭的密封腔,然后再进一步压缩密封腔的容积,使密封材料充分填充整个密封腔,从而实现密封。同时将管件嵌入管材使管材与管件牢固连接。管件端部有稳定段和密封段,钳压后呈收缩同心圆微变形的封闭密封腔。

①用专用画线器或记号笔在管道端部画标记线一周,以确认管道的插入深度。

②应确认密封圈已安装在正确的位置上,安装时密封圈严禁使用润滑油。

③应将管道垂直插入环压式管件中,中轴线对准,不得歪斜,以免密封圈割伤或脱落。

④管道插入管件后应确认插入深度符合要求。

⑤使用专用工具进行环压,环压工具钳口应与管道轴心线呈垂直状。

⑥环压完成后,应检查确认环压尺寸是否到位,360°压痕应凹凸均匀、圆润。

第三节　建筑电气工程新技术

一、超高层高压垂吊式电缆敷设技术

1. 技术原理及主要内容

(1)基本概念

在超高层供电系统中,采用一种特殊结构的高压垂吊式电缆——超高层 10kV 垂吊式电缆。这种电缆不管有多长多重,都能靠自身支撑自重,解决了普通电缆在长距离的垂直敷设中容易被自身重量拉伤的问题。

(2)技术原理

1)电缆:10kV 高压垂吊式电缆由上水平敷设段、垂直敷设段、下水平敷设段组成。其结构为:电缆在垂直敷设段带有 3 根钢丝绳(见图 7-41 电缆结构图),并配吊装圆盘,钢丝绳用扇形塑料包覆,并与 3 根电缆芯绞合,水平敷设段电缆不带钢丝绳。

2)吊装圆盘:吊装圆盘为整个吊装电缆的核心部件,由吊环、吊具本体、连接螺栓(钢丝绳拉索锚具)和钢板卡具组成,安装于电缆垂直段的前端,其作用是在电缆敷设时承担吊具的功能并在电缆敷设到位后承载垂直段电缆的全部重量,电缆承重钢丝绳与吊具连接采用锌铜合金浇铸工艺。

3)安装:该种结构的电缆敷设技术与普通电缆敷设技术不同,采用互换提升或分段提升技术,通过多台卷扬机吊运自下而上垂直敷设电缆。电缆盘架设在一层电气竖井附近,卷扬机布置在同一井道最高设备层上或以上楼层,按序吊运各变电所的高压进线电缆。每根电缆分三段敷设,先进行设备层水平段和竖井垂直段电缆敷设,后进行一层竖井口至主变电所水平段电缆敷设。在电气竖井内敷设时,需要分别捆绑水平段电缆头和垂直段吊装圆盘,在辅助卷扬机提起整个水平段后,由主吊卷扬机通过吊装圆盘吊运水平段和垂直段的电缆,在吊装圆盘到达设备层的电气竖井口后,利用钢板卡具将吊装圆盘固定在槽钢台架上。

(3)主要特点

1)采用互换提升和分段提升方法,可使主吊绳长度由多节钢丝绳组成,电缆起吊高度不受卷扬机容绳量的限制。

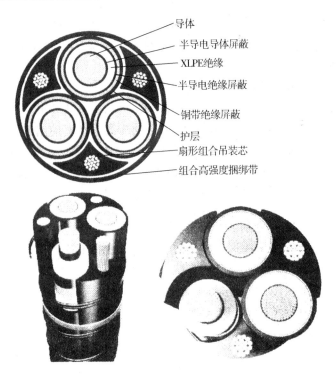

图 7-41　电缆结构图

2)电缆结构设计独特,垂直段内的钢丝绳和吊装圆盘分别起到了支撑电缆和吊装吊具的作用,不管电缆有多长、多重,都能靠其自身支撑自重。

3)吊装圆盘采用可调节螺栓,在起吊过程中可以调节电缆内 3 根钢丝绳的长度,保证电缆各部分受力均匀。

4)专门研制的穿井权作头,解决了吊装圆盘穿越楼层电气井口的问题,并能防止电缆吊运中卡位和划伤。

5)专门设置的防摆动定位装置,有效减少了电缆摆动,防止刮伤电缆。

2. 主要技术指标

(1)电缆型号、电压及规格应符合设计要求。核实电缆生产编号、订货长度、电缆位号,做到敷设准确无误。

(2)电缆外观无损伤,电缆密封应严密,在运输装卸过程中不应使电缆和电缆盘受到损伤。运输或滚动电缆盘前,必须保证电缆盘牢固,电缆绕紧。滚动时,须顺着电缆盘上的箭头指示或电缆的缠紧方向。

(3)电缆线路敷设路径畅通,无毛刺尖棱。

(4)电缆不允许在桥架或地面上硬拖。

(5)电缆应做直流耐压和泄漏试验,试验标准应符合国家标准和规范的要求,电缆敷设前还应用 2.5kV 摇表测量绝缘电阻是否合格。

(6)电缆在敷设过程中或安装就位时应保证其曲率半径符合规定要求。

(7)电缆敷设时要专人指挥,用力均匀,速度适当,防止电缆拉伤或划伤。

（8）上水平段、垂直段电缆捆绑吊点经技术人员、安全员、指挥人员联合检查认可后,进行吊装作业。吊装现场设隔离区和警戒线。

（9）电气井附近及放盘区严禁其他施工。

（10）为避免电动卷扬机的牵引力传到电缆盘,一层放盘区必须留有缓冲区。

3. 技术应用要点

（1）技术应用范围

适用于在超高层建筑电气竖井内的高压垂吊式电缆敷设,尤其适用于长距离大截面电缆垂直敷设。

（2）施工技术要点

1）吊装工艺和设备选择

①吊装工艺选择

根据场地条件和吊装高度选择跑绳方式,对布置在面积较大、吊装高度较低的楼层上的卷扬机,采用水平跑绳,分别由 2 台主吊卷扬机互换提升的方法（图 7-42）。

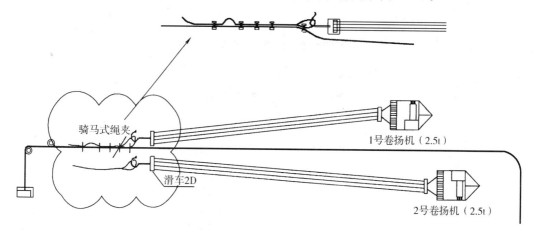

图 7-42　互换提升吊装示意图

对布置在面积较小、吊装高度较高楼层上的卷扬机,采用在电气竖井内垂直跑绳,通过主吊绳换钩、绳索脱离的分段提升的方法（图 7-43）。

②吊装设备选择

根据工艺要求,选择 3 台卷扬机,其中 2 台卷扬机（1 号、2 号）吊运垂直段电缆,1 台卷扬机（3 号）吊运上水平段电缆。一般按照起吊重量、场地条件、搬入吊装设备的途径等方面选择吊装设备吨位。当有卸货平台时,利用塔吊吊运,根据卸货平台的荷载,选择卷扬机;当无卸货平台时,通过施工电梯运输,根据施工电梯的载重量和空间大小选择卷扬机。在吊装设备确定后,选择跑绳数,最后经计算后选择钢丝绳规格,要求垂直段电缆主吊绳和上水平段电缆吊绳跑绳的安全系数大于 3.5。

2）井口测量

在电气竖井具备安装条件后,对每个井口的尺寸及中心垂直偏差进行测量。方法如下:

以每个电气竖井的最高层的井口中心为测量基准点。采用吊线锤的测量方法,从上往

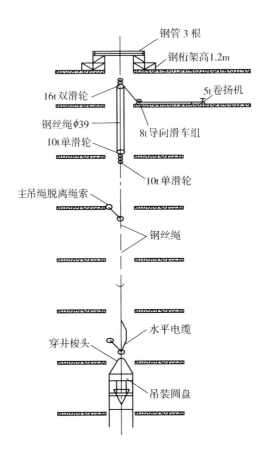

图 7-43　卷扬机分段提升示意图

下吊线锤,测量井口中心垂直差,同时测量井口尺寸,以图表形式作好测量记录。对宽面尺寸在 270～280mm 的井口或中心偏差大于 30mm 的井口应进行标识,在吊装圆盘过井口时为重点观察对象。

3)穿井梭头设计制作

该结构电缆的吊装圆盘在穿越电气竖井口时,很容易被井口卡住,造成电缆受损,因此要设计穿井梭头(图 7-44)。

4)电气竖井口台架制作安装

在井口测量完成后,开始安装槽钢台架,要求如下:

①按井口尺寸设计台架尺寸,一般伸出井口 100mm。例如,井口 300mm×1200mm 的台架尺寸为 500mm×1400mm。

②槽钢台架选用 10 号槽钢制作,采用焊接连接,台架应除锈,刷防锈漆和灰色面漆。

③按电缆排列顺序在台架上开螺栓连接孔,开孔尺寸应与固定电缆的卡具和固定吊装圆盘的吊装板孔径一致。

④槽钢台架应坐落在井口底边的钢梁上,在槽钢台架的四角处采用 φ12 的膨胀螺栓固

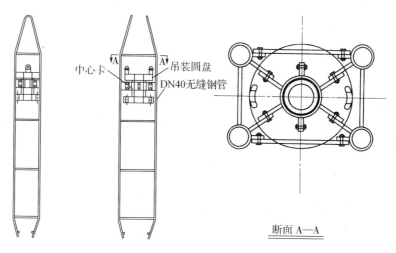

断面 A—A

图 7-44　穿井梭头示意图

定在井口边上。

5）吊装设备布置

①吊装卷扬机布置

设备布置要求如下：

a. 牵引用导向滑轮与卷扬机设于同一楼面上，导向滑轮与卷扬机配套使用。

b. 利用结构钢梁或钢柱作为卷扬机、导向滑轮的锚点；若没有现成的锚点，预埋 $\phi28$ 圆钢锚环。

c. 卷扬机采用带槽卷筒，安装时卷扬机与导向滑轮之间的距离应大于卷筒宽度的 15 倍，确保当钢丝绳在卷筒中心位置时滑轮的位置与卷筒轴心垂直。

d. 卷扬机为正反转操作，安装时卷筒旋转方向应和操作开关上的指示方向一致。

②悬挂滑轮的受力横担设置

在高于设备操作层以上 1～2 层楼面的井口处设置高 1.2m 的钢桁架，横置 3 根长 2m 的 $\phi14\times22$ 无缝钢管作为悬挂滑轮的受力横担（图 7-45）。

③索系连接

在卷扬机布置完成后，穿绕滑轮组跑绳，并在电气竖井内放主吊绳。主吊绳可通过辅吊卷扬机从设备操作层放下，或由辅吊卷扬机从一层向上提升，到位后上端与主吊卷扬机滑轮组连接，构成主吊绳索系。

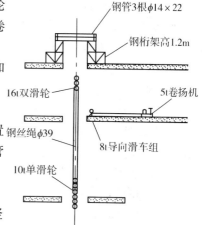

钢管3根$\phi14\times22$

钢桁架高1.2m

16t双滑轮

5t卷扬机

钢丝绳$\phi39$

8t导向滑车组

10t单滑轮

图 7-45　悬挂滑轮的受力
横担设置示意图

6）通信设备布置

为保证通信畅通，应架设专用通信线路，从设备操作层经电气竖井敷设至一层放盘处。在电气竖井内每一层备有电话接口，便于跟随梭头的跑井人员与指挥人、卷扬机操作手联络。每台卷扬机配一部电话，操作手必须佩戴耳机，放盘区配一部电话，跑井人员每人一部随身电话。

7)电气竖井内照明

应保证吊装过程中电气竖井内光线充足,采用30V安全电压,每层电气竖井内安装一套36V、60W的普通灯具。

8)上水平段电缆头捆绑

把吊装圆盘临时吊在二层井口上方约0.5m处,将上水平段电缆从电缆盘中拖出,穿入吊装圆盘后伸出1.2m,采用75~100型金属网套套入电缆头,与3号卷扬机(2.5t)缆绳连接。

9)吊装圆盘连接

当上水平段电缆全部吊起,且垂直段电缆钢丝绳连接螺栓接近吊装圆盘时停下,将主吊绳与吊装圆盘吊索(千斤绳)用卡环连接,同时将垂直段电缆钢丝绳通过连接螺栓与吊装圆盘连接。连接时,应调整连接螺栓,使垂直段电缆内3根钢丝绳受力均匀,调整后紧固连接螺栓。

10)组装穿井梭头

当吊装圆盘连接后,组装穿井梭头。组装时,吊装圆盘2个吊环必须保持在穿井梭头侧面的正中,以保证高压垂吊式电缆在千斤绳的夹角空间内,不与其发生摩擦,在穿井时吊环侧始终沿着井口长面上升。

11)防摆动定位装置安装

电缆在吊装过程中,由人力将电缆盘上的电缆经水平滚轮拖至一层井口,供卷扬机提升。电缆在卷扬机拉力和人力共同作用下产生摆动,电缆从地面向上方井口传递的弧度越大,在电气竖井内的摆动就越大(图7-46)。电缆摆动较大时,将会被井口刮伤,因而必须采取措施控制电缆摆动。

二层电气竖井井口为卷扬机摆动和人力结合部,在此处安装防摆动定位装置,可以有效地控制电缆摆动,同时起到了保持电缆垂直吊装的定位作用。防摆动定位装置安装在二层电气竖井口的槽钢台架上。在穿井梭头尾端离二层井口上方2m处时停下,安装防摆动定位装置,电缆全部吊装完后,即可拆除。

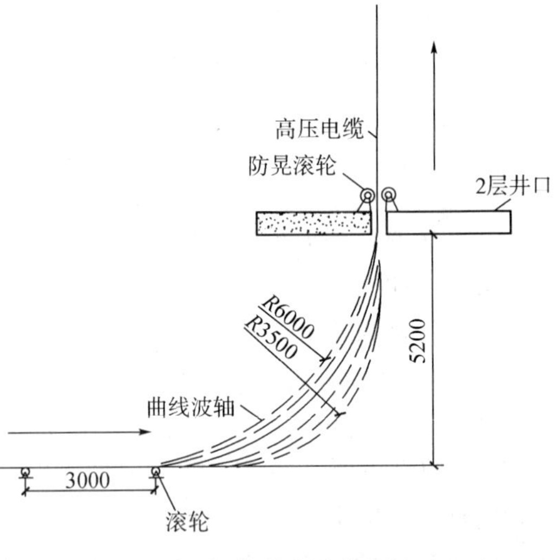

图7-46 电缆波动曲线图

12)上水平段电缆捆绑

主吊绳已受力,上水平段电缆处于松弛状态,这时将上水平段电缆与主吊绳并拢,并用绑扎带捆绑,应由下而上每隔2m捆绑,直至绑到电缆头。全部捆绑完后,3号卷扬机可以取钩收绳,由主吊卷扬机提升(图7-47)。

13)吊运上水平段和垂直段电缆

采用2台主吊卷扬机互换提升或2台主吊卷扬机分段提升吊运上水平段和垂直段电缆。

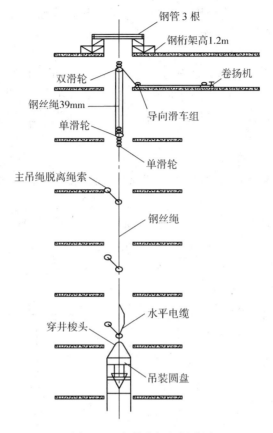

图 7-47　主吊卷扬机提升图

①卷扬机互换提升法

高压垂吊式电缆吊装由 2 台主吊卷扬机以接力方式跑绳,当 1 号主吊卷扬机水平跑绳到位后,再由 2 号主吊卷扬机接着水平跑绳。以此互换,直至将吊装圆盘吊到安装位置。

②卷扬机分段提升法

高压垂吊式电缆吊装先由 1 号主吊卷扬机采用在电气竖井内垂直跑绳,当滑轮组到达设备层井口下方时,由 2 号、3 号卷扬机配合,进行主吊绳换钩、脱离。在 1 号卷扬机跑绳滑轮组换钩时,由 2 号卷扬机主吊绳承担吊装荷载,3 号卷扬机提走要脱离的主吊绳,依次按这样的方式进行每节主吊绳的换钩、脱离。

当剩下最后一节主吊绳时,为使上水平段电缆能够继续随着主吊绳提升,再由 2 号主吊卷扬机采用水平跑绳吊余下较短的部分。

在水平跑绳过程中,每次锁绳必须用 3 个骑马式绳夹,水平跑绳每跑完一次,需将主吊绳与锚点锁紧,以防止吊起电缆的滑落。当上水平段电缆吊至设备层,第二绑节露出井口时叫停,解除第一绑节,以下绑节都以这种方式解除,需要注意的是必须待下绑节露出井口时才能解除上绑节,避免电缆与井口摩擦,解绳后的上水平段电缆用人力沿桥架敷设。

14)拆卸穿井梭头

当穿井梭头穿至所在设备层的下一层时叫停,拆卸穿井梭头。拆卸时要将该层井口临时封闭,以防坠物。拆卸完后,应检查复测吊装电缆 3 根钢丝绳的受力情况,必要时调整与吊装圆盘连接的螺栓,使其受力均衡。

15)吊装圆盘固定

当吊装圆盘吊至所在设备层井口台架上方 60～70mm 处时叫停,将吊装板卡入吊装圆盘的上颈部。此时应使吊装板螺栓孔对准槽钢台架的螺栓孔,用 M12×80 的螺栓将吊装板与槽钢台架连接固定。然后卷扬机松绳、停止,使吊装板压在槽钢台架上,至此电缆吊装工作完成。

16)辅助吊索安装

吊装圆盘在槽钢台架上固定后,还要对其辅助吊挂,目的是使电缆固定更为安全可靠,起到了加强保护作用。

辅助吊点设在所在设备层的上一层,吊架选用 14 号槽钢,用 M12×60 螺栓与槽钢台架连接固定。吊索选用 φ20 钢丝绳,通过厚 10mm 钢板固定在吊架上。

辅助吊装点与吊装圆盘中心应在同一垂直线上,2 根吊索应带有紧线器,安装后长度应一致,并处于受力状态(图 7-48)。

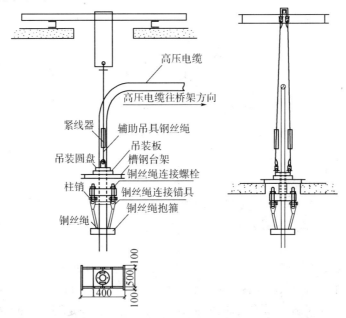

图 7-48　辅助吊索安装示意图

17)楼层井口电缆固定

在吊装圆盘及其辅助吊索安装完成后,电缆处于自重垂直状态下,将每个楼层井口的电缆用抱箍固定在槽钢台架上,电缆与抱箍之间应垫有胶皮,以免电缆受损伤。

18)水平段电缆敷设

上水平段电缆在提升到设备层后开始敷设。

下水平段电缆在上水平段电缆和垂直段电缆敷设完成后进行。先把地面清扫干净,垫两层彩条纤维布,再将电缆盘上的电缆盘拖出,成 8 字型摆放在上面,然后对其敷设。

通常采用人力敷设水平段电缆。为减轻劳动强度、提高效率,在桥架水平段每隔 2m 设置一组滚轮。

电缆敷设完成后,应排列整齐,绑扎牢固,按要求挂电缆标志牌。

19)电缆试验和接续

高压垂吊式电缆安装固定后,应做电缆试验,试验合格即可制作电缆头,通常采用 10kV 交联热缩型电缆终端头制作工艺,电缆头制作完成后,再次做电缆试验,试验合格进行电缆头的安装。

电缆试验应进行绝缘电阻、直流电阻、直流耐压、泄漏电流等试验项目,试验结果应符合《电气装置安装工程　电气设备交接试验标准》GB 50150－2006。

20)楼层井口防火封堵

在高压垂吊式电缆敷设完成后应进行防火封堵,楼层井口防火封堵采用膨胀螺栓将防火板固定在井口下,然后在防火板上堆砌防火包,采用无机防火材料在井口上方四周砌 50mm 高的防火导墙,最后用防火泥将防火包抹平。

楼层井口防火封堵如图 7-49 所示。

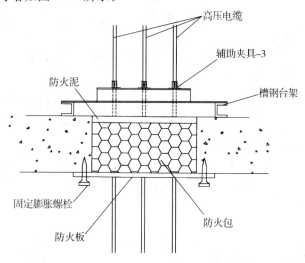

图 7-49　楼层井口电缆防火封堵示意图

二、预分支电缆施工技术

1. 技术原理及主要内容

(1)基本概念

预分支电缆即工厂按照电缆用户要求的主、分支电缆型号、规格、截面、长度及分支位置等指标,通过工厂内一系列专用生产设备,在流水线上将其制作成带分支的电缆,主干线电缆与分支电缆在工厂内完成分支连接。

该产品根据各个具体建筑的结构特点和配电要求,将主干电缆、分支线电缆、分支连接体三部分进行特殊设计与制造,产品到现场经检查合格后可直接安装就位,极大地缩短了施工周期、减少了材料费用和施工费用,更好地保证了配电的可靠性。

预分支电缆由三部分组成:主干电缆、分支线、起吊装置,并具有三种类型:普通型、阻燃型、耐火型。预分支电缆是高层建筑中母线槽供电的替代产品,具有供电可靠、安装方便、占用建筑面积小、故障率低、价格便宜、免维修等优点,目前已广泛应用于中高层建筑采用电气竖井垂直供电的系统和隧道、机场、桥梁、公路等供电系统。

(2)技术特点

1)预分支电缆技术多应用于树干式配电方式的中高层建筑配电线路中。采用预分支电缆时,应根据使用场所的实际情况,如:竖井高度、层高、每层分支接头位置等先行测量,再根据电缆的实际尺寸、主分支电缆型号、规格、截面量身定制。为避免因建筑使用功能改变引起容量的变动,宜将预分支电缆的干线和支线截面均放大一级,特殊情况下还应预留分支线以供备用。

2)在定制预分支电缆的过程中,需同时提供预分支电缆的各种附件,其中钢丝吊头(钢丝网套)规格的选择非常重要,一般要考虑到电缆的外径和重量。

3)预分支电缆的安装可以吊装或放装,采用放装时,应向制造厂家提出电缆出厂复绕时需逆向复绕。无论是吊装还是放装,安装时每一层楼都要有专人监护,以免电缆刮伤。在电缆全部吊放完成后应及时将电缆固定在安装支架上,以减少网套承受的拉力,从而避免因拉力过大把电缆外护套拉坏。

4)当确定配电线路采用预分支电缆后,在垂直敷设时,应充分考虑安装预分支电缆吊挂横梁部位的承受强度。

5)电缆敷设完毕后应对电缆进行整理,桥架内电缆应排列整齐,固定点一致。电缆固定采用尼龙扎带,间距 1m 以内,每 20m 用金属电缆卡做加强固定。选用单芯预分支电缆时,必须采用非导磁材料的电缆卡做加强固定。

6)安装完成通电之前,必须用 1000V 兆欧表,测出吊头与电缆芯线之间的绝缘电阻,如绝缘电阻小于 $100M\Omega$,要通知生产厂家进行检查。检查主线端头的相位标记与分支线相位标记应对应,检查无误方可通电。

2. 主要技术指标

(1)主、分电缆均应符合《额定电压 450/750V 及以下聚氯乙烯绝缘电缆》(GB/T 5023.1～7－2008)的相关技术指标和要求。

(2)主、分电缆均应符合用户指定的规格、型号、截面要求。

(3)吊头的耐压:AC3500V、5min 不出现击穿;绝缘电阻≥$200M\Omega$;

(4)吊头应能承受预分支电缆自重 2 倍的重力,且连续承重 24h 不脱落。

(5)电缆安装时应符合《电气装置安装工程电缆线路施工及验收规范》(GB 50168－2006)、《建筑电气工程施工质量验收规范》(GB 50303－2002)、《预制分支电力电缆安装》标准图集(00D101－7)的相关技术指标和要求。

3. 技术应用要点

(1)技术应用范围

适用于交流额定电压为 0.6/1kV 的配电线路中。主要用于中小负荷的配电线路,目前其最大载流已做到 1600A($240mm^2$ 其电流约 500～600A)。

(2)应用技术要点

1）预分支电缆型号

①符号、代号

系列代号

预制分支电缆　　　　　FZ

按材料特征分

铜导体　　　　　　　　省略

聚氯乙烯　　　　　　　V

交联聚乙烯　　　　　　YJ

聚乙烯（聚烯烃）　　　　Y

燃烧特性代号

阻燃　　　　　　　　　Z

耐火　　　　　　　　　N

无卤　　　　　　　　　W

低烟　　　　　　　　　D

②产品表示方法

产品用型号、规格和标准号表示，规格包括额定电压、芯数和导体截面积等。为便于区别主干电缆和分支电缆的截面积规格，前者与后者之间用"/"符号分开。

示例：

a. 铜芯聚氯乙烯绝缘聚氯乙烯护套预制分支电缆，额定电压 0.6kV/1kV，单芯、主干电缆 120mm² 、两根分支电缆分别为 10mm² 和 6mm² 表示为：

　　　　FZVV 0.6/1 1×120/1×10+1×6 JB/T 10636-2006

b. 铜芯聚氯乙烯绝缘聚氯乙烯护套预制分支电缆，额定电压 0.6kV/1kV，五芯、主干电缆相线和中线均为 35mm² 、地线为 25mm² 、五芯分支电缆相线和中线均为 10mm² 、地线为 6mm² 表示为：

　　　　FZVV 0.6/1 4×35+1×2514×10+1×6 JB/T 10636-2006

c. 铜芯交联聚乙烯绝缘聚氯乙烯护套预制分支电缆由三根单芯电缆绞合。额定电压 0.6kV/1kV、主干电缆 240mm² 、一根分支电缆 25mm² 。电缆表示为：

　　　　FZYJV 0.6/1 3×1×2403×1×25 JB/T 10636-2006

③型号

电缆的型号见表 7-42。

表 7-42　型号和名称

型号	名　称
FZVV	铜芯聚氯乙烯绝缘聚氯乙烯护套预制分支电缆
FZYJV	铜芯交联聚乙烯绝缘聚氯乙烯护套预制分支电缆
Z^a-FZVV	铜芯聚氯乙烯绝缘聚氯乙烯护套阻燃预制分支电缆
Z^a-FZYJV	铜芯交联聚乙烯绝缘聚氯乙烯护套阻燃预制分支电缆

型号	名　称
WDZ^b-FZYJY	铜芯交联聚乙烯绝缘无卤低烟聚烯烃护套阻燃预制分支电缆
N^b-FZYJV	铜芯交联聚乙烯绝缘聚氯乙烯护套耐火预制分支电缆

注：a. 满足 GB/T 18380.31—2008 中 A 类、B 类和 C 类要求的,代号分别为:ZA、ZB 和 ZC;满足 IEC 60332—3 中 D 类要求的代号为 ZD。

　　b. 满足 GB/T 19216.21—2003 中 A 类和 B 类要求的,代号分别为:NA 和 NB。

④规格

电缆芯数、主干电缆和分支电缆截面积规格见表 7-43,四芯和五芯电缆的导体截面积规格见表 7-44,其他截面积规格的电缆由制造和使用双方协商。

表 7-43　预制分支电缆规格

型号	芯数	标称截面积（mm²）	
		主干电缆	分支电缆
FZVV、FZYJV	1	16～800	4～240
Z-FZVV	2	16～50	4～35
Z-FZYJV	3	16～50	4～35
WDZ-FZYJY	4	16～50	4～35
	5	16～50	4～35
N-FZYJV	1	16～120	6～70

注:分支电缆截面积按用户要求配置,但分支电缆截面积应不大于主干电缆截面积。

表 7-44　四芯、五芯电缆相线、中性线和地线截面积

相线（mm²）	16	25	35
中性线（mm²）	10～16	16～25	16～35
地线（mm²）	10～16	16～25	16～35

2)预分支电缆技术要求

①电缆

a. 电缆本体质量要求

电缆本体应符合 GB/T 12706.1—2008 中额定电压 0.6kV/1kV 铜芯电缆要求。多芯电缆绝缘线芯绞合成缆只允许排列为一层,各绝缘线芯也允许平行排列为一层。

对有阻燃或耐火特性要求的产品,电缆本体应分别符合相关试验要求。

b. 电缆规格的配置

同一组预制分支电缆所选用的主干电缆和分支电缆型号原则上应相同。主干电缆规格和长度、分支电缆规格和分支电缆根数、分支连接体中心点在主干电缆轴线上的定位及其公差等参数按用户技术要求制造。除非另有要求,每根分支电缆长度不超过 3m;同一组预制

分支电缆,多芯主干电缆的分支点每芯只允许连接一根分支电缆,单芯主干电缆的分支点允许连接两根及以下的分支电缆。除非另有要求,所有分支电缆的引出方向应相同;主干电缆为多芯时,分支电缆可采用多芯或单芯电缆。主干电缆为单芯时,分支电缆可采用单芯或两芯电缆。

②预制分支连接体

a. 导体的压缩连接

预制分支电缆的导体连接金具可采用铜或铜合金。铜材应不低于 GB/T 5231—2012 二号铜(T2)的规定或合适的铜合金材料。铜或铜合金材料不得含有使用时产生有害的腐蚀性和引起开裂的成分;按照主干电缆和分支电缆导体的实际截面积之和选择导体连接金具的尺寸。当选用 C 形管时,在压缩前其开口的尺寸应适当大于主干电缆导体直径,以便于导体卡入;采用对称围压模具进行导体压缩连接时,围压模具内壁可以有适当的突脊,以增加导体连接金具对导体的紧握力;导体连接操作时,不应割断主干电缆导体,不应截除和损伤电缆导体的单根铜线,也不宜补充其他的单根铜线;多芯主干电缆在剥离线芯绝缘时,当裸导体位置为纵向排列,宜分隔 10~25mm 绝缘距离,当裸导体位置为径向排列,允许采用适当的绝缘隔离措施;压缩连接时不应减小主干和分支电缆导体原有的实际截面积。压缩后的连接管不应有龟裂、毛刺和其他伤痕,若采用 C 形管压缩后其开口处基本闭合(允许留有细缝);压缩连接后的主干电缆导体抗拉强度应符合表 7-45 的要求,分支电缆导体不考核。

b. 分支连接体的绝缘

分支连接体绝缘应根据电缆型号采用相应的聚氯乙烯或聚烯烃注塑成型工艺制造(以下简称注塑成型),外观整齐光洁。耐火电缆导体连接金具外应搭盖绕包不少于两层耐火云母带,增绕的耐火云母带绝缘层厚度应不小于电缆的耐火云母带绝缘层标称厚度。其他型号单芯电缆,导体连接金具外的增绕绝缘可任选,增绕绝缘或注塑料与电缆绝缘的耐温等级应协调适应;多芯电缆注塑成型前,各导体外可包增强绝缘或其他适合的绝缘措施,并应与电缆绝缘的耐温等级协调适应;单芯或多芯电缆分支连接体对外绝缘的最薄点厚度应不小于主干电缆绝缘和护套标称厚度之和,该厚度包括增强绝缘(如有)在内。多芯电缆的各相邻导体之间绝缘的最薄点厚度应不小于主干电缆绝缘标称厚度的 2 倍,该厚度包括增强绝缘(如有)在内;分支连接体的颜色原则上为黑色,允许采用与电缆护套颜色基本相同的其他颜色。绝缘内不应有正常目力可见的气孔和杂质;分支连接体的火花试验应符合表 7-45 的要求;分支连接体的浸水电压试验和浸水绝缘电阻应符合表 7-45 的要求;分支连接金具的热稳定性用热循环试验来评定,应符合表 7-45 的要求;分支连接体的垂直燃烧试验应符合表 7-45 的要求;当用户对分支连接体的燃烧性能有要求时,应对 pH 值、电导率、氧指数和烟密度进行检验。

c. 当用户有要求时,多根单芯电缆可绞合成缆或平行成束。绞合成缆的方向为右向,成缆节距不作规定。平行成束时可用合适的夹具将电缆定距固定。绞合成缆或平行成束在包装和敷设时,各单芯电缆不应有松散和位移现象。

d. 分支连接体的长度和最大横向尺寸由制造单位确定,有特殊要求时由供需双方协商确定。

表 7-45　预制分支电缆性能试验

序号	试验项目	单位	性能要求	试验方法
1	导体连续性		导通	7.1
2	压缩连接后导体抗拉强度		下降率不大于原始值的20％	7.2
3	分支连接体结构检验			
3.1	外观		整齐光洁	7.3.1
3.2	导体对外绝缘的最薄点厚度	mm	不小于电缆绝缘和护套厚度标称值之和	7.3.2
3.3	导体之间绝缘的最薄点厚度	mm	不小于2倍电缆绝缘厚度标称值	7.3.2
3.4	绝缘剖面		无正常目力可见的气孔和杂质	7.3.3
4	分支连接体浸水电压试验或火花试验			7.4
	——试验电压	V	3500（交流）	
	——施压时间	min	5	
	——浸水时间	h	不规定	
	——试验结果		不击穿	
5	分支连接体浸水电压试验			7.5
	——浸水时间	h	1	
	——试验电压	V	3500（交流）	
	——施压时间	min	5	
	——试验结果		不击穿	
6	分支连接体浸水绝缘电阻试验			7.6
	——浸水时间	h	1	
	——测试电压	V	500～1000	
	——试验结果	MΩ	＞200	
7	分支连接盒具热循环试验			7.7
	——第25次热循环温升	℃	≤75	
	——第26～125次热循环温升	℃	不大于第25次热循环实际测定值加8	
8	分支连接体垂直燃烧试验			7.8
	——供火时间	s	30	
	——自熄时间	s	≤15	
9	起吊装置浸水电压试验或火花试验			7.9
	——试验电压	V	3500	
	——施压时间	min	5	
	——浸水时间	h	不规定	
	——试验结果		不击穿	
10	起吊装置静负荷试验			7.10
	——负荷重量	kg	2倍预制分支电缆总重[a]	

序号	试验项目	单位	性能要求	试验方法
	——负重时间	h	24h	
	——试验结果		不脱落	
11	起吊装置浸水电压试验			7.11
	——试验电压	V	3500	
	——施压时间	min	5	
	——试验结果		不击穿	
12	起吊装置浸水绝缘电阻试验			7.12
	——测试电压	V	500～1000	
	——试验结果	MΩ	＞200	
13	识别标志耐擦性		用沾水脱脂棉团经擦 10 次仍可识别字迹	7.13

注：a. 总重由厂方提出。

③起吊装置

a. 起吊装置可采用吊钩、绝缘构件、夹具、瓷绝缘子、钢丝网套等多种组合型式结构，吊装后应在 24h 内将预制分支电缆固定。

b. 起吊装置处的电缆端头应有完整绝缘处理，以保证端头的密封性和绝缘性。

c. 起吊装置的浸水电压试验或火花试验应符合表 7-45 的规定。

d. 起吊装置的静负荷试验应符合表 7-45 的规定。

e. 起吊装置通过静负荷试验后，其浸水电压试验和浸水绝缘电阻试验应符合表 7-45 的规定。

④识别标志

a. 成品电缆应在分支连接体上标出厂名或商标，可采用适当的方法注明产品名称、型号和规格、主干电缆长度及分支连接体总数。

b. 单芯电缆或多根单芯电缆绞合型电缆，每根电缆的护套上允许采用颜色或数字识别标志，并符合《电线电缆识别标志方法》(GB/T 6995.1～5)的要求。

c. 成品电缆的识别标志的耐擦性应符合表 7-45 的要求。

3) 预分支电缆选型

①预分支电缆应根据使用场合对阻燃、耐火的要求程度，选择相应的电缆型号。

②由于单芯电力电缆在空气中敷设长期允许载流量是相同截面三芯电力电缆的 1.4 倍左右，直埋在土壤热阻系数为 80℃·cm/W 的环境下，单芯电力电缆是相同截面三芯电力电缆的 1.5 倍以上。因此，无论是从经济性或是从便于安装维护的角度出发，都宜选用单芯电力电缆作为预分支电缆的主体。

③根据建筑电气总体设计图确定各配电箱(柜)具体位置，并标明接头的准确位置尺寸。

④在上述基础上，绘制预分支电缆整体图纸，在该图纸上标明主电缆的型号、截面、总长，各分支电缆的型号、截面、各分支有效长度，各分支接头在主电缆上的准确位置(尺寸)、安装方式(垂直、水平、地埋、架空敷设)；所需附件型号、规格、数量等。

4）安装及施工

以中高层建筑垂直电缆井道内安装预分支电缆为例，对安装施工步骤和方法作简单介绍（图 7-50）：

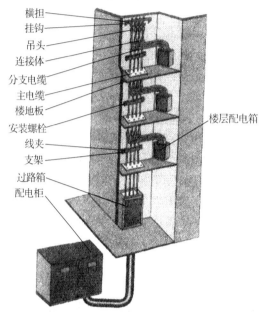

　　横担
　　挂钩
　　吊头
　　连接体
　　分支电缆
　　主电缆
　　楼地板
　　安装螺栓
　　线夹
　　支架
　　过路箱
　　配电柜

楼层配电箱

图 7-50　预分支电缆安装示意图

①将吊挂横梁安装在预定位置；

②将用于悬挂吊头的吊钩安装在吊挂横梁上；

③按规范和厂家安装说明要求，在电缆井道内设置电缆固定支架；

④确定敷设预分支电缆的方法，采用人工或者机械设备开始起吊（吊放）预分支电缆；

⑤将电缆起吊（吊放）到预定位置后将吊头挂于吊钩上；

⑥按设计图纸要求对电缆进行整理，并及时用缆夹将主电缆固定在电缆固定支架上，使电缆重量均匀地分布在支架上，尽量减少建筑主体吊挂横梁部位和电缆吊头的承重时间；

⑦按设计图纸要求，将各分支电缆和主电缆分别接至相应的配电箱（柜）上。

三、电缆穿刺线夹施工技术

1. 技术原理及主要内容

（1）基本概念

电缆穿刺线夹施工技术，是一种新型的电缆连接器技术，是代替分线箱、T 接箱最佳的产品，施工时无需截断主电缆，可在电缆任意位置做分支，不需要对导线和线夹做特殊处理，操做简单、快捷，与常规接线方式相比，免去了剥除绝缘层、搪锡或压接端子、绝缘包扎等工序，减少了绝缘层、电线头等施工垃圾，降低了常规做法难以避免的环境污染，节省了人工和安装费用。

（2）基本原理

电缆绝缘穿刺线夹分支的关键技术是穿刺密封分支结构，采用添加强力纤维塑料和特殊合金,提高分支接头的机械强度、防水防腐蚀性能和分支的电接触性能。其基本原理是通过特制的绝缘穿刺线夹内接触刀片将需要连接的电缆进行连接。电缆连接时,将需要对接的两根电缆剥去电缆保护层和铠甲,将其中需对接的一对电缆线(带绝缘层)置于线夹的两组穿刺接触刀片内,如图7-51(b)所示;用专用扳手拧紧力矩螺母,此时,经过精确力度计算的线夹紧固力矩螺母,当拧至最佳穿刺力度时,力矩螺母便会自动脱落,两组穿刺刀片刺破电缆线绝缘层与电缆紧密接触,如图7-51(c)所示;两组刀片之间通过内部特制金属片实现连通,如图7-51(d)所示。

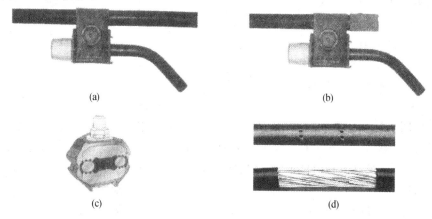

(a)　　　　　　　　　　　　　　　　　(b)

(c)　　　　　　　　　　　　　　　　　(d)

图 7-51　电缆绝缘穿刺线夹基本原理
(a)电缆分支;(b)电缆对接;(d)穿刺效果剖面图;(d)穿刺后的效果

(3)技术特点

采用电缆绝缘穿刺线夹施工时,首先应确定电缆的分支位置并剥去200～500mm护套,无需剥去电缆分支线的绝缘层,然后将分支线电缆插入或置于具有防水功能的支线帽内,再将线夹固定在分支线处,在连接处用手拧紧线夹螺母,然后用套筒板手套固定线夹另一面的力矩螺母,并按顺时针拧紧线夹上的力矩螺母,过程中接触刀片会刺穿电缆绝缘层,与导体接触,密封垫环压电缆被刺穿位置的周围,壳体内硅脂溢出,当力矩达到设定值时,螺母力矩机构脱落,分支连接线被接通,且防水性能和电气效果达到了标准要求的参数。

电缆绝缘穿刺线夹分支具有预分支电缆不具备的优势,它不需预定,可在电缆任意位置做T形分支,不需要截断干线电缆,不需要剥去干线电缆的绝缘皮,不破坏电缆的机械性能和电气性能,线夹的金属刀口可随着力矩螺栓的拧紧而穿透绝缘层接触到干线芯导体,从而将干线电源引出(T接),接口处密封结构防护等级很高,力矩螺栓在拧到设计力矩时会折断,从而避免刀口与干线导体接触不实造成接触电阻过大或刀口过分切入,造成干线导体的机械损伤,绝缘穿刺线夹更换电缆方便,连接部位密封、防水、防腐蚀性能良好。绝缘穿刺线夹保留了传统T接方式现场制作的灵活性和可调整性,同时解决了传统电缆T接的绝缘处理技术问题,成为具有发展前途的供电线路连接技术。

2. 主要技术指标

(1)《电气装置安装工程电缆线路施工及验收规范》、《建筑电气工程施工质量验收规范》、《预制分支电力电缆安装》标准图集;

（2）剥除多芯电缆的外护套时，严禁割伤线芯的绝缘层；

（3）外套的剥除长度应不大于 50 倍的电缆直径，单芯电缆的外护套也应剥除，但剥除长度稍大于穿刺线夹的宽度即可，尽量减少剥除长度；

（4）在多条电缆并行安装的井道内，多个穿刺线夹的安装位置应不在同一平面或立面，应保持 3 倍以上电缆外径的距离，错开安装位置，以减少堆积占用的安装空间。

3. 技术应用要点

（1）技术应用范围

适用于中高层建筑 1kV 电系统绝缘电缆的分支连接。分支连接适用于 $1.5\sim400mm^2$ 铜、铝导体的绝缘电缆。

（2）施工技术要点

1）根据所需连接线的规格选择相对应的穿刺线夹。

2）确定电缆的分支位置并剥去 $200\sim500mm$ 护套，无需剥去电缆分支线的绝缘层，外护套剥除后，同时剪除裸露的电缆敷料，两端口用绝缘塑料胶带缠绕包裹，以不露出电缆内填充敷料为准。支电缆的外护套也应剥除，剥除断口主缆平齐，同时严禁割伤线芯的绝缘层。

3）将分支线电缆插入具有防水功能的支线帽内，再将线夹固定在分支线处，在连接处用手拧紧线夹螺母，然后用套筒扳手套固定线夹另一面的力矩螺母，并按顺时针拧紧线夹上的力矩螺母。力矩螺母脱落前，严禁使用开口扳手、活动扳手、老虎钳等紧固螺母，遇到较硬电缆绝缘皮时，可以适当紧固力矩螺母下的大螺母，以不压裂线夹壳体为准（通常 3 圈以内）。在拧紧后螺母会自动断裂脱落，这时力矩正好；如没拧断则会引起接触不良；如拧断了还再拧会对导线造成损伤。特制力矩螺母是根据导线的粗细来设计的，在选型时应特别注意。

4）支电缆应留有一定余量后剪裁，但不应在井道桥架内盘卷。

5）严格检查对应支线与主线的相位正确后，方可拧紧穿刺线夹。

6）穿刺线夹安装过程详见图 7-52。

7）电缆连接完毕后，用万用表检查各电线是否接通，若无问题则将电缆的铠甲作等电位连接，并用胶布包扎外露部分铠甲。

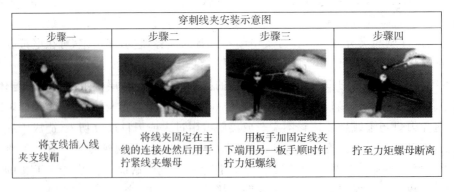

穿刺线夹安装示意图			
步骤一	步骤二	步骤三	步骤四
将支线插入线夹支线帽	将线夹固定在主线的连接处然后用手拧紧线夹螺母	用板手加固定线夹下端用另一板手顺时针拧力矩螺线	拧至力矩螺母断离

图 7-52 穿刺线夹安装示意图

第八章 建筑节能施工技术

第一节 预拌砂浆技术

一、技术原理及主要内容

1. 基本概念

预拌砂浆是指由专业生产厂生产的,用于建设工程中的各类砂浆拌合物,预拌砂浆分为干拌砂浆和湿拌砂浆两种。

2. 分类

(1)湿拌砂浆

湿拌砂浆按用途分类及性能,见表8-1。

表8-1 湿拌砂浆用途分类及性能

项目	湿拌砌筑砂浆 (WM)	湿拌抹灰砂浆 (WP)	湿拌地面砂浆 (WS)	湿拌防水砂浆 (WW)
符号				
强度等级	M5、M7.5、M10、M15、M20、M25、M30	M5、M10、M15、M20	M15、M20、M25	M10、M15、M20
稠度(mm)	50、70、90	70、90、110	50	50、70、90
凝结时间(h)	8、12、24	8、12、24	4、8	8、12、24
抗渗等级	—	—	—	P5、P8、P10
适用范围	用于砌筑工程的湿拌砂浆	用于抹灰工程的湿拌砂浆	用于建筑地面及屋面找平层的湿拌砂浆	用于抗渗防水部位的湿拌砂浆

(2)干混砂浆

1)普通干混砂浆按用途分类及性能,见表8-2。

表8-2 干混砂浆用途分类及性能

项目	干混砌筑砂浆 (DM)	干混抹灰砂浆 (DP)	干混地面砂浆 (DS)	干混普通防水砂浆 (DW)
符号				
强度等级	M5、M7.5、M10、M15、M20、M25、M30	M5、M10、M15、M20	M15、M20、M25	M10、M15、M20
抗渗等级	—	—	—	P5、P8、P10
适用范围	用于砌筑工程的干混砂浆	用于抹灰工程的干混砂浆	用于建筑地面及屋面找平层的干混砂浆	用于抗渗防水部位的干混砂浆

2)特种干混砂浆

①干混瓷砖粘结砂浆(DTA):用于陶瓷墙地砖粘贴的干混砂浆。

②干混耐磨地坪砂浆(DFH):用于混凝土地面、具有一定耐磨性的干混砂浆。

③干混界面处理砂浆(DIT):用于改善砂浆层与基面粘结性能的干混砂浆。

④干混特种防水砂浆(DWS):用于特殊抗渗防水要求部位的干混砂浆。

⑤干混自流平砂浆(DSL):用于地面、能流动找平的干混砂浆。

⑥干混灌浆砂浆(DGR):用于设备基础二次灌浆、地脚螺栓锚固等的干混砂浆。

⑦干混外保温粘结砂浆(DEA):用于膨胀聚苯板外墙外保温系统的粘结砂浆。

⑧干混外保温抹面砂浆(DBI):用于膨胀聚苯板外墙外保温系统的抹面砂浆。

⑨干混聚苯颗粒保温砂浆(DPG):用于建筑物墙体保温隔热层、以聚苯颗粒为集料的干混砂浆。

⑩干混无机集料保温砂浆(DTI):用于建筑物墙体保温隔热层、以膨胀珍珠岩或膨胀蛭石等为集料的干混砂浆。

二、主要技术指标

1. 湿拌砂浆

(1)湿拌砌筑砂浆的砌体力学性能应符合《砌体结构设计规范》(GB 50003—2011)的规定,湿拌砌筑砂浆拌合物的密度不应＜1800kg/m³。

(2)湿拌砂浆性能应符合表 8-3 的要求。

表 8-3　湿拌砂浆性能指标

项目	湿拌砌筑砂浆	湿拌抹灰砂浆		湿拌地面砂浆	湿拌防水砂浆
强度等级	M5、M7.5、M10、M15、M20、M25、M30	M5	M10、M15、M20	M15、M20、M25	M10、M15、M20
稠度(mm)	50、70、90	70、90、110		50	50、70、90
凝结时间(h)	≥8、≥12、≥24	≥8、≥12、≥24		≥4、≥8	≥8、≥12、≥24
保水性(%)	≥88	≥88		≥88	≥88
14d 拉伸粘结强度(MPa)	—	≥0.15	≥0.20	—	≥0.20
抗渗等级	—	—		—	P6、P8、P10

(3)湿拌砂浆稠度实测值与合同规定的稠度值之差应符合表 8-4 的规定。

表 8-4　湿拌砂浆稠度允许偏差

规定稠度(mm)	允许偏差(mm)
50、70、90	±10
110	−10～+5

2. 普通干混砂浆

(1)干混砌筑砂浆的砌体力学性能应符合《砌体结构设计规范》的规定,干混砌筑砂浆拌合物的密度不应<1800kg/m³。

(2)普通干混砂浆性能应符合表8-3的要求。

3. 特种干混砂浆

(1)外观

粉状产品应均匀、无结块。

双组分产品液料组分经搅拌后应呈均匀状态、无沉淀;粉料组分应均匀、无结块。

(2)干混瓷砖粘地砂浆的性能应符合表8-5的要求。

表8-5 干混瓷砖粘结砂浆性能指标

项 目			性能指标
基本性能	普通型 拉伸粘结强度(MPa)	未处理	≥0.5
		浸水处理	
		热处理	
		冻融循环处理	
		晾置20min	
	快硬型 拉伸粘结强度(MPa)	24h	≥0.5
		晾置10min	
		其他要求同普通型	
可选性能	滑移(mm)		≤0.5
	拉伸粘结强度(MPa)	未处理	≥1.0
		浸水处理	
		热处理	
		冻融循环处理	
		晾置30min	≥0.5

(3)干混耐磨地坪砂浆的性能应符合表8-6的要求。

表8-6 干混耐磨地坪砂浆性能指标

项 目	性能指标	
	Ⅰ型	Ⅱ型
集料含量偏差	生产商控制指标的±5%	
28d抗压强度(MPa)	≥80.0	≥90.0

续表

项　　目	性能指标	
	Ⅰ型	Ⅱ型
28d抗折强度（MPa）	≥10.5	≥13.5
耐磨度比（%）	≥300	≥350
表面强度（压痕直径）（mm）	≤3.30	≤3.10
颜色（与标准样比）	近似～微	

注：1."近似"表示用肉眼基本看不出色差，"微"表示用肉眼看似乎有点色差；

　　2. Ⅰ型为非金属氧化物集料干混耐磨地坪砂浆；Ⅱ型为金属氧化物集料或金属集料干混耐磨地坪砂浆。

（4）干混界面处理砂浆的性能应符合表8-7的要求。

表 8-7　干混界面处理砂浆性能指标

项　　目			性能指标	
			Ⅰ型	Ⅱ型
剪切粘结强度（MPa）		7d	≥1.0	≥0.7
		14d	≥1.5	≥1.0
拉伸粘结强度（MPa）	未处理	7d	≥0.4	≥0.3
		14d	≥0.6	≥0.5
	浸水处理		≥0.5	≥0.3
	热处理			
	冻融循环处理			
	碱处理			
晾置时间（min）			—	≥10

注：Ⅰ型适用于水泥混凝土的界面处理；Ⅱ型适用于加气混凝土的界面处理。

（5）干混特种防水砂浆的性能应符合表8-8的要求。

表 8-8　干混特种防水砂浆性能指标

项　　目		性能指标	
		Ⅰ型（干粉类）	Ⅱ型（乳液类）
凝结时间	初凝时间（min）	≥45	≥45
	终凝时间（h）	≤12	≤24

续表

项　目		性能指标	
		Ⅰ型（干粉类）	Ⅱ型（乳液类）
抗渗压力（MPa）	7d	≥1.0	
	28d	≥1.5	
28d 抗压强度（MPa）		≥24.0	—
28d 抗折强度（MPa）		≥8.0	—
压折比		≤3.0	—
拉伸粘结强度（MPa）	7d	≥1.0	
	28d	≥1.2	
耐碱性：饱和 $Ca(OH)_2$ 溶液,168h		无开裂、剥落	
耐热性:100℃水,5h		无开裂、剥落	
抗冻性:−15℃~+20℃,25 次		无开裂、剥落	
28d 收缩率（%）		≤0.15	

（6）干混自流平砂浆的性能应符合表 8-9 的要求。

表 8-9　干混自流平砂浆性能指标

项　目		性能指标			
流动度（mm）	初始流动度	≥130			
	20min 流动度	≥130			
拉伸粘结强度（MPa）		≥1.0			
耐磨性（g）		≤0.50			
尺寸变化率（%）		−0.15~+0.15			
24h 抗压强度（MPa）		≥6.0			
24h 抗折强度（MPa）		≥2.0			
抗压强度等级					
强度等级	C16	C20	C25	C30	C35	C40
28d 抗压强度（MPa）	≥16	≥20	≥25	≥30	≥35	≥40
抗折强度等级					
强度等级	F4	F6	F7	F10	
28d 抗折强度（MPa）	≥4	≥6	≥7	≥10	

（7）干混灌浆砂浆的性能应符合表 8-10 的要求。

表 8-10　干混灌浆砂浆性能指标

项　　目		性能指标
粒径	4.75mm 方孔筛筛余(%)	≤2.0
凝结时间	初凝(min)	≥120
泌水率(%)		≤1.0
流动度(mm)	初始流动度	≥260
	30min 流动度保留值	≥230
抗压强度(MPa)	1d	≥22.0
	3d	≥40.0
	28d	≥70.0
竖向膨胀率(%)	1d	≥0.020
钢筋握裹强度(圆钢)(MPa)	28d	≥4.0
对钢筋锈蚀作用		应说明对钢筋有无锈蚀作用

(8)干混外保温粘结砂浆的性能应符合表 8-11 的要求。

表 8-11　干混外保温粘结砂浆性能指标

项　　目		性能指标
拉伸粘结强度(MPa)(与水泥砂浆)	未处理	≥0.60
	浸水处理	≥0.40
拉伸粘结强度(MPa)(与膨胀聚苯板)	未处理	≥0.10,破坏界面在膨胀聚苯板上
	浸水处理	≥0.10,破坏界面在膨胀聚苯板上
可操作时间(h)		1.5～4.0

(9)干混外保温抹面砂浆的性能应符合表 8-12 的要求。

表 8-12　干混外保温抹面砂浆性能指标

项　　目		性能指标
拉伸粘结强度(MPa)(与膨胀聚苯板)	未处理	≥0.10,破坏界面在膨胀聚苯板上
	浸水处理	≥0.10,破坏界面在膨胀聚苯板上
	冻融循环处理	≥0.10,破坏界面在膨胀聚苯板上
抗压强度/抗折强度		≤3.0
可操作时间(h)		1.5～4.0

（10）干混聚苯颗粒保温砂浆的性能应符合表 8-13 的要求。

表 8-13　干混聚苯颗粒保温砂浆性能指标

项　　目	性能指标
湿表观密度（kg/m³）	≤420
干表观密度（kg/m³）	180～250
导热系数［W/(m·k)］	≤0.060
蓄热系数［W/(m²·k)］	≥0.95
抗压强度（kPa）	≥200
压剪粘结强度（kPa）	≥50
线性收缩率（%）	≤0.3
软化系数	≥0.5
难燃性	B₁ 级

（11）干混无机集料保温砂浆的性能应符合表 8-14 的要求。

表 8-14　干混无机集料保温砂浆性能指标

项　　目	性　能　指　标	
	Ⅰ 型	Ⅱ 型
分层度（mm）	≤20	≤20
堆积密度（kg/m³）	≤250	≤350
干密度（kg/m³）	240～300	301～400
抗压强度（MPa）	≥0.20	≥0.40
导热系数（平均温度 25℃）［W/(m·k)］	≤0.070	≤0.085
线收缩率（%）	≤0.30	
压剪粘结强度（MPa）	≥50	
燃烧性能级别	应符合 GB 8624－2012 规定的 A 级要求	

注：Ⅰ 型和 Ⅱ 型根据干密度划分。

三、技术应用及要点

1.技术应用范围

适用于需要应用砂浆的工业与民用建筑。

2.原材料要求

（1）预拌砂浆所用原材料不应对人体、生物与环境造成有害的影响，并应符合《建筑材料放射性核素限量》（GB 6566－2010）的规定。

（2）水泥

1）宜采用硅酸盐水泥、普通硅酸盐水泥，且应符合相应标准的规定。采用其他水泥时应符合相应标准的规定。

2)水泥进厂时应具有质量证明文件。对进厂水泥应按国家现行标准的规定按批进行复验,复验合格后方可使用。

（3）集料

1)细集料应符合《普通混凝土用砂、石质量及检验方法标准》（JGJ 52－2006）及其他国家现行标准的规定,且不应含有公称粒径大于 5mm 的颗粒。

2)细集料进厂时应具有质量证明文件。对进厂细集料应按 JGJ 52－2006 等国有现行标准的规定按批进行复验,复验合格后方可使用。

3)轻集料应符合相关标准的要求或有充足的技术依据,并应在使用前进行试验验证。

（4）矿物掺合料

1)粉煤灰、粒化高炉矿渣粉、天然沸石粉、硅灰应分别符合 GB/T 1596－2005、GB/T 18046－2008、GB/T 18736－2002 的规定。当采用其他品种矿物掺合料时,应有充足的技术依据,并应在使用前进行试验验证。

2)矿物掺合料进厂时应具有质量证明文件,并按有关规定进行复验,其掺量应符合有关规定并通过试验确定。

（5）外加剂

1)外加剂应符合 GB 8076－2006、JC 474－2008、GB 23439－2009 等国家现行标准的规定。

2)外加剂进厂时应具有质量证明文件。对进厂外加剂应按批进行复验,复验项目应符合相应标准的规定,复验合格后方可使用。

（6）保水增稠材料

采用保水增稠材料时,必须有充足的技术依据,并应在使用前进行试验验证。用于砌筑砂浆的应符合 JG/T 164－2004 的规定。

（7）添加剂

可再分散胶粉、颜料、纤维等应符合相关标准的要求或有充足的技术依据,并应在使用前进行试验验证。

（8）填料

重质碳酸钙、轻质碳酸钙、石英粉、滑石粉等应符合相关标准的要求或有充足的技术依据,并应在使用前进行试验验证。

（9）拌合用水

拌制砂浆用水应符合 JGJ 63－2006 的规定。

3. 湿拌砂浆应用技术

（1）材料贮存

1)各种材料必须分仓贮存,并应有明显的标识。

2)水泥应按生产厂家、水泥品种及强度等级分别贮存,同时应具有防潮、防污染措施。

3)细集料的贮存应保证其均匀性,不同品种、规格的细集料应分别贮存。细集料的贮存地面应为能排水的硬质地面。

4)保水增稠材料、外加剂应按生产厂家、品种分别贮存,并应具有防止质量发生变化的措施。

5)矿物掺合料应按品种、级别分别贮存,严禁与水泥等其他粉状料混杂。

(2)搅拌机

1)搅拌机应采用符合 GB/T 9142-2000 规定的固定式搅拌机。

2)计量设备应按有关规定由法定计量部门进行检定,使用期间应定期进行校准。

3)计量设备应能连续计量不同配合比砂浆的各种材料,并应具有实际计量结果逐盘记录和贮存功能。

(3)运输车

1)应采用搅拌运输车运送。

2)运输车在运送时应能保证砂浆拌合物的均匀性,不应产生分层离析现象。

(4)计量

1)各种固体原材料的计量均应按质量计,水和液体外加剂的计量可按体积计。

2)原材料的计量允许偏差不应大于表 8-15 规定的范围。

表 8-15　湿拌砂浆原材料计量允许偏差

序号	原材料品种	水泥	细集料	水	保水增稠材料	外加剂	掺合料
1	每盘计量允许偏差(%)	±2	±3	±2	±4	±3	±4
2	累计计量允许偏差(%)	±1	±2	±1	±2	±2	±2

注:累计计量允许偏差是指每一运输车中各盘砂浆的每种材料计量和的偏差。

(5)生产

1)湿拌砂浆应采用符合本条第(2)项中规定的搅拌机进行搅拌。

2)湿拌砂浆最短搅拌时间(从全部材料投完算起)不应小于 90s。

3)生产中应测定细集料的含水率,每一工作班不宜少于 1 次。

4)湿拌砂浆在生产过程中应避免对周围环境的污染,搅拌站机房应为封闭式建筑,所有粉料的输送及计量工序均应在密封状态下进行,并应有收尘装置。砂料场应有防扬尘措施。

5)搅拌站应严格控制生产用水的排放。

(6)运送

1)湿拌砂浆应采用本条第(3)项中规定的运输车运送。

2)运输车在装料前,装料口应保持清洁,筒体内不应有积水、积浆及杂物。

3)在装料及运送过程中,应保持运输车筒体按一定速度旋转。

4)严禁向运输车内的砂浆加水。

5)运输车在运送过程中应避免遗洒。

(7)湿拌砂浆供货量以 m³ 为计算单位。

4. 干混砂浆应用技术

(1)一般要求

1)干混砂浆的性能指标除应符合《预拌砂浆应用技术规程》(JGJ/T 223-2010)外,其品种、规格等还应符合设计要求,并具有在有效期内的检测报告以及产品合格证。材料进场后,应按《预拌砂浆应用技术规程》(JGJ/T 223-2010)附录 B 的要求进行复验。

2)产品外观应均匀无结块、无杂物。散装普通砌筑砂浆、普通抹灰砂浆、普通地面砂浆宜采用附录 C 中规定的散装物流设备进行储存、运输,其均匀性应符合附录 A 的要求。

3)干混砂浆在运输、贮存过程中应防止受潮。普通砌筑砂浆、普通抹灰砂浆、普通地面砂浆、自流平地面砂浆、无收缩灌浆砂浆保存不应超过 3 个月,其他干混砂浆保存不应超过 6 个月。

4)露天施工时环境温度与基层温度均不得低于 5℃,所使用的材料温度也应在 5℃以上,施工现场风力不应大于 5 级,雨天室外不得施工。

5)干混砂浆所附着的基层应平整、坚固、洁净,前面工序留下的沟槽、孔洞应整修完毕;应根据产品使用说明决定是否对基层进行洇湿处理。如基层平整度超出允许偏差,可用适宜砂浆找平,找平砂浆与基层的粘结强度应符合相关标准要求。

6)拌合用水量应符合《混凝土用水标准》(JGJ 63－2006)的有关规定。施工时,应参照产品使用说明中规定的用水量拌合,不得随意增减用水量。

7)干混砂浆宜采用机械搅拌。若使用手持式搅拌器,应先按产品使用说明规定的拌合水倒入适当容器中,然后在搅拌状态下将干混砂浆缓缓倒入,将物料搅拌至均匀、无结块状态,静置约 5min,让砂浆熟化后再次搅拌即可使用。一次搅拌量应适中,应在可操作时间内将拌合好的砂浆用完。如采用连续式混浆机,应调整用水量使砂浆符合适宜稠度。

8)施工完成后应按产品使用说明要求进行必要养护。

9)施工中相关物流和应用设备的选用可参照《预拌砂浆应用技术规程》(JGJ/T 223－2010)附录 C。

10)应用设备操作人员必须经过专业培训,考核合格发给操作证后持证上岗,严格按照操作规程操作,注意操作安全,防止污染环境。

11)干混砂浆应符合《建筑材料放射性核素限量》的环保要求。

(2)普通砌筑砂浆、普通抹灰砂浆和普通地面砂浆

1)普通砌筑砂浆适用于砌筑灰缝≤8mm,且符合《砌体工程施工质量验收规范》规定的砌筑工程;普通抹灰砂浆适用于一次性抹灰厚度在 10mm 内的混凝土和砌体的抹灰工程;普通地面砂浆适用于地面工程及屋面找平工程。

2)普通砌筑砂浆、普通抹灰砂浆和普通地面砂浆施工技术要点如下:

①应根据基面材料的吸水率不同选择相应保水率的砌筑、抹灰砂浆。加气混凝土制品应使用高保水砌筑、抹灰砂浆;烧结砖、轻集料空心砌块、普通混凝土空心砌块应使用中保水砌筑、抹灰砂浆;灰砂砖和混凝土应使用低保水砌筑、抹灰砂浆。

②普通砌筑砂浆施工时,加气混凝土砌块、轻集料砌块、普通混凝土空心砌块的产品龄期均应超过 28d;加气混凝土砌块施工时的含水率宜＜15%,粉煤灰加气混凝土砌块施工时的含水率宜＜20%;砌筑时,砌块表面不得有明水;砌筑灰缝应根据砌体的尺寸偏差确定,可用原浆对墙面进行勾缝,但必须随砌随勾;常温下的日砌筑高度宜控制在 1.5m 或一步脚手架高度内。

③普通抹灰砂浆抹灰工程应在砌体工程施工完毕至少 7d 并经验收合格后进行。加气混凝土砌块含水率宜控制在 15%~20%;在混凝土基层上抹灰时应提前做好界面处理;抹灰应分层进行,每遍抹灰厚度不宜超过 10mm,后道抹灰应在前道抹灰施工完毕约 24h 后进行;如果抹灰层总厚度大于 35mm,或者在不同材质的基层交接处,应采用增强网做加强处

理;顶棚宜采用薄层抹灰找平,不应反复赶压。

④普通地面砂浆对光滑基面应划(凿)毛或采用其他界面处理措施;面层的抹平和压光应在砂浆凝结前完成;在硬化初期不得上人。

3)普通砌筑砂浆、普通抹灰砂浆和普通地面砂浆质量控制要点如下:

①进行砌筑施工时,确保砌块已达到规定的陈化时间;灰缝不得出现明缝、瞎缝和假缝,水平灰缝的砂浆饱满度不得低于90%,竖向灰缝砂浆饱满度不得低于80%,竖缝凹槽部位应用砌筑砂浆填实;砌筑过程中需校直时,必须在砂浆初凝前完成。

②普通抹灰砂浆平均总厚度应符合设计规定,如设计无规定时,在参照执行《建筑装饰装修工程质量验收规范》的规定时,可适当减小厚度。

③普通地面砂浆面层应密实,无空鼓、起砂、裂纹、麻面、脱皮等现象。

(3)保温板粘结砂浆、保温板抹面砂浆

1)保温板粘结砂浆适用于保温工程中 EPS、XPS、PU 等保温板与基层的粘结。保温板抹面砂浆适用于保温工程中 EPS、XPS、PU 等保温板的抹面防护。

2)保温板粘结砂浆、保温板抹面砂浆施工技术要点如下:

施工工艺和操作方法依据《外墙外保温施工技术规程(聚苯板增强网聚合物砂浆做法)》(DB11/T 584-2008)的相关要求执行。

3)保温板粘结砂浆、保温板抹面砂浆质量控制要点如下:

①保温板粘结砂浆与墙体基层现场检测拉伸粘结强度不低于 0.3MPa。

②采用"点框法"粘结时,应根据待粘结基面的平整度和垂直度调整保温板粘结砂浆的用量,粘结面积率不得低于《外墙外保温施工技术规程(聚苯板增强网聚合物砂浆做法)》中的要求。粘贴保温板应均匀揉压,不得上抬。

③挤到保温板侧的粘结砂浆应随时清理干净,保证保温板间靠紧挤严。

④当保温板采用 XPS 板或 PU 板时,应用配套的界面剂或界面处理砂浆对保温板预处理。

⑤保温板抹面砂浆宜分底层和面层两次连续施工,层间只为铺增强网,不应留时间间隔。当采用玻纤网增强做法时,底层抹面砂浆和面层抹面砂浆总厚度宜控制在 3～5mm,增强网在保温板抹面砂浆中宜居中间偏外约三分之一的位置。当使用双层玻纤网增强时,网间距应有 1～2mm,不得出现"干搭接",面网外抹面砂浆厚度宜为 1mm 左右,当采用钢丝网增强做法时,底层抹面砂浆和面层抹面砂浆总厚度宜控制在 7～11mm,钢丝网不得外露。

⑥保温板抹面砂浆严禁反复抹压。

(4)建筑保温砂浆

1)建筑保温砂浆适用于墙面、楼梯间、顶板等局部保温工程;也可与其他保温材料复合使用。

2)建筑保温砂浆施工技术要点如下:

①基层处理:剔除基层大于 10mm 凸起物后,涂刷界面处理砂浆,用滚刷等工具蘸取界面处理砂浆均匀涂刷于墙面上,不得漏刷,拉毛不宜太厚,控制在 2mm 左右。

②浆料拌制:根据产品说明推荐的加水量拌制浆料,搅拌时间约为 3～5min,搅拌时可根据浆料稠度适当调整加水量,拌制的浆料应在 2h 内用完,余料和落地灰不得重新拌制后使用。

③施工工艺:建筑保温砂浆每次抹灰厚度宜控制在 20mm 以内;每遍抹灰施工间隔时间应在 24h 以上;后一遍施工厚度要比前一遍施工厚度小,最后一遍厚度宜控制在 10mm 左右;首遍抹灰应均匀压实,最后一遍抹灰应先用大杠搓平,再用铁抹子用力抹平压实。保温层同化干燥后(一般约 5d)方可进行下道工序施工。

3)建筑保温砂浆质量控制要点如下:

①施工厚度与外观质量应符合相应标准和设计要求。

②在浆料制备过程中应通过控制搅拌时间等环节减小轻骨料的破碎。

③保温砂浆施工完毕后 24h 内严禁水冲、撞击和振动。

④保温砂浆施工完毕后应垂直、平整,阴阳角应方正、垂直,否则应进行修补。

(5)界面处理砂浆

1)界面处理砂浆适用于混凝土、加气混凝土、EPS 板和 XPS 板的界面处理,以改善砂浆层与基底的粘结性能。

2)界面处理砂浆施工技术要点如下:

①基底表面不得有明水。

②界面处理砂浆的配制、搅拌和使用应参照产品使用说明书进行。

③混凝土界面处理砂浆宜采用滚刷法,厚度不宜小于 1mm,滚刷完成后宜在 2h 内完成后续施工。

④加气混凝土界面处理砂浆应分两次滚刷,总厚度宜控制在 2mm 左右;后续施工宜在界面处理后 0.5～2h 内完成。

⑤EPS、XPS 界面处理砂浆宜采用滚刷法或喷涂法施工,厚度约为 1mm。后续施工宜在界面处理完成 24h 后进行。

3)界面处理砂浆质量控制要点如下:

①现场施工时应按产品说明书控制加水量。

②应按规定进行拉伸粘结强度见证试验。

(6)墙体饰面砂浆

1)墙体饰面砂浆适用于建筑墙体内外表面和顶棚的装饰装修工程。

2)墙体饰面砂浆施工技术要点如下:

①基层含水率不应大于 10%,平整度不应大于 3mm;施工前应修补裂缝,修补后至少48h 方可进行下一步的施工。

②夏季施工时,施工面应避免强烈阳光直射,必要时应搭设防晒布遮挡墙面,环境、材料和基层温度均不应高于 35℃。

③施工顺序应由上往下、水平分段、竖向分层。

④打磨应在浆料潮湿的情况下连续进行,可根据不同的花纹选用相应的工具成形。

3)墙体饰面砂浆质量控制要点如下:

①单位工程所需材料宜一次性购入。

②浆料拌制时应严格固定加水量,避免浆料色差。

③施工完后 48h 内,应避免受到雨淋或水淋,如遇到雨水天气或可能溅到水的情况,应采取必要的遮挡措施。

④不得出现漏涂、透底、掉粉、起皮、流坠、疙瘩，不得出现明显泛碱等现象。

（7）陶瓷砖粘结砂浆

1）陶瓷砖粘结砂浆适用于陶瓷墙地砖的粘贴工程。

2）陶瓷砖粘结砂浆施工技术要点如下：

①粘贴锦砖宜使用镘涂法。用齿形抹刀在基面上先按压批刮一层较薄的浆料，再涂抹上较厚的浆料，使用齿形抹刀锯齿一侧，以与基面约成 600 的角度，将浆料梳理成条状。应在结皮前将陶瓷砖轻轻扭压在浆料上，扭压后的浆料层厚度应不小于原条状浆料厚度的一半。

②镘涂法施工工序：基层处理→弹线定位→拌制浆料→用一定规格的齿形抹刀将浆料刮涂在基层上→铺贴陶瓷砖→压实按平→调整平整度、垂直度→清理砖面。

③粘贴其他陶瓷砖宜使用组合法。按镘涂法处理在基面上形成条状浆料，然后用抹灰工具将拌和好的浆料均匀满批在陶瓷砖的背面，在基层已梳理好的浆料表面结皮之前，将陶瓷砖扭压在条状浆料上，然后用橡皮锤将陶瓷砖敲击密实、平整。

④组合法施工工序：基层处理→弹线定位→拌制浆料→用一定规格的齿形抹刀将浆料刮涂在基层上→用灰刀将浆料均匀涂抹在陶瓷砖背面→铺贴陶瓷砖→压实按平→调整平整度、垂直度→清理砖面。

3）陶瓷砖粘结砂浆质量控制要点如下：

①在陶瓷砖粘结砂浆初凝后严禁振动或移动陶瓷砖。砖缝中多余的陶瓷砖粘结砂浆应及时清除。

②陶瓷砖必须粘贴牢固，无空鼓、无裂缝、砖面平整。

（8）陶瓷砖填缝砂浆

1）陶瓷砖填缝砂浆适用于填充陶瓷墙地砖间的接缝。

2）陶瓷砖填缝砂浆施工技术要点如下：

①当陶瓷砖吸水率较小、表面较光滑时，宜使用满批法施工。用橡胶抹刀沿陶瓷砖对角线方向或以环形转动方式将填缝砂浆填满缝隙，清理陶瓷砖表面的填缝砂浆；在填缝砂浆表干后，用拧干的湿布或海绵沿陶瓷砖对角线方向擦拭瓷砖表面，并应用专用工具使陶瓷砖填缝砂浆密实、无砂眼；待 24h 后，用拧干的湿布或海绵彻底清理陶瓷砖上多余填缝砂浆。

②当陶瓷砖吸水率较大、表面较粗糙时，宜使用干勾法施工。拌制产品时必须保证加水量至少达到推荐用水量的 70%，拌合好的浆料为手攥成团、松开即散的干硬性状态。用填缝抹刀将搅拌好的填缝砂浆均匀地压入缝隙中；先水平后垂直方向地进行填缝，并应用专用工具压实陶瓷砖填缝砂浆，使填缝连续、平直、光滑；填缝完成后应及时清理陶瓷砖表面，24h后彻底洁净表面。

3）陶瓷砖填缝砂浆质量控制要点如下：

①应在陶瓷砖粘贴 3～5d 后进行填缝施工。将需要填缝的部位清理干净，缝道内无疏松物。

②宜采用机械搅拌，搅拌时间宜为 2～3min。人工搅拌时，应先加入三分之二的拌合用水量搅拌 2min，再加入剩余拌合水搅拌至均匀。

③填缝施工完成后的 48h 内，如遇雨水天气，应采取必要的遮挡措施。

（9）聚合物水泥防水砂浆

1）聚合物水泥防水砂浆适用于建筑物室内防水、屋面防水、建筑物外墙防水、桥梁防水和地下防水施工。

2）聚合物水泥防水砂浆施工技术要点如下：

①聚合物水泥防水砂浆防水层的基层强度：混凝土不应低于 C20，水泥砂浆不应低于 M10。

②聚合物水泥防水砂浆宜用于迎水面防水。

③施工前，应清除基层的疏松层、油污、灰尘等杂物，光滑表面宜打毛。基面应用水冲洗干净，充分湿润，无明水。

④聚合物水泥防水砂浆施工温度为 5～35℃。

⑤涂抹聚合物水泥防水砂浆前，应按产品使用说明的要求对基层进行界面处理。界面处理剂涂刷后，应及时涂抹聚合物水泥防水砂浆。

⑥聚合物水泥防水砂浆应分层施工，每层厚度不宜超过 8mm；后一层应待前一层初凝后进行，各层应粘结牢固。

⑦每层宜连续施工，当必须留茬时，应采用阶梯坡形茬，接茬部位离阴阳角不得小于 200mm，上下层接茬应错开 300mm 以上。接茬应依层次顺序操作，层层搭接紧密。

⑧抹平、压实应在初凝前完成。聚合物水泥防水砂浆终凝后宜覆盖塑料薄膜进行 7d 覆膜保湿养护，养护期间不得洒水、受冻。

3）聚合物水泥防水砂浆质量控制要点如下：

①涂抹时应压实、抹平。如遇气泡应挑破压实，保证铺抹密实。

②聚合物水泥防水砂浆防水层应平整、坚固，无裂缝、起皮、起砂等缺陷，与基层粘结应牢固，无空鼓。

③聚合物水泥防水砂浆防水层的排水坡度应符合设计要求，不得有积水。

④聚合物水泥防水砂浆防水层的平均厚度不得小于设计规定的厚度，最小厚度不得小于设计厚度的 80%。

⑤防水工程竣工验收后，严禁在防水层上凿孔打洞。

（10）地面用自流平砂浆

1）地面用自流平砂浆适用于各种水泥基地面的水泥砂浆地面工程以及地面、平屋面翻新、修补和找平。

2）地面用自流平砂浆施工技术要点如下：

①施工工序：封闭现场→基层检查→基层处理→涂刷自流平界面剂→制备浆料→摊铺自流平浆料→放气→养护→成品保护。

②自流平地面工程施工前，应按《建筑地面工程施工质量验收规范》的规定进行基层检查，验收合格后方可施工。

③基层表面应无起砂、空鼓、起壳、脱皮、疏松、麻面、油脂、灰尘、裂纹等缺陷。

④基层平整度不应>3mm，含水率不宜>8%。

⑤基层必须坚固、密实。混凝土抗压强度不应<20MPa，水泥砂浆抗压强度不应<15MPa，且拉拔强度不应低于 1.0MPa。当抗压强度达不到上述要求时应采取补强处理或重

新施工。

⑥有防水防潮要求的地面,应预先在基层以下完成防水防潮层的施工。

⑦楼地面与墙面交接部位,穿楼(地)面的套管等细部构造处应进行防护处理后再进行地面施工。

⑧基层裂缝宜先用机械切约 20mm 深、20mm 宽的槽,然后用专用材料加强、灌注、找平、密封。

⑨大面积空鼓应彻底剔除,重新施工;局部空鼓宜采取灌浆或其他方法处理。

⑩施工环境温度应在 5～35℃ 之间,相对湿度不宜大于 70%。

⑪施工之前应做界面处理。

3)地面用自流平砂浆质量控制要点如下:

地面用自流平砂浆的质量控制应符合《自流平地面施工技术规程》(DB11/T 511－2007)中第 5 章的要求。

(11)无收缩灌浆砂浆

1)无收缩灌浆砂浆适用于地脚螺栓锚固、设备基础和钢结构柱脚地板的灌浆、混凝土结构加固改造、装配式结构连接及后张预应力混凝土结构锚固及孔道灌浆等工程。

2)无收缩灌浆砂浆施工技术要点如下:

①锚固地脚螺栓时,应将拌合好的无收缩灌浆砂浆灌入螺栓孔内,孔内灌浆层上表面宜低于基础混凝土表面 50mm 左右。灌浆过程中严禁振捣,灌浆结束后不得再次调整螺栓。

②二次灌浆应从基础板一侧或相邻两侧进行灌浆,直至从另一侧溢出为止,不得从相对两侧同时进行灌浆。灌浆开始后,应连续进行,并应尽可能缩短灌浆时间。

③混凝土结构加固改造时,应将拌合好的无收缩灌浆砂浆灌入模板中,并适当敲击模板。灌浆层厚度大于 150mm 时,应采取适当措施,防止产生裂纹。

④灌浆结束后,应根据气候条件,尽快采取养护措施。保湿养护时间应不少于 7d。

3)无收缩灌浆砂浆质量控制要点如下:

质量控制应按《水泥基灌浆材料应用技术规范》(GB/T 50448－2008)的有关规定执行。

(12)加气混凝土专用粘结砂浆和抹面砂浆

1)加气混凝土专用粘结砂浆适用于加气混凝土的薄层砌筑,灰缝宜控制在 3～5mm;加气混凝土专用抹面砂浆适用于加气混凝土表面薄层抹灰,抹灰总厚度可根据墙面平整度控制在 5～30mm 之间。

2)加气混凝土专用粘结砂浆和抹面砂浆施工技术要点如下:

①加气混凝土砌块的缺陷、凹凸部分和非预留孔洞应处理平整、填平密实;进行加气混凝土抹灰时,墙面上的灰尘、油渍、污垢和残留物应清理干净,基底上的凹凸部分和洞口应处理平整、牢固。

②使用加气混凝土专用粘结砂浆和抹面砂浆进行施工时,加气混凝土事先可不做淋水处理。

③用粘结砂浆进行加气混凝土薄层砌筑时,应用灰刀将浆料均匀的涂抹于砌块表面。砌筑时灰缝应控制在 3～5mm 之间。

④加气混凝土专用抹面砂浆施工厚度可以根据墙体平整度在 5～30mm 之间调节。抹

灰前应先按要求挂线、粘灰饼、冲筋,灰饼间距不宜超过 2m。每次抹灰厚度在 8mm 左右,如果抹灰层总厚度＞10mm 则应分次抹灰,每次抹灰间隔时间不得少于 24h。

3)加气混凝土专用粘结砂浆和抹面砂浆质量控制要点如下:

①砌筑施工前,加气混凝土陈化时间不得少于 28d。

②施工时,加气混凝土表面不得有明水。

(13)粘结石膏和粉刷石膏

1)粘结石膏适用于墙体内保温系统中保温板的粘贴施工和各种石膏基轻质砌块的砌筑施工;粉刷石膏适用于建筑物室内各种墙面和顶棚的底层、面层及保温层抹灰工程。

2)粘结石膏和粉刷石膏施工技术要点如下:

①使用粘结石膏在外墙内保温工程中粘贴各种保温板材时,宜采用"点框法"施工,粘贴面积应≥30％。

②使用粘结石膏砂浆砌筑各种轻质砌块时,砂浆应饱满,砂浆虚铺厚度宜为 3mm 左右,最终灰缝厚度≥1.5mm。

③粉刷石膏施工前墙面应先打点冲筋,根据冲筋高度用杠尺刮平,使抹灰厚度稍高于标筋,再用木抹子搓压密实平整。

④粉刷石膏砂浆施工厚度超过 15mm 时,宜分层施工,以头遍灰有 6～7 成干时抹二遍灰为宜。头遍灰表面应为糙面。

⑤采用粉刷石膏进行顶棚抹灰时,顶棚表面应顺平,不应有抹纹和气泡、接茬不平等现象,顶棚与墙面相交的阴角应成一条直线。

3)粘结石膏和粉刷石膏质量控制要点如下:

①粉刷石膏施工时,基面凡遇不同材料交接缝或轻质隔墙板板缝,需沿接缝或板缝方向作 2mm 厚粘结石膏抹灰,并将玻纤布带埋入粉刷石膏中,玻纤布带与两侧搭接均不少于 50mm。

②粉刷石膏抹灰墙面允许偏差应符合《建筑装饰装修工程质量验收规范》中第 4.2.11 条的规定。

第二节　外墙自保温体系施工技术

一、技术原理及主要内容

1. 基本概念

墙体自保温体系是指以蒸压加气混凝土、陶粒增强加气砌块和硅藻土保温砌块(砖)等制成的蒸压粉煤灰砖、蒸压加气混凝土砌块和陶粒砌块等为墙体材料,辅以节点保温构造措施的自保温体系。可满足夏热冬冷地区和夏热冬暖地区节能 50％的设计标准。

2. 技术应用要求

由于砌块具有多孔结构,其收缩受湿度影响变化很大,干缩湿胀的现象比较明显,如果反应到墙体上,将不可避免地产生各种裂缝,严重的还会造成砌体本身开裂。

要解决上述质量问题,必须从材料、设计、施工多方面共同控制,针对不同的季节和不同的情况,进行处理控制。

(1)砌块在存放和运输过程中要做好防雨措施。使用中要选择强度等级相同的产品,应尽量避免在同一工程中选用不同强度等级的产品。

(2)砌筑砂浆宜选用粘结性能良好的专用砂浆,其强度等级应不小于 M5,砂浆应具有良好的保水性,可在砂浆中掺入无机或有机塑化剂。有条件的应使用专用的加气混凝土砌筑砂浆或干粉砂浆。

(3)为消除主体结构和围护墙体之间由于温度变化产生的收缩裂缝,砌块与墙柱相接处,须留拉结筋,竖向间距为 500～600mm,压埋 2ϕ6 钢筋,两端伸入墙内不小于 800mm,另每砌筑 1.5m 高时应采用 2ϕ6 通长钢筋拉结,以防止收缩拉裂墙体。

(4)在跨度或高度较大的墙中设置构造梁柱。一般当墙体长度超过 5m,可在中间设置钢筋混凝土构造柱;当墙体高度超过 3m($\geqslant$120mm 厚墙)或 4m($\geqslant$180mm 厚墙)时,可在墙高中腰处增设钢筋混凝土腰梁。构造梁柱可有效地分割墙体,减少砌体因干缩变形产生的叠加值。

(5)在窗台与窗间墙交接处是应力集中的部位,容易受砌体收缩影响产生裂缝,因此,宜在窗台处设置钢筋混凝土现浇带以抵抗变形。此外,在未设置圈梁的门窗洞口上部的边角处也容易发生裂缝和空鼓,此处宜用圈梁取代过梁,墙体砌至门窗过梁处,应停一周后再砌以上部分,以防应力不同造成八字缝。

(6)外墙墙面水平方向的凹凸部位(如线脚、雨罩、出檐、窗台等)应做泛水和滴水,以避免积水。

二、主要技术指标

蒸压加气混凝土砌块的原材料主要为水泥、石灰、砂,并以铝粉为原料经高压养护、切割加工而成。具有质量轻、绝热性能好、吸声、加工方便、施工效率高等优点。适用于作民用与工业建筑物墙体,用作外墙填充墙和非承重内墙。

蒸压加气混凝土砌块的规格,长度有(L):600mm;宽度有(B):100mm、125mm、150mm、250mm、300mm 及 120mm、180mm、240mm;高度有(H):200mm、250mm、300mm 等多种。其性能与技术指标详见表 8-16 ~ 表 8-21。

表 8-16　蒸压加气混凝土砌块的规格尺寸　　　　　　　(单位:mm)

长度 L	宽度 B			高度 H	
600	100 150 240	120 180 250	125 200 300	200 250	240 300

注:如需要其他规格,可由供、需双方协商解决。

表 8-17 蒸压加气混凝土砌块尺寸偏差和外观

项　目		指　标	
		优等品（A）	合格品（B）
尺寸允许偏差（mm）	长度 L	±3	±4
	宽度 B	±1	±2
	高度 H	±1	±2
缺棱掉角	最小尺寸不得大于（mm）	0	30
	最大尺寸不得大于（mm）	0	70
	大于以上尺寸的缺棱掉角个数,不多于（个）	0	2
裂纹长度	贯穿一棱二面的裂纹长度不得大于裂纹所在面的裂纹方向尺寸总和的	0	1/3
	任一面上的裂纹长度不得大于裂纹方向尺寸的	0	1/2
	大于以上尺寸的裂纹条数,不多于（条）	0	2
爆裂、粘模和损坏深度不得大于（mm）		10	30
平面弯曲		不允许	
表面疏松、层裂		不允许	
表面油污		不允许	

表 8-18 蒸压加气混凝土砌块的立方体抗压强度

强　度　级　别	立方体抗压强度	
	平均值不小于	单组最小值不小于
A1.0	1.0	0.8
A2.0	2.0	1.6
A2.5	2.5	2.0
A3.5	3.5	2.8
A5.0	5.0	4.0
A7.5	7.5	6.0
A10.0	10.0	8.0

表 8-19　蒸压加气混凝土砌块的干密度

干密度级别		B05	B06	B07	B08
干密度	优等品(A)≤	500	600	700	800
	合格品(B)≤	525	625	725	825

表 8-20　蒸压加气混凝土砌块的强度级别

干密度级别		B05	B06	B07	B08
强度级别	优等品(A)	A3.5	A5.0	A7.5	A10.0
	合格品(B)	A2.5	A3.5	A5.0	A7.5

表 8-21　蒸压加气混凝土砌块的干燥收缩、抗冻性和热导率

干密度级别			B05	B06	B07	B08
干燥收缩值[1]	标准法(mm/m)　≤		0.50			
	快速法(mm/m)　≤		0.80			
抗冻性	质量损失(%)　≤		5.0			
	冻后强度 (MPa)≥	优等品(A)	2.8	4.0	6.0	8.0
		合格品(B)	2.0	2.8	4.0	6.0
导热系数(干态)[W/(m·K)]　≤			0.14	0.16	0.18	0.20

注:规定采用标准法、快速法测定砌块干燥收缩值,若测定结果发生矛盾不能判定时,则以标准法测定的结果为准。

三、技术应用及要点

1. 技术应用范围

(1)适用部位

1)作为多层住宅的外墙。

2)作为框架结构的填充墙。

3)各种体系的非承重内隔墙。

4)作为保温材料,用于部位:屋面、地面、楼面以及易于"热桥"部位的构件,也可做墙体保温材料。

(2)无有效措施,不宜在以下部位使用

1)长期浸水或经常干湿循环交换的部位。

2)受化学环境侵蚀的环境。

3)表面经常高于80℃的高温环境。

4)易受局部冻融部位。

(3)适用地区

适用范围为夏热冬冷地区和夏热冬暖地区外墙、内隔墙和分户墙。适用于高层建筑的

填充墙和低层建筑的承重墙。

建筑加气混凝土砌块之所以在全世界得到迅速的发展,并受到我国政府的高度重视,是因为它有一系列的优越性。废渣加气混凝土砌块作为建筑加气混凝土砌块中的新型产品,比普通加气混凝土砌块更具有优势,具有良好的推广应用前景。

2. 加气混凝土砌块热工性能指标

(1)加气混凝土用作围护结构时,其材料的导热系数和蓄热系数设计计算值应按表 8-22 采用。

表 8-22　加气混凝土材料导热系数和蓄热系数设计计算值

围护结构类别		干密度 ρ_0 (kg/m³)	理论计算值(体积含水量 3% 条件下)		灰缝影响系数	潮湿影响系数	设计计算值	
			导热系数 λ [W/(m·K)]	蓄热系数 S_{24} [W/(m²·K)]			导热系数 λ [W/(m·K)]	蓄热系数 S_{24} [W/(m²·K)]
单一结构		400	0.13	2.06	1.25	—	0.16	2.58
		500	0.16	2.61	1.25	—	0.20	3.26
		600	0.19	3.01	1.25	—	0.24	3.76
		700	0.22	3.49	1.25	—	0.28	4.36
复合结构	铺设在密闭屋面内	300	0.11	1.64	—	1.5	0.17	2.46
		400	0.13	2.06	—	1.5	0.20	3.09
		500	0.16	2.61	—	1.5	0.24	3.92
		600	0.19	3.01	—	1.5	0.29	4.52
	浇注在混凝土构件中	300	0.11	1.64	—	1.6	0.18	2.62
		400	0.13	2.06	—	1.6	0.21	3.30
		500	0.16	2.61	—	1.6	0.26	4.18
		600	0.19	3.01	—	1.63	0.30	4.82

注:当加气混凝土砌块和条板之间采用粘结砂浆,且灰缝≤3mm 时,灰缝影响系数取 1.00。

(2)不同厚度加气混凝土外墙的传热系数 K 值和热惰性指标 D 值可按表 8-23 采用。

表 8-23　不同厚度加气混凝土外墙热工性能指标(B06 级)

外墙厚度 δ (mm)	传热阻 R_0 [(m²·K)/W]	传热系数 K [W/(m²·K)]	热惰性指标 D
150	0.82(0.98)	1.23(1.02)	2.77(2.80)
175	0.92(1.11)	1.09(0.90)	3.16(3.19)
200	1.02(1.24)	0.98(0.81)	3.55(3.59)

续表

外墙厚度 δ (mm)	传热阻 R_0 [(m² · K)/W]	传热系数 K [W/(m² · K)]	热惰性指标 D
225	1.13(1.37)	0.88(0.73)	3.95(3.98)
250	1.23(1.51)	0.81(0.66)	4.34(4.38)
275	1.34(1.64)	0.75(0.61)	4.73(4.78)
300	1.44(1.77)	0.69(0.56)	5.12(5.18)
325	1.54(1.90)	0.65(0.53)	5.51(5.57)
350	1.65(2.03)	0.61(0.49)	5.90(5.96)
375	1.75(2.16)	0.57(0.46)	6.30(6.36)
400	1.86(2.30)	0.54(0.43)	6.69(6.76)

注:1. 表中热工性能指标为干密度 600kg/m³ 加气混凝土,考虑灰缝影响导热系数 $\lambda=0.24$W/(m · K),蓄热系数 $S_{24}=$ 3.76W/(m² · K);

　2. 括号内数据为加气混凝土砌块之间采用粘结砂浆,导热系数 $\lambda=0.19$W/(m · K),蓄热系数 $S_{24}=3.01$W/(m² · K);

　3. 其他干密度的加气混凝土热工性能指标可根据表 8-22 的数据计算;

　4. 表内数据不包括钢筋混凝土圈梁、过梁、构造柱等热桥部位的影响。

3. 加气混凝土砌块墙体构造要求

(1)砌块

1)加气混凝土砌块作为单一材料用作外墙,当其与其他材料处于同一表面时,应在其他材料的外表设保温材料,并在其表面和接缝处做聚合物砂浆耐碱玻纤布加强面层或其他防裂措施。

在严寒地区,外墙砌块应采用具有保温性能的专用砌筑砂浆砌筑,或采用灰缝≤3mm 的密缝精确砌块。

2)对后砌筑的非承重墙,在与承重墙或柱交接处应沿墙高 1m 左右用 2φ4 钢筋与承重墙或柱拉结,每边伸入墙内长度不得<700mm。地震区应采用通长钢筋。当墙长≥5.0m 或墙高≥4.0m 时,应根据结构计算采取其他可靠的构造措施。

3)对后砌筑的非承重墙,其顶部在梁或楼板下的缝隙宜作柔性连接,在地震区应有卡固措施。

4)墙体洞口过梁,伸过洞口两边搁置长度每边不得<300mm。

5)当砌块作为外墙的保温材料与其他墙体复合使用时,应采用专用砂浆砌筑。并沿墙高每 500~600mm 左右,在两墙体之间应采用钢筋网片拉结。

(2)饰面处理

1)加气混凝土墙面应做饰面。外饰面应对冻融交替、干湿循环、自然碳化和磕碰磨损等起有效的保护作用。饰面材料与基层应粘结良好,不得空鼓开裂。

2)加气混凝土墙面抹灰前,应在其表面用专用砂浆或其他有效的专用界面处理剂进行基底处理后方可抹底灰。

3)加气混凝土外墙的底层,应采用与加气混凝土强度等级接近的砂浆抹灰,如室内表面宜采用粉刷石膏抹灰。

4)在墙体易于磕碰磨损部位,应做塑料或钢板网护角,提高装修面层材料的强度等级。

5)当加气混凝土制品与其他材料处在同一表面时,两种不同材料的交界缝隙处应采用粘贴耐碱玻纤网格布聚合物水泥加强层加强后方可做装修。

6)抹灰层宜设分格缝,面积宜为 $30m^2$,长度不宜超过 6m。

7)加气混凝土制品用于卫生间墙体,应在墙面上做防水层(至顶板底部),并粘贴饰面砖。

8)当加气混凝土制品的精确度高,砌筑或安装质量好,其表面平整度达到质量要求时,可直接刮腻子喷涂料做装饰两层。

4. 加气混凝土砌块墙体施工

(1)砌块施工

1)砌块砌筑时,应上下错缝,搭接长度不宜小于砌块长度的 1/3。

2)砌块内外墙墙体应同时咬槎砌筑,临时间断时可留成斜槎,不得留"马牙槎"。灰缝应横平竖直,水平缝砂浆饱满度不应小于 90%。垂直缝砂浆饱满度不应小于 80%。如砌块表面太干,砌筑前可适量浇水。

3)地震区砌块应采用专用砂浆砌筑,其水平缝和垂直缝的厚度均不宜>15mm。非地震区如采用普通砂浆砌筑,应采取有效措施。使砌块之间粘结良好,灰缝饱满。当采用精确砌块和专用砂浆薄层砌筑方法时,其灰缝不宜>3mm。

4)后砌填充砌块墙,当砌筑到梁(板)底面位置时,应留出缝隙,并应等待 7d 后,方可对该缝隙做柔性处理。

5)切锯砌块应采用专用工具,不得用斧子或瓦刀任意砍劈。洞口两侧,应选用规格整齐的砌块砌筑。

6)砌筑外墙时,不得在墙上留脚手眼,可采用里脚手或双排外脚手。

(2)墙体抹灰

1)加气混凝土墙面抹灰宜采用干粉料专用砂浆。内外墙饰面应严格按设计要求的工序进行,待制品砌筑、安装完毕后不应立即抹灰,应待墙面含水率达 15%~20% 后再做装修抹灰层。抹灰工序应先做界面处理、后抹底灰,厚度应予控制。当抹灰层超过 15mm 时应分层抹,一次抹灰厚度不宜超过 15mm,其总厚度宜控制在 20mm 以内。

2)两种不同材料之间的缝隙(包括埋设管线的槽),应采用聚合物水泥砂浆耐碱玻纤网格布加强,然后再抹灰。

3)抹灰层宜用中砂,砂子含泥量不得>3%。

4)抹灰砂浆应严格按设计要求级配计量。掺有外加剂的砂浆,应按有关操作说明搅拌混合。

5)当采用水硬性抹灰砂浆时,应加强养护,直至达到设计强度。

第三节　粘贴式外墙外保温隔热系统施工技术

一、粘贴聚苯乙烯泡沫塑料板外墙外保温系统

1.技术原理及主要内容

（1）基本概念

粘贴保温板外保温系统施工技术是指将燃烧性能符合要求的聚苯乙烯泡沫塑料板粘贴于外墙外表面，在保温板表面涂抹抹面胶浆并铺设增强网，然后做饰面层的施工技术（图8-1）。聚苯板与基层墙体的连接有粘结和粘锚结合两种方式。保温板为模塑聚苯板（EPS 板）或挤塑聚苯板（XPS 板）。

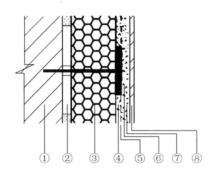

图 8-1　粘贴保温板外保温系统示意图
①—墙体；②—胶粘层；③—保温板；④—界面剂；⑤—抹面砂浆；⑥—锚固件；⑦—增强网；⑧—饰面砖

（2）技术特点

1）保温板导热系数小且稳定，工厂加工的板材质量好、厚度偏差小，外保温系统保温性能有保证。

2）与配套的聚合物水泥砂浆拉伸粘结强度能稳定满足≥0.10MPa，克服自重和负风压的安全系数大。再有机械锚固件辅助连接，连接安全有把握。

3）吸水量低、柔韧性好（压折比≤3），增强耐腐蚀，局部又采用加强网，因而防护层抗裂性优异。

4）该做法对不同结构墙体和基面形状适应性好，可把 EPS 方便地加工成各种装饰线条，外饰面选择范围宽。

5）适用于新建建筑和既有房屋节能改造，施工方便，工期短，对住户生活干扰小。

6）必须保证相关标准规定的粘结面积率，这是连接安全的前提。

7）增强网的耐腐蚀性能是系统耐久性的关键之一，进场复验时一定要把好关。

8）保温材料是可燃材料（燃烧等级 B2 级），用于高层建筑时，应按设计要求采取防火隔离措施。

2.主要技术指标

系统应符合《外墙外保温工程技术规程》（JGJ 144－2004），《膨胀聚苯板薄抹灰外墙外

保温系统》(JG 149－2003)标准要求。具体要求见表 8-24、表 8-25。

表 8-24　粘贴聚苯乙烯泡沫塑料板外保温系统技术要求

项目			指标	
			涂料饰面系统	饰面砖系统
系统热阻(m²·K/W)			复合墙体热阻符合设计要求	
耐候性	外观质量		无宽度＞0.1mm 的裂缝,无粉化、空鼓、剥落现象	
	系统拉伸粘结强度(MPa)	EPS 板	切割至聚苯板表面≥0.10	
		XPS 板	切割至聚苯板表面≥0.20	
	面砖拉伸粘结强度(MPa)		—	切割至抹面砂浆表面≥0.40
抗冲击强度(J)	普通型(P 型)		≥3.0 且无宽度＞0.1mm 的裂缝	—
	加强型(Q 型)		≥10.0 且无宽度＞0.1mm 的裂缝	—
不透水性			试样防护层内侧无水渗透	
耐冻融			表面无裂纹、空鼓、起泡、剥离现象	
水蒸气湿流密度(包括外饰面)[g/(m²·h)]			≥0.85	
24h 吸水量(g/m²)			≤500	
耐冻融(10 次)			裂纹宽度≤0.1mm,无空鼓、剥落现象	面砖拉伸粘结强度切割至抹面砂浆表面≥0.40MPa

表 8-25　聚苯板技术要求

项目	指标		
	EPS 板	XPS 板	
		带表皮	不带表皮
导热系数[W/(m·K)]	≤0.042	≤0.030	≤0.032
表观密度(kg/m³)	≥18	—	
熔结性　断裂弯曲负荷(N)	≥25	—	
弯曲变形(mm)	≥20	≥10	
尺寸稳定性(%)	≤1.0	≤1.2	
水蒸气渗透系数[ng/(Pa.m.s)]	2.0～4.5	1.2～3.5	
吸水率(%)(v/v)	≤4	≤2	
燃烧性能	B2	B2	

3.技术应用及要点

（1）技术应用范围

该保温系统适用于新建建筑和既有房屋节能改造中各种形式主体结构的外墙外保温，适宜在严寒、寒冷地区和夏热冬冷地区使用。

（2）技术应用要点

1）放线：根据建筑立面设计和外保温技术要求，在墙面弹出外门窗口水平、垂直控制线及伸缩缝线、装饰线条、装饰缝线等。

2）拉基准线：在建筑外墙大角（阳角、阴角）及其他必要处挂垂直基准钢线，每个楼层适当位置挂水平线，以控制聚苯板的垂直度和平整度。

3）XPS板背面涂界面剂：如使用XPS板，系统要求时应在XPS板与墙的粘结面上涂刷界面剂，晾置备用。

4）配聚苯板胶粘剂：按配制要求，严格计量，机械搅拌，确保搅拌均匀。一次配制量应少于可操作时间内的用量。拌好的料注意防晒避风，超过可操作时间后不准使用。

5）粘贴聚苯板：排板按水平顺序进行，上下应错缝粘贴，阴阳角处做错茬处理；聚苯板的拼缝不得留在门窗口的四角处。当基面平整度≤5mm时宜采用条粘法，＞5mm时宜采用点框法；当设计饰面为涂料时，粘结面积率≥40%；设计饰面为面砖时粘结面积率≥50%。

6）安装锚固件：锚固件安装应至少在聚苯板粘贴24h后进行。打孔深度依设计要求。拧入或敲入锚固钉。

设计为面砖饰面时，按设计的锚固件布置图的位置打孔，塞入胀塞套管。如设计无要求，当涂料饰面时，墙体高度在20～50 m时，不宜少于4个/m²，50m以上或面砖饰面不宜少于6个/m²。

7）XPS板涂界面剂：如使用XPS板，系统要求时应在XPS板面上涂刷界面剂。

8）配抹面砂浆：按配制要求，做到计量准确，机械搅拌，确保搅拌均匀。一次配制量应少于可操作时间内的用量。拌好的料注意防晒避风，超过可操作时间后不准使用。

9）抹底层抹面砂浆：聚苯板安装完毕24h且经检查验收后进行。在聚苯板面抹底层抹面砂浆，厚度2～3mm。门窗口四角和阴阳角部位所用的增强网格布随即压入砂浆中。采用钢丝网时厚度为5～7mm。

10）铺设增强网：对于涂料饰面采用玻纤网格布增强，在抹面砂浆可操作时间内，将网格布绷紧后贴于底层抹面砂浆上，用抹子由中间向四周把网格布压入砂浆中，要平整压实，严禁网格布褶皱。铺贴遇有搭接时，搭接长度不得少于80mm。

设计为面砖饰面时，宜用后热镀锌钢丝网，将锚固钉（附垫片）压住钢丝网拧入或敲入胀塞套管，搭接长度不少于50mm且保证2个完整网格的搭接。

如采用双层玻纤网格布做法，在固定好的网格布上抹抹面砂浆，厚度2mm左右，然后按以上要求再铺设一层网格布。

11）抹面层抹面砂浆：在底层抹面砂浆凝结前抹面层抹面砂浆，以覆盖网格布、微见网格布轮廓为宜。抹面砂浆切忌不停揉搓，以免形成空鼓。不同饰面抹灰总厚度宜控制在表8-26范围内。

表 8-26　抹面砂浆厚度

外饰面	涂料		面砖		
增强网	玻纤网		玻纤网		钢丝网
层数	单层	双层	单层	双层	单层
抹面砂浆总厚度(mm)	3～5	5～7	4～6	6～8	8～12

12)外饰面作业:待抹面砂浆基面达到饰面施工要求时可进行外饰面作业。

外饰面可选择涂料、饰面砂浆、面砖等形式。具体施工方法按相关饰面施工标准进行。

选择面砖饰面时,应在样板件检测合格、抹面砂浆施工 7d 后,按《外墙饰面砖工程施工及验收规程》(JGJ 126－2000)的要求进行。

二、粘贴岩棉板(矿棉板)外墙外保温系统

1. 技术原理及主要内容

(1)基本概念

外墙外保温岩棉(矿棉)施工技术是指用胶粘剂将岩(矿)棉板粘贴于外墙外表面,并用专用岩棉锚栓将其锚固在基层墙体,然后在岩(矿)棉板表面抹聚合物砂浆并铺设增强网,然后做饰面层,其特点是防火性能好。基本构造如图 8-2 所示。

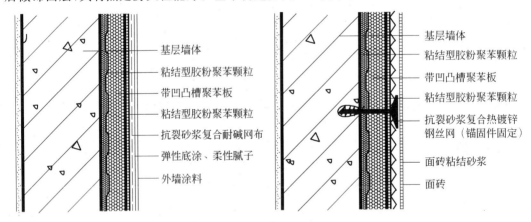

图 8-2　胶粉聚苯颗粒贴砌聚苯板外墙外保温系统基本构造

(2)技术应用要求

1)热桥部位如门窗洞口、飘窗、女儿窗、挑檐、阳台、空调机搁板等部位应加强保温,不好用岩棉板进行保温的部位应抹胶粉聚苯颗粒保温浆料进行保温。

2)岩棉板需用外侧的热镀锌电焊网通过锚固件与基层墙体有效连接。

3)岩棉板要做好防潮措施,使用时应对岩棉各面进行界面处理,以提高岩棉板的表面强度和防潮性能,岩棉板上墙后不要长期暴露,应及时做好面层的防护。雨期及雨天均应做好防雨措施。

4)门窗侧壁、墙体底部、墙体转角处的岩棉板要用 U 形或 L 形热镀锌电焊网片包边,塑

料膨胀锚栓也需要穿过包边网片及岩棉板与基层墙体稳固连接。

2.主要技术指标

岩棉外墙外保温体系的主要材料是岩棉板、钢丝网、水泥砂浆、丙烯酸外墙涂料。岩棉板的技术性能见表 8-27。

表 8-27　硬泡聚氨酯现场喷涂外墙外保温系统性能指标

试验项目		性能指标
耐候性		经 80 次高温(70℃)→淋水(15℃)循环和 20 次加热(50℃)→冷冻(−20℃)循环后不得出现开裂、空鼓或脱落。抗裂防护与保温层的拉伸粘结强度不应<0.1MPa,破坏界面应位于保温层
吸水量(g/m²),浸水 1h		≤1000
抗冲击强度	涂料饰面	普通型(单网)　3J 冲击合格
		加强型(双网)　10J 冲击合格
	面砖饰面	3J 冲击合格
抗风压值		不小于工程项目的风荷载设计值
水蒸气湿流密度,g/(m² · h)		≥0.85
不透水性		试样抗裂砂浆层内侧无水渗透
耐磨损,500L 砂		无开裂、龟裂或表面剥落、损伤
系统抗拉强度(涂料饰面),MPa		≥0.1 并且破坏部位不得位于各层界面
饰面砖粘结强度,MPa(现场抽测)		≥0.4

3.技术应用及要点

(1)技术应用范围

1)本系统适用于全国各地区需冬季保温、夏季隔热的多层及中高层新建民用建筑和工业建筑,也适用于既有建筑的节能改造工程。

2)本系统适用于抗震设防烈度≤8 度的建筑物,适用于防火要求比较高的建筑物。

3)本系统的基层墙体为混凝土空心砌块、灰砂砖、多孔砖、空心砖、实心砖、加气混凝土砌块等砌体结构外墙或全现浇钢筋混凝土外墙。

(2)技术施工要点

1)施工程序

岩棉外墙外保温系统施工程序如图 8-3 所示。

2)施工操作要点

①基层墙面处理

彻底清除基层墙体表面浮灰、油污、脱模剂、空鼓及风化物等影响墙面施工的物质。墙体表面凸起物≥10mm 时应剔除。

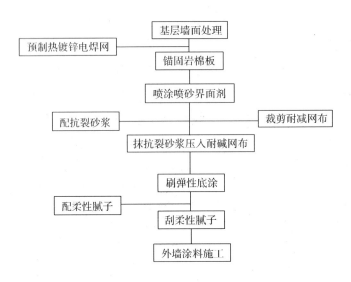

图 8-3　岩棉外墙外保温系统施工程序

②保温层施工准备

a. 吊垂直,弹出岩棉板定位线。在建筑外墙大角(阳角、阴角)及其他必要处挂垂直基准钢线,每个楼层适当位置挂水平线,以控制岩棉板的垂直度和平整度。

b. 根据岩棉板的厚度,预制 U 形和 L 形热镀锌电焊网片。

③保温层施工

a. 根据岩棉板定位线安装岩棉板,岩棉板要错缝拼接,可用普通水泥砂浆将岩棉板预固定在基层墙体上。

b. 在岩棉板上垂直墙面用电锤钻孔,钻孔深度不得小于锚固深度,每平方米墙面至少要钻 4 个锚固孔,锚固孔从距离墙角、门窗侧壁 100~150mm 以及从檐口与窗台下方 150mm处开始设置。沿窗户四周,每边至少应钻 3 个锚固孔。

c. 在岩棉板上铺设热镀锌电焊网,用塑料锚栓根据锚固孔的位置锚固岩棉板及热镀锌电焊网。门窗侧壁及墙体底部要用预制的 U 形热镀锌电焊网片包边,墙体转大角处用 L 形热镀锌电焊网包边,这些包边网片要随同岩棉板一起被锚固件穿过,并用手压紧,以便定位。热镀锌电焊网采用单孔搭接,搭接处每米至少应用塑料锚栓锚固 3 处。

d. 岩棉板固定好后,按每平方米至少 4 个的密度在热镀锌电焊网下安装塑料垫片,将热镀锌电焊网垫起 5mm,以保证岩棉板与热镀锌电焊网能存在一定的距离,以有利于找平层的施工。

e. 采用专用喷枪将喷砂界面剂均匀喷到岩棉板表面,确保岩棉板表面及热镀锌电焊网上均喷上了喷砂界面剂,以增强岩棉板表面强度及防水性能和热镀锌电焊网的防腐性能。

④抗裂防护层及饰面层施工

a. 抹抗裂砂浆压入耐碱网布

将 3~4mm 厚抗裂砂浆均匀地抹在保温层表面,立即将裁好的耐碱网格布用抹子压入抗裂砂浆内,网格布之间的搭接不应＜50mm,并不得使网格布皱褶、空鼓、翘边。

首层应铺贴双层耐碱网布,第一层铺贴加强耐碱网布,加强耐碱网布应对接,然后进行第二层普通耐碱网布的铺贴,两层耐碱网布之间抗裂砂浆必须饱满。

在首层墙面阳角处设 2m 高的专用金属护角,护角应夹在两层耐碱网布之间。其余楼层阳角处两侧耐碱网布双向绕角相互搭接,各侧搭接宽度≥200mm。

门窗洞口四角应预先沿 45°方向增贴 300mm×400mm 的附加耐碱网布。

b.刷弹性底涂

在抗裂砂浆施工 2h 后刷弹性底涂,使其表面形成防水透汽层。涂刷应均匀,不得漏涂,以渗入抗裂砂浆层内不形成可剥离的弹性膜为宜。

c.刮柔性腻子

在抗裂砂浆层基本干燥后刮柔性腻子,一般刮两遍,使其表面平整光洁。

d.外饰面施工

浮雕涂料可直接在弹性底涂上进行喷涂,其他涂料在腻子层干燥后进行刷涂或喷涂。

第四节　现浇混凝土外墙外保温施工技术

一、TCC 建筑保温模板施工技术

1.技术原理及主要内容

(1)基本概念

TCC 建筑保温模板体系,是以传统的剪力墙施工技术为基础,结合当今国内外各种保温施工体系的优势技术而研发出的一种保温与模板一体化保温模板体系。该体系将保温板辅以特制支架形成保温模板,在需要保温的一侧代替传统模板,并同另一侧的传统模板配合使用,共同组成模板体系。混凝土浇筑并达到拆模强度后,拆除保温模板支架和传统模板,结构层和保温层即成型。其基本构造如图 8-4 所示。

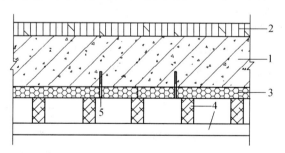

图 8-4　TCC 建筑保温模板系统基本构造

1—混凝土墙体;2—无需保温一侧普通模板及支撑;

3—保温板;4—TCC 保温模板支架;5—锚栓

(2)技术特点

TCC 建筑保温模板系统的特点在于保温板可代替一侧模板,可节省部分模板制作费用,且由于保温板安装与结构同步进行可节省外檐装修工期,缺点在于保温板作为模板的一部分对于保温板的强度要求较高且由于混凝土侧压力的影响,不易保证保温板的平整度,同时除现浇混凝土结构外不适用于其他结构类型的建筑施工。

　　1）保温模板代替传统模板,省去了部分模板的使用;

　　2）保温层同结构层同时成型,节省了工期和费用,保证了质量;

　　3）保温层只设置在需要保温的一侧,不需要双侧保温就实现了保温与模板一体化的施工工艺;

　　4）操作简便,在对传统的剪力墙结构性能和施工工艺没有改变的前提下,实现了保温与模板一体化施工,易于推广使用。

2. 主要技术指标

　　保温材料为 XPS 挤塑聚苯乙烯板,保温性能和厚度符合设计要求,燃烧性能等技术性能符合《绝热用挤塑聚苯乙烯泡沫塑料》(GB/T 10801.2－2002)要求。

　　(1)挤塑板外保温系统性能应符合表 8-28 的要求。

表 8-28　挤塑板外保温系统性能指标

项　目		性能指标
耐候性	外观	无可见裂缝,无粉化、空鼓、剥落现象
	抹面层与挤塑板拉伸粘结强度,MPa	≥0.20
	吸水量,g/m²	≤500
抗冲击性	二层及以上	3J 级
	首层	10J 级
	水蒸气湿流密度,g/(m²·h)	≥0.85
耐冻融	外观	无可见裂缝,无粉化、空鼓、剥落现象
	抹面层与挤塑板拉伸粘结强度,MPa	≥0.20

　　(2)挤塑板应为阻燃型的外墙专用柔性板,且应为不掺加非本厂挤塑板产品回收料的不带表皮的毛面板或有表皮的开槽板。出厂前应在自然条件下陈化 42d。其性能和外观尺寸偏差应符合表 8-29 和表 8-30 的要求。

表 8-29　挤塑板性能要求

项目		性能指标
表观密度,kg/m³		22～35
导热系数,W/(m·K)		≤0.032
垂直于板面方向的抗拉强度,MPa		≥0.20
压缩强度,MPa		≥0.20
弯曲变形[a],mm	板厚 20mm	≥20
	板厚 30mm	≥30

续表

项　目	性 能 指 标
尺寸稳定性[b]（70℃±2℃下,48h),%	≤1.2
吸水率(Vol),%	≤1.5
水蒸气透湿系数,ng/(Pa·m·s)	1.2～3.5
燃烧性能级别	不低于 B₂ 级

注:a. 对有表皮的开槽板,弯曲试验的方向应与开槽方向平行。

　　b. 为长、宽、厚三个方向尺寸稳定性的最大值。

表 8-30　挤塑板外观尺寸允许偏差

项　目	允许偏差（mm）
厚度	+1.5 −0.0
长度	±2
宽度	±1
对角线差	3
板边平直	2
板面平整度	2

注:本表的允许偏差值以 1200mm(或 1250mm)长×600mm 宽的挤塑板为基准。

安装精度要求:同普通模板,见《混凝土结构工程施工质量验收规范》。

3.技术应用及要点

(1)技术应用范围

适用于抗震设防烈度≤8 度的多层及中高层新建民用建筑和工业建筑,也适用于既有建筑的节能改造工程。

(2)技术应用要点

1)保温板厚度应根据节能设计确定;

2)保温板弯曲性能通过本技术规定的试验方法确定,应选用弯曲性能合格的保温板,推荐采用 XPS 板;

3)保温板采用锚栓同混凝土层连接;

4)保温板排版设计应和保温模板支架设计结合,确保保温板拼缝处有支架支撑;

5)须设计墙体不需要保温的一侧的模板,使之与保温模板配合使用;如果设计为两侧保温,则墙体两侧均采用保温模板;

6)在保温板上安装锚栓,然后将保温板固定在钢筋骨架上;

7)安装保温模板支架和另一侧普通模板,完成模板支设和加固;

8）浇筑混凝土；

9）混凝土养护成型后,拆除保温模板支架和普通模板,此时保温层同结构层均已成型；

10）保温层面层施工。

二、现浇混凝土外墙外保温施工技术

1.技术原理及主要内容

（1）基本概念

现浇混凝土外墙外保温施工技术是指在墙体钢筋绑扎完毕后,浇灌混凝土墙体前,将保温板置于外模内侧,浇灌混凝土完毕后,保温层与墙体有机地结合在一起。聚苯板可以是 EPS,也可以是 XPS。当采用 XPS 时,表面应做拉毛、开槽等加强粘结性能的处理,并涂刷配套的界面剂。

（2）技术特点

按聚苯板与混凝土的连接方式不同可分有网体系和无网体系。

1）有网体系

外表面有梯形凹槽和带斜插丝的单面钢丝网架聚苯板（EPS 或 XPS）,在聚苯板内外表面及钢丝网架上喷涂界面剂,将带网架的聚苯板安装于墙体钢筋之外,用塑料锚栓穿过聚苯板与墙体钢筋绑扎,安装内外大模板,浇灌混凝土墙体,拆模后有网聚苯板与混凝土墙体连接成一体,如图 8-5 所示。

2）无网体系

采用内表面带槽的阻燃型聚苯板（EPS 或 XPS）,聚苯板内外表面喷涂界面剂,安装于墙体钢筋之外,用塑料锚栓穿过聚苯板与墙体钢筋绑扎,安装内外大模板,浇灌混凝土墙体,拆模后聚苯板与混凝土墙体连接成一体,如图 8-6 所示。

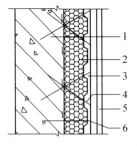 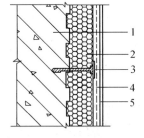

图 8-5　有网体系基本构造　　　　　　　图 8-6　无网体系基本构造

1—现浇混凝土墙体；2—EPS 单面钢丝网架；　　　1—现浇混凝土墙体；2—EPS 或 XPS；

3—聚合物砂浆厚抹面层；4—钢丝网架；　　　　　3—锚栓；4—抗裂砂浆薄抹面层；

5—饰面砖；6—钢筋　　　　　　　　　　　　　　5—涂料

现浇混凝土外墙外保温系统的特点在于由于混凝土侧压力的影响,不易保证保温板的平整度,同时除现浇混凝土结构外不适用于其他结构类型的建筑施工,有网体系适用于面砖饰面,而无网体系适用于涂料饰面。

2. 主要技术指标

(1)该系统应符合《外墙外保温工程技术规程》和《现浇混凝土复合膨胀聚苯板外墙外保温技术要求》(JG/T 228)要求。系统技术指标见表 8-31。

表 8-31 现浇混凝土外墙外保温系统技术要求

项 目			指 标
抗风压值(kPa)			≥1.5 倍风荷载设计值
系统热阻(m²·K/W)			复合墙体热阻符合设计要求
耐候性	外观质量		无宽度>0.1mm 的裂缝,无粉化、空鼓、剥落现象
	系统拉伸粘结强度(MPa)	EPS 板	切割至聚苯板表面≥0.10
		XPS 板	切割至聚苯板表面≥0.20
抗冲击强度(J)	标准做法		≥3.0 且无宽度>0.1mm 的裂缝
	首层加强做法		≥10.0 且无宽度>0.1mm 的裂缝
不透水性			试样防护层内侧无水渗透
耐冻融(kPa)			表面无裂纹、空鼓、起泡、剥离现象
水蒸气湿流密度(包括外饰面)[g/(m²·h)]			≥0.85
24h 吸水量(g/m²)			≤1000
耐冻融(10 次)			裂纹宽度≤0.1mm,无空鼓、剥落现象

(2)保温板与墙体必须连接牢固,安全可靠,有网体系、无网体系板面附加锚固件可用塑料锚栓,锚入墙内长度不得<50mm。

(3)保温板与墙体的自然粘结强度,EPS 板≥0.10MPa,XPS 板≥0.20MPa。

(4)有网体系板与板之间垂直缝表面钢丝网之间应用火烧丝绑扎,间距≤150mm,或用附加网片左右搭接。钢丝网和火烧丝应注意防锈。

(5)无网体系板与板之间的竖向高低槽应用保温板胶粘剂粘结。

3. 技术应用及要点

(1)技术应用范围

该保温系统适用于低层、多层和高层建筑的现浇混凝土外墙,适宜在严寒、寒冷地区和夏热冬冷地区使用。

(2)技术应用要点

1)保温板与墙体必须连接牢固,安全可靠,有网体系板、无网体系板面附加锚固件可用塑料锚栓,锚入混凝土内长度不得<50mm,并将螺丝拧紧,使尾部全部张开。后挂网体系采用钢塑复合插接锚栓或其他满足要求的锚栓。

2)保温板与墙体的粘结强度应大于保温板本身的抗拉强度。有网体系、后挂钢丝网体系保温板内外表面及无网体系保温板内外表面,应涂刷界面剂(砂浆)。

3)有网体系板与板之间垂直缝表面钢丝网之间应用镀锌钢丝绑扎,间距≤150mm,或用宽度≥100mm的附加网片左右搭接。无网体系板与板之间的竖向高低槽宜用苯板胶粘结。

4)窗口外侧四周墙面,应进行保温处理,做到既满足节能要求,避免"热桥",但又不影响窗户开启。

5)有网体系膨胀缝和装饰分格缝处理

保温板上的分缝有两类:一类为膨胀缝,保温板和钢丝网均断开中间放入泡沫塑料棒,外表嵌缝膏嵌;另一类为装饰分格缝,即在抹灰层上做分格缝。在每层层间水平分层处宜留膨胀缝,层间保温板和钢丝网均应断开,其间嵌入泡沫塑料棒,外表用嵌缝油膏嵌缝。垂直缝一般设装饰分格缝,其位置宜按墙面面积留缝,在板式建筑中宜≤30m²,在塔式建筑中应视具体情况而定,一般宜留在阴角部位。

6)无网体系膨胀缝和装饰分格缝处理

在每层层间宜留水平分层膨胀缝,其间嵌入泡沫塑料棒,外表用嵌缝油膏嵌缝。垂直缝一般设装饰分格缝,其位置宜按墙面面积留缝;在板式建筑中宜≤30m²,在塔式建筑中应视具体情况而定,一般宜留在阴角部位。装饰分格缝保温板不断开,在板上开槽镶嵌入塑料分格条。

第五节　硬泡聚氨酯外墙喷涂保温施工技术

一、技术原理及主要内容

1. 基本概念

聚氨酯泡沫塑料是以异氰酸酯、多元醇(组合聚醚或聚酯)为主要原料,加入添加剂并按一定比例混合发泡成型的硬质泡沫塑料,通常称为PU。外墙硬泡聚氨酯喷涂施工技术是指将硬质发泡聚氨酯喷涂到外墙外表面,并达到设计要求的厚度,然后做界面处理、抹胶粉聚苯颗粒保温浆料找平,再薄抹抗裂砂浆,铺高增强网,最后做饰面层的外墙保温系统。

2. 技术特点

聚氨酯泡沫塑料施工特点是喷涂发泡成型。喷涂发泡成型是指把硬泡聚氨酯原料直接喷射到物件表面,并在此面上发泡成型,可在数秒钟内反应固化。施工时应有自动计量混合分配的喷涂设备,此设备有使用压缩空气和无压缩空气设备。从喷枪到喷涂被饰物的距离为400mm以上,由于喷涂物反应极快,少量空气与雾状喷涂料一起附在基层上,包裹在弹性体之中,构成细小的独立气泡,不必硫化。

(1)其优点有:

1)无须模具,在任意复杂表面都可以喷涂,包括立面、平面、顶面。

2)生产效率高,可喷 4m³/h。

3)喷涂硬泡聚氨酯泡沫塑料无接缝,绝热效果好。

(2)施工对原料和环境的要求:

1)毒性小,严格控低沸点成分,特别是粗 MDI 的低分子量的异氰酸酯。

2)黏度小,便于施工。

3)催化剂活性大,喷在物件表面上立刻反应生成泡沫塑料。

4)环境温度与待喷物件表面温度要在合适的温度范围内(15～35℃),最佳温度15～25℃,温度过低易脱壳;密度大,温度过高发泡剂损耗大。

5)一次喷涂厚度要适宜,厚度太薄密度增大。

6)水分:待喷物体表面若有露水和霜,会影响硬泡聚氨酯泡沫塑料与物体的粘结性能。

7)风速:当在室外喷涂时,风速超过5m/s时(有树叶摆动不止)热量损失大,不宜得到优质硬脂聚氨酯泡沫塑料,同时也会损失原料,污染环境。

8)待喷物体表面无粉尘、潮气。

9)注意安全和劳动保护,避免吸入有害气体。

二、主要技术指标

(1)硬泡聚氨酯现场喷涂外墙外保温系统性能,见表8-32。

表 8-32　硬泡聚氨酯现场喷涂外墙外保温系统性能指标

试验项目		性能指标	
耐候性		经"80次高温(70℃)→淋水(15℃)循环"和"20次加热(50℃)→冷冻(−20℃)循环"后不得出现开裂、空鼓或脱落。抗裂防护与保温层的拉伸粘结强度不应<0.1MPa,破坏界面应位于保温层	
吸水量(g/m²),浸水1h		≤1000	
抗冲击强度	涂料饰面	普通型(单网)	3J 冲击合格
		加强型(双网)	10J 冲击合格
	面砖饰面	3J 冲击合格	
抗风压值		不小于工程项目的风荷载设计值	
水蒸气湿流密度[g/(m²·h)]		≥0.85	
不透水性		试样抗裂砂浆层内侧无水渗透	
耐磨损,500L 砂		无开裂、龟裂或表面剥落、损伤	
系统抗拉强度(涂料饰面)(MPa)		≥0.1 并且破坏部位不得位于各层界面	
饰面砖粘结强度(MPa)(现场抽测)		≥0.4	

(2)聚氨酯泡沫塑料的主要性能指标,见表8-33。

表 8-33　聚氨酯泡沫塑料的主要性能指标

项　目	指　标
喷涂效果	无流挂、塌泡、破泡、烧芯等不良现象,泡孔均匀、细腻、24h后无明显收缩

续表

项　目	指　标
干密度（kg/m³）	35～50
压缩强度（屈服点时或变形 10％时的强度）（MPa）	≥0.15
抗拉强度（MPa）	≥0.15
导热系数［W/(m·K)］	≤0.025
尺寸稳定性（70℃,48h）（％）	≤5
水蒸气透湿系数 ［温度(23±2)℃、相对湿度(0～85％)］［ng/(Pa·m·s)］	≤6.5
吸水率（体积分数,％）	≤3
燃烧性（垂直法） 平均燃烧时间（s） 平均燃烧高度（mm）	≤30 ≤250

三、技术应用及要点

1. 技术应用范围

（1）本系统适用于需冬季保温、夏季隔热的多层及中高层新建民用建筑、工业建筑及既有建筑外墙外保温工程；基层墙体可为混凝土或各种类型砌体结构；抗震设防烈度≤8 度的建筑物。

（2）本系统外饰面粘贴面砖时，抗裂防护层中的热镀锌电焊网要用塑料锚栓双向间距500mm 锚固，确保外饰面层与基层墙体的有效连接。

（3）热桥部位如门窗洞口、飘窗、女儿墙、挑檐、阳台、空调机搁板等部位应加强保温，不好喷涂聚氨酯的部位应抹胶粉聚苯颗粒保温浆料。

（4）基层墙体的平整度误差不应超过 3mm,否则应先对基层墙体进行找平后方可进行喷涂聚氨酯的施工。

（5）为确保聚氨酯与基层墙体的有效粘结,基层墙体应该充分干燥,并应对基层墙体进行界面处理。

（6）为确保聚氨酯的有效发泡,基层墙面的温度不应太低,一般环境温度低于 10℃不应再进行喷涂施工,若非施工,则应采用低温发泡的聚氨酯。

（7）门窗洞口等边角处难以喷涂聚氨酯的部位应采用粘贴或锚固聚氨酯块材的方法在喷涂前施工好。

2. 技术应用要点

（1）硬泡聚氨酯现场喷涂外墙外保温系统构造：

现场喷涂硬泡聚氨酯外墙外保温系统根据饰面层做法的不同,可分为涂料饰面系统及面砖饰面系统两种。基本构造为:聚氨酯防潮底漆层、聚氨酯保温层、聚氨酯界面砂浆层、胶粉聚苯颗粒保温浆料找平层;抗裂砂浆复合涂塑耐碱玻纤网格布(涂料饰面)或抗裂砂浆复合热镀锌电焊网尼龙胀栓锚固(面砖饰面)抗裂防护层,表面刮涂抗裂柔性耐水腻子、涂刷饰面涂料或面砖粘结砂浆粘贴面砖构成饰面层,其系统构造如图 8-7 所示。

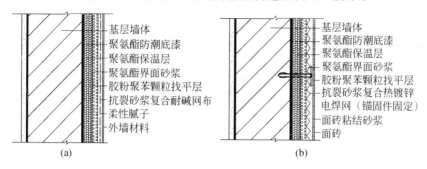

(a)　　　　　　　　　　　　　　　　(b)

图 8-7　现场喷涂硬泡聚氨酯外墙外保温系统

(a)涂料饰面;(b)面砖饰面

(2)施工工艺流程:

现场喷涂硬泡聚氨酯外墙外保温系统施工工艺流程如图 8-8 所示。

(3)施工要点:

1)基层处理。墙面应清理干净,清洗油渍、清扫浮灰等。墙面松动、风化部分应剔除干净。墙表面凸起物≥10mm 时应剔除。

2)吊垂直、套方、弹控制线。根据建筑要求,在墙面弹出外门窗水平、垂直控制线及伸缩线、装饰线等。在建筑外墙大角及其他必要处挂垂直基准钢线和水平线。对于墙面宽度>2m 处,需增加水平控制线,做标准厚度冲筋。

3)粘贴聚氨酯预制块。在大阳角、大阴角或窗口处,安装聚氨酯预制块,并达到标准厚度。窗口、阳台角、小阳角、小阴角等也可用靠尺遮挡做出直角。以预制块标尺为依据,再次检验墙面平整度,对于不达标的墙体部位应补抹水泥砂浆或用其他找平材料进行修补。基层平整度修补后要求允许偏差达到±3mm。

4)涂刷聚氨酯防潮底漆。用滚刷将聚氨酯防潮底漆均匀涂刷,无漏刷透底现象。

5)喷涂硬泡聚氨酯保温层。开启聚氨酯喷涂机将硬泡聚氨酯均匀地喷涂于墙面之上,当厚度达到约 10mm 时,按 300mm 间距、梅花状分布插定厚度标杆,每平方米密度宜控制在 9～10 支。然后继续喷涂硬泡聚氨酯至与标杆齐平(隐约可见标杆头)。施工喷涂可多遍完成,每次厚度宜控制在 10mm 之内。不易喷涂的部位可用胶粉聚苯颗粒保温浆料处理。

6)修整聚氨酯保温层。硬泡聚氨酯保温层喷涂 20min 后用裁纸刀、手据等工具开始清理、修整遮挡部位以及超过垂线控制厚度的突出部分。

7)涂刷聚氨酯界面砂浆。硬泡聚氨酯保温层喷涂 4h 之内,用滚刷均匀地将聚氨酯界面砂浆涂于硬泡聚氨酯保温层表面。

8)吊垂直线,做标准厚度冲筋。吊胶粉聚苯颗粒找平层垂直厚度控制线、套方做口,用胶粉聚苯颗粒保温浆料做标准厚度灰饼。

9)抹 20mm 胶粉聚苯颗粒找平层。胶粉聚苯颗粒保温浆料找平层应分两遍施工,每遍间隔在 24h 以上。抹第一遍胶粉聚苯颗粒保温浆料应压实,厚度不宜超过 10mm。抹第二遍胶粉聚苯颗粒保温浆料应达到厚度要求并用大杠搓平,用抹子局部修补平整,用托线尺检

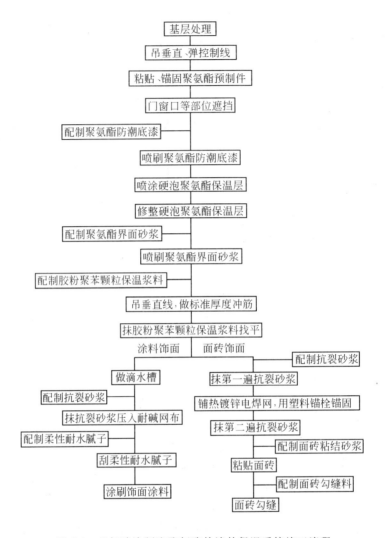

图 8-8　现场喷涂硬泡聚氨酯外墙外保温系统施工流程

测后达到验收标准。

10)抗裂防护层及饰面层施工。待保温层施工完成 3~7d 且保温层施工质量验收以后,即可进行抗裂层和饰面层施工。抗裂防护层和饰面层施工按胶粉聚苯颗粒外墙外保温系统的抗裂防护层和饰面层的规定进行。

第六节　铝合金窗断桥技术

一、技术原理及主要内容

1. 基本概念

隔热断桥铝合金是在铝型材中间穿入隔热条,将铝型材断开形成断桥,有效阻止热量的传导,隔热铝合金型材门窗的热传导性比非隔热铝合金型材门窗降低40%～70%。中空玻璃断桥铝合金门窗自重轻、强度高,加工装配精密、准确,因而开闭轻便灵活,无噪声,密度仅为钢材的1/3,其隔音性好。

断桥铝合金窗指采用隔热断桥铝型材、中空玻璃、专用五金配件、密封胶条等辅件制作而成的节能型窗。主要特点是采用断热技术将铝型材分为室内、外两部分,采用的断热技术包括穿条式和浇注式两种,其构造如图8-9所示。

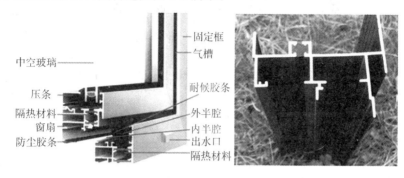

图8-9　断热型材(穿条式和浇注式)

穿条式是由两个隔热条将铝型材内外两部分连接起来,从而阻止铝型材内外热量的传导,实现节能的目的。穿条用的隔热材料是隔热条,目前效果较好的隔热条是聚酰胺66(即Polyamide66,俗称尼龙66),它的生产方法有两种:硬顶法和牵引法。硬顶法结构紧、外观好但比较脆,牵引法生产的韧性好但外观差,侧面有工艺凹陷。为了追求表面美观和精度,用PA66尼龙加超细玻璃纤维是目前国外隔热条的共同特点。国内把PA66加普通玻璃纤维作为主攻方向,也已经取得一定的突破。需要注意的是不能用PA6、ABS(苯乙烯—丙烯腈～丁二烯三元共聚物)、PP(聚丙烯)等通用塑料来代替工程塑料PA66制造隔热条,特别要指出的是绝不能用PVC之类国家有关部门已明确规定不允许使用的只可用作非结构性材料,否则会由于隔热条与铝合金的线膨胀系数存在巨大差异,以及其强度不足、抗老化性差等原因而造成外窗使用安全性无法保证。

浇筑隔热材料以聚氨酯隔热胶为主,它的成分一般由树脂组分和异氰酸盐(酯)组分组成,其性能较完善。但由于原料在美国或韩国生产,使其成本增加,价格也偏高,因此国内生产的厂商比较少。对于铝合金窗受力构件则应经试验或计算确定,未经表面处理的型材最小实测壁厚要≥1.4mm。

2. 技术特点

由于中国地域辽阔,气候环境各不相同,因此节能窗的选用应根据不同地区的气候特点,如冬季温度、夏季温度、风压、建筑物的功能要求、外窗的安装位置及方向等来综合考虑。对于断桥铝合金窗来说,一般包括以下几个特点:

(1)保温隔热性好。断桥铝型材热工性能远优于普通铝型材,其传热系数K值可到$3.0W/(m^2 \cdot K)$以下,采用中空玻璃后外窗的整体K值可在$2.8W/(m^2 \cdot K)$以下,采用Low-E玻璃K值更可低至$2.0W/(m^2 \cdot K)$以下,节能效果显著。

(2)隔声效果好。采用厚度不同的中空玻璃结构和隔热断桥铝型材空腔结构,能够有效降低声波的共振效应,阻止声音的传递,可以降低噪声 30dB 以上。

(3)耐冲击性能好。由于外窗外表面为铝合金材料,硬度高,刚性好,因此耐冲击性能优异。

(4)气密性、水密性好。型材中利用压力平衡原理设计有结构排水系统,加上良好的五金和密封材料,可获得优异的气密性和水密性。

(5)防火性能好。其型材铝合金为金属材料,其防火性能要优于塑料和木门窗。

(6)无毒无污染,易维护,可循环利用。断桥铝型材不易腐蚀,不易变黄褪色,并可回收重复再利用。

二、主要技术指标

(1)安全性能

安全性能是建筑门窗第一重要指标,主要表现为抗风压性能和水密性能等方面。

建筑窗户在使用过程中承受各种荷载,如风荷载、自重荷载、温差作用荷载和地震荷载等,应根据实际情况选择以上荷载的最不利组合。

窗体的安全性能主要表现在两个方面:其一是框扇在正常使用情况下不失效,推拉扇必须有可靠的防脱落措施,平开扇安装必须牢固可靠,高层建筑应限制使用外平开窗。要根据受荷载情况和支撑条件采用结构力学弹性方法,对窗体构件的强度和刚度进行设计计算,对框扇连接锁固配件强度进行设计计算,对窗体安装进行强度和刚度的设计计算。其二是窗体的锁闭应安全可靠,在窗户结构不被破坏的情况下,窗体的锁闭机构应保证窗户不被从室外强行打开。

玻璃的安全性能主要也表现在两个方面:其一是玻璃在正常使用情况下不破坏,其二是如果玻璃在正常使用情况下破坏或意外损坏,应不对人体造成伤害或伤害最小。要根据受荷载情况和使用位置对玻璃的强度和刚度进行设计计算,进行玻璃防热炸裂和镶嵌设计计算。玻璃的选用、镶嵌和安装执行《建筑玻璃应用技术规程》(JGJ 113—2009)、《建筑用安全玻璃　第 1 部分:防火玻璃》(GB 15763.1—2009)等。

(2)节能性能

对于寒冷和严寒地区,保温是主要问题,在该地区安装的窗户,主要的功能是在获得足够采光性能条件下,需要控制窗户在没有太阳照射时减少热量流失,即要求窗户有低的传热系数;而在有太阳光照射时合理得到热量,即要求窗户有高的太阳光获得系数。

对于夏热冬暖地区,室内空调的负荷主要来自太阳辐射,主要能耗也来自太阳辐射,隔热是主要问题。在该地区安装的窗户,主要的功能是在获得足够采光性能条件下,减少窗户阳光的得热量,即要求窗户有低的遮阳系数和太阳光获得系数。

夏热冬冷地区不同于寒冷严寒地区和夏热冬暖地区主要考虑单向的传热过程,既要满足冬季保温又要考虑夏季的隔热。该地区的门窗既要求有低的传热系数,又要求有低的遮阳系数。

对于任何地区,窗户的气密性能都是非常重要的,寒冷和严寒地区冬季建筑保温能耗中由窗户缝隙冷空气渗透造成的能耗约占窗户能耗的一半,并且影响居住舒适度和容易结露,因此对于严寒地区外窗的气密性等级不低于国家标准《建筑外门窗气密、水密、抗风压性能分级及检测方法》(GB/T 7106－2008)中规定的 6 级,寒冷地区 1～6 层的外窗气密性等级不低于 4 级,7 层及以上不低于 6 级。夏热冬暖地区窗户的气密性能主要影响夏季空调降温能耗,其气密性的要求同样要满足寒冷地区 1～6 层的外窗气密性等级不低于 4 级,7 层及以上不低于 6 级的规定。

由于不同地域气候差异,因此各地的外窗节能性能要求并不完全一致。按照建设事业"十一五"推广应用和限制禁止使用技术(第一批)的要求,对于断桥铝型材中空玻璃平开窗,其抗风压强度 $P \geqslant 2.5kPa$,气密性 $q \leqslant 1.5m^3/(m \cdot h)$,水密性 $\Delta P \geqslant 250Pa$,隔声性能 $R_w \geqslant 30dB$,传热系数 $K \leqslant 3.0W/(m^2 \cdot K)$,并符合当地建筑节能设计标准要求。

节能窗的设计与选用应遵照以下建筑节能国家和行业的标准和规范:

《严寒和寒冷地区居住建筑节能设计标准》(JGJ 26－2010)、《夏热冬暖地区居住建筑节能设计标准》(JGJ 75－2012)、《夏热冬冷地区居住建筑节能设计标准》(JGJ 134－2010)、《公共建筑节能设计标准》(GB 50189－2005)、《建筑采光设计标准》(GB 50033－2013)、《民用建筑热工设计规范》(GB 50176－1993)等。

(3)使用功能

包括隔声、采光、启闭力、反复启闭性能等几个方面。

三、技术应用及要点

1.技术应用范围

(1)适用范围

断桥铝合金窗的适用范围是极为广泛的,采用不同组合的玻璃可适用于各类气候区域新建、扩建、改建的各类住宅建筑和公共建筑。

(2)应用前景

在宏大的建筑规模和建筑节能跨越式的发展之下,中国必将成为世界上最大且最有活力的建筑市场,断桥铝合金窗由于采用断热铝型材和各种节能玻璃组合,除了具有节能效果好、安全性高的特点外,还有外形美观、重量轻、稳定性强、耐腐蚀、可塑性好、防雷电、无毒无污染、回收性能好等多种优点,已开始逐步扩大在国内市场的份额,并为越来越多的建筑开发商和生产企业所看好,因此可见在国内市场,断桥铝合金窗将与塑、木窗一起成为我国未来门窗行业的主要产品。同时随着技术生产能力的提高,其成本也会有所下降。因此对于断桥铝合金窗来说其应用前景是极为广阔的。

2.技术应用要点

(1)窗型结构

目前国内建筑中常用的窗型,一般为推拉窗、平(悬)开窗和固定窗。

推拉窗是目前应用最多的一种窗型,其窗扇在窗框上下滑轨中开启和关闭,热、冷气对流的大小和窗扇上下空隙大小成正比,因使用时间的延长,密封毛条表面毛体磨损、窗上下空隙加大对流也加大,能量消耗更为严重。因此推拉窗的结构决定了它不是理想的节能窗。

平(悬)开窗主要有内平(悬)开和外平(悬)开两种结构形式,平(悬)开窗的框与扇之间采用外中内三级阶梯密封,形成气密和水密两个各自独立的系统,水密系统开设排水孔、气压平衡孔,可使窗框、窗扇腔内雨水及时排出,而独立的气密系统可有效地保证窗户的气密性。这种窗型的热量流失主要是玻璃和窗体的热传导和辐射。从结构上讲,平(悬)开窗要比推拉窗有明显的优势,是比较理想的节能窗,尤其是平开—悬开复合窗型具有更方便舒适的使用性能。

固定窗的窗框嵌在墙体内,玻璃直接安在窗框上。正常情况下,有良好的气密性,空气很难通过密封胶形成对流,因此对流热损失极少。固定窗是保温效果最理想的窗型。

为了满足窗户的节能要求和自然通风要求,应该将固定窗和平(悬)开窗复合使用,合理控制窗户开启部分与固定部分的比例;进一步开发新型门窗产品,比如呼吸窗、换气窗等。根据窗的开启方式不同,一般情况下优缺点可参考表 8-34 进行选择。

表 8-34　不同开启方式窗的优缺点汇总表

序号	项目	窗型		
		固定窗	平(悬)开窗	推拉窗
1	保温要求	●	▲	■
2	隔热要求	●	●	●
3	气密要求	●	●	■
4	水密要求	●	▲	■
5	自然通风		●	▲
6	严寒地区	●	▲	■
7	炎热地区		●	▲

注:1. 选择次序:●、▲、■;

　　2. 为了满足窗户的节能要求和自然通风要求,应将固定窗和平(悬)开窗复合使用。

(2)玻璃选择

窗户的玻璃约占整窗面积的 80% 左右,是窗户保温隔热的主体。普通透明玻璃对可见光和近红外波段具有很高的透射性,而对中远红外波段的反射率很低吸收率很高,这就使得热能很快地从热的空间传递到冷的空间,不论是寒冷还是炎热地区,其保温隔热性能都极低。可以采用如下几种方法提高玻璃的保温隔热性能:

1)选用低辐射镀膜玻璃(Low-E 玻璃)降低热辐射或控制太阳辐射

①新近开始普及的低辐射镀膜玻璃(Low-E 玻璃)以其独特的光学特性,集优异的保温隔热性能、无反射光污染的环保性能、简单方便的加工性能于一体,为建筑节能领域提供了一种理想的节能玻璃产品。

②在炎热气候地区,室内空调的主要能耗来自于太阳辐射,选用阳光控制低辐射镀膜玻璃,能有效地阻挡太阳光中的大部分近红外波辐射(太阳辐射)和室外中红外波辐射(热辐射),选择性透过可见光,降低遮阳系数,从而降低空调消耗。

③在寒冷气候地区,选用高透光低辐射镀膜玻璃,能有效阻止室内中红外波辐射,可见光透过率高且无反射光污染,对太阳辐射中的近红外波具有高透过性(可补充室内取暖能量),从而降低取暖能源消耗。

④中部过渡地区,选用合适的 Low-E 玻璃,在寒冷时减少室内热辐射的外泄,降低取暖消耗;在炎热时控制室外热辐射的传入,节约制冷费用。

2)降低玻璃的传热系数

虽然玻璃的导热系数较低,但由于玻璃厚度很小,自身的热阻非常小,传热量十分可观,故应采用优质中空玻璃降低玻璃的传热系数,减小热传导。中空玻璃内密闭的空气或惰性气体的导热系数很低,具有优异的隔热性能,同时其热阻作用随内腔气体层厚度的变化而变化,在内腔没有增大到产生对流并成为通风道之前,玻璃间距越大,隔热性越好,但当内腔增大到出现对流时,隔热性反而降低,因此应尽可能合理确定玻璃间距,普通中空玻璃充灌氪气、氩气和空气的最佳间距分别为 9mm、12mm 和 15mm,镀膜中空玻璃充灌氪气、氩气和空气的最佳间距分别为 9mm、12mm 和 12mm。

氩气比空气的导热系数低可以减少热传导损失,氩气比空气密度大(在玻璃层间不流动)可以减少对流损失,氩气比较容易获得、价格相对较低,因而中空玻璃内腔应优先选择充灌氩气。

另外还须注意的一点是玻璃间的隔条问题,采用非金属隔条(暖边隔条)的中空玻璃的传热系数低于金属隔条的中空玻璃,因为金属隔条起了明显的热桥作用,它使普通中空玻璃损失通过边部隔条整个热流的 7% 左右,使镀膜中空玻璃损失 14% 左右,使充灌氩气中空玻璃损失达到 23% 左右。不同组合的玻璃性能可参见表 8-35。

表 8-35 几种不同组合的玻璃性能

玻璃类型	组成 (mm)	填充气体	透射		反射		ε (%)	SHGC (%)	SC (%)	K 值 [W/(m² · K)]
			T_{vis} (%)	T_{sol} (%)	R_{vis} (%)	R_{sol} (%)				
CLEAR	6	—	88	77	8	7	84	82	92	5.8
Low-E☆	6	—	82	66	11	10	15	70	79	3.7
Low-E★	6	—	48	36	9	7	15	49	52	3.7
CLEAR+CLEAR	6-12-6	AIR	78	61	14	11		70	81	2.7
CLEAR+CLEAR	6-12-6	ARGON	78	61	14	11		70	81	2.5
CLEAR+Low-E☆	6-12-6	AIR	73	53	17	15		66	76	1.9
CLEAR+Low-E☆	6-12-6	ARGON	73	53	17	15		66	76	1.6
Low-E★+CLEAR	6-12-6	AIR	42	28	11	8		37	42	1.9
Low-E★+CLEAR	6-12-6	ARGON	42	28	11	8		37	42	1.6

注:CLEAR—透明浮法;Low-E☆—高透光 Low-E;Low-E★—阳光控制 Low-E;T_{vis}—可见光透射比;T_{sol}—太阳能透射比;R_{vis}—可见光反射比;R_{sol}—太阳能反射比;ε—辐射率;SHGC—太阳热获得系数;SC—遮阳系数;K—传热系数。

(3)密封材料

对于外窗来说,还有对性能影响比较大的部分是密封材料,主要包括三个方面:一是窗体与玻璃之间。玻璃装配主要有湿法和干法两种镶嵌形式。湿法镶嵌玻璃,即玻璃与窗体之间采用高黏度聚氨酯双面胶带或(和)硅酮结构玻璃胶粘为一体,在保证了极好的密封性能的同时提高了窗体的整体刚度;干法镶嵌玻璃,即玻璃与窗体之间采用耐久性好的弹性密封胶条。二是窗框与窗扇之间。平(悬)开窗一般采用胶条密封,目前国内优质胶条一般采用三元乙丙橡胶、氯丁橡胶和硅橡胶等制造,目前还在开发采用尼龙底板(或硬质塑料底板)与三元乙丙橡胶复合而成的优质胶条,其效果更好,可以长久保证窗户的气密和水密性能。三是窗框与墙体之间。窗框与墙体之间需采用高效、保温、隔声的弹性材料(硬质聚氨酯泡沫塑料、硬质聚苯乙烯泡沫塑料等)填充,密封采用与基体相容并且粘结性能良好的中性耐候密封胶。

(4)五金配件

五金配件的好坏直接影响到门窗的气密性能,从而降低门窗的节能效果。选择质量可靠的五金配件,对门窗的节能也影响巨大。

(5)安装

安装是确保窗户各项指标的最后一道环节,外窗只有完成安装后才能实现其所有功能,因此安装的重要性也是不言而喻的。在安装中重点要注意以下几个环节:

1)窗户洞口墙体砌筑的施工质量,应符合现行国家标准《砌体工程施工质量验收规范》的规定,洞口尺寸容许偏差为±5mm;

2)窗户洞口墙体抹灰及饰面板(砖)的施工质量,应符合现行国家标准《建筑装饰装修工程质量验收规范》的规定,洞口墙体的立面垂直度、表面水平度及阴阳角方正等容许偏差,以及洞口上檐、窗台的流水坡度、滴水线或滴水槽等均应符合相应的要求;

3)窗户的品种、规格、开启形式和窗体型材应符合设计要求,各种附件配套齐全,并具有产品出厂合格证书;

4)安装使用所有材料均应符合设计要求和有关标准的规定,相互接触的材料应相容;

5)干法安装窗户时,应根据洞口墙体面层装饰材料厚度,具体确定窗户洞口墙体砌筑时预埋副框的尺寸及埋设深度,或确定窗户洞口墙体后置副框的尺寸及其与墙体的安装缝隙(一般可按5~10mm采用);

6)窗框与洞口之间的间隙要根据窗框材料合理确定,特别是顶部应保留足够的间隙;

7)窗的安装要确保窗框与洞口之间保温隔热层、隔气层的连续性,确保窗户的水密性;

8)窗框在洞口墙体就位,用木楔、垫块或其他器具调整定位并临时揳紧固定时,不得使窗框型材变形和损坏;安装紧固件或紧固装置不应引起任何框构件的变形,也不可以阻碍窗的正常工作;

9)窗框与洞口之间安装缝隙的填塞,宜采用保温隔热、隔声、防潮、无腐蚀性的材料,如聚氨酯泡沫、玻璃纤维或矿物纤维等,推荐使用聚氨酯泡沫。填塞时不能使窗框胀突变形,临时固定用的木楔、垫块等不得遗留在洞口缝隙内,要保证填塞的连续性;

10)窗框与洞口墙体密封施工前,应先对待粘接表面进行清洁处理,窗框型材表面的保护材料应去除,表面不应有油物、灰尘;墙体部位应洁净平整干净;窗框与洞口墙体的密封,应符合密封材料的使用要求。窗框室外侧表面与洞口墙体间留出密封槽,确保墙边防水密封胶胶缝的宽度和深度均不小于6mm,密封胶施工应挤填密实、表面平整;组合窗拼樘料必须直接可靠地固定在洞口基体上。

第九章　建筑防水工程技术及应用

第一节　防水卷材机械固定施工技术

防水卷材机械固定施工技术采用的防水卷材主要包括热固性卷材、热塑性卷材及改性沥青等。其中热塑性卷材主要有聚氯乙烯(PVC)和聚烯烃类(TPO),热固性卷材有好几种,如三元乙丙和氯丁橡胶,但最主要的和最具生命力的品种是三元乙丙(EPDM),三元乙丙(EPDM)卷材使用寿命长,有很强的耐候性以及抵抗化学腐蚀的能力。

一、聚氯乙烯(PVC)、热塑性聚烯烃(TPO)防水卷材机械固定施工技术

1. 技术特点

(1)机械固定即采用专用固定件,如金属垫片、螺钉、金属压条等,将聚氯乙烯(PVC)或热塑性聚烯烃(TPO)防水卷材以及其他屋面层次的材料机械固定在屋面基层或结构层上。机械固定包括点式固定方式和线性固定方式。固定件的承载能力和布置,根据实验结果和相关规定严格设计。

聚氯乙烯(PVC)或热塑性聚烯烃(TPO)防水卷材的搭接是由热风焊接形成连续整体的防水层。焊接缝是因分子链互相渗透、缠绕形成新的内聚焊连接,强度高于卷材且与卷材同寿命。

(2)施工特点:

1)施工便捷快速;

2)较低的初始成本和使用中的维护运营成本;

3)能有效地控制空气渗透量,满足新的节能要求;

4)屋面构造层次厚度较小,建筑师的设计自由度更大;

5)修补方便,当屋面有局部调整或需重新翻新时处理容易;

6)细部处理简单,适应性强。

2. 主要技术指标

(1)当固定基层为混凝土结构时,其厚度应不小于 60mm,强度等级不低于 C25;当固定基层为钢板时,其厚度一般要求为 0.8mm,不得<0.63mm。

(2)聚氯乙烯(PVC)防水卷材的物理化学性能应满足表 9-1 要求,TPO 防水卷材物理性能指标应满足表 9-2 要求。

表 9-1 聚氯乙烯(PVC)防水卷材物理性能

项目		指标
厚度(mm)		2.0
拉力(N/50mm)		≥1000
最大力伸长率(%)		≥10
热处理尺寸变化率(%)		≤1.0
低温弯折性		−25℃无裂纹
抗穿孔性		不透水
不透水性		不透水
接缝抗剪强度		6.0 或卷材破坏
热老化处理	外观	无起泡、裂纹、粘结和孔洞
	拉力保持率(%)	≥80
	伸长率保持力(%)	
	低温弯折性	−20℃无裂纹
耐化学侵蚀	拉力保持率(%)	≥80
	伸长率保持力(%)	
	低温弯折性	−20℃无裂纹
人工气候加速老化	拉力保持率(%)	≥80
	伸长率保持力(%)	
	低温弯折性	−20℃无裂纹

表 9-2 热塑性聚烯烃(TPO)防水卷材物理性能

项目	指标
不透水性	通过
抗拉强度(双向)(MPa)	≥800
加强层断裂时的伸长率(%)	≥20
抗静载荷强度(EPS&混凝土)(kg)	≥25
抗冲击力(EPS&混凝土)(mm)	≥10
抗撕裂强度(L/T,N)	≥800/500
搭接剥离强度(N/50mm)	≥100
搭接剪力强度(N/50mm)	≥800
抗紫外线性能	通过
低温弯折度(℃)	≤−45
外耐火性	$B_{ROOF}(t1)$
阻燃性	E
耐根穿刺性	通过

3.技术应用要点

（1）适用范围

聚氯乙烯（PVC）防水卷材、热塑性聚烯烃（TPO）防水卷材机械固定技术的应用范围广泛，可以在低坡大跨度或坡屋面的新屋面及翻新屋面中使用，特别在大跨度屋面中该技术的经济性和施工速度都有明显优势。主要应用于厂房、仓库和体育场馆等屋面防水工程。

（2）施工技术要点

1）点式固定

点式固定即使用专用垫片和螺钉对卷材进行固定，卷材搭接时覆盖住固定件，如图9-1和图9-2所示。

基层为轻钢结构屋面或混凝土结构屋面（图9-1、图9-2是以轻钢屋面为例），隔气层通常采用0.3mm厚聚乙烯（PE）膜，保温板可采用挤塑聚苯乙烯泡沫塑料板（XPS）、模塑聚苯乙烯泡沫塑料板（EPS）或岩棉等。

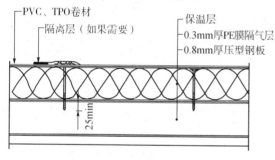

图9-1　点式固定（1）

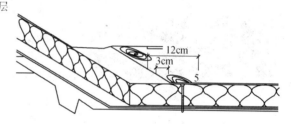

图9-2　点式固定（2）

卷材纵向搭接宽度为120mm，其中的50mm用于覆盖固定件（金属垫片和螺钉）。按照设计间距，在压型钢板屋面上用电动螺丝刀直接将固定件旋进，在混凝土结构屋面上先用电锤钻孔，钻头直径5.0/5.5mm，钻孔深度比螺钉深度深25mm，然后用电动螺丝刀将固定件旋进。

2）线性固定

线性固定即使用专用压条和螺钉对卷材进行固定，使用防水卷材覆盖条对压条进行覆盖，如图9-3和图9-4所示。

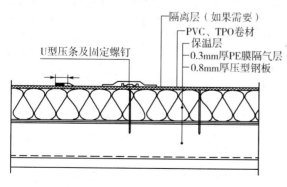

图9-3　线性固定示意图（1）

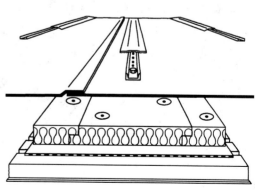

图9-4　线性固定示意图（2）

基层、隔气层以及保温板等材料与点式固定相同。

卷材纵向搭接宽度为 80mm,焊接完毕后按照设计间距将金属压条合理排列,在压型钢板屋面上用电动螺丝刀直接将固定件旋进,在混凝土结构屋面上先用电锤钻孔,钻头直径 5.0/5.5mm,钻孔深度比螺钉深度深 25mm,然后用电动螺丝刀将固定件旋进。

二、三元乙丙(EPDM)防水卷材无穿孔机械固定施工技术

1. 技术特点

(1)构造:无穿孔增强型机械固定系统是轻型、无穿孔的三元乙丙(EPDM)防水卷材机械固定施工技术。该系统采用将增强型机械固定条带(RMA)用压条或垫片机械固定在轻钢结构屋面或混凝土结构屋面基面上,然后将宽幅三元乙丙橡胶防水卷材(EPDM)粘贴到增强型机械固定条带(RMA)上,相邻的卷材用自粘接缝搭接带粘结而形成连续的防水层。其构造如图 9-5、图 9-6 所示。

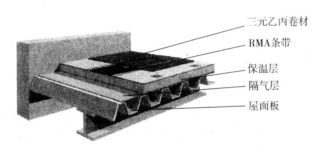

图 9-5　无穿孔增强型机械固定系统构造

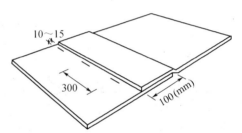

图 9-6　三元乙丙橡胶防水卷材
自粘搭接带搭接示意图

(2)系统特点:无穿孔、铺设速度快、搭接缝少、轻质、美观;三元乙丙卷材耐候性、抗紫外线性能优异、使用寿命长、回收利用简单并且不含任何增塑剂,可有效减少屋面防水层的更新频率,降低了回收和再生产带来的环境污染问题,环保节能。在达到使用寿命年限后可简单地回收利用,对资源保护有积极的影响。

2. 主要技术指标

增强型机械固定条带(RMA)宽 254mm,由增强型三元乙丙橡胶(EPDM)卷材制成,两边带有两个宽76mm 的自粘搭接带,用于三元乙丙橡胶防水卷材的无穿孔机械固定。构造如图 9-7 所示。增强型机械固定条带技术要求见表 9-3,三元乙丙橡胶防水卷材物理性能指标见表 9-4。

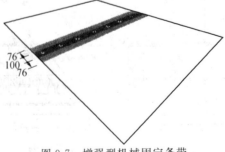

图 9-7　增强型机械固定条带

表 9-3　增强型机械固定条带(RMA)的技术要求

项目	增强型三元乙丙	搭接带(两边)
基本材料	三元乙丙橡胶	合成橡胶
厚度(mm)	1.52	0.63
宽度(mm)	245	76

表 9-4　三元乙丙橡胶防水卷材物理性能指标

项目	指标
厚度(mm)	$1.50+10\%$
断裂拉伸强度(N/mm^2)	$\geqslant 9$
延伸率(%)	$\geqslant 450$
撕裂强度(kN/m)	$\geqslant 35$
低温弯折(℃)	$\leqslant -45$
抗紫外线性能	无裂纹
臭氧老化($40℃\times168h$)	无裂纹
尺寸稳定性(%)	$\leqslant 1$
吸水性(%)	$\leqslant 1$

3. 技术应用要点

(1)适用范围

适用于轻钢屋面、混凝土屋面工程防水。

(2)施工技术要点

1)卷材粘结到条带上将穿孔覆盖,在连续防水层上不出现机械固定穿孔,一是满足抗风荷载要求,在急速风力作用下保证屋面系统的稳定连贯性;二是不增加过多屋面荷载。

2)在安装和固定完保温板与隔气层之后,按照风荷载设计的要求固定条带(RMA),条带(RMA)的间距根据屋面不同分区、不同的风荷载设置。然后将三元乙丙卷材粘结到预制了搭接带的条带(RMA)上,在节点以及女儿墙转角处做机械固定,以减小结构变形对这些部位的影响。轻钢屋面可直接固定,混凝土屋面须预钻孔。

3)选择该系统的前提是基层必须要有足够的抗拔能力。

4)抗风荷载性能是直接关系到屋面机械固定系统质量的关键。

5)风荷载的作用不是单一的屋面风力所带来的影响(负压力),对于钢屋面来说,在风荷载计算时还需要考虑的是屋面内部空气压力带来的正压力,如果建筑物有较大开口,如大型的门、窗等,该正压力的影响会更加明显;混凝土屋面因为是密闭的基层,所以不会产生正压力;并且在屋面不同的区域受到的风荷载影响不一样,做机械固定时需要采取不同的固定密度。

6)屋面防水层按照需要的固定密度将增强型机械固定条带(RMA)固定到结构层。保温板的固定与增强型机械固定条带(RMA)的固定需分开,在急速风力的作用下,保温层与防水层的受力不会相互影响,从而使屋面系统达到更好的抗风荷载效果,而在边角区需按要求进行加密固定,这些区域受风力的影响远远超过中区的受力影响。

7)根据风速、建筑物所在区域、建筑物规格、基层类型、屋面结构层次等因素,计算机械固定密度,并在屋面不同部位,分别设计边区、角区和中区,按不同密度进行固定。对于机械固定系统性能非常重要的一个指标是系统的抗风荷载性能,是系统成与败的关键。风荷载与机械固定密度设计的步骤:

风荷载的计算方法有多种,以下为同时考虑到屋面正压力与负压力的计算:

①风揭力计算 W(帕)

$$W = Q_{ref} \times C_e \times (C_{pe} + C_{pi}) \qquad (9\text{-}1)$$

式中 Q_{ref}——瞬时风速风压$=\rho/2 \times V_{ref}=$空气密度$/2 \times$风速;

C_e——暴露系数(由建筑物所在区域决定,海边、农村、郊区和市区);

C_{pe}——负压力系数(风经过屋面时带来的压力);

C_{pi}——正压力系数(室内压力)。

②紧固件抗拉拔力 R(牛顿)计算

紧固件设计抗拔值 = 屋面系统抗拔力试验值 × 修正系数 / 安全系数   (9-2)

紧固件的抗拉拔力不是一个简单的单个紧固件的抗拉拔力值,而是整个系统的抗拉拔力值,其计算方法是在屋面系统抗风揭力实验中,任一元件失败而断定系统失效时紧固件的受力数值。

③紧固件密度 n(个/m²)

紧固件密度计算公式:$n=W/R$。

计算出每平方米卷材需要的紧固件数量。

④建筑物情况

按照建筑物的尺寸、高度和坡度确定不同风荷载区域,例如角区、边区和中区,屋面受风力影响递减。

⑤条带(RMA)布置

在屋面不同的分区条带(RMA)布置的间距为:

$$I = 1/(n \times e) \qquad (9\text{-}3)$$

式中 I——表示条带(RMA)或机械固定间距(m);

n——表示每平方米紧固件数量;

e——表示紧固件间距。

但最大间距 I 不能大于 2.5m。如果是钢屋面,条带的固定在满足风荷载设计要求的同时还须垂直于波峰方向固定,以减轻屋面受力;混凝土屋面无固定方向的要求。

第二节 地下工程预铺反粘防水技术

一、技术原理及主要内容

1. 基本概念

地下工程预铺反粘防水技术所采用的材料是高分子自粘胶膜防水卷材(图 9-8)。该卷材系在一定厚度的高密度聚乙烯卷材基材上涂覆一层非沥青类高分子自粘胶层和耐候层复合制成的多层复合卷材。采用预铺反粘法施工时,在卷材表面的胶粘层上直接浇筑混凝土,混凝土固化后,与胶粘层形成完整连续的粘结。这种粘结是由液态混凝土与整体合成胶相互勾锁而形成。高密度聚乙烯主要提供高强度;自粘胶层提供良好的粘结性能,可以承受结构产生的裂纹影响;耐候层既可以使卷材在施工时适当外露,同时提供不粘的表面供工人行走,使得后道工序能够顺利进行。

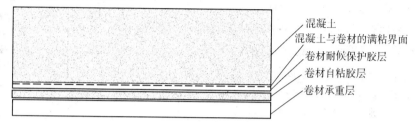

图 9-8　预铺反粘防水卷材构造

2.技术特点

(1)卷材防水层与结构层永久性粘结一体,中间无串水隐患;

(2)防水层不受主体结构沉降的影响,有效地防止地下水渗入;

(3)不需找平层,且可在无明水的潮湿基面上施工;

(4)防水层上无需做保护层即可浇注混凝土;

(5)单层使用,节省多道施工工序,节约工期;

(6)特制高密度聚乙烯(HDPE)抗拉、抗撕裂及抗冲击性能良好;

(7)冷施工,无明火;无毒无味,安全环保。

二、主要技术指标

主要物理性能指标,见表 9-5。

表 9-5　主要物理性能指标

项目	指标	国标要求
1	拉伸强度	500N/50mm
2	延伸率	400%
3	无处理条件下与混凝土粘结	2.0N/mm
4	热老化后与混凝土粘结	1.5N/mm
5	紫外老化后与混凝土粘结	1.5N/mm
6	低温弯折性	−25℃
7	热老化后的低温弯折性	−23℃
8	耐热性,70℃,2hr	无位移、流淌、滴落
9	钉杆撕裂强度	400N
10	侧向蹿水	0.6MPa
11	低温开裂循环	无要求

三、技术应用要点

1. 技术应用范围

适用于地下工程底板和防水层采用外防内贴法工艺施工的外墙。可以很好地解决底板及外墙蹿水难题,具有极好的应用前景。

2. 施工技术要点

该卷材采用全新的施工方法进行铺设:卷材使用于平面时,将高密度聚乙烯面朝向垫层进行空铺;卷材使用于立面时,将卷材固定在支护结构面上,胶粘层朝向结构层,在搭接部位临时固定卷材。防水卷材施工后,不需铺设保护层,可以直接进行绑扎钢筋、支模板、浇筑混凝土等后续工序施工,如图9-9所示。

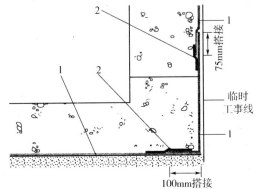

图 9-9 预铺反粘防水施工图
1—卷材;2—胶带

(1)预铺防水卷材必须能够与液态混凝土固化后形成牢固永久的粘结。因此,防水卷材胶粘剂面在施工中必须朝向结构混凝土面,同时胶粘剂必须能够满足与混凝土永久粘结的要求。

(2)预铺防水卷材施工后,其上无需铺设混凝土保护层,直接在防水层上绑扎钢筋,因此要求预铺防水卷材必须具有较高的强度。

(3)预铺防水卷材在施工过程中会在阳光下暴露,所以防水卷材必须具有一定的抗紫外老化能力。

(4)预铺防水卷材在暴露期间,会受到其他环境因素,如雨水、地下水、尘土等的污染,防水卷材在这些环境因素影响下,应保持与混凝土良好的粘结力。

(5)预铺防水卷材与结构混凝土粘结,因此,施工中在阴、阳角等部位不应设置加强层。卷材必须有很好的柔软性适应结构可能发生的变形开裂等。

(6)预铺防水卷材的高低温性能平衡:防水卷材必须同时考虑高低温要求,满足在我国不同区域和不同季节施工的需求。

(7)防水卷材的完整性:搭接是预铺防水卷材最大的节点,必须有很强的连续粘结,才能保证最好的防水效果。

(8)防水卷材松铺施工:为了避免结构沉降的影响,预铺反粘防水卷材推荐松铺施工。

第三节 聚氨酯防水涂料施工技术

一、技术原理及主要内容

1. 基本概念

聚氨酯防水涂料是通过化学反应而固化成膜,分为单组分和双组分两种类型。单组分聚氨酯防水涂料为聚氨酯顶聚体,在现场涂覆后经过与水或空气中湿气的化学反应,固化形成高弹性防水涂膜。

双组分聚氨酯防水涂料由甲、乙两个组分组成,甲组分为聚氨酯顶聚体,乙组分为固化组分,现场将甲、乙两个组分按一定的配合比混合均匀,涂覆后经反应固化形成高弹性防水涂膜。

聚氨酯防水涂料可采用喷涂、刮涂、刷涂等工艺施工。施工时需分多层进行涂覆,每层厚度不应>0.5mm,且相邻两层应相互垂直涂覆。

2.技术特点

(1)涂膜致密、无接缝,整体性强,在任何复杂的基面均易施工。

(2)涂层具有优良的抗渗性、弹性及低温柔性。

(3)具有较好的耐腐蚀性。

(4)涂料固化成膜易受环境温度、湿度影响。

(5)对基层平整度要求较高。

二、主要技术指标

聚氨酯防水涂料的物理力学性能应符合《聚氨酯防水涂料》(GB/T 19250－2003)的要求。产品按拉伸性能分为Ⅰ、Ⅱ两类。单组分和双组分聚氨酯防水涂料物理力学性能见表9-6、表9-7。

表9-6 单组分聚氨酯防水涂料物理力学性能表

序号	项目	Ⅰ	Ⅱ
1	拉伸强度(MPa)	≥1.9	≥2.45
2	断裂伸长率(%)	≥550	≥450
3	撕裂强度(N/mm)	≥12	≥14
4	低温弯折性(℃)	≤-40	
5	不透水性(0.3MPa,30min)	不透水	
6	固体含量(%)	≥80	
7	表干时间(h)	≤12	
8	实干时间(h)	≤24	
9	加热伸缩率(%)	≤1.0	
		≥-4.0	
10	潮湿基面粘结强度(MPa)	≥0.5	

表9-7 双组分聚氨酯防水涂料物理力学性能表

序号	项目	I	II
1	拉伸强度（MPa）	≥1.9	≥2.45
2	断裂伸长率（%）	≥450	≥450
3	撕裂强度（N/mm）	≥12	≥14
4	低温弯折性（℃）	≤−35	
5	不透水性（0.3MPa，30min）	不透水	
6	固体含量（%）	≥90	
7	表干时间（h）	≤8	
8	实干时间（h）	≤24	
9	加热伸缩率（%）	≤1.0	
		≥−4.0	
10	潮湿基面粘结强度（MPa）	≥0.5	

三、技术应用要点

1.技术应用范围

非外露防水工程。

2.施工技术要点

(1)双组分聚氨酯防水涂料施工要点

1)基层处理及要求

把基层表面的尘土杂物清扫干净。施工时,防水基层应基本呈干燥状态,含水率小于9%为宜,其简单测定方法是:将面积约1m²、厚度为1.5～2.0mm的橡胶板覆盖在基层表面上,放置2～3h,如覆盖的基层表面无水印,紧贴基层一侧的橡胶板又无凝结水印,根据经验说明其含水率已小于9%,可以满足施工要求。

2)涂刷基层处理剂

涂刷基层处理剂的目的是隔断基层潮气,防止涂膜起鼓脱落;加固基层,提高基层与涂膜的粘结强度,防止涂层出现针眼、气孔等缺陷。

①聚氨酯基层处理剂的配制:将聚氨酯甲料与专供底涂用的乙料按1∶3～1∶4(重量比)的比例配合,搅拌均匀,即可使用。

②基层处理剂施工:小面积的涂刷可用油漆刷进行;大面积的涂刷,可先用油漆刷蘸基层处理剂在阴阳角、管子根部等复杂部位均匀涂刷一遍,再用长把滚刷进行大面积施工。涂刷要均匀,不得过厚或过薄,更不允许露白见底。一般涂刷量以0.15～0.5kg/m²为宜。基层处理剂涂刷后,要干燥固化12h以上才能进行下道工序施工。

3)涂膜防水层的施工

①涂膜材料的配制:双组分聚氨酯防水涂料应随用随配,配制好的混合料宜在1h内用

完。配制方法是将聚氨酯甲、乙组分按一定的比例配合，倒入拌料桶中，用转速为 100～500r/min 的电动搅拌器搅拌 5min 左右，即可使用。

②防水涂料的施工：在正式涂刷聚氨酯之前，先在立墙与平面交界处用密纹玻璃网格布或聚酯纤维无纺布做附加过渡处理。铺贴附加层时，应先将密纹玻璃网格布或聚酯无纺布用聚氨酯涂料粘铺在拐角平面处（300～500mm），平面部位必须用聚氨酯涂料与基层（或垫层）紧密粘牢，然后由下而上铺贴玻璃网格布或聚酯无纺布，并使其紧贴阴角，避免吊空。地下工程施工时，在永久性保护墙（模板墙）上不刷底油，也不刷聚氨酯涂料，仅将玻璃网格布或聚酯无纺布空铺或点粘在永久性保护墙上；在临时保护墙上需用聚氨酯涂料粘铺玻璃网格布或聚酯纤维无纺布，并将它固定在临时保护墙上，随后再施工大面涂膜防水层。

用塑料或橡胶刮板将配制好的混合料，顺序均匀地涂刮在基层处理剂已干燥的基层表面上，涂刮时要求厚薄均匀一致。对平面基层以涂刮 3～4 遍为宜，每遍涂刮量为 0.6～0.8 kg/m²；对立面模板墙基层以涂刮 4～5 遍为宜，每遍涂刮量为 0.5～0.6kg/m²。涂刮完每一遍涂膜后，一般需表干至指触基本不粘时，再按上述方法涂刮下一遍涂膜。对平面的涂刮方向，后一遍应与前一遍的涂刮方向相垂直。防水涂膜的总厚度应符合《地下工程防水技术规范》(GB 50108－2008)或《屋面工程技术规范》(GB 50345－2012)对防水涂膜厚度的要求。

③地下工程施工时，立墙结构拆模后首先涂刷界面处理剂并抹砂浆找平层，经养护符合涂膜防水层施工时，再进行下道工序施工。

a. 清理工作面，拆除临时保护墙；

b. 清除白灰砂浆层，使槎头显现出来；

c. 边墙混凝土施工缝防水处理：清除混凝土凸块、浮浆等杂物，以高强度等级防水砂浆或聚合物砂浆局部找平施工缝（上、下各 10～15cm），然后涂刷聚合物水泥灰浆（简称弹性水泥）三道，厚约 1.5mm；

d. 边墙施工缝处理好后即可按正常墙体防水施工法有关规定进行操作，操作工艺与平面基本相同。

4）保护层的施工

①平面部位：

当平面部位最后一遍涂料完全固化，经检查验收合格后，即可虚铺一层保护隔离层，铺设时可用少许聚氨酯混合料花式粘贴固定。

在保护隔离层上，直接浇筑 50～70mm 厚的细石混凝土作刚性保护层，砖衬模板墙立面抹防水砂浆保护层。施工时必须防止机具损伤保护层或聚氨酯涂膜防水层。如有损伤现象，必须用聚氨酯混合料修复后，方可继续浇筑细石混凝土，以免留下渗漏水的隐患。

完成刚性保护层施工后，即可根据设计要求绑扎钢筋并进行结构混凝土的施工。

②立面部位：

在立墙刮涂的最后一遍涂膜固化前，应立即粘贴 6mm 厚的聚苯乙烯泡沫板作软保护层。粘贴时要求泡沫板拼缝严密，以防回填土时损伤防水涂膜。

（2）单组分聚氨酯防水涂料施工要点

单组分聚氨酯防水涂料的施工工艺和质量检验与双组分聚氨酯相同，只是施工时不需要配制材料，打开包装即可使用。

（3）施工注意事项

1）当涂料黏度过大，不便进行施工时，可加入少量二甲苯进行稀释，以降低黏度，加入量不得大于乙料的 10%。

2）当甲乙料混合后固化过快，影响施工时，可加入少许磷酸或苯磺酰氯作缓凝剂。但加入量不得大于甲料的 0.5%。

3）当涂膜固化太慢，影响下一道工序时，可加入少许二月桂酸二丁基锡作促凝剂，但加入量不得大于甲料的 0.3%。

4）如发现乙料有沉淀现象，应搅拌均匀后再使用，以免影响质量。

5）涂层施工完毕，尚未达到完全固化时，不允许上人踩踏，否则将损坏防水层，影响防水工程质量。

6）因施工时使用有机溶剂，故应注意防火；施工人员应采取防护措施（带手套、口罩、眼镜等），施工现场要求通风良好，以防溶剂中毒。

（4）施工质量控制

聚氨酯防水涂料可采用喷涂、刮涂、刷涂等工艺施工。施工时需分多层进行涂覆，每层厚度不应大于 0.5mm，且相邻两层应相互垂直涂覆。

1）涂膜产生气孔或气泡

材料搅拌方式及搅拌时间掌握不好或是基层未处理好，聚氨酯防水涂料每道涂层过厚等均可使涂膜产生气孔或气泡。气孔或气泡直接破坏涂膜防水层均匀的质地，形成渗漏水的薄弱部位。因此施工时应予注意：材料搅拌应选用功率大、转速不太高的电动搅拌器，搅拌容器宜选用圆桶，以利于强力搅拌均匀，且不会因转速太快而将空气卷入拌合材料中，搅拌时间以 2~5min 为宜；涂膜防水层的基层一定要清洁干净，不得有浮砂或灰尘，基层上的孔隙应用基层上的涂料填补密实，然后施工第一道涂层；聚氨酯防水涂料在成膜的反应过程中产生 CO_2 气体，涂膜过厚气体无法释放出去，在涂膜中形成大量气泡，使涂膜的防水效果降低，因此，施工时应严格地控制涂层厚度。

每道涂层均不得出现气孔或气泡，特别是底部涂层若有气孔或气泡，不仅破坏本层的整体性，而且会在上层施工涂抹时因空气膨胀出现更大的气孔或气泡。因此对于出现的气孔或气泡必须予以修补。对于气泡，应将其穿破，除去浮膜，用处理气孔的方法填实，再做增补涂抹。

2）起鼓

基层质量不良，有起皮或开裂，影响粘结；基层不干燥，粘结不良，水分蒸发产生的压力使涂膜起鼓；在湿度大且通风不良的环境施工，涂膜表面易有冷凝水，冷凝水受热汽化可使上层涂膜起鼓。起鼓后就破坏了涂膜的整体连续性，且容易破损，必须及时修补。修补方法：先将起鼓部分全部割去，露出基层，排出潮气，待基层干燥后，先涂底层涂料，再依防水层施工方法逐层涂膜，若加抹增强涂布则更佳。修补操作要注意，不能一次抹成，至少分两次抹成，否则容易产生鼓泡或气孔。

3）翘边

涂膜防水层的端部或细部收头处容易出现同基层剥离和翘边现象。主要是因基层未处理好，不清洁或不干燥；底层涂料粘结力不强；收头时操作不细致，或密封处理不佳。施工时操作要仔细,基层要保持干燥,对管道周围做增强涂布时,可采用铜线箍扎固定等措施。

对产生翘边的涂膜防水层,应先将剥离翘边的部分割去,将基层打毛、处理干净,再根据基层材质选择与其粘结力强的底层涂料涂刮基层,然后按增强和增补做法仔细涂布,最后按顺序分层做好涂膜防水层。

4)破损

涂膜防水层施工后、固化前,未注意保护,被其他工序施工时破坏、划伤,或过早上人行走、放置工具,使防水层遭受破坏。

对于轻度损伤,可做增强涂布、增补涂布;对于破损严重者,应将破损部分割除(割除部分比破损部分稍大些),露出基层并清理干净,再按施工要求,顺序、分层补做防水层,并应加上增强增补涂布。

5)涂膜分层、连续性差

聚氨酯防水涂料双组分型由于配比不合理或搅拌不均匀而使反应不完全造成涂膜连续性差。施工时应严格按照所使用材料的配合比配料,搅拌应充分、均匀。聚氨酯防水涂料每道涂层间隔时间过长,会产生涂膜分层现象,因此施工时控制好每道涂层的间隔时间,不能过短,也不能过长,严格地按照施工要求施工。

涂膜增强部位胎体过厚,涂层也会出现分层现象。选择胎体材料时,厚度应适中。有的胎体材料会与防水涂料发生反应,所以选材时应慎重。

第十章　基坑监测与项目管理技术及应用

第一节　深基坑施工监测技术

一、技术原理及主要内容

1. 基本概念

深基坑工程是开挖深度>5m 的基坑工程。深基坑工程的监测与控制则是一种比较复杂的信息反馈与控制。

深基坑工程监测是指在深基坑开挖施工过程中,借助仪器设备和其他一些手段对围护结构、基坑周围的环境(包括土体、建筑物、构筑物、道路、地下管线等)的应力、位移、倾斜、沉降、开裂、地下水位的动态变化、土层孔隙水压力变化等进行综合监测。

深基坑工程控制则是根据前段开挖期间的监测信息,一方面与勘察、设计阶段预测的形状进行比较,对设计方案进行评价,判断施工方案的合理性;另一方面通过反分析方法或经验方法计算与修正岩土的力学参数,预测下阶段施工过程中可能出现的问题,为优化和合理组织施工提供依据,并对进一步开挖与施工的方案提出建议,对施工过程中可能出现的险情进行及时的预报,以便采取必要的工程措施。

深基坑工程监测与控制可用于建筑工程、市政工程等的基坑开挖中的支护结构、主体结构基础、邻近建筑物、构筑物、地下管线等安全与保护。

2. 技术特点

通过在工程支护(围护)结构上布设凸球面的钢制测钉作为位移监测点,使用全站仪定期对各点进行监测,根据变形值判定是否采取何种措施,消除影响,避免进一步变形发生危险。监测方法可分为基准线法和坐标法。

在墙顶水平位移监测点旁布设围护结构的沉降监测点,布点要求间隔 15～25m 布设一个监测点,利用高程监测的方法对围护结构墙顶进行沉降监测。

(1)基坑围护结构沿垂直方向水平位移的监测:用测斜仪由下至上测量预先埋设在墙体内测斜管的变形情况,以了解基坑开挖施工过程中基坑支护结构在各个深度上的水平位移情况,用以了解、推算围护体变形。

(2)临近建筑物沉降监测:利用高程监测的方法来了解临近建筑物的沉降,从而了解其是否会发生引起不均匀沉降。

(3)基准点的布设:在施工现场沉降影响范围之外,布设 3 个基准点为该工程临近建筑物沉降监测的基准点。临近建筑物沉降监测的监测方法、使用仪器、监测精度同建筑物主体沉降监测。

二、主要技术指标

(1)变形报警值:水平位移报警值:按一级安全等级考虑,最大水平位移≤0.14%H;按二级安全等级考虑,最大水平位移≤0.3%H。

(2)地面沉降量报警值:按一级安全等级考虑,最大沉降量≤0.1%H;按二级安全等级考虑,最大沉降量≤0.2%H。

(3)监测报警指标一般以总变化量和变化速率两个量控制,累计变化量的报警指标一般不宜超过设计限值。若有监测项目的数据超过报警指标,应从累计变化量与日变量两方面考虑。

三、技术应用要点

1. 技术应用范围

用于深基坑钻、挖孔灌注桩、地连墙、重力坝等围(支)护结构的变形监测。

2. 技术要点

(1)监测设备及要求

施工方案设计监测的内容、仪器设备和监测要求见表10-1。

表 10-1　监测的内容、仪器设备和监测要求

监测内容	监测仪器设备	监测要求
围护结构完整性和强度	灌注桩用低应变动测法;水泥土用轻便触探法;地下连续墙用超声检测仪	检测灌注桩缩颈、离析、夹泥、断裂等;检测旋喷桩、水泥土搅拌桩强度和均匀性;检测地下连续墙混凝土缺陷分布、均匀性和强度
墙顶水平位移	采用铟钢丝、钢卷尺两用式位移收敛计进行收敛两侧;用精密光学经纬仪进行观测	一般沿围护结构纵向每间隔5～8m布设1个监测点,在基坑转折处、距周围建筑物较近处等重要部位应适当加密布点。基坑开挖初期,可每隔2～3天监测1次。随着开挖过程进行,可适当增加观测次数,以1天观测1次为宜。当位移较大时,每天观测1～2次
墙体变形	采用测斜仪量测	一般每边可设置1～3个测点,测斜管埋置深度一般为2倍基坑开挖深度。测斜管放置于围护结构后,一般用中细砂回填围护结构与孔壁之间的空隙(好用膨胀土、水泥、水按1∶1∶6.25比例混合回填)
围护结构应力	钢筋应力计和混凝土应变计观测	对桩身钢筋和锁口梁钢筋中较大应力断面处应力进行监测,以防止围护结构的结构性破坏

续表

监测内容	监测仪器设备	监测要求
支锚结构轴力	轴力计、钢筋应力计、混凝土应变计、应变片	对锚杆,施工前应进行锚杆现场拉拔试验。施工过程中用锚杆测力计监测锚杆实际受力情况。对内支撑,可用压应力传感器或应变计等监测其受力状态的变化
基坑底部隆起	辅助测杆和钢尺锤	观测采用几何水准法,观测次数不小于 3 次:即第一次观测在基坑开挖之前,第二次在基坑开挖好之后,第三次在浇灌基础底板混凝土之前。在基坑中央和距底边缘的 1/4 坑底处及其他变形特征位置必须设点。方形、圆形基坑可按单向对称布点,矩形基坑可按纵横向布点,复合矩形基坑,可多向布点。场地地层情况复杂时,应适当增加点数
邻近建(构)筑物沉降和倾斜	水准仪和经纬仪	观测点布置应根据建筑物体积、结构、工程地质条件,开挖方案等因素综合考虑。一般应在建筑物角点,中点及周边设置,每栋建构筑物观测点不少于 8 个
邻近道路、管线变形	水准仪和经纬仪	用于水平位移及沉降的控制点一般应设置在基坑边 2.5～3.0 倍开挖距离以外。观测点位置和数量应根据管线走向、类型、埋深、材料、直径以及管道每节长度、管壁厚度、管道接头形式和受力要求等布置。开挖过程中,每天观测 1 次。变化较大时,应上下午各观测 1 次;混凝土底板浇完 10 天以后,每 2～3 天观测 1 次,直到地下室顶板完工,其后可每周观测 1 次,直到回填土完工。用钢板桩作围护时,起拔钢板桩时,应每天跟踪观测,直到钢板桩拔完地面稳定
基坑周围表面土体位移	水准仪和经纬仪	监测范围重点为基坑边开挖深度 1.5～2.0 倍范围内。对基坑周围土体位移监测可及时掌握基坑边坡的稳定性
基坑周围土体分层位移	分层沉降仪	监测旨在测量各层土的沉降量和沉降速率,分层标埋好后,至少要在 5d 之后才能进行观测。分层沉降观测点相对于邻近工作基点的高差中误差应小于 ±1.0mm。每次观测结束都应提供不同深度处的沉降-时间曲线

监测内容	监测仪器设备	监测要求
土压力	钢弦式和电阻应变式压力盒	开挖过程中对桩侧土压力进行监测可以掌握桩侧土压力发展过程,对设计中可能存在的问题及时加以解决
地下水位与孔隙水压力	水位观测井,孔隙水压力计	开挖过程中,每天观测1次,变化大时加密观测次数

（2）监测要点

深基坑工程的安全控制包括两个方面,即围护结构本身的要求,同时基坑变形必须满足坑内和坑外周边环境两方面的控制要求。

对围护结构和支、锚结构材料强度的控制一般是通过监测结构的内力进行的,包括支撑的轴力、锚杆的内力、墙体的钢筋应力等的监控。结构的内力也和构件的变形密切相关,随着墙体的相对变形的增长,结构内力增大,控制墙体的相对变形（即墙体的水平位移与基坑开挖深度之比）可以有效地控制墙体内力。如果不监测墙体结构内力,可以通过监测与控制墙体变形以达到相同的目的。

基坑周围土体的稳定性虽然可以通过孔隙水压力的监测进行分析,但并不是直接控制的指标,通常通过土体变形监测进行控制,因为土体的破坏总是变形大量发展和积累的结果,变形量的大小和变形速率的快慢标志着土体中塑性区的发展状况,用变形限量控制也可以满足基坑稳定性的要求。

对周边环境的安全控制,一般直接监测有关建筑物或管线的沉降或水平位移,根据被保护对象的结构类型或使用要求确定变形控制值。

为了保护周围环境,必须根据周围建（构）筑物和管线的允许变位,确定基坑开挖引起的地层位移及相应围护结构的水平位移、周围地表沉降的允许值,以此作为基坑安全的控制标准。不同的地区有不同的标准可以参照执行。

在基坑工程中,监测项目的警戒值应根据基坑自身的特点、监测目的、周围环境的要求,结合当地工程经验并和有关部门协商综合确定。一般情况下,每个项目的警戒值应由累计允许变化值和变化速率两部分控制。

对于不同等级的基坑,应按不同的变形标准进行设计和监测。此外,确定变形控制标准时,应考虑变形的时间和空间效应,并控制监测值的变化速率,一级工程宜控制在2mm/d之内,二级工程应控制在3mm/d之内。

根据上海地区的经验,对一些主要项目的警戒值一般参考取值如下:

1)围护结构的变形如果监测的目的只是为了保证基坑自身的安全,围护结构的最大水平位移一般为80mm,位移速率10mm/d。当周围有需要严格保护的建（构）筑物时,应根据保护对象的要求来确定。

2)煤气管道的变形沉降或水平位移不得超过10mm;位移速率不超过2mm/d。

3)自来水管道的变形沉降或水平位移不得超过30mm;位移速率不超过5mm/d。

4）基坑外水位坑内降水或基坑开挖引起的坑外地下水位下降不得超过1000mm；下降速率不得超过500mm/d。

5）立柱桩差异沉降基坑开挖所引起的立柱桩隆起或沉降不得超过10mm；发展速率不得超过2mm/d。

6）围护结构的弯矩及支撑轴力根据设计计算书确定，一般将警戒值控制在80％的设计允许的最大值内。

第二节　建设项目资源计划管理技术

一、技术原理及主要内容

1. 基本概念

该技术以管理的规范化为基础、管理的流程化为手段、项目财务成本处理的透明化为目标，实现对建设工程资源的有效管理。

建设行业的管理基础是工程项目，无论管理面多宽、链条长短，最终都要落实到工程项目管理这一层级上来，因此如何实现各级管理层次对工程项目主要人、财、物等资源的分权管理，明确各方的责、权、利，实现项目管理的透明化，保障项目的工期，保障项目的投资成效，是建设工程项目管理技术的核心。

建设工程资源计划管理是引自国外的企业资源计划系统，即ERP系统。它体现了目前世界上最先进的企业管理理论，并提供了企业信息化集成的最佳方案。将企业的物流、资金流、信息统一起来进行管理，对企业拥有的人、财、物等资源，通过责、权、利的进行综合平衡管理和考虑，实现产、供、销管理的最大经济效益。

2. 技术特点

（1）梳理和优化各层级管理工程项目的流程。

（2）编制组织机构、项目、人员（角色）、物料、科目标准，规范统一编码体系。

（3）搭建建设工程项目资源计划管理应用技术平台，在平台上运行的内容至少包括：项目行政办公管理、项目营销管理、合同管理、计划进度管理、采购管理、物资管理、财务管理、人力资源管理等内容。

（4）进行系统设置、业务静态数据的初始化，保证财务动态数据的正确性。

（5）数据并行、切换、共享的处理。

（6）与其他系统的接口或数据交换。

二、主要技术指标

（1）通过资源计划管理实现工程项目管理的业务财务一体化，保证工程项目的各种采购合同、进场、出库、库存、应收、应付、资产、债权、债务数据的一致性。

（2）通过工程项目的预算成本、计划成本、实际成本的对比分析，实现项目成本处于实时监控状态。

（3）实现工程项目的规范化、流程化管理,各级管理者按照设定的流程根据角色实现审核审批管理。

（4）实现工程项目管理主要资源的准入控制。对人员的进出与调配、客商档案的建立、物资设备的增加、财务科目的变更等建立标准的准入机制。

（5）有助于实现工程项目的生命周期管理。实现项目立项、执行、竣工、结算、财务决算、关闭的过程节点控制。

（6）竣工管理各类操作人员的个性化界面,操作界面简洁,只显示权限内的工作和任务。

三、技术应用要点

1. 技术应用范围

该技术适用于各层级对工程项目主要经济指标的管控及所有工程项目。

2. 施工技术要点

（1）系统设计要求

系统技术设计要求做到将先进的管理思想与企业的实际情况相结合,对未来业务发展做出一定程度上的预测。支持对单位、多项目、集团化的财务核算体系。流程有一定的灵活性和适应性。同时也应具备强大的报表系统,以满足财务查询、决策和审计的要求。

1）把握一个中心

企业的主要目的是盈利,因而企业的每个业务活动都要考虑经营的目标,都会有输入的费用和输出的业务结果。因此,各项业务活动和功能模块要考虑归集到财务的数据,财务应是各项业务活动归集的中心,这是系统规划与设计必须考虑到的。

2）跨越二个维度

任何流程都是由角色和活动组成的。系统是以流程管理为核心的,第一个维度的表现形式就是职级的权限确定,依次梳理各级管理项目的权责,最终形成系统的角色权限。第二个维度的表现形式就是业务开展进程,从哪里开始,经过哪里,到哪结束。对于建筑行业的项目管理主要是项目营销、项目策划、项目执行、项目结算和项目关闭。在这些主流程下面又结合了具体的业务操作流程。二个维度是相互结合、相互制约的。

3）贯穿三条主线

作为建筑工程,其最关键的数据有两条,即物流和资金流,这两条线时刻控制着企业的好与坏。随着企业规模的扩展和信息化的应用,贯穿在上面两条主线中的信息流成为项目的第三条主线。未建立系统应用时,物流与信息流之间,资金与信息流之间是很难保持一致性的,或具有延迟性。而通过系统的建立使得"三流"实现了有机结合,保证了库存、资金、资产、债权、债务的一致性。

4）关联四大模块

从信息化的角度要求,信息系统的功能越强大、上的内容越多越好。但从实践应用看,这也是风险最大的地方。对最基本的模块要保证项目管理、采购管理、人力资源管理和财务管理这4个基本模块必需作为第一批的内容在系统中建立应用。

（2）系统技术内容

通过引进 ERP 系统,结合建筑施工企业的特点,建筑工程资源计划管理的主要内容有:标准编码、工作分解、财务细分结构、库存组织、核算单位(OU)、业务流程、生命周期、会计期间。

1)标准编码

编码是代号,是保证系统中固定的组织、物品等制定统一的名称。主要包括组织编码、客商编码、物料编码、人员编码、财务科目编码、项目编码等需要统一名称和标准确定系统中的唯一性。

2)工作分解(WBS)

就是把一个项目按一定的原则分解,项目分解成任务,任务再分解成一项项工作,再把一项项工作分配到每个人的日常活动中,直到分解不下去为止。

WBS 总是处于计划过程的中心,也是制定进度计划、资源需求、成本预算、风险管理计划和采购计划等的重要基础。WBS 同时也是控制项目变更的重要基础。

3)财务细分结构(FBS)

项目的财务核算层次结构在 ERP 系统中称为财务细分结构,是依据 WBS 进行综合和归并而成,是财务成本核算的基本工作结构。

4)库存组织(Inventory Organization)

管理该公司下所有物品的库存业务,属于库存组织的组织必须指定属于哪个法人实体和经营单位。该公司下的仓库将从属于该库存组织,即仓库可以按库存组织分别管理。

5)核算单位

具有单独的业务管理体系,实现销售、采购、应收、应付的独立业务的最基本单位,如一公司的××省分公司就是一个基本的核算单位,即是一个 OU。

6)业务流程

业务流程既是 ERP 系统中的工艺流程,是高级管控者对业务、人员、物料的实际工作顺序,包含相关资源与费用。

7)项目生命周期

项目的全生命周期的外延较大,本项技术所指的项目生命周期主要是项目中标后到项目完结的过程,主要包括项目立项、执行、例外、竣工、结算、财务决算、关闭等状态。

8)会计期间

是指将企业连续不断的经营活动划分为若干个相等的区间,在连续反映的基础上,分期进行会计核算和编制会计报表,定期反映企业某一期间的经营活动和成果。

建设领域推广应用新技术管理规定

建设部令第 109 号

《建设领域推广应用新技术管理规定》已于 2001 年 11 月 2 日建设部第 50 次常务会议审议通过,现予发布,自发布之日起施行。

部长　俞正声

二〇〇一年十一月二十九日

建设领域推广应用新技术管理规定

第一条　为了促进建设科技成果推广转化,调整产业、产品结构,推动产业技术升级,提高建设工程质量,节约资源,保护和改善环境,根据《中华人民共和国促进科技成果转化法》、《建设工程质量管理条例》和有关法律、法规,制定本规定。

第二条　在建设领域推广应用新技术和限制、禁止使用落后技术的活动,适用本规定。

第三条　本规定所称的新技术,是指经过鉴定、评估的先进、成熟、适用的技术、材料、工艺、产品。

本规定所称限制、禁止使用的落后技术,是指已无法满足工程建设、城市建设、村镇建设等领域的使用要求,阻碍技术进步与行业发展,且已有替代技术,需要对其应用范围加以限制或者禁止使用的技术、材料、工艺和产品。

第四条　推广应用新技术和限制、禁止使用落后技术应当遵循有利于可持续发展、有利于行业科技进步和科技成果产业化、有利于产业技术升级以及有利于提高经济效益、社会效益和环境效益的原则。

推广应用新技术应当遵循自愿、互利、公平、诚实信用原则,依法或者依照合同的约定,享受利益,承担风险。

第五条　国务院建设行政主管部门负责管理全国建设领域推广应用新技术和限制、禁止使用落后技术工作。

县级以上地方人民政府建设行政主管部门负责管理本行政区域内建设领域推广应用新技术和限制、禁止使用落后技术工作。

第六条　推广应用新技术和限制、禁止使用落后技术的发布采取以下方式:

(一)《建设部重点实施技术》(以下简称《重点实施技术》)。由国务院建设行政主管部门根据产业优化升级的要求,选择技术成熟可靠,使用范围广,对建设行业技术进步有显著促进作用,需重点组织技术推广的技术领域,定期发布。

《重点实施技术》主要发布需重点组织技术推广的技术领域名称。

(二)《推广应用新技术和限制、禁止使用落后技术公告》(以下简称《技术公告》)。根据

《重点实施技术》确定的技术领域和行业发展的需要，由国务院建设行政主管部门和省、自治区、直辖市人民政府建设行政主管部门分别组织编制，定期发布。

《技术公告》主要发布推广应用和限制、禁止使用的技术类别、主要技术指标和适用范围。

限制和禁止使用落后技术的内容，涉及国家发布的工程建设强制性标准的，应由国务院建设行政主管部门发布。

（三）《科技成果推广项目》（以下简称《推广项目》）。根据《技术公告》推广应用新技术的要求，由国务院建设行政主管部门和省、自治区、直辖市人民政府建设行政主管部门分别组织专家评选具有良好推广应用前景的科技成果，定期发布。

《推广项目》主要发布科技成果名称、适用范围和技术依托单位。其中，产品类科技成果发布其生产技术或者应用技术。

第七条　国务院建设行政主管部门发布的《重点实施技术》、《技术公告》和《推广项目》适用于全国或者规定的范围；省、自治区、直辖市人民政府建设行政主管部门发布的《技术公告》和《推广项目》适用于本行政区域或者本行政区域内规定的范围。

第八条　发布《技术公告》的建设行政主管部门，对于限制或者禁止使用的落后技术，应当及时修订有关的标准、定额，组织修编相应的标准图和相关计算机软件等，对该类技术及相关工作实施规范化管理。

第九条　国务院建设行政主管部门和省、自治区、直辖市人民政府建设行政主管部门应当制定推广应用新技术的政策措施和规划，组织重点实施技术示范工程，制定相应的标准规范，建立新技术产业化基地，培育建设技术市场，促进新技术的推广应用。

第十条　国家鼓励使用《推广项目》中的新技术，保护和支持各种合法形式的新技术推广应用活动。

第十一条　市、县人民政府建设行政主管部门应当制定相应的政策措施，选择适宜的工程项目，协助或者组织实施建设部和省、自治区、直辖市人民政府建设行政主管部门重点实施技术示范工程。

重点实施技术示范工程选用的新技术应当是《推广项目》发布的推广技术。

第十二条　县级以上人民政府建设行政主管部门应当积极鼓励和扶持建设科技中介服务机构从事新技术推广应用工作，充分发挥行业协会、学会的作用，开展新技术推广应用工作。

第十三条　城市规划、公用事业、工程勘察、工程设计、建筑施工、工程监理和房地产开发等单位，应当积极采用和支持应用发布的新技术，其应用新技术的业绩应当作为衡量企业技术进步的重要内容。

第十四条　县级以上人民政府建设行政主管部门，应当确定相应的机构和人员，负责新技术的推广应用、限制和禁止使用落后技术工作。

第十五条　从事新技术推广应用的有关人员应当具有一定的专业知识，或者接受相应的专业技术培训，掌握相关的知识和技能，具有较丰富的工程实践经验。

第十六条　对在推广应用新技术工作中作出突出贡献的单位和个人，其主管部门应当予以奖励。

第十七条　新技术的技术依托单位在推广应用过程中,应当提供配套的技术文件,采取有效措施做好技术服务,并在合同中约定质量指标。

第十八条　任何单位和个人不得超越范围应用限制使用的技术,不得应用禁止使用的技术。

第十九条　县级以上人民政府建设行政主管部门应当加强对有关单位执行《技术公告》的监督管理,对明令限制或者禁止使用的内容,应当采取有效措施限制或者禁止使用。

第二十条　违反本规定应用限制或者禁止使用的落后技术并违反工程建设强制性标准的,依据《建设工程质量管理条例》进行处罚。

第二十一条　省、自治区、直辖市人民政府建设行政主管部门可以依据本规定制定实施细则。

第二十二条　本规定由国务院建设行政主管部门负责解释。

第二十三条　本规定自发布之日起施行。

建设部推广应用新技术管理细则

建设部关于印发《建设部推广应用新技术管理细则》的通知

建科[2002]222号

各省、自治区建设厅、直辖市建委,北京市政管委,首都规划委员会、计划单列市建委,新疆生产建设兵团:

　　根据《建设领域推广应用新技术管理规定》(建设部令第109号),制定了《建设部推广应用新技术管理细则》。现印发给你们,请遵照执行。

　　附件:建设部推广应用新技术管理细则

中华人民共和国建设部

二〇〇二年九月六日

附件:

建设部推广应用新技术管理细则

第一章　总　则

　　第一条　根据《建设领域推广应用新技术管理规定》(建设部令第109号)和有关规定,制定本细则。

　　第二条　本细则所称的推广应用新技术,是指新技术的推广应用和落后技术的限制、禁止使用(以下简称限用、禁用)。

　　第三条　本细则适用于建设部开展推广应用新技术工作的管理。

　　第四条　建设部推广应用的新技术,是指适用于工程建设、城市建设和村镇建设等领域,并经过科技成果鉴定、评估或新产品新技术鉴定的先进、成熟、适用的技术、工艺、材料、产品。

　　第五条　建设部限用、禁用的落后技术,是指已无法满足工程建设、城市建设、村镇建设等领域的使用要求,阻碍技术进步与行业发展,且已有替代技术,需要对其应用范围加以限制或禁止其使用的技术、工艺、材料、产品。

　　第六条　建设部推广应用新技术的发布采取《建设部重点实施技术领域》(以下简称"重点实施技术领域")、《建设部推广应用新技术和限制、禁止使用落后技术公告》(以下简称"技术公告")和《建设部科技成果推广项目》(以下简称"推广项目")三种方式。

　　前款三种发布方式的内容,适用于全国或所规定的适用范围。

　　第七条　建设部通过科技示范工程(以下简称示范工程)和新技术产业化基地(以下简称产业化基地)、科技发展试点城市、企业技术中心及技术市场等形式,推动建设行业推广应用新技术。

　　第八条　推广应用新技术应当遵循自愿、互利、公平、诚实信用原则,依法或者依照合同的约定,享受利益,承担风险。对技术进步有重大作用的新技术,在充分论证的基础上,可以采取行政和经济等措施,予以推广。

第九条 城市规划、公用事业、工程勘察、工程设计、建筑施工、工程监理、房地产开发和物业管理等单位,应当积极采用建设部推广应用的新技术,严格执行限用和禁用落后技术规定,其应用新技术的业绩应当作为衡量企业技术进步的重要内容。

第十条 积极鼓励和扶持建设科技中介服务机构从事新技术推广应用工作,充分发挥行业协会、学会的作用,开展新技术推广应用与落后技术的限用和禁用工作。

第二章 重点实施技术领域

第十一条 根据产业优化升级和技术创新的要求,围绕国家建设事业的工作重点,选择有先进、成熟技术支撑并需重点组织技术推广的技术领域发布重点实施技术领域,引导建设行业有重点地开展推广应用新技术工作。

第十二条 建设部征集有关单位的建议,组织专家论证确定重点实施技术领域,以建设部公告形式每五年发布一次。发布期内可根据需要进行局部调整。

第三章 技术公告

第十三条 技术公告根据重点实施技术领域确定的技术领域和行业发展要求,组织编制和发布。

第十四条 建设部向有关单位征集技术公告建议案,组织专家论证,经审定后,以建设部公告形式发布。

第十五条 技术公告发布以下内容:推广应用或限用、禁用技术名称、主要技术指标、适用对象、适用地域范围以及适用起止时间等。

第十六条 对技术公告公布的限用和禁用技术,施工图设计审查单位、工程监理单位和质量监督部门应将其列为审查内容;建设单位、设计单位和施工单位不得在工程中使用;凡违反技术公告应用禁用或限用落后技术的,视同使用不合格的产品,建设行政主管部门不得验收、备案;违反技术公告并违反工程建设强制性标准的,依据《建设工程质量管理条例》对实施单位进行处罚。

第四章 推广项目

第十七条 推广项目根据技术公告和科技成果推广应用的需求编制,按年度以建设部文件发布并颁发证书,有效期三年。

第十八条 推广项目主要发布科技成果名称、适用范围和技术依托单位。其中,产品类科技成果发布其应用技术或生产技术。

第十九条 推广项目立项应具备以下条件:

1.符合重点实施技术领域、技术公告和科技成果推广应用的需要;

2.通过科技成果鉴定、评估或新产品新技术鉴定,鉴定时间一般在一年以上;

3.具备必要的应用技术标准、规范、规程、工法、操作手册、标准图、使用维护管理手册或技术指南等完整配套且指导性强的标准化应用技术文件;

4.技术先进、成熟、辐射能力强,适合在全国或较大范围内推广应用;

5.申报单位必须是成果持有单位且具备较强的技术服务能力;

6. 没有成果或其权属的争议。

第二十条 对国家发布的现行工程建设标准、规范、规程未涉及的推广项目，建设部可根据工程建设强制性条文和有关标准、规范、规程的要求，指定国家认可的检测机构进行试验、出具检测报告，委托有关单位编制统一的建设部科技成果推广项目技术导则，并经建设部组织的技术专家委员会审定后发布使用。技术导则可以作为签定合同时约定质量指标的考核标准，并作为编制勘察设计文件、施工图审查、施工安装、工程监理、质量检验评定验收和使用维护管理的技术依据。

第二十一条 对进入国内建设市场的境外技术，可按照推广项目的要求进行评审和发布。

第二十二条 凡在三年有效期内，具备有效法定检测报告的推广项目，在工程应用时不再重新检测（国家和行业另有规定的除外）。

第二十三条 推广项目技术依托单位在推广应用中，应配合应用单位及时进行应用技术总结，完善技术规程、标准图集及修订定额等，并不断提高技术质量标准和技术服务水平。

第二十四条 对推广项目技术依托单位在推广应用过程中降低质量标准和技术服务水平，不能满足推广应用要求的，建设部将取消推广项目资格并收回证书；发生质量问题的，技术依托单位按照有关法律、法规承担相应的责任。

第五章 示范工程

第二十五条 示范工程优化集成先进适用成套技术，为不同类型工程推广应用新技术提供范例，按年度组织实施，纳入建设部科技项目计划管理。

第二十六条 示范工程立项应具备以下条件：

1. 应是国家或地方的重点工程、标志性建筑或量大面广具有普遍意义的工程项目。可以是拟建、在建或竣工时间在一年内的工程。拟建工程应在申请示范工程立项前办理有关工程审批手续；

2. 以提高工程整体效益为目标，实现技术的集成与优化，形成完整的成套技术；

3. 选用技术应为建设部或省、自治区建设厅、直辖市建委发布的推广项目，且必须是示范工程需要使用的重大关键技术，其它配套技术可根据需要选用，但必须经过申报示范工程所在的省、自治区建设厅、直辖市建委组织的技术论证；

4. 示范工程申报单位可以是业主，也可以由业主与施工安装单位、工程总承包单位、工程设计院、选用技术的持有单位等联合申报，施工安装单位等也可单独或各单位联合申报。

第二十七条 示范工程申报单位作为示范工程实施单位应根据计划认真组织实施并及时进行总结，提出相应的规程、工法、标准图等标准化应用技术文件，编制必要的计算机应用软件；进行技术经济分析，对示范工程经济、社会、环境效益进行总结并提出报告；拍摄示范工程录像资料，制作光盘等。重点总结提出示范工程推广应用新技术指南。

第二十八条 经过论证的示范工程推广应用新技术指南和标准化应用技术文件，可按推广项目发布。

第二十九条 示范工程所在地的省、自治区、直辖市建设行政主管部门，负责示范工程的监督管理。

第三十条 示范工程遇特殊情况停建或缓建，实施单位应及时报告所在省建设行政主管部门,由其提出处理意见后报建设部备案。

第三十一条 对不按照实施计划和示范要求组织实施的示范工程,给予通报批评,直至取消示范工程资格。

第三十二条 示范工程在完成建设工程项目竣工验收后,建设部组织对示范工程进行验收,通过验收的示范工程颁发建设部科技示范工程验收合格证书,并对优秀的示范工程和有关人员予以表彰。

第六章 产业化基地

第三十三条 产业化基地以引导行业新技术产业化为目标,以行业优势企业为载体,推进重点实施技术领域的新技术产业化进程。产业化基地纳入建设部科技项目计划管理。

第三十四条 申报产业化基地立项应具备以下条件:

1. 管理体制和运行机制有利于新技术的产业化,组织机构健全,管理科学合理,人员素质较高;

2. 具有一定规模和效益,有实施新技术产业化的资金筹措能力,具有良好的市场信誉;

3. 新技术产业化水平较高,产业化模式符合产业化发展方向;

4. 技术创新能力较强,成果居行业先进水平。大型企业应设有技术中心;中小型企业应具有产学研相结合的技术创新机制;

5. 在行业技术创新、产业化和人力资源开发等方面,能为行业发展提供服务;

6. 有切实可行的产业化基地建设规划和工作计划。

第三十五条 产业化基地实施单位,应根据基地建设规划和工作计划认真组织实施,并负责编制本行业的新技术产业化导则。

第三十六条 产业化基地遇特殊情况不能按计划组织实施,实施单位应及时报告并提出处理意见后报建设部备案。

第三十七条 对不能按照计划和要求组织实施的产业化基地,给予通报批评,直至取消产业化基地资格。

第三十八条 实施完成的产业化基地建设由建设部组织验收,通过验收的产业化基地颁发建设部新技术产业化基地验收合格证书,并对优秀的产业化基地及其有关人员予以表彰。

第七章 附 则

第三十九条 建设科技发展试点城市、企业技术中心、工程技术研究中心和技术市场可参照示范工程或产业化基地的管理方式开展工作。

第四十条 省、自治区、直辖市建设厅(建委)依据《建设领域推广应用新技术管理规定》,参照本细则制定本行政区的建设领域推广应用新技术管理规定实施细则。

第四十一条 本细则由建设部负责解释。

第四十二条 本细则自发布之日起施行。本细则施行后,《建设部重点实施技术示范工程管理办法》(建科[2000]286号文)废止。